国家自然科学基金资助项目（51408337）（50478004）

江苏省新闻出版广播影视产业发展专项资金项目

汪永平　主编　西藏藏式传统建筑研究系列丛书

西藏藏式传统建筑

TIBETAN TRADITIONAL ARCHITECTURE IN TIBET

བོད་ལྗོངས་སྒོ་ལ་རྒྱུན་བོད་ལུགས་བཟོ་བསྐྲུན།

焦自云　汪永平　等著

东 南 大 学 出 版 社

·南 京·

内容提要

本书从建筑史学和建筑技术的角度，系统梳理了西藏古代建筑的发展历程，从城市、宫殿、宗山、寺庙、园林、民居不同角度对西藏传统建筑的类型和特点进行了解读。重点阐述了拉萨、日喀则、江孜古代城市的布局和空间；对西藏的宗山建筑进行了全面的调研和资料整理；对西藏的庄园建筑的遗存做了深入的考察；对西藏古代建筑的传统技术、建造工艺通过采访匠师获得真知。以照片、图纸和文字记录了西藏古代建筑的辉煌。全书列举了大量建筑实例，并附有详细的测绘图纸，均为宝贵的一手资料，是目前有关西藏古代建筑研究的代表性专著。

本书可供国内外建筑工作者、文物工作者、历史学者和藏学研究者参考，也可供建筑、旅游爱好者阅读和收藏。

图书在版编目（CIP）数据

西藏藏式传统建筑 / 焦自云等著 . —南京：东南大学出版社，2019.7

（西藏藏式传统建筑研究系列丛书 / 汪永平主编）

ISBN 978-7-5641-6272-6

Ⅰ.①西… Ⅱ.①焦… Ⅲ.①藏族－古建筑－研究－西藏 Ⅳ.① TU-092.2

中国版本图书馆 CIP 数据核字（2015）第 313646 号

西藏藏式传统建筑
Xizang Zangshi Chuantong Jianzhu

著　　者：焦自云　汪永平　等
责任编辑：戴　丽　贺玮玮
文字编辑：李成思
责任印制：周荣虎

出版发行：东南大学出版社
社　　址：南京市四牌楼 2 号　　邮编：210096
网　　址：http://www.seupress.com
出 版 人：江建中

排　　版：南京布克文化发展有限公司
印　　刷：上海雅昌艺术印刷有限公司
开　　本：787mm×1092mm　　1/16　　印张：18.5　字数：420 千字
版　　次：2019 年 7 月第 1 版　2019 年 7 月第 1 次印刷
书　　号：ISBN 978-7-5641-6272-6
定　　价：170.00 元

经　　销：全国各地新华书店
发行热线：025-83790519　83791830

本书研究人员与编写人员

● 主编

汪永平

● 编写人员

第1章：焦自云（1.1、1.2、1.3、1.6），

赵　婷（1.4），沈　芳（1.5）

第2章：汪永平，曾庆璇（2.4.3）

第3章：王　斌

第4章：汪永平

第5章：焦自云

第6章：焦自云

第7章：侯志翔

第8章：承锡芳

第9章：汪永平

代序
经历是人生的一种财富

　　古人云"十年磨一剑"，距离《拉萨建筑文化遗产》一书的出版（2005年东南大学出版社出版）已经过去十几年了。在这十几年里，西藏自治区在城市建设、道路交通、人民生活和经济建设上发生了历史上前所未有的巨大变化。当年我们做过测绘和调研的著名寺庙、宫殿、园林、民居都得到地方各级政府和宗教、文物部门的精心保护和维修，党的宗教政策得到很好的落实，寺庙成为西藏文化传承和宗教信仰的场所。回首往日，我们为此所做的工作见到了成效，我们的努力融入今天的发展成果，西藏文化遗产保护得到提升在国内外有目共睹。合作共事过的老朋友正在西藏文化保护的各级岗位上发挥自己的才干，我和学生们的西藏经历很愉快，令人回味，历久弥新，成为无法磨灭的永恒记忆。

　　本次出版的《西藏藏式传统建筑》《拉萨藏传佛教建筑》《西藏藏东乡土建筑》《西藏苯教寺院建筑》合计4本，连同《拉萨建筑文化遗产》一书形成"西藏藏式传统建筑研究"的系列丛书。此系列书的出版圆了我和学生多年的梦，只是出版间隔的时间长了一点。从1999年暑期进藏，测绘拉萨的罗布林卡（成为申报世界文化遗产增补名录的图纸资料）、山南桑耶寺的调研和测绘，到今天2019年丛书的出版，算算已有20年的时间。当年一起进藏的学生已经人到中年，成为单位的技术骨干；在高校工作的博士、硕士也已经成长起来，独立开展研究工作，好几位拿到了国家自然科学基金项目资助，如同20年前的我，在西藏这块土地播下研究的种子、洒下辛勤的汗水，收获丰硕的学术成果。

　　本丛书利用了多年来我们与西藏文物部门合作调研和测绘成果，其中有第三次全国文物普查的资料，有拉萨老城区的调研资料，更多的是研究生的硕士和博士学位论文的总结。从现场踏勘、测绘草图再转化为电脑图纸，汇集了一手资料。基于集体和个人的努力，蹒跚负重，师生们风尘仆仆，一路走来，深入青藏高原腹地，山南边境、藏东三江，西行阿里，北上那曲，几乎走遍了西藏的重要城镇和文物古迹，在宫殿、寺庙、宗山、园林、民居的调研中既领略了高原的湖光山色，也体验了不一样的人生。后期的研究工作我们未敢懈怠，一步一个脚印，十几年积累下来，最终转化为几十篇研究生论文，为本丛书的撰写奠定了基础。

　　我是徽商的后代，父亲是读书人，依靠自己的努力，后来成为高校数学教师。小的时候，家里兄妹多，条件差，没有机会外出旅行，只能从古人旅行的诗词中去体会、感受不一样的经历，梦想有一天会走出家乡，周游世界。长大以后，经历"文革"、上山下乡，在1977年恢复高考后，成为77级本科建筑学专业学生。大学求学期间受到中国营造学社梁思成、刘敦桢前辈的启发和影响，走上中国建筑史学研究的道路。我的本科毕业设计选择在苏州太湖东、西山，做古村落调研和撰写相关论文；在硕士研究生时选择明代建筑琉璃、南京大报恩寺琉璃塔研究作为论文选题，在山西乡间调研建筑达 3 个月，当时，正值隆冬严寒，缺衣少食，回到南京，体重减了 10kg，其中甘苦是今天的年轻人不可想象的。毕业后在高校从事中国建筑历史理论教学和研究，这使我有了更多走出去的机会，进而更深入地做文物保护工作。教学和研究拓宽了自己的眼界和视野，有机会去看看祖国的名山大川、古都老城、名人古宅、寺庙道观，旅行也逐渐成为个人的一种爱好、一种生活。与学生一起旅行、一块读书，进而在一起做研究，查资料写论文，成为自己信手拈来所熟悉的一种治学方式。南京晓庄师范的创始人陶行知秉承的"知行合一"的理念对我也有一定的影响，"读万卷书、行万里路"便成为人生的座右铭。

在西藏经历的 20 年是自己人生最为丰富的 20 年，算下来我带学生去西藏前后加起来已有 20 多趟，加上喜马拉雅南坡的印度、尼泊尔 10 多趟，还有斯里兰卡、缅甸、泰国、柬埔寨等东南亚南传佛教的国家，基本上跑了个遍。通过旅行，了解西藏，透析藏传佛教建筑的精髓；通过旅行，了解印度，追寻佛教建筑的源头；通过旅行，了解东南亚，厘清部派佛教的渊源和联系。可以说，我的多半知识是在这 20 年的旅途和经历中学习的。毛主席曾经说过"读书是学习，使用也是学习，而且是更重要的学习"。一分耕耘，一分收获，20 年的经历奠定了我们在中国西藏、南亚印度、东南亚诸国建筑文化和遗产保护研究的基础。

在此套丛书（4 本）出版之际，衷心感谢西藏自治区文物局、拉萨市文物局的领导和同仁多年的合作，感谢昌都地区行署、贡觉县人民政府对我们在藏东调研时的支持，感谢东南大学出版社戴丽副社长多年的支持和积极努力申报国家出版项目。2005 年戴丽老师与我们研究生同行，考察西藏雍布拉康的宫殿、姐德秀镇的围裙织娘机坊的场景犹在眼前。感谢贺玮玮编辑不辞辛苦，精心整理与编校。最后用一首小诗，与我的学生们同贺新书的出版。

经历是人生的一幅长卷，王希孟笔下的《千里江山图》；
经历是人生的一首诗，充满乡愁和记忆；
经历是人生的一首歌，对酒当歌，人生几何；
经历是人生的一张没有回程的船票，为登彼岸难回首；
经历是个人的感悟，酸甜苦辣尽在其中。
跨过千山万水，走进青藏高原，圆了我们多年的梦想……
萨迦的夜空满天星斗，如此明亮，坚持统一，八思巴功垂青史，千古咏唱；
拉萨河畔，想当年，文成公主进藏，松赞干布英姿勃勃，汉藏友谊谱新章。
冈底斯山雄伟悲壮，芸芸众生，一路等身长头磕来，无惧风霜，只为信仰。
心中只要有理想，千难万险等闲看；
长缨在手缚苍龙，人生的追求，终身的梦想。

汪永平
初稿完成于泰国曼谷 Le FENIX 酒店，修改于南京家中

目　录

1 西藏城市发展综述

1.1 西藏城市发展综述

西藏文明源远流长，是我国藏族文化历史的发源地。考古学材料证明，早在旧石器时代晚期，西藏高原就有了人类活动。到了新石器时代，西藏高原的人类分布更加广泛，出现了堪称发达的远古文化。藏南雅鲁藏布江流域和藏东三江谷地是其主要活动地区。随着西藏文明的发展，西藏城市也开始孕育、形成和发展。由于受到自然地理环境、生产方式、生活方式和人口等因素的制约和影响，西藏的城市发展相对缓慢，总体数量较少，规模普遍不大，且主要分布在水资源丰富、地势相对较低的藏东南的"一江两河"地带。

纵观西藏的城市发展历史，总体上呈现出受高原环境、政治、经济、宗教、民族等多种因素影响的局面，这也深刻影响着西藏城市发展的各个方面。城市历史也一直延续不断，经历了从原始聚落到堡寨，直至发展为城市的完整过程。然而，目前学术界对于西藏城市发展的历史分期多为各家之言，并没有给出权威的定论。本书中对西藏城市发展分期亦做探讨，大致将其划分为五个阶段：萌芽期、形成期、发展期、成熟期和城市化快速发展期，进而解读影响西藏城市发展的各个影响因子，分析西藏城市包括空间布局、内部空间等特征，从而呈现出一副相对完整的西藏城市发展分布图。

1.1.1 萌芽期：从原始聚落到堡寨

西藏地区虽然地处雪域高原，自然生态环境比较脆弱，但这里自古就有居民生活，最早的人类活动踪迹可以追溯到旧石器时代[1]，发展至距今约1万年前的新石器时代，因为农业生产的发展为早期聚落的形成创造了条件，人们逐渐定居下来，形成最早的一批定居点。目前在西藏地区发现的新石器时代遗址中，昌都卡若文化遗址和拉萨曲贡文化遗址是具有典型性的人类定居点遗迹。

昌都卡若文化遗址是西藏早期文明的代表，也是迄今为止发现的最早的西藏地区的居民点，距今约2 700~4 000年。该遗址位于昌都以南12 km，在澜沧江与卡若水交汇处的三角形台地上，海拔高度3 100 m。遗址原始面积约10 000 m^2，该遗址依山临水，地势较平缓。考古发掘的建筑遗存类型丰富，包括房屋、道路、石墙、圆石台、石围圈等，其中建筑遗址共计28座，其分布并无规律可循，但作为氏族公社的聚居地，建筑用途已有所区别。其中一座面积近70 m^{2}的双室地面建筑，在所有建筑遗迹中十分突出，推测应为供氏族成员集会的公共建筑[2]，建筑的功能与类型反映着某种组织关系。

1990年发掘的拉萨曲贡遗址地处拉萨北郊曲贡村附近，属拉萨河谷边缘地带，海拔3 680~3 690 m，是迄今已发掘的海拔最高的新石器时代文化遗址。根据考古学家初步推定，该遗址距今约4 000年，晚于卡若文化遗址，大体与中原龙山文化晚期相当。其发掘内容除30多座墓葬外，主要有10多座灰坑，其丰富的出土遗存证明当时西藏拉萨地区已经有人类的定居点。

在从原始社会向奴隶社会推进的过程中，西藏进入了藏文史料统称的十二小邦或者四十小邦的统治时期，距今2 000多年以前，西藏古人的各氏族部落之间为寻求生存而相互争斗，征服吞并，最终"在藏区上、中、下三部地区形成了岱本或十二个小邦国，偏远地方的氏族部落大都像以前一样割据，藏族史书将这些称为'十二小邦'和'四十小邦'"[3]。《敦煌古藏文文献探索集》P.T.1286 小邦邦伯家臣及赞普世系中记载"遍布各地之小邦，各据一堡寨"[4]，并逐一列举各小邦王及小邦大臣之名。由是可知，西藏进入堡寨制部落时期。这些堡寨，起初大都是用于作战、屯驻等军事目的，后来发展为各个邦国的都城，成为一定区域的政治、军事中心，虽因其经济功能较弱，还未形成严格意义上的城市，但却是后来形成城市的基础，可以说堡寨是西藏早期城市的雏形。

1.1.2 形成期：拉萨为中心的城市雏形

西藏地方城市的形成期历时漫长而又曲折。大致从部落联盟时代开始，部分堡寨开始向早期城市转化。发展至吐蕃王朝兴盛之时，拉萨城的营建可被称为城市形成的标志。该时期代表性的城市，继雍布拉康之后有匹播城、拉萨城等，并最终形成了以拉萨为中心的城市体系。

大约在公元前4世纪，西藏历史从小邦时代进入部落联盟时代，相继形成了象雄、苏毗、雅隆等三大部落。三大部落的发展为早期国家的建立和城市的形成创造了条件。象雄是西藏地区出现较早、势力较强的部落联盟。据史籍记载，"琼隆银城"是象雄的都城所在，考古发掘今阿里地区的琼隆卡尔孜的琼隆卡尔东与"曲那则蚌"两处遗址可能就是"琼隆银城"的所在地。考古工作者在两地都发现了大型的防御性建筑、家庭居住建筑、公共建筑、宗教祭祀建筑、生活附属设施和墓葬群[5]。据考证，琼隆银城遗址位于一座四面陡峭的山丘顶部，三面环水，遗址分布总面积达86 000 m²。遗址内发现密集的居住遗迹、古碉楼、防卫墙、暗道、祭坛等，

共有120多组建筑，是一个居住、宗教设施和防御功能较完备的大型聚落性建筑群[5]。

苏毗部落联盟的辖境也相当广阔，大致包括唐古拉山南北的广大地区，即今青海玉树地区及藏北高原、川西北的一部分。苏毗王在"山上为城，方五六里，人有万家"，"其所居，皆起重屋，王至九层，国人至六层"[6]。可见，到6世纪前期苏毗的统治中心已不再是规模较小、功能不全的堡寨，而是已开始向城市演变，城市的政治、军事、经济功能都超越了堡寨[5]。

雅隆部落联盟的区域主要在雅隆地区（藏南谷地）。西藏谚语云："地方莫早于雅隆，国王莫早于聂赤赞普，宫殿莫早于雍布拉康。"雅隆部落联盟的第一代首领聂赤赞普在山南泽当修建了雅隆部落的第一座王宫——雍布拉康。在其周围逐渐兴起若干村落，它们相互依存，共同构成了聚落群。随着雅隆吐蕃部落的进一步强大，以雍布拉康为中心逐渐形成早期的城市。

从第九代赞普布德贡杰时起至第十五代赞普肖烈时止，统治雅隆的政治中心转移到今琼结地区，在雅砻河谷的青瓦达孜山上，曾先后兴建了达孜、桂孜、扬孜、赤孜、孜母琼结、赤孜邦都六座王宫，其中达孜宫（即青瓦达孜宫）在六宫中最负盛名，许多藏文典籍中都有记载[7]。在山下建造的聚落也随之不断扩大，发展成为匹播城，成为除雍布拉康之外的另一个政权中枢，其聚落形态更加完整。以匹播城为代表，西藏地方开始形成比较完整意义上的城市。

《旧唐书·吐蕃传》中记载："其人或随畜牧而不常厥居，然颇有城郭。其国都号为逻些城。屋皆平头，高者至数十尺。贵人居大毡帐，名为拂庐。"《贤者喜宴》记载吐蕃七贤臣中第五位贤臣赤桑扬敦的业绩是"将山上居民迁往河谷；于高山顶兴建堡塞，从此改造城镇。而往昔之吐蕃家舍均在山上。"

因此，赤桑扬敦成为吐蕃第五位聪慧者"。迁民于平川等事主要发生在吐蕃王朝的松赞干布时期[8]。

据藏文史籍所言，松赞干布继位后，出于政治和军事的需要，决定迁都逻些（今拉萨），并于红山之上修建规模宏大的布达拉宫，作为理政和居住之所，其军事防御功能突出。松赞干布的5位王妃则分别在拉萨修建了5座寺庙以弘扬佛法，分别是札耶巴拉康、梯布廓拉康和扎拉贡布拉康、大昭寺[9]和小昭寺[10]（饶木齐寺）。这些寺庙的建立，促进了人口的聚集，使得寺庙周围形成了一定的城市居民的聚集区，不仅建有民居，也建有供借宿的旅舍。拉萨的城市布局和建设与宗教信仰有着深厚的根源，从而进一步推动了城市的发展。

迁都拉萨对于吐蕃王朝的建立和西藏的统一起了重要的推动作用。拉萨已具有不同于部落时期堡寨的新功能，已经具备政治中心、军事中心、宗教文化中心和经济中心等功能，故拉萨城市的营建标志着西藏城市完成了从堡寨向城市的转型，开启了西藏城市发展的新阶段。这一时期的城市多集中在雅鲁藏布江中下游的河谷地区，农牧业是城市兴起的基础，但城市的军事功能仍然突出。寺庙也已成为城市的组成部分，宗教信仰已经开始影响城市的布局，推动着城市建筑、经济等发展。城市规模变大，数量增多，并初步形成了以拉萨城市为中心的城市体系。

1.1.3 发展期：区域城市的兴起

吐蕃王朝后期，社会矛盾日益严重，最终导致王朝崩溃，进入分裂割据时代。城市的发展由此进入了大衰落时期，以拉萨为代表的早期的重要城市遭到了巨大的破坏，城市发展受到严重影响。直至分裂割据时代中后期，各地出现的割据势力开始称霸一方，纷纷建立自己的政权体系，城市的建设方有起色，客观上促进了一批新的区域性政治、军事中心城市的崛起。因战乱而兴建的防御性碉堡式建筑兴盛，新型的城市以其为中心逐渐形成。该时期最具代表性的有古格王国的都城、贡唐王朝的吉隆都城，以及拉加里王城等。

公元9世纪中叶，朗达玛继任赞普之后颁布了灭佛命令，致使很多佛教寺庙遭到重创。藏文史书上记载，随着佛教"前弘期"的结束，毁坏寺庙，始自拉萨，封闭了大昭寺、桑耶寺，寺庙墙壁均遭涂抹，并于其上绘制比丘饮酒作乐的图画。《贤者喜宴》记载逻些、桑耶两地，先被当作屠宰场，后来沦为狐穴狼窝[11]。因为禁佛措施的执行，拉萨等早期城市不可避免地遭到重创，逐渐衰败下来。

至西藏分裂割据中后期，吐蕃王统传出的两条支系——威宋的后裔、云丹的后裔，对于西藏城市的发展均有贡献。其中威宋的后裔先后建立拉达克王朝、古格王朝、普兰王朝、亚泽王朝等，这些小王朝和卫藏边区的地方政权在政治上没有任何的隶属关系，但是在宗教与文化上，却与卫藏地区有着密切联系。他们在西藏兴建了众多城堡，形成的城市群落自成体系。因常年战乱，各城堡的防御设施大多得到加强，例如吉隆的贡塘王城的四周建有围墙，围以沟壑。在城堡的外墙、城内大墙和扎仓大殿围墙处修建了暗道的出入口等[12]。另根据考古调查情况来看，古格故城的城区较大，并且按功能进行了划分，建筑形式多样，"故城遗址的建筑就功能来分，有宗教建筑、王宫建筑和民居、仓库、军事设施、道路和暗道等，就形式类别来分，有殿堂、楼房、平房、窑洞、碉堡、塔、围墙等"[13]。在古格故城方圆百里之内又有多香城堡遗址、玛那遗址、卡尔普遗址、卡尔贡遗址和达坝遗址等，由此可推知古格时期城市功能的多样性，分区已成熟，规模也比较宏大。

同时，随着佛教进入"后弘期"，西藏地方的割据局面逐渐稳定。藏传佛教各教派在西藏各地兴建了大批量的寺庙建筑，例如夏鲁寺、萨迦寺、热振寺、托林寺、楚布寺等。这些寺庙建筑的建造不仅在一定程度上带动了各地方区域经济的复苏，也为其后围绕寺庙形成新的区域性中心城市奠定了基础。

1.1.4　成熟期：城市体系的构建

公元 13 世纪，萨迦地方政权建立，西藏城市发展由此进入了一个全新的历史时期，历帕竹政权时期、甘丹颇章政权时期，一直延续到民国，至西藏和平解放为止。这一时期，西藏城市发展平稳，城市体系趋于成熟，形成了以各级政权所在城市为中心的层级城市体系，以及以商贸城市和边境城市为辅的城市发展体系。城市形态呈现出浓郁的西藏地方特色，在政权所在城市逐渐形成了以宗山和寺庙为两极的城市空间格局，在其他小城镇则保留了以寺庙为中心的空间格局。

自萨迦政权时期始，西藏正式纳入中央政权的统一治理之下，受到元、明、清、民国等历代中央政权的管辖，政局相对稳定，无论是内地朝代的更迭，还是西藏地方政权的更替，都没有引起西藏地区大的战争或动荡。相反，"政教合一"的政治体制却逐渐发展成熟，对于西藏城市的建设与发展产生了深远的影响。

首先，"政教合一"的统一政权使西藏地方再次出现了能统摄全藏的政治中心之城，完成了"萨迦—乃东—日喀则—拉萨"的转移过程。萨迦政权时期，萨迦寺是其政教中心所在，其址也因之称为萨迦，形成了以萨迦寺为核心的萨迦城镇。14 世纪中期，帕竹政权控制西藏后，权力中心随即迁往乃东，乃东逐渐发展成为全藏最主要的城市。17 世纪上半叶，短暂的第悉藏巴政权则将首府设在了后藏的中心城市日喀则。其后，以格鲁派为代表的甘丹颇章地方政权建立，重新确立了格鲁派的据点——拉萨在西藏城市中的核心地位。

其次，历代中央政府在西藏地方实施的行政管理体制，促成了以官署建筑为中心的城市的崛起。元朝廷为改善西藏混乱的行政管理体制，设置了由中央到地方的三级管理体制，设十三万户制度，促使各地方割据势力的政教中心向地方行政中心转化，区域性的地方中心城市体系逐渐完善，形成了以萨迦为中心的层级的城市体系。发展至帕竹政权时期，大司徒绛曲坚赞着手深入改革。首先兴建了日喀则宗、内邬宗、贡嘎宗、扎格宗、穷结达孜宗、列伦孜宗、绒仁蚌宗、吉则止古宗、沃卡达孜宗、日喀则宗等十三宗[14]以取代元时的十三万户，且多在已存在的城镇附近的山上新建宗山建筑，改变了原有的城市格局，逐渐形成了在竖向高度上以宗山建筑为中心的城市空间格局。甘丹颇章政权时期则基本延续了原有宗的建制，原有城市平稳发展。

此外，元代开始在西藏地方设立驿站，驿道的畅通，不仅增强了西藏与内地之间的联系，也加强了西藏内部各城镇之间的联系，这在一定程度上推进了西藏地方经济、文化的发展，以及城市的建设。明代达到极盛的茶马贸易，联结着汉藏之间的经济脉络，也带动了茶马商道上城镇的发展。沿着各主要商路，在川、滇、藏边区形成了一些以商贸为中心的新兴城镇。如打箭炉（今四川康定），"明正土司盛时，炉城俨如国都，各方土酋纳贡之使，应差之役，与部落茶商，四时辐辏，骡马络绎，珍宝荟萃"[15]。可以说茶马贸易为川藏沿线商贸城市的兴起奠定了基础。晚清的开埠通商又使得边境贸易繁荣，产生了以亚东、噶大克等为代表的新兴边境城市。同时，英国等外来势力的深入，客观上为西藏城市的发展注入了近代化的因素，城市开始了初步的转型发展。以民国时期的拉萨为代表，新建了基础设施、城市管理机构、教育机构等，城市的功能结构发生了重要的变化，为后期城市发展奠定了基础。西藏的城市体系、城市形态、空间格局等诸多方面都趋于定型和成熟。

1.1.5 城市化快速发展期

西藏和平解放后，西藏地区的城市建设翻开了新的篇章，进入现代意义的城市快速发展的阶段。城市规模不断扩大，已跳脱传统古典城市的范畴，城镇数量也不断增加。城市发展有规划，城市建设更注重现代化基础设施的建设，人居环境有了很大的改观，呈现出新的城市风貌。

西藏传统古典城市虽多，但城市功能较完善、基础设施相对较好，又有地区影响力的城市并不多，仅有拉萨、日喀则、江孜、昌都、亚东等为数不多的城市，而且城市人口比重小，城市规模不大。时至今日，随着国家政策的支持，以及多年来的援助建设，西藏地方的城市化进程进展迅速。城镇人口现已增至约 79 万，占总人口数的 28.21%，形成了以拉萨为中心，以日喀则地区、昌都地区、林芝地区、山南地区、那曲地区、阿里地区等地区行署所在城市为次中心，以 72 个县城为县域中心，以 140 个建制镇为基础的四级城市体系。

以西藏首府之城拉萨为例，20 世纪 50 年代，拉萨城区面积仅约 3 km²，发展至现在已扩展至约 59 km²。曾位于城郊的三大寺也已基本进入城区范围。城区人口则由 3 万人左右增加至 27 万人左右[16]。城区内的基础设施、住宅建设都有较快的发展，并建成了"三纵三横"及一环路、二环路组成的立体交通网，居民的居住、交通等条件都得到极大改善。

同时，西藏地方政府也设有专门的机构，编制城市发展的总体规划和实施方案等，使城市的建设、管理工作更加规范化、科学化和制度化，营造城市良性发展的平台。

1.2 西藏城市规划思想与空间格局特征

1.2.1 与内地不同的建城模式

《周礼·考工记》记载"方九里，旁三门，国中九经九纬，经涂九轨，左祖右社，面朝后市"的建城制度（图 1-1），对汉地有深远的影响，其在城市中所展现的基本规划结构有"择中立宫""中轴对称"，讲究尊卑和方格网系统，为历代所推崇，被奉为城市规划的经典。

自东汉以来，我国都城规划基本上都继承了营国制度的传统，如北魏洛阳、曹魏邺城、隋大兴、唐长安、北宋开封、元大都和明清北京等。地方城市的规格低于都城，并受到自然地理、政治文化、经济发展等多种因素的综合影响，但仍然表达出对礼制思想追求的夙愿。"地方城市多以官署、楼阁或学宫等置于城市中心或轴线的主座上，城市轴线既有形成尊卑分别的功能，也是一种协调各类建筑布局的组织手段，从而形成中国古代

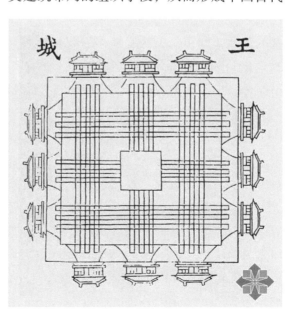

图 1-1 《周礼·考工记》建城模式，图片来源:《周礼·考工记》周王城图

城市较为突出的有序感、整体感和较为统一的礼制规划风格。"[17]

中原的城市建设体现出封建皇权与礼制，然而这种建城制度并未影响到西藏地区，西藏的城市建设有着自身发展的轨迹与特点，独特的宗教藏传佛教以及民族文化对当地的城市发展产生了根深蒂固的影响。

西藏历史上最早的城市拉萨可以作为藏地城市建设的典例。松赞干布在对拉萨河谷的地形地貌进行详细考察后，决定从山南的雅砻地区迁都拉萨。松赞干布筑堤阻水，填湖造地，修挖河道，在红山上修建宫堡、寺院（大、小昭寺），奠定了拉萨城市的雏形。随后，围绕大昭寺逐渐发展起来八廓街（也称八角街），这是西藏城市建设史上的第一条街道。建于山顶的宫堡、寺院，当地原有的民居和不远万里朝拜而来的人们在寺院或宫堡下定居下来的住所，建构成吐蕃王朝初期的城市雏形。

对西藏城市而言，中原内地儒家文化的影响甚为微弱，更多展现出的是佛教文化的影响，"礼佛"代替"礼制"，成为西藏地方城市建设的主要思想。"择中立宫"的规划结构演变成为"择中立佛"。拉萨八廓街区域的中心为大昭寺，"礼佛"主导了整个区域的城市空间结构，环形的转经道与发散式的街巷消解了这条轴线延伸的可能性，同时也共同强化着大昭寺的核心地位，从这种道路体系中无法解读到任何中原内地古城常见的"井田方格网系统"。

甘丹颇章政权初期，拉萨城内先后修筑了蒙古汗王的王府两处：甘丹康萨、班觉热丹。其位置都在八廓街环路以外，前者位于大、小昭寺之间的林卡地，后者则位于大昭寺以西的开敞之地，并没有出现中原内地都城常见的"择中立宫"，也没有出现地方"择中立府"的格局。两处王府并没有成为拉萨的城市中心，而是以礼佛的谦卑心态分布在大昭寺的周边区域。拉萨八廓街区域以"佛"为中心的布局方式得以传承。

笔者考察的西藏老城镇，如拉萨、日喀则、江孜三大古城和仁布、曲水、尼木、琼结等次一级的宗县，基本都由建于山上的宗山（宫堡）、建于山上或山腰的寺庙以及建于山脚平原的居住区（藏语叫雪）三部分组成。我们完全可以把拉萨、日喀则、江孜城市的形成、发展和建设作为研究西藏城市的典型和范例，历史上西藏其他地方相继建设的市镇，在布局和结构上都与拉萨有相似和雷同之处。

与大多数城市选址的基本原则类似，藏族聚居区中心城市的选址遵循了"因地制宜"的自然法则，体现出"山""水""城"和谐相处的自然观。拉萨、日喀则、江孜、泽当这几座城市具有满足藏族聚居区人民聚集的自然条件，它们被选择成为西藏人民的定居点并发展为中心城市，是自然环境决定的结果。

在此，笔者把宫堡（宗山）、寺院、居住区看作藏族聚居区城市构成中必不可少的三个要素，其密不可分、"三位一体"的关系成为研究西藏城市的切入点。

1.2.2 规划思想

西藏古代城市规划思想，可以归纳为四个学说：

一是天梯说。西藏历史传说中的聂赤赞普是西藏第一位国王，他和他之后的六位国王，史称天赤七王，据说天赤七王都是天界的神仙，他们死亡后会登上天界。在天梯说的影响下，那个时代西藏的房屋都建在山上。即使今天仍然可以在西藏一些地方看到山顶上宫殿的废墟和山崖上画上去的天梯图腾。

二是魔女说（图1-2）。吐蕃王朝时期，松赞干布迁都拉萨并迎娶唐朝文成公主后，开始在拉萨河谷大兴土木。文成公主为修建大昭寺和造就千年福祉而进行卜算，揭示蕃地雪国的地形是一个仰卧的罗刹女魔。文成公主提出消除魔患、镇压地煞、具足功德、修建魔胜的思想，主张在罗刹女魔的左右臂、胯、肘、膝、手掌、脚掌修建 12 座寺庙，在罗刹魔女心脏的卧塘湖用白山羊驮土填湖、修建大昭寺以镇魔力。此后，吐蕃这片土地具足了一切功德和吉祥之相。魔女说对当时吐蕃王朝的规划建设发挥过重要的影响。

三是中心说。古代佛教宇宙观认为，世界的中心在须弥山，以须弥山为轴心，伸展到神灵生活的天界和黑暗的地界。桑耶寺的建设充分体现了这一思想，其主殿代表须弥山，糅合了我国中原地区、西藏地区，以及印度的建筑风格。由围墙所构成的圆内有代表四大洲、八小洲以及日、月等的殿堂建筑。在中心说的影响下，西藏的住宅、寺院、宫殿都被认为是世界的缩影，早期的帐篷和后来居室中的木柱被认为是世界的中心，沿着这个中心可以上升，也可以下沉，这也是信众向居室中木柱献哈达的原因。

四是金刚说。西藏的宗教藏传佛教，是在金刚乘基础上发展起来的，属于大乘佛教。金刚乘作为藏传佛教的基础，对西藏社会形态、城市形态和人的行为方式都产生了直接而深刻的影响，后者最直接的表现一是顶礼膜拜，二是朝圣转经。西藏的寺院殿堂内有很多"回"形的平面布局，即为求佛转经的通道。桑耶寺主殿的三层空间每层都为"回"形，主殿的院落也布置成"回"形。延伸到寺院之外就形成了不同的转经道，如转山、转湖、转寺、转塔等等。拉萨的八廓街就是著名的转经道，事实上对大昭寺的朝圣形成了囊廓、八廓和林廓三条转经道，这对西藏早期城市布局和城市形态有很大的影响。

由于历史条件的局限，古代西藏的城市规划思想只能是唯心主义的，但其中有积极的因素。文成公主的规划思想首先在拉萨城市得到了实践，在卧塘湖上建立了大昭寺，

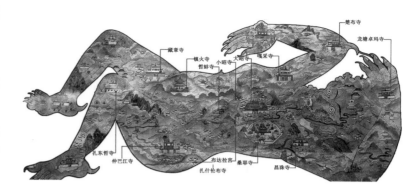

图 1-2 西藏镇魔图，
图片来源：西藏博物馆

吐蕃各地则建立了 12 座魇魔寺庙。松赞干布为开发拉萨河谷平原和建设大昭寺，整治拉萨河北滩支流使其改道，并填平了卧塘湖，应该说这是古代城市建设趋利避害的典范。在大昭寺、桑耶寺的建筑中都可以看到我国中原地区、西藏地区，以及印度等不同建筑文化融合的痕迹，从建筑的选址、形式和用材等方面体现了天人合一的思想，较好地适应了自然环境和人的心理需求。

1.2.3 寺与宗堡——城市双极格局

1. 政治统治对城市格局的影响

宗山建筑的中心地位主要是通过其统治的标志——宫殿而体现的，由于藏族聚居区特有的自然环境及军事、心理需求，宗山建筑成为藏族聚居区宫殿的主要形式。藏族聚居区的城镇并不像汉地地城镇一样，有着坚固的城墙保卫。藏民族十多个世纪的游牧生涯，让他们在思想上具有攻击性以及自我防卫意识，决定了他们需要在聚集地的制高点上建立宗山建筑，以求高瞻远瞩有利于防御。于是宗山的势力范围成为聚落的空间限定，居住者们选择了可以受到宗山保护的那一侧集聚（图 1-3）。

元朝统一西藏以后，宗山保护城市的防御功能逐渐减弱。元朝统治者为了方便对广大藏族聚居区的管理，在西藏实行了万户制。将人口以万户为单位划归于各个宗政府管辖，使宗山变成了比较单纯的统治机构。这种宗

图 1-3 占据城市制高点的桑珠孜宗，图片来源：沈芳摄

图 1-4 以宗山为中心聚集的居民区，图片来源：沈芳摄

山职能的改变，使城市的组织形式也随之发生巨大变化：宗山作为宗政府所在地仍矗立在城市的最高处，城市却开始从以前的以宗山为外边界内向型发展，转化为以宗山为中心外向型发展，这也是藏族聚居区城市设立宗政府后的共同特点。万户制是元朝对藏族聚居区特有的统治制度，它赋予宗政府极大权力，使以宗山为中心的城镇格局被确定了

图 1-5 日喀则城市的另一个中心扎什伦布寺，图片来源：沈芳摄

下来（图 1-4）。万户制在赋予宗主权力的同时，又规定了这一权力的行使范围。普遍存在于青藏高原上的人口迁移成为宗主统治臣民的障碍，各宗宗主们为了方便统治，开始限制人口的外迁，并在自己的统辖范围内努力集中人口。这些被限制在城市范围内的人口便以宗山为中心集聚起来。于是，城镇人口发生了快速增长，城市规模逐渐扩张，宗山成为城镇的权力中心以及制高点，决定着城市的基本格局。

2. 宗教统治对城市格局的影响

佛教在松赞干布时期正式传入吐蕃，后来与藏族聚居区的原始宗教苯教经过长时间斗争与融合，最终形成了在藏族聚居区具有绝对统治意义的藏传佛教。由于教义的细微差别以及不同封建领主的门户之争，藏传佛教形成了宁玛派、萨迦派、噶当派、噶举派、格鲁派五个主要教派。其中格鲁派虽然形成最晚，但对后世影响最大。藏传佛教通过宗教影响并决定着藏族聚居区的政治、经济、文化、意识形态，表现在城市空间上，便是佛教寺庙在城市平面格局上的核心地位，以及在城市空间中的至高无上。寺庙在藏族聚居区精神上的统治地位使之成为万民朝拜的地方，而藏族聚居区独特而虔诚的朝拜方式（如转经、转山、叩长头等）也使得这些寺庙成为人流环绕和集聚的中心地。每个中心城市都有与之等级匹配的寺庙，如拉萨的三大寺、日喀则的扎什伦布寺、江孜的白居寺、泽当的昌珠寺，它们都构成了城市格局除宗山外的另一个中心（图 1-5）。

3. 政教合一的制度对城市格局的影响

在藏族聚居区形成第一个统一政权吐蕃王朝之时，宗教便开始被藏族聚居区的统治者加以利用了。由于佛教的教义既有利于统治者的统治，又容易被人们普遍接受，它迅速在整个藏族聚居区传播，并逐渐成为藏族人的精神重心。朗达玛灭佛以后，吐蕃王朝

覆灭，藏族聚居区的政治和宗教都呈现出了非常混乱的发展态势。直到元朝一统西藏之后，统治者利用宗教的力量建立了萨迦政权，宗教的政治地位才被提升到前所未有的高度。元朝在藏族聚居区设立了万户制度，并将城镇的居民分为米德、拉德两个类型。元时期分出一大部分农户专门供养寺院，这也是后来在寺庙周围形成向心型聚落的原因。有着供养寺院义务的这一部分居民，自觉地向着寺院发展。而政治集团对僧侣集团的依赖，使得他们对僧侣集团产生了政策倾向性，更多城市的居民被要求供养寺院。政教合一的制度出现之后，城市居民区开始大片地围绕寺庙外向发展。这种发展甚至掩盖了原有的以宗山建筑为中心的发展脉络。居住区中的道路走向，逐渐被引领至寺庙。寺庙作为藏族人的主要活动场所，逐渐代替了山上古堡的地位，成为藏族人的心理重心，当然，这也是当权者愿意看到的局面。政教合一的统治，比起只运用统治的威严更稳定。自此，城市出现的两个中心——宗堡与寺庙，有序地引领着全城的发展，宗堡与寺庙共同形成日喀则城市的"双极"空间意向。

1.2.4 寺、宗、城三位一体的空间构成

日喀则虽然几经兴衰，但每次变迁都不是原有空间模式的彻底消失，而是被吸纳之后形成新模式的一部分，空间意义依然存在，这不仅体现西藏传统聚落发展的适应性，也表明了藏族文化的融合力。寺、宗、城不仅代表了西藏社会的各个阶级，也因为完整的社会功能成为西藏城市聚落的典型模式。在西藏许多发展成熟的中心城市都采用了这种模式，如拉萨、江孜、泽当等。

寺庙在西藏社会中无论精神上还是现实中都占据着统治地位，是宗教中心成为政教合一城市空间的精神内核（图1-6）。寺庙一般建在山腰处，与人群保持适当的距离，

图1-6 寺庙——城市精神内核，图片来源：沈芳摄

成为联系"世俗"与"天国"的枢纽。扎什伦布寺作为后藏地区最大的格鲁派寺庙成为政教统治的象征，统治阶级极力营造其重要性。大量朝拜者和居民聚居于此，由此，围绕扎什伦布寺便陆续出现了旅店、住宅、商店等建筑；同时，由于转经的需要，大量的几乎不间断的转经人群使扎什伦布寺周围的道路成为日喀则古城的主要交通干道。

古代藏人造城不善于圈地筑城，而习惯于在制高点上建立宗山建筑，并围绕聚集。所以在西藏的许多城市中，宗山是凌驾于城市之上的。出于防御的心态，居住者们也因此选择了受到宗山保护的那一侧单向发展。另一方面为了给宗山提供武器装备，越来越多的手工艺者住在离宗山尽可能近的地方，也促进了聚落的形成。原始的聚集方式发展成了城市统治制度与管理模式。宗堡曾是政治制度的表现，随着历史的发展，改朝换代，新老更替，它没有因为"宗"制瓦解而消失，在政教合一的背景下，宗堡仍然承担着管理城市的公共职能，只是到宗堡中上班的人不同而已。作为日喀则城市平面中心的桑珠孜宗建筑包括达赖寝宫、佛堂、宗政府办事机构、宫廷卫队和司法机关、牢狱及粮仓等建筑。

城，主要是指居民区。人们称聚集在寺

图 1-7 "雪"城，图片来源：沈芳摄

图 1-8 寺、宗、城三位一体的空间构成，图片来源：沈芳摄

庙或宗山周围的村落为"雪"，"雪"的藏语意义是"下面"的意思（图 1-7），雪村中住的大都是贫民或手艺人，他们一般都为寺庙或宗堡服务。桑孜宗和雪村之间是宗堡与附属性村落的关系，带有瞭望塔和厚重城门的高大围墙能保护宫殿及其村落，因此宗堡下雪村的居民点是日喀则最老的聚集地，这符合藏族聚居区聚落营造的基本规律。日喀则的居民区都是谦卑地匍匐在宗堡和寺庙的脚下，聚集在城市的底部。

寺、宗、城代表了西藏社会中僧侣、贵族和平民各个阶级力量，层层而上的空间形态也是曼陀罗思想的反映。这种特殊的城市空间构成是自然因素和阶级社会共同作用下的产物。它不仅代表了西藏城市聚落的典型模式，同时，还反映了当时的社会制度、等级观念、宗法礼制、社会伦理等社会问题，因此具有多维文化意象和内涵，蕴含着藏民族文明之精神。在这三者中，首先"寺"出现在城市历史各个阶段，并逐渐扩大其影响力，成为主导。其次，在城市布局上，寺成

为城市平面布局的一级，致使城市格局发生变化。然后，从空间方向来分析，寺庙处在地界与天界中间，是连接两界的中间地域。最后，寺是城市居民的精神中心，占据了人们的精神领域。综上所述，寺对于城是以引导者的姿态出现，而这一过程之前，是城孕育了寺，之后是寺带动了城市的发展（图 1-8）。

1.3 拉萨

拉萨位于河谷平原地带，"四山环拱，一水中流，藏风聚气，温暖宜人"[17]。从宏观的区域视野考察，拉萨则地处青藏高原，亚洲腹地，是联系东亚、西亚、南亚，甚至欧洲的重要交通要冲。清代黄沛翘所编《西藏图考》亦云："东通四川，东南达云南界，东北向潘州暨湟中，达中华。正南千里通后藏，西北由后套穿衣里直达泽旺蒙古部落。土人云有万里之远。西抵后套，西南向大西洋海边。"[18]西藏自古以来就有与周边地区交流往来的历史，盖因于此。同时，吐蕃时期开始设置的驿站制度，以及与其他区域的文化交流、商贸往来等，又彰显了这一地理位置的优势，奠定了拉萨日后发展成为"西藏政教之中心，亦工商业之要区"[17]的基础。

拉萨历史悠久，可溯源及公元 7 世纪的吐蕃王朝时期。从其诞生发展至今，几经兴衰，最终成为西藏地方的政治、经济、文化中心。其发展历程可大致划分为以下几个阶段：吐蕃王朝赞普松赞干布统治时期是拉萨城的初建阶段；松赞干布之后的吐蕃王朝时期，是拉萨作为佛教文化中心之城的发展阶段；西藏分裂前期的拉萨多灾多难，处于停滞发展、渐趋衰败的阶段；西藏分裂中后期之时，佛教文化再度弘传，拉萨作为佛教弘传的据点开始重新萌发的阶段；元明时期，萨迦地方政权和帕木竹巴地方政权先后管理西藏地方，统一政权下的拉萨蓄势待兴，并逐渐提升为

西藏佛教文化的中心之城，为清代拉萨的全面复兴奠定了基础。清代是拉萨城市发展的全盛阶段，格鲁派的兴盛与甘丹颇章政权的建立与巩固，使拉萨得以成为政教合一政权的首府之城；晚清时期，随着外来势力与文化的侵入，拉萨也进入了城市发展的转型阶段，表现出顽强的生命力。今天的拉萨日新月异，发展速度之快是古城所无法比拟的，尤其是在西藏民主改革后是拉萨的迅猛发展阶段。

1.3.1 甘丹颇章政权时期拉萨城的发展演变

甘丹颇章政权时期（1642—1951 年），是西藏社会、经济、文化等有较大发展的时期，也是西藏封建农奴制的社会经济形态最强盛的时期。拉萨作为这一时期西藏地方政权的首府，有了较大的发展，得到着力兴建，焕发出了新的生机。表现在拉萨城市空间中，首先是建筑类型的不断增加。不仅维修扩建了部分原有的寺庙建筑，也兴建了包括布达拉宫在内的许多新型建筑，如宫殿、衙署、军营等。尤其是园林在这一时期得到着力兴建，开拓了藏式传统园林发展的新篇章，保存至今的罗布林卡是藏式传统园林艺术的典型代表。此外，居住类建筑的数量有所增加，居住类型得以丰富。其次，城市的职能发生变迁，由纯粹的宗教中心发展成为政教合一的政教权力中心。再次，城市的基本空间布局历经变迁。拉萨在其原有空间布局的基础上，城市的基本格局进一步扩张发展，城市的空间形态日臻成熟，城市的规模得以不断扩展，最终成为最具藏地特色的、具有典型性特征的城市。

依据甘丹颇章政权时期西藏地方的政教局势、社会经济的发展变迁，以及拉萨的城市建设状况等，这一时期拉萨城市的发展演变过程大致可划分为三个阶段：早期拉萨城的兴建、中期拉萨城的扩张和晚期拉萨城的转型。其总的时间跨度从 1642 年甘丹颇章政权建立之时起，直至 1951 年西藏和平解放时为止，大致分别相当于清代初期、清代中期，以及 1840 年鸦片战争以后的晚清和民国时期。

1. 早期拉萨城的兴建

甘丹颇章政权建立之初，选定格鲁派兴盛的拉萨作为新政权的首府所在地，使拉萨一跃成为西藏的政教权力中心。拉萨因之得到大力兴建，城市的规模得以不断扩大，城市的空间格局也随之发生演变。为巩固政教大权所进行的建设项目数量众多，在拉萨主要以布达拉宫的兴建和大昭寺的修扩建为主，另有一些寺庙、府邸和民居的兴建等。

1）布达拉宫的兴建

现在的布达拉宫是当时甘丹颇章政权的标志性建筑，于公元 1645 年兴建于拉萨玛布日山（红山、布达拉山）上。其兴建的源起在五世达赖喇嘛的自传中多有记载。1643 年，林麦夏仲在色拉寺居住时，曾仔细观察过红山，言于五世达赖喇嘛曰："这里多么像旧时的预言所示的情形，不管是否正确，一旦出现一座红色和白色相间的规模巨大的碉堡，就会把色拉寺和哲蚌寺连接起来，从目前和长远看都是很稳固的。这是大悲观音菩萨的住地，如果建立一座嘛呢修行庙，对于涤除福田施主身上的罪孽大有好处。"[19] 当时西藏地方的政局还不稳定，五世达赖喇嘛并没有采纳这一建议。直至 1645 年，"以上师林麦夏仲为首的许多各阶层的人士向我提出，如果当今没有个按地方首领的规则修建的城堡作为政权中心，从长远来看有失体面，从眼前来看也不甚吉利。再者贡噶庄园距离色拉寺和哲蚌寺等寺院又很远，因此需要在布达拉山进行修建。"[20] 于是决定修建布达拉宫，并于当年的藏历四月初一上午举行了净地典礼，而且从大昭寺迎请了洛格夏拉像。通过五世达赖喇嘛的记载可知，兴建布达拉宫的

图1-9 布达拉宫壁画：布达拉宫落成典礼，图片来源：《图说西藏古今》

图 1-10 布达拉宫雪村：东印经院，图片来源：《拉萨历史城市地图集》

主要原因还是从政、教两个方面考虑的。既要弘传教法，又要巩固和扩大新生政权的影响力，从而提高五世达赖喇嘛的政治地位。

布达拉宫白宫具体的建设活动由首任第悉索南群培主持进行，向全藏宣布了修建布达拉宫的差役令。其中修建这座宫殿所需的特殊原材料，则取自西藏各地，有"从岗布隆、夺底、堆巴、拉隆、底热等地采石，从帕崩岗取红土，从查叶巴取三合土，从迟布取片石，从宗堡（即布达拉宫）东面的农田内取土，从岗雍采优质花岗石，夺底出产的金、银、铁等矿石和寒水石取之不尽。从工布及交热采长柱及房梁等重要木料，其余用材从拉萨附近取用"[21]的记载。白宫的兴建时间持续

了 8 年，直至 1653 年才竣工。五世达赖随即从哲蚌寺移居布达拉宫。布达拉宫成为甘丹颇章政权的核心所在。

1682 年，五世达赖喇嘛圆寂后，第悉桑结嘉措开始主持布达拉宫的后续整修和扩建工作，尤其是红宫的建设，同时还建造了金塔以存放五世达赖喇嘛的尸骸。公元 1690 年 2 月 22 日，红宫奠基，公元 1694 年举行了隆重的红宫落成典礼，并在宫前立无字石碑，以示纪念。以后又经过半个世纪的不断修缮和建造，最终落成后的布达拉宫 13 层，高约 117 m，建筑面积 90 000 m²。时至今日，所见布达拉宫基本是当年的规模（图 1-9）。

此外，在玛布日山的山脚下，也同时兴建了部分服务用房。如位于布达拉宫雪村围墙内的东北角，紧靠东城墙处的拉萨东印经院[22]就修建于此时。东印经院由印经堂、藏经库、孜仲卧室、马厩等建筑组成，规模较小，占地仅有 40 m²。主楼坐北朝南，为 2 层藏式楼房（图 1-10）。

布达拉宫的兴建，无论是从稳固政权的角度而言，还是从城市的总体建设和发展而言，都起到了不可估量的作用，它作为政教权力的象征，作为藏传佛教文化建筑的代表，在雪域高原上屹立至今，其意义已远远超出最初兴建的原因。

2）大昭寺的扩建

吐蕃松赞干布时期兴建的大昭寺，仅有佛殿，规模较小，历经磨难，终得以保存，还得到历代不断的整修和扩建，发展至甘丹颇章政权建立之前，已成为西藏地方历史最悠久、影响力最大的佛教寺庙。清代甘丹颇章政权时期，对大昭寺整修扩建的力度之大超过以往历代。

《五世达赖喇嘛传》中记载了不少关于大昭寺修建的内容，如前文所述首任第悉修建大昭寺金顶的功业[23]。公元 1660 年，大昭寺主殿底层分别被改建为兜率堂、观音堂、

无量寿佛堂和法王殿，并塑造了各种佛像摆
在佛堂内。公元 1663 年，第悉赤勒嘉措将主
殿的转经廊修茸一新。公元 1664 年，五世
达赖喇嘛主持于转经廊内侧绘制壁画[24]，同
时在神殿正门内两侧塑造了四大天王。公元
1670 年，改建大昭寺三楼北侧的金顶。其后
第三任第悉洛桑土多为布达拉朗杰礼仓的僧
众在楼上单独新修了一个大殿。五世达赖去
世后，由第悉桑结嘉措主持将转经廊外侧东、
南、北三面的房子全部修成了佛堂[25]。总之，
在这段时期里，大昭寺的建筑面积及建筑面
貌等发生了建寺以来最大的变化，已经具有
现在的规模了（图 1-11）。

此外，也在拉萨新建了部分佛殿。公元
1653 年，新建德阳扎康，1654 年，油漆一新，
并绘制了壁画[26]。公元 1654 年，五世达赖喇
嘛为固始汗办理丧事，专门新建了敏中曲度
康佛堂，其位置大约在今拉萨市北京中路自
治区地矿局一带[27]。第悉桑结嘉措还主持建
筑了乃琼多吉扎央林、药王山片珠尔卓潘达
那欧擦日介林等多处寺庙[28]，将加布日山（俗
称药王山、铁山）上的一座尼姑庙改建为门
巴扎仓，成为第一座从寺院中独立出来的藏
医学扎仓[29]（图 1-12）。

2. 中期拉萨城的扩张

清朝对西藏地方的管理是一个逐步完善
和加强的过程。依据各个时期形势的不同，
采取合宜的管理措施，直至清代中期，方才
逐步建立起较为完善的治理西藏地方的建制
与章程。清中期西藏地方的形势较为复杂多
变，这也促进了各种建制与章程的出现。这
些建制与章程又通过各种运作方式影响着拉
萨城的进展，使这一时期的拉萨城得以扩张。

1727 年，清朝在拉萨正式设立驻藏大臣，
建立官署，并派遣办事大臣和帮办大臣二人
常驻拉萨，督办西藏事务。1739 年（乾隆四
年），晋封颇罗鼐为郡王（俗称藏王），清
朝正式在西藏推行在驻藏大臣监督下由藏王

主持藏政的行政管理体制。公元 1750 年，世
袭藏王珠尔墨特那木扎勒意欲叛乱，驻藏大
臣设法剪除了珠尔墨特那木扎勒，其后清廷
废除了郡王掌政制度。公元 1751 年，由皇帝
批准颁行"善后章程"（十三条），规定了
达赖喇嘛和驻藏大臣共同掌握西藏要务的体
制，订立吏政、边防、差徭等制度。在拉萨
正式建立噶厦政府，内设四噶伦，由三俗一
僧充任，地位平等，秉承驻藏大臣和达赖喇
嘛的指示，共同处理藏政。公元 1754 年在布
达拉宫设立了僧官学校和译仓机构，制定了
僧官学校的规章制度，并把毕业的大批僧官
派往噶厦政府和各宗溪任职。

1）大昭寺及其周边官署建筑的修建

作为宗教文化表征的大昭寺历代均得到
修建，盛清之时也不例外。依据《大昭寺史
事述略》中的记载，大昭寺在这一时期继续
得到了大力修建。清乾隆帝敕谕七世达赖格
桑嘉措统管西藏政教事务时，任命了四个噶
伦，西藏地方政府的政权机构"噶厦"便设
在了大昭寺的南面。以后又逐步在大昭寺周

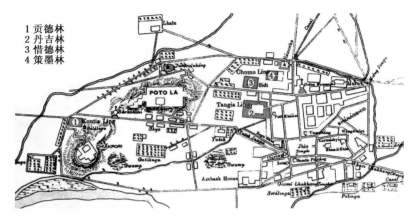

1 贡德林
2 丹吉林
3 惜德林
4 策墨林

图 1-13 四大林的位置示意图，图片来源：焦自云依据吉森辛格于 1878 年的"拉萨平面图"绘制

边修建了一些官署建筑。此外，还有许多地方政府的重要机关也都设在大昭寺的四周。

以清朝中央政府在西藏设置的代表中央行使地方管理权的派出机关——驻藏大臣衙门为例，最早的驻藏大臣衙门通司岗就位于大昭寺的东北方向，《西藏图考》又称之为"宠斯冈"，书中记载："宠斯冈在西藏堡内大街，昔为达赖喇嘛游玩之所，今为驻防衙署。"[18] 在珠尔默特那木扎勒之乱后，改建为双忠祠，以纪念大臣傅清、拉布敦。其时，"藏番追念两公遗泽，岁时奔走，香火不绝"[30]。驻藏大臣衙门也迁至大昭寺以北一里（500 m）许。小昭寺西南角附近的甘丹康萨宫，是当时查没的珠尔默特那木扎勒的府邸。公元 1788 年（乾隆五十三年）巴忠奏称："驻藏大臣等所住之房，系从前珠尔默特那木扎勒所盖，原有园亭，并闻多栽树木，引水入内。后因入官，作为驻藏大臣衙门，历任驻藏大臣俱略为修葺。"[31] 由此可知，历任驻藏大臣对所住衙署都按照自己的意愿进行过维修与整饬。是年，乾隆给军机大臣的诏谕中云："驻藏大臣所居，闻系三层楼房，楼高墙固，即有意外之事，易于防守。"[31] 翌年，经驻藏大臣舒濂奏准，"从前雅满泰所住楼房屋，除改建仓库贮米外，余房甚多，应概行拆毁，盖造教场"[32]。其后，驻藏大臣衙门又经过两次迁移，先是在距拉萨北郊约七里的扎什城兵营的前面，使用至晚清咸丰年间，后又迁至大昭寺以西约里许的鲁布地方，直至清末。

2）拉让建筑的兴建

拉让建筑在这一时期得到了较大规模的兴建，这与清政府对藏传佛教的政策密切相关。从清初的"兴黄教[33]，即所以安众蒙古"[32]，到清中期时的扶植、尊崇格鲁教派，其目的就是因势利导，利用格鲁派传统的力量和社会政治影响，利用宗教的教化作用，"易其政，不易其俗"，来实现驾驭蒙古诸部，安抚藏族聚居区之意。格鲁派的达赖喇嘛和班禅额尔德尼这两大活佛转世系统先后得到清政府的认可和册封，这极大地促进了藏传佛教活佛转世体系的兴盛。依据理藩院造册可详知，清代全国共设呼图克图[34]160 人，其中驻京喇嘛 13 人，藏喇嘛 31 人，番喇嘛 40 人，游牧喇嘛 76 人[35]。对于这些高僧，清廷又参照世俗等级制度，制定了不同的喇嘛等级（即职衔），而且也都给予了不同规格的待遇。在这一段时期里，拉让建筑在西藏地方得以大量建造，其中又以拉萨的拉让建筑最具有代表性。

乾隆二十二年（1757 年）时创建了达赖喇嘛未亲政时的摄政制度，它的出现并成定制，促使拉萨城内先后建造了一批比较有影响的拉让。其中最具代表性的当属有"四大林"之称的丁吉林（丹吉林）、贡德林、策默林（策门林）和惜德林。它们是西藏历史上四大摄政王呼图克图大活佛的私人拉让，是摄政活佛驻拉萨的官邸（图 1-13）。

这四大摄政活佛的地位仅次于达赖和班禅，所以有能力建造规模宏大的拉让，建筑平面形式多为方形庭院，二至四层的主体建筑在北侧，包括门廊、经堂、佛殿等，与常规的藏传佛教寺庙建筑形态颇为相似，清廷亦为其御赐寺庙之名，它是产生于西藏地方这一特殊社会环境中的一类较为特殊的建筑。或有称拉让为府邸者，盖因拉让的兴建与存在是以某位活佛为中心，紧紧围绕着活佛的起居生活、礼佛理政等活动来运转，与活佛的命运息息相关。拉让里除了经堂、佛殿外，也设有活佛日常起居、处理政务的场所，休息的卧室，私人的书房和经堂以及侍从们的居室等。但观拉萨城内外规模较大的寺庙建筑，如哲蚌寺、色拉寺、大昭寺等，亦常设有供活佛使用的此类生活起居、处理政务的空间，或者也建有拉让建筑。又及"四大林"的使用者是活佛喇嘛，也仍以传经、弘法为目的，是佛、法、僧俱全的三宝道场。当摄政活佛退位之后，这一功能更加突出。故而仍将其归属于寺庙建筑进行阐释。

拉萨"四大林"的建筑规模比较大，有着较为宽敞的庭院，甚至带有夏宫等林卡游憩空间，也决定了在城内中心地带难以找到适合建造的位置，所以各大拉让的选址应是在当时拉萨城的城郊地带，依据现存各大拉让的遗存或可推知当时拉萨古城的大致范围。再者，它们的出现与发展对拉萨城市空间的影响是逐渐发生的，并且随着时间的推移与担任摄政之人的不同而有变化，可以肯定的是拉让的兴建对于拉萨城的扩张起到了促进作用。

3）贵族府邸的聚集

贵族就是那些在社会上拥有政治、经济特权的阶层，藏语习惯称之为"格巴""米扎""古扎"[36]。其存在历史悠久，延绵至清中期之时，贵族阶层更在社会政治生活中占据非常重要的地位。其具体的表现方式主要有两点：一是在地方政府部门中担任一定的官职，掌握一定的职权；二是占有庄园、土地、属民等，即拥有大量的财富。西藏贵族阶层对权势和财富的拥有，又使其在整个社会中的地位愈发稳固。清代拉萨成为政权的中心城市之后，拥有参政特权的世俗贵族常会选择离开所属庄园来到拉萨，以求能够在西藏地方政府里谋个职位，并且在拉萨修建高大的府邸用来长期居住。观西藏贵族家庭的名号，或源自于所属祖辈庄园之名，或者就是其在拉萨的府邸之名，可见府邸修建

的是否壮丽，与其财富的多寡有关，而这都是衡量贵族身份地位的标识。所以在这种观念的驱使下，不少贵族世家纷纷聚集拉萨，陆续兴建了一些贵族府邸，使整个拉萨的城市空间逐渐变得拥挤和热闹起来。（图1-14）

至七世达赖喇嘛之时，拉萨贵族的兴盛达到高潮。公元1727年（雍正五年）爆发的卫藏战争，正是前后藏贵族势力博弈的结果。后藏贵族颇罗鼐因得到清廷的支持而在战争中获胜，成为西藏地方的郡王和实际的西藏地方政务的处理者。这不仅使得后藏贵族一跃而起，纷纷选择到前藏拉萨发展以求巩固自己的权势，而且也使得以颇罗鼐为代表的贵族权势发展到顶峰。不过在这一时期，虽然新封授了一些王公贵族，但因卫藏战争损耗了不少财力和物力，所以选择入住拉萨原有旧宅院的贵族也有不少。不过入住后的改扩建工程并没有停止，新的府邸仍在兴建。

此外，从七世达赖喇嘛开始，西藏地方政府给予历代达赖喇嘛的家庭成员以贵族的待遇和财产，并为其在拉萨修建府邸。尧西贵族因其与达赖喇嘛之间特殊的血缘关系而很快得到贵族阶层的认可。他们的出现使得西藏贵族阶层内部的权力又有了新的分配。此后历代达赖的家人都会随其迁至拉萨居住，达赖的父亲或兄均按旧例受清廷封"辅国公"。历代尧西家庭在拉萨均建有豪华的府邸，如桑珠颇章、宇妥桑巴、彭康、拉鲁嘎彩、朗顿和亚布溪达孜。

图1-14 从西南远望拉萨的市中心（约于1912年绘制，拉萨城内遍布贵族府邸），图片来源：《拉萨城市历史地图集》

4）林卡的发展

"林卡"[37]，藏语音译，通常意指"园林"。拉萨城内外存在大大小小的林卡数处，它的存在与发展对拉萨城的扩张和城市风貌起到了举足轻重的作用。林卡的存在历史悠久，但其得到大规模兴建和飞跃性发展的时间却比较晚。发展至甘丹颇章政权之时，拉萨在原有林卡的基础上，着力营建了罗布林卡。此外，龙王潭、拉让夏宫的林卡、部分贵族府邸的附属林卡，及周边寺庙的僧居园（辩经场，林卡的一种类型）等也都得到了极力营建，是藏式传统园林发展的新阶段。

以罗布林卡为例，它作为藏式传统园林的典型代表在这一时期得到了较大规模的兴建，也为拉萨城的向西扩张奠定了基础。新修的园林建筑使其呈现出与内地园林颇为相近的景观意向。依据现有的研究成果，通常认为其兴建始于七世达赖喇嘛时期。公元18世纪上半叶，清廷新设立的驻藏大臣根据朝廷旨意，在此为七世达赖修建了第一座行宫

图 1-15 罗布林卡的乌尧颇章，图片来源：汪永平摄

图 1-16 罗布林卡的格桑颇章，图片来源：汪永平摄

建筑，名叫乌尧颇章[38]（图1-15），供其休憩，这是罗布林卡建园之始。传统观点多以在罗布林卡中修建第一座建筑格桑颇章作为罗布林卡存在的开始，这种观点大约受内地对园林艺术的解读所致。笔者认为，应以在林卡内着力兴建园林建筑作为藏式传统园林发展到新阶段的标志。罗布林卡发展至七世达赖喇嘛之时，进入了一个新的发展阶段，其后，七世达赖喇嘛于1775年在此处修建格桑颇章（图1-16），以后历辈达赖喇嘛陆续增加，遂成为闻名于世的园林。同时，也为拉萨城的西扩拉开了序幕，由此形成了以布达拉宫为中心，辐射八廓街、罗布林卡周围约3 km的城市，使拉萨的城市风貌呈现出新的景象。

3. 晚期拉萨的城市转型

1840年鸦片战争之后，清朝政府的统治逐渐日薄西山，不断屈服于帝国主义列强的武力侵略扩张之中，中国被迫开始了曲折的近代化历程。清政府对西藏的统治开始走下坡路。清朝中央政府第一次对西藏不能提供有效的保护是在1856年，与尼泊尔的摩擦事件之中。此外，在通商和游历等问题上，噶厦和清廷也持有不同的看法和执行着不同的政策。在对付英帝国主义侵略的问题上，清朝和噶厦的矛盾终于爆发，噶厦竟"不听驻藏大臣约束，转致驻藏大臣办公掣肘，甚至公文折报，须先关白，然后乃得遵行"[39]。

19世纪，也正是英国的东印度公司向喜马拉雅山脉地区扩张的时期，其对西藏边界的尼泊尔、不丹的侵略，引起了清廷的忧虑。英国从南部、俄国从北部、法国从东部等纷纷派遣探险家、传教士等秘密地或公开地潜入西藏，频繁出入西藏境内的所谓科学考察团、传教士等引起西藏地方的不满。由是拉开了西藏寻求变革和发展，抵御外敌的序幕。

1）新建筑类型的出现

拉萨迈入近代化的历程之后，伴随着新

功能的需求出现了一些新的建筑类型。首先
表现在教育方面，随着近代教育的萌芽，传
统的以寺院为主的教育模式被打破。西藏地
方政府、清朝中央政府以及民国中央政府都
为西藏地方的近代教育发展做出了贡献。在
藏医学教育领域，1916年，经十三世达赖
喇嘛批准，在拉萨丹吉林寺的西侧庭院内创
办门孜康（医药历算局），采取藏族传统的
教育方法，传授藏医药和天文历算知识（图
1-17）。从1906年（光绪三十二年）起，清
朝中央政府在西藏陆续设立两所小学堂、一
所汉文传习所、一所藏文传习所及陆军小学
堂。截至1909年3月，已经先后在西藏地
区设立了16所学堂，成绩斐然[40]。1940
年元月，民国中央政府在拉萨建立"国立小
学"，设6个班，当时有学生187名，教职
员12人。这被认为是中央政府在西藏地区创
办的最早的学校（图1-18）[41]。

邮电通信等基础设施在社会经济生活中
具有桥梁和纽带的作用。1909年前，西藏地
方政府就架设了自驻藏大臣衙门至西大关之
间约15 km的电线。1909年，清政府邮政总
局总办帛黎派邮政巡察供事华员邓维屏前往
西藏筹办邮政。邓维屏到拉萨后，立即着手
训练和培养邮政人员，准备在西藏开设大清
邮政官局。1910年，拉萨邮局成立，联豫下
令将原有的塘兵驿站并入邮政制度内。1911
年，拉萨设立了邮政管理局，察木多、硕般多、
江孜、江达、亚东、帕克里和日喀则等地设
立了二等邮局，西格孜设立了邮政代办所。
之后，西藏地方政府在民国时期进行了重新
设置。1925年，创办了扎康（邮政局），将
位于大昭寺西侧的丹吉林的部分房屋改成邮
电局，这是西藏现代邮政的开始（图1-19）。
十三世达赖委派僧官扎巴曲加、俗官贝喜娃
二人为扎吉（邮政总管），办理西藏境内邮政。
同年，还成立了拉萨电报局，十三世达赖委
派从英国留学回来的俗官吉普·罗布旺堆和

从印度留学回来的僧官孜仲·曲丹丹达二人
为局长[42]，架设了拉萨至江孜的电线。

近代拉萨兴建了西藏地方钱币铸造厂。
1909年，西藏地方政府在拉萨北郊的扎齐地
方，建一铸币厂，以水为动力，用机器造银
币和铜币，开创了西藏地方用机器铸造硬币
的历史。1917年建立梅吉机械厂，初为火药
厂，继而仿造步枪、子弹、大炮，同时还兼
铸铜币和印制钞票、邮票。1918年，西藏地
方政府又在罗布林卡西边"罗堆色章"成立
罗堆金币厂。1920年，十三世达赖喇嘛扩充
藏军，并成立了警察局。1922年，在拉萨北
郊"夺底"地方成立"夺底"造币厂。1931
年11月，西藏地方政府在十三世达赖喇嘛主
持下，于拉萨北郊的扎希主持修建了西藏历

史上第一座电力机械厂——"扎希电机厂"，并把原有的制造货币的罗堆色章、夺底造币厂、梅吉机械厂三个厂并入其中。十三世达赖题名"扎希电机厂无边希有幻化宝藏"，直接受噶厦政府管辖[43]。上述所有近代产业的兴办不仅反映出西藏近代经济社会的发展和变化，也反映出拉萨城市功能的变迁。

2）传统建筑的改扩建

伴随着近代化程度的逐渐深入，拉萨的部分传统建筑也陆续开始了改扩建。最著名的实例是布达拉宫的改扩建，其建设活动从五世达赖修建布达拉宫白宫开始，历经各辈达赖喇嘛的扩建，一直延续到近代。其后为十三世达赖喇嘛修建的灵塔殿让布达拉宫红宫更加完整壮美，以至于藏学家陈庆英称布达拉宫的完美是十三世达赖喇嘛的一大贡献。这一时期，在布达拉宫雪村围墙外的西南角也陆续兴建了部分民居、手工作坊等附属建筑（图1-20）。建筑冲破了围墙的界限，呈现出向外自由扩张的趋势（图1-21）。

拉萨寺庙的改扩建也未曾中断。以大昭寺、小昭寺、旧木鹿寺为例，据《大昭寺史事述略》所记："大昭寺楼上达赖的住处及其周围曾进行多次修整，规模最大的一次是在藏历第十六绕迥庚寅年（1950年）。北面的住宅区基本上是拆掉重建的，同时还新修了观会的康松司弄（威镇三界阁）。"[45] 小昭寺则由于乾隆年间以及其后的多次火灾，亦曾屡次重修。同样，位于大昭寺东邻的著名古寺——旧木鹿寺（或译作墨如宁巴），在这段时期里也得到重修。据《西藏王统记》记载，热巴巾（815—838年在位）时在大昭寺东、南、北三面建寺："（热巴巾）王之受供僧娘·霞坚及少数臣僚等在拉萨东面（陈译本此句作'在大昭寺东面'）建噶鹿及木鹿寺，南面建噶瓦及噶卫沃，北面建正康及正康塔马等寺。"[45] 现存旧木鹿寺的主要建筑——三层佛殿和绕建的二层僧房，均为十三世达赖喇嘛之时重建。此外，还在大昭寺之东北方向、小昭寺之东南方向新建一座墨如寺。

20世纪上半叶，拉萨的建筑开始表现出对外来建筑文化容纳的新特性。十三世达赖喇嘛掌权后，曾派一些贵族子弟到印度和

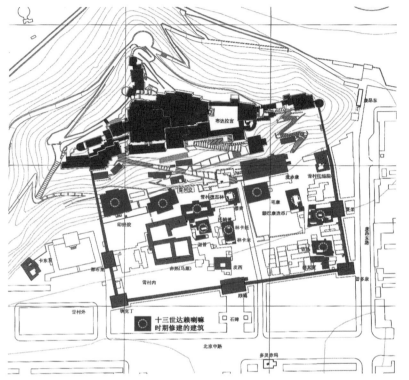

图 1-20 布达拉宫雪村的扩建，图片来源：焦自云依据《拉萨城市历史地图集》绘制

图 1-21 从药王山看布达拉宫（1937年拍摄），图片来源：《拉萨城市历史地图集》

英国等地去学习，这些人回来后，带来西方先进文化和现代生活习俗。尤其是20世纪四五十年代，拉萨一些贵族纷纷选择从拥挤的老城搬出，在城郊新建带有园林的住宅，从而出现了许多独家独院的园林式贵族宅院。贵族宅院发展的这种别墅化趋势明显表现出受外来文化影响的痕迹。如位于拉萨的江罗坚贵族庄园建造年代比较晚，代表了后期别墅化庄园的布置特点。整个园林占地约1.2 hm²，规整地划分为四个区域。主体建筑（主楼）位于园林西北角，其余三个区域为菜圃和果园，园与宅融合形成一个整体，且周围用矮墙围绕（图1-22，图1-23）。

同时，外来文化的波及还体现在对新型建筑材料的使用上。建筑门窗开始采用玻璃代替传统的纸糊，水泥等建筑材料也开始有所应用。更有贵族子弟从国外带回来一些钢梁，在设置钢梁的房间里，取消传统的柱子。尽管建筑主体依旧还是保持着藏式传统建筑的特色，但是房屋的平面设计和楼梯样式等都有了新的变化。在拉萨老城周围出现的许多新的宅院是此类贵族府邸建筑的实例。

此外，清末张荫棠的藏事改革（1906—1908年）为拉萨的城市面貌注入了新的生机。吉曲河河堤两岸的草地、灌木和树丛组成了一条绿化带，正是张荫堂倡导种植的。作为纪念，其被称为"张"绿化带，并有一种花被命名为"张大人花"。

1.3.2 拉萨城市空间结构

1. 城市广场

拉萨城内存在的城市广场空间多是在藏传佛教文化的主导下形成的。这种广场空间规模不大，数量也不多，但却为宗教活动的开展提供了良好的场所。其分布主要集中在寺庙建筑和官署建筑周围。例如大昭寺南门的松曲拉广场（图1-24），是其中比较有代表性的实例。此外，还有大昭寺西门的入口

图1-22 拉萨江罗坚园林别墅，图片来源：《罗布林卡》

图1-23 拉萨江罗坚园林别墅平面，图片来源：《罗布林卡》

1-温室　2-住房　3-马厩　4-杂用
5-佣人用房　6-厨房　7-库房

0　5　10　15　20 m　北

图1-24 大昭寺南门的松曲拉广场，图片来源：《在西藏高原狩猎和旅游》

广场、小昭寺东门的入口广场、鲁布衙门东侧的鲁布广场，以及朗孜厦门前的冲赛康市场等（图1-25）。这些广场常兼具多种功能，在宗教活动举行的间隙，广场可以作为拉萨居民日常礼佛、贸易交流的场所，其中的鲁布广场也充当驻藏大臣衙门的练兵场所。

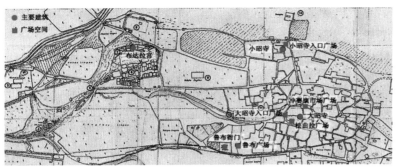

图 1-25 拉萨城内的广场分布图，图片来源：焦自云依据彼得·奥施奈特 1948 年"拉萨河罗布林卡平面图"绘制

从使用功能的角度考察，可以发现拉萨的城市广场空间与中世纪的西欧城市广场在一定程度上呈现出了相似的特征，均可以作为宗教集会和居民从事各种活动的场所。中世纪的西欧城市广场主要为教堂广场，也有市政厅广场和市场广场，它们通常都是城市的中心，是城市的必然组成部分。但于西藏的古城而言，广场空间却并不是城市的必然组成部分；如城市中设有广场，则广场也不一定是城市的中心。拉萨是藏族聚居区城市中为数不多的设有广场空间的城市之一。广场虽然也是为拉萨居民提供活动的场所，但更像是寺庙内的宗教活动空间在城市中的延伸拓展。

通过对建筑单体及建筑群的考察可知，拉萨城内的建筑多以天井、院落围合成内向的生活空间，面向内院的建筑立面较为开敞，面向城市街道的外观则比较闭塞，可以说建筑的布局原则基本上是内向的。这与中原古城中建筑群的布局原则相同。然而与中原古城中鲜有城市广场空间存在的特点不同，拉萨城内出现了广场空间。中国古典建筑群的平面构成方式是由一系列的院落串联或者并联而成，实际上这些或大或小的院落在一定程度上兼具了广场这种空间的作用，因而在城市平面构图上，似乎没有再重复采用的必要。对于拉萨古城而言，如果仅从生活空间的角度考察，广场空间的出现似乎也没有多少实质性意义。但若从宗教活动的角度出发，广场空间的出现就有了存在的合理性。这种广场空间既可以为宗教活动提供举行的场地，又可以通过它拉开与世俗百姓的距离，为信众的信仰提供事实上的距离感，进而升华为膜拜感。这都迎合了其为宗教服务的目的，同时也为城市营造出了较为开阔的空间，使拉萨城内过于封闭的街道空间有了些许喘息的机会。

拉萨城内的广场平面不规则，广场空间具有内向性的特征。它们多被广场周边的建筑单体所围合，常与道路体系相连，道路从广场的一侧或中间穿越，成为狭窄的道路体系中放大的节点；又多依托寺庙、官署等建筑的出入口，形成宽敞的缓冲空间。这种特征与中世纪西欧城市中的教堂广场、市政厅广场等颇为类似。中世纪的西欧城市广场多位于教堂或市政厅之前，"均采取封闭构图，广场平面不规则，有建筑群组合、纪念物布置与广场、道路铺面等构图格局特色"[46]。而且与拉萨城内的广场空间一样，它们都没有经过专门的规划设计。这与古罗马时代的城市广场，以及其后欧洲文艺复兴时期的城市广场多有不同。古罗马时代的广场多由古罗马帝国的皇帝授意而建，其意为纪念或者彰显其功绩，经过设计的广场空间常用轴线串联在一起，呈现出内向式围合的特点。欧洲文艺复兴时期的城市广场也多经过规划设计，广场同样由建筑单体或长廊进行围合，但已开始逐渐由封闭趋向开敞，且常有对称式的广场平面构图出现。

拉萨城内的广场空间又有着自己独具的宗教特色。与欧洲广场中常立有方尖碑、喷泉、雕塑等元素不同，拉萨的广场空间内常设有与宗教文化或宗教活动相关的实体，如佛塔、塔钦（意为"幡柱"）、焚香炉、高台等，也有在重要建筑前立有石碑的，广场常用石质铺地（图 1-26）。从广场空间的特征来看，这些实体常成为广场的视觉中心。从广场空间围合的角度而言，又常常隐性地限制出广场的范围，即这些实体多位于广场的边角处，而非广场的中心。从其实用的角度观察，这些实体与信众的宗教信仰密切相关。佛塔是膜拜转经的宗教建筑实体，焚香炉是焚香祭拜的器具，高台是高僧的法台，铺地是辩经的场所等，均满足了修行需求。

2.城市道路体系

以藏传佛教文化为代表的宗教文化对拉萨的影响是多层次、多方位的。具体到拉萨的城市空间中，又以对拉萨城市道路体系的影响为最。道路体系的形成过程和最终表现形态无不印证着藏传佛教文化的痕迹，甚至可以说就是在它的主导下发展而成的。拉萨的城市道路体系呈现出了与佛教文化之城相适宜的空间意象。

第一，以佛教文化为依托的环状的城市转经道。转经是佛教信徒们的主要修行方式之一，拉萨因之而成的转经道主要有囊廊、八廊、林廊和孜廊这四条转经道，它们对于拉萨的道路体系和城市空间产生了颇为深远的影响。其中又以八廊转经道对拉萨城内外的道路体系的影响为最。囊廊是内环转经路，实际上它是大昭寺内的转经道，拥有众多小经堂和走廊的大昭寺被一堵高大的围墙环绕，墙的内侧便是囊廊，它对城市道路体系的影响甚微。林廊属于外环转经道，它的存在有利于我们识别拉萨的城区范围，拉萨城的八廊街区域和布达拉宫雪村区域就是林廊转经道所环绕的部分。林廊与八廊、囊廊一起构成了以大昭寺为中心的近似的同心圆。孜廊是围绕布达拉宫转经的路线，因其形成时间较晚，大约在甘丹颇章政权末期才逐渐形成，故而在甘丹颇章政权时期其影响要相对弱些（图1-27）。

第二，未经规划的"迷宫式"的道路网。依据现有研究成果可知，"礼制"营城思想主导下的中原古城，其道路网多为方格形的"棋盘式"的道路网布置方式，道路和道路之间很多时候都等距，纵横方向不但互相垂

图1-26 从松曲拉广场远眺布达拉宫，图片来源：《拉萨历史城市地图集》

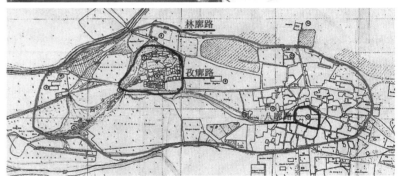

图1-27 拉萨的转经道，图片来源：焦自云依据彼得·奥施奈特1948年"拉萨河罗布林卡平面图"绘制

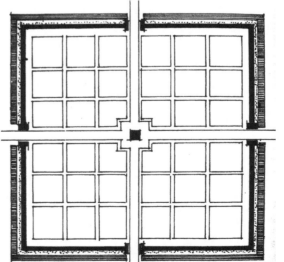

图1-28 中原古城的棋盘式道路网，图片来源：《华夏意匠》

直，而且原则上也尽量争取构成正南北向以及与之垂直的东西向。这种道路网的形成包含着一个非常合理的技术内容，是经过严整的规划而形成的路网（图1-28）。而拉萨

图 1-29 拉萨古城的迷宫式道路网，图片来源：焦自云依据《拉萨历史城市地图集》绘制

只要右旋即可，故多取近便弯转之路，少有直线或直角转弯的道路；二是因为所有房屋的朝向并没有定规，这与中原房屋讲究朝向的规则不同，拉萨城内建筑未定规划而随意的砌筑方式让街巷也变得极不规则，所以城市道路体系中的枝干道路表现出了"迷宫式"的特质。

林廓是拉萨的外转经道，绕拉萨城的重要佛教圣地一圈，其在宗教方面的功能要强于其交通联系的功能。追溯林廓路的形成，最初即为转经而出现，其交通作用却似乎显得无关紧要。林廓路的宽度不一，窄处似有若无[47]，仅能供一人行走，宽处却可跑马。因林廓路的环线比较长，转经之时也常选择行走其中的一段路程，从中途而下，转走其他道路，所以其单向流动的特征不如八廓街来得强烈，但也仍以顺时针单行为主。

除八廓、林廓之外的城市道路网中，还密布着众多小的街巷道路，这些道路内的人流方向呈现出双行的特征。究其原因，便利生活的需求占了主导因素。大昭寺和布达拉宫、扎什城之间的道路，则取其联系便利之故，故而也呈现出双行的特征。

的城市道路网却呈现出与此截然不同的布置方式，拉萨的道路体系更倾向于"迷宫式"的道路网络，是没有经过事前规划，自由生长而成的道路体系。只是在道路自由生长的过程中，更多受到了来自宗教文化，以及"市"等因素的影响。这恰与以藏传佛教文化为主导的西藏文化的特质相呼应，也与拉萨早期因交通便利的位置优势而存在"市"的起因相符合（图 1-29）。

在中世纪西欧的城市中，教堂广场是市民日常生活的中心，也是市场，更是交通的一个转接点，因而其道路体系常以教堂广场为中心放射出去，形成蛛网状的放射环状道路系统。这种系统符合城市逐步发展，一圈圈地向外延伸的要求。拉萨虽然在以大昭寺为中心的城区内，也有几条道路以大昭寺为中心呈发散式向外延伸开去，并以八廓和林廓作为环状的收缩，呈现出与中世纪西欧城市颇为相近的道路系统。但是从拉萨城市整体的宏观角度观察，却没有因之形成单纯的"蛛网状的放射环状"的道路系统，城市道路系统受外界交通的影响比较深。连接布达拉宫和大昭寺之间的道路，以及连接大昭寺和城北扎什城之间的道路也是拉萨的主要干道之一。在主要干道之下的街巷则更像是迷宫，人行其间，很难有明确的方向感，一是因为转经的修行方式只限定了右旋这一基本方向，围绕散布在街巷内的佛殿、圣迹等转经，

1.3.3 城市空间结构的秩序

中原内地古城强调建立礼制的规划秩序，以及王权至高无上的思想，在城市中所展现的基本规划结构如"择中立宫""中轴对称""讲究尊卑""井田方格网系统"等，为历代所推崇，被封为城市规划的经典，并随着儒家思想地位的逐步提升，其影响也越来越大。自东汉以来，我国都城规划基本上都继承了营国制度的传统，如北魏洛阳、曹魏邺城、隋大兴、唐长安城、北宋开封、元大都和明清北京等。

1）择中立佛，信仰传承

对拉萨城而言，中原内地的儒家文化对其影响甚为微弱，更多展现出的是佛教文化

的影响，"礼佛"代替"礼制"成为西藏地方城市建设的主要思想。"择中立宫"的规划结构演变成为"择中立佛"。拉萨八廓街区域的中心为大昭寺，"礼佛"主导了整个区域的城市空间结构。大昭寺建筑本身近乎中轴对称的轴线并没有在城市的建设中延伸，环形的转经道与发散式的街巷消解了这条轴线延伸的可能性，同时，它们也共同强化着大昭寺的核心地位，从这样的道路体系中无法解读到任何中原内地古城常见的"井田方格网系统"。

甘丹颇章政权初期，蒙古汉王与达赖喇嘛分别执掌政权与教权，拉萨城内也先后修筑了蒙古汗王的王府两处：甘丹康萨、班觉热丹。依据前文分析可知，其位置都在八廓街环路以外，前者位于大、小昭寺之间的林卡地，后者则位于大昭寺以西的开敞地，并没有出现中原内地都城常见的"择中立宫"的格局，也没有出现地方府城中择中立王府的格局。可见，新政权建立后，修筑的王府并没有成为拉萨的城市中心，而是以礼佛的谦卑心态分布在了大昭寺的周边区域，拉萨八廓街区域以"佛"为中心的布局方式得以传承。

2）择高立宫，尊卑分别

依山而建的布达拉宫是拉萨全城的最高点，布达拉宫区域的雪村位于布达拉宫的山脚下，通过抬升布达拉宫的高度来达到统领全区甚至全城的效果。在这里"建筑高度"取代了"城市轴线"，以形成区分城市内尊卑分别的功能，建筑的高度通常是其主人身份地位的反映。雪村内各类普通建筑没有水平向轴线的控制，仍然都是杂乱无序地修筑其间，其低矮的建筑高度让其以一种谦卑的姿态匍匐在布达拉宫的脚下，从而成就拉萨在竖向高度上的较为突出的秩序感、整体感。

布达拉宫作为政教合一政权的核心所在，

在一定程度上也可以说是寺庙建筑。内供的"鲁格夏热"圣观音神像，不仅是达赖喇嘛的修习的本尊之神，也是布达拉宫的灵魂所在。宫与佛、政与教的有力结合更加强化了布达拉宫的崇高地位。布达拉宫的营建时间比较长，且没有经过专门的规划，观其外观，虽没有严整的中轴线，但仍然呈现出了均衡对称的庄严气势。

1.3.4 重要区域的空间特色

1. 八廓街

依据前文的论述可知，拉萨历史悠久，是经过漫长的岁月逐步发展而成的西藏中心之城。因而拉萨并不是有意识规划后才修建的城市，所以城市内寺庙、官署与居住区之间都没有严格的界限，相互之间杂错分布。这与西汉长安城、汉魏洛阳城等中原早期城市颇有相同之处。拉萨八廓街区域的这种城市空间特点尤为清晰。八廓街围合成以大昭寺为中心的近似圆形的区域，分布的主要建筑是大昭寺，周边围以寺庙及寺庙的附属建筑、官署建筑、府邸建筑以及部分民宅。八廓街外围区域则以府邸、民宅、商号为主，间有官署建筑和寺庙建筑。不同类型的建筑在城市中并没有明确地按功能分区布局。

《管子·大匡》记载："凡仕者近宫，不仕与耕者近门，工贾近市。"城市居民为便利生活而择近居住，是中原古城的分布特点。八廓街区域也在一定程度上体现着这种"就近原则"。大昭寺既是寺庙，也是噶厦地方政府所在地，市场绕其分布，因而无论贵族、平民早期皆首选在此区域内居住，不仅取其崇佛之因，亦取其便利之故。八廓街区域呈现出以大昭寺为中心的发散的城市生长模式。直至甘丹颇章政权后期，因八廓街区域内的建筑密度比较高，才有贵族为追求环境舒适而迁往城郊。

八廓街区域内的街巷没有经过专门的规

图 1-30 八廊街区域的街巷体系，图片来源：焦自云依据《拉萨历史城市地图集》绘制

图 1-31 意大利帕马诺瓦城的蛛网式的放射道路，图片来源：《城市的形成——历史进程中的城市模式和城市意义》

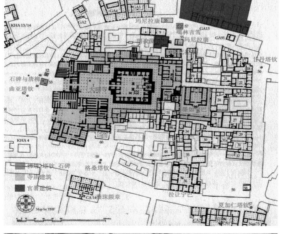

图 1-32 八廊街区域的纪念性元素和主要建筑示意图，图片来源：焦自云依据《拉萨八廊街区历史古建筑简介》绘制

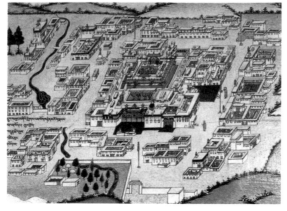

图 1-33 壁画：八廊街，图片来源：*The Temples of Lhasa*

划与设计，多是自然预留形成的。包括八廊街在内的街道宽度，常因周边建筑单体的布局而多有变化，形成开阔无序、错落多变的街巷空间，呈现出自由发展的特点。八廊街区域内主要有 7 条大的街巷，以八廊街为中心向四面辐射（图 1-30）。这些街巷多是在建筑单体之间自由弯转，最终通向城郊。加上其间杂乱布置的小胡同，形成如同迷宫般的路网结构。这与欧洲古城中以教堂广场或市政厅广场等为中心形成的蛛网式的放射环状路网结构多有不同（图 1-31）。

八廊街区域还分布有一些比较特殊的城市构成元素，如佛塔、塔钦（意为"幡柱"）、石碑、柳树等。这些元素均与特定的历史事件或者特定的历史人物有关，书中姑且称之为纪念性元素。它们多位于八廊街上，或者位于紧靠八廊街的广场中。它们随着时间的推移，逐渐演化成为八廊街区域的重要地标。佛塔以位于朗孜厦门前市场中的"噶林积雪"白塔为代表[48]。塔钦主要有四处，分别是位于八廊街东北角的甘丹塔钦[49]，位于八廊街东南角的夏加仁塔钦[50]，位于八廊街西南角的格桑塔钦[51]，以及位于大昭寺西门前的曲亚塔钦[52]。石碑则以大昭寺西门前的"唐蕃会盟碑"、"永远遵行碑"、无字碑等为代表，其中的"唐蕃会盟碑"与同样位于大昭寺西门前的"唐柳"[53]一起成为大昭寺西入口的重要标志（图 1-32，图 1-33，图 1-34）。

2. 布达拉宫

布达拉宫区域主要是在甘丹颇章政权建立之后发展起来的，虽然在兴建布达拉宫之时，也没有进行专门的城市规划，但是宫殿区与其他区域已经分开，宫殿区独立在玛布日山上，其他部分如附属的官署建筑、居住建筑等则依偎在山脚下。其中官署类建筑，如印经院、雪勒空、雪村德吉林（监狱）、麦赤康、宅康、额巴康藏币厂、雪村印经院等，多靠近玛布日山体，或与玛布日山体紧紧相依，建于山体与平地的交界之处。住宅建筑则分布在雪村的东南区域一带，远离宫殿区，而更接近外围墙。布达拉宫区域内顺应地形，从高到低依次布置宫殿、官署建筑、住宅建筑的城市空间特点，较之八廓街区域而言，已经更趋向于秩序化。虽然山下的官署建筑与住宅建筑之间还没有明确的界限，但已经能够大致划分为官署区和住宅区，在一定程度上体现了建城思想中尊卑分别的等级观念。

布达拉宫雪村平面为矩形，其东西长约365 m，南北长约180 m，占地约为65 700 m^2。环绕雪村的东、南、西三面筑有高大的城墙，并于其上设三门。南边的门为正门，称之为"顺噶"，又译"杰廓钦波"，城楼之上设有神殿，春季之时，由僧人诵经念咒以祈祷。每逢达赖喇嘛、摄政王、中央大员进出布达拉宫之时，此门照例大开，守城的官员于两侧恭迎送往。东面之门称为"夏廊"，上设有一城楼，名为"博东康"。西边之门称为"洛廊"，其上亦设有城楼，名为"焦当"，是卫兵站岗放哨之所。此外，在城墙的东南角和西南角上各设有一角楼，分别名为"普多康"和"确克丁"。

五世达赖重修布达拉宫之时，首先考虑的就是其战略地位和军事防御之用。其经师林麦夏仲亦曾指出，把布达拉宫重建起来，与西边的哲蚌寺、北面的色拉寺遥相呼应，形成一个坚固的防御体系。而雪村周围筑起的城墙就成为保卫布达拉宫的最为重要的防线。著名的历史事件如1717年的准噶尔入侵拉萨之战，以及1728年前后藏之战等，都曾在雪村的城墙内外展开过厮杀。从军事防御的角度观察，雪村堪称是布达拉宫的卫城。

雪村内的街巷体系没有过多地受宗教转经等修行仪式的影响，推测仍以军事防御和交通联系为主。从"顺噶"正门通往布达拉宫大台阶的道路是雪村内的主路，它将雪村

图1-34 大昭寺西门前的石碑，图片来源：《雪域求法记》

图1-35 在西印经院屋顶举行的庆典，图片来源：《在西藏高原狩猎和旅游》

大致划分成东西两区。从主路上又延伸出4条支路，分别通往两侧的城门、官署建筑和民宅的门前。然而与中原古城中通往城门的可通马车的、笔直的方格网道路体系相比，雪村的道路体系呈现出了不同的设置意向。不仅道路的宽窄不一，而且道路多在建筑之间弯转，方可达城门。东西两侧的城门前均建满了建筑，空间非常局促。仅在"顺噶"正门内偏东的区域形成一较为开敞的空间，以举行各种隆重的接送仪式。此外，靠近西门"洛廊"的西印经院一层的屋顶也是雪村内较为开敞的空间，节日盛典也常在此举行（图1-35）。

甘丹颇章政权晚期，在雪村围墙外、靠近西南角的空白地段也陆续修建了一些一、二层的建筑，大多为民宅或手工作坊。这是

图 1-36 从玛布日山上看布达拉宫雪村的西南角, 图片来源:《图说西藏古今》

建筑冲破城墙界限向外自由扩张的结果, 也是城市自由生长的模式之一(图 1-36)。在"顺噶"正门内外也立有石碑, 分别是"达扎路恭记功碑""布达拉宫前无字碑""御制平定西藏碑""御制十全记碑"[54], 这些石碑也成为布达拉宫区域的重要标志之一。拉萨城内在重要建筑的出入口或建筑内竖立石碑用于纪念的习俗, 盖源自中原内地在重要建筑内设立石碑用于纪念的惯例。

1.4 日喀则

1.4.1 城市概况

日喀则全名溪卡桑珠孜, 简称"溪卡孜", 汉语译音为"日喀则", 是西藏第二大城市, 也是后藏地区政治文化中心, 是班禅大师驻锡地, 1986 年被国务院列为国家历史文化名城。

日喀则市地处青藏高原南部、喜马拉雅山北麓、雅鲁藏布江与年楚河交汇的冲积平原。日喀则市属于藏南珠峰地区东北部的河谷地带, 属于喜马拉雅褶皱带的一部分, 处于印度板块和欧亚板块相撞击、断裂缝合带的典型地段, 东距西藏首府拉萨 277 km, 东临仁布县, 南接白朗县、拉孜县, 西连谢通门县, 北依南木林县。南北最大纵距 78 km, 东西最大横距 118.4 km。

日喀则市历史悠久, 吐蕃王朝后裔晋翟曾统治过这片土地, 并在今甲措雄乡聪堆一带建立商市, 号称吐蕃十大商市之一。相传 8 世纪时, 藏王赤松德赞请印度高僧莲花生进藏建桑耶寺, 路经日喀则地方, 在此修行讲经, 传播佛法。这位高僧从孟加拉进入西藏时, 曾预言雪域的中心将在拉萨, 其次在年麦(日喀则)。此后, 虔诚的宗教徒便在尼玛山设宗, 从而逐步发展成为后藏的中心。15 世纪中期, 宗喀巴弟子一世达赖根敦珠巴在尼玛山下主持兴建了扎什伦布寺, 为以后日喀则的城市发展奠定了基础。日喀则有扎什伦布寺、夏鲁寺、俄尔寺、安贡寺等各具特色的多教派寺庙 16 座。藏式民宅遍布城乡, 风格独特多样, 内涵丰富多样。日喀则城市被包围在大片的农田之中, 是典型的"小城市、大农村", 素有西藏"粮仓"之称。

1.4.2 历史沿革

7 世纪初, 雅隆部落的松赞干布在西藏高原实现了统一, 正式建立了吐蕃王朝。吐蕃王朝按照自然地理分布状况, 把所辖中部地域划分为"卫、藏"两大部分, 其中"藏"区分为"耶如"(今年楚河一带)和"如拉"(今雅鲁藏布江上游沿岸), 东以岗巴拉山为界, 西至冈底斯山(现阿里一部分)。因"藏"区地处雅鲁藏布江上游, 于是才有了"后藏"之说。随着历史的发展, 当时界定的"后藏"区域有所变化。但是, 现在的日喀则地区仍处于这个范围的中心地带。因此, 人们亦习惯于把日喀则地区称为"后藏"。

日喀则原称"年曲麦"或"年麦"(即年楚河下游的意思), 这里虽很早就有人居住, 但仍是荒凉之所。8 世纪时, 吐蕃王朝的藏王赤松德赞请印度高僧莲花生进藏建桑耶寺, 路经日喀则地方, 在此修行讲经。11 世纪, 萨迦王朝时, 年麦(日喀则)已具"城镇"的雏形。

14 世纪初, 大司徒绛曲坚赞战胜萨迦王朝, 建立了帕竹王朝, 并得到元、明皇室的庇护, 设了十三个大宗溪, 最后一个宗便叫作桑珠孜(意为如愿以偿, 选址在今日喀则),

取名为溪卡桑珠孜。在宗山建造了宗政府。日喀则始有建置。

1447年（明正统十二年），一世达赖喇嘛根敦珠巴（格鲁派祖师宗喀巴的徒弟）在一大贵族的资助下，开始主持兴建扎什伦布寺。扎什伦布寺的建设为日喀则市的发展奠定了基础，城市随即以扎什伦布寺为中心逐渐扩展开来。

1618年，藏巴汗噶玛彭措朗杰以后藏为据点，推翻了支持格鲁派的帕木竹巴政权，建立了第悉藏巴汗地方政权，首府设在日喀则。藏巴汗统治时期，对宗山进行了扩建，使宗山成为当时西藏境内最雄伟的建筑之一，日喀则市一度成为西藏的政治、经济、文化中心。

1641年固始汗率兵攻入日喀则，统治西藏地方约24年的藏巴汗政权宣告结束。1642年固始汗统治了全西藏，登上汗王宝座，便迎请五世达赖喇嘛到日喀则，将西藏十三万户奉献给五世达赖喇嘛，将桑珠孜建筑的宫殿全部拆除（木料运回拉萨，以扩建大昭寺和修建布达拉宫）。西藏地区行政事务托付给达赖喇嘛的第悉管理，并于1642年建立了由格鲁派管理的西藏地方政权，史称甘丹颇章政权[55]。达赖喇嘛居于前藏，固始汗本人率兵驻后藏日喀则（后移驻拉萨）。由于四世班禅罗桑曲结的杰出贡献，1643年，固始汗赐给罗桑曲结"班禅博克多"的尊号。固始汗把后藏十个溪卡，全部献给扎什伦布寺，以做僧众的供养。从此扎什伦布寺成为历代班禅的驻锡地，日喀则市也就成为后藏的政治、经济和文化的中心。

1910—1949年，西藏政局出现错综复杂的局面，这一时期，日喀则城市基本上没有发展。1951年5月23日中央人民政府与西藏地方政府签订了《中央人民政府和西藏地方政府关于和平解放西藏办法的协议》。1951年11月15日中国人民解放军进驻日喀则，1959年

开始民主改革至1986年日喀则县改市，日喀则进入了现代化的城市发展进程中。

1.4.3　城市选址

一世哲布尊丹巴[56]曾这样赞美日喀则："大地美若八瓣瑞莲，东边是莲花生大师曾以甘露流勾兑出的年楚河，河水胜似伸展开来的白绸缦；南边拜恩和冬则地方的草坪好似珠玉幔遮，美不胜收，正中南堆山庄严雄伟，西边的尼玛邦波日山为帝释的坐骑六牙大象横卧，低头面对日喀则宫，仿佛借以夸耀头顶的肉髻，北边的雅鲁藏布江形同奔腾的苍龙，波涛澎湃声恰似苍龙高亢的吉祥颂。"这些诗句是日喀则周边环境的真实写照。

日喀则古城位于年楚河的下游，最初位于宗堡之下，古城枕山面水，山水之间为一平坦河谷地带。藏族先民逐水游牧到此，建立农耕部落。这里依山可为防御之用，近水无用水之忧。河谷地土质肥沃，适于耕种，可为城市提供粮蔬。可见日喀则古城是符合农耕时代良好城址条件的，遵循了因地制宜，体现出"山""水""城"和谐相处的自然形态。由于青藏高原相对恶劣的自然气候与环境，城市的选址余地非常有限，能够作为聚集地并且形成城市的地区寥寥无几，日喀则是其中之一（图1-37）。

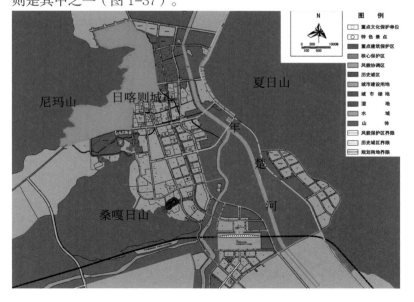

图1-37 日喀则城选址，图片来源：日喀则城市规划资料

图 1-38 日喀则周边
环境，图片来源：赵
婷摄

年楚河流域在 11 世纪已经是一个人口相对集中、生产力水平较高的地区，年楚河下游有着丰沛的水源和肥美的牧场，有利于农业及畜牧业的发展，也可以提供更为充足的军马；日喀则处于群山环抱的平川之中，周边群山突兀，地形险要，利于军事防御。13 世纪以后，日喀则成为联系前藏和后藏地区的枢纽城市，也是尼泊尔、印度地区与藏族聚居区交流的必经中转站，作为后藏中心城市起着不容忽视的作用（图 1-38）。

1.4.4　清代及之前的日喀则城市中心变迁

"不同统治者的不同态度对城镇的发展发生着巨大的作用。在聚落中强调集团的标志，才能提高集团的求心力，巩固共同体内部的团结。"[57] 从吐蕃时期的政治依托军事的统治模式，发展至分裂时期、萨迦时期、帕竹时期的宗教辅助政治的统治模式，直至甘丹颇章政权时期高度统一的政教合一统治模式，统治方式对日喀则城市格局的形成起到决定性作用。

日喀则城市的形成、发展，和藏族聚居区社会、经济、宗教、军事的跌宕起伏密切相关。以日喀则城市中心的变迁为线索，其城市发展大致可分为三个阶段：

第一阶段从吐蕃时期开始，封建领主建立宗寨，其属农牧人民围绕宗寨居住，形成一个个小部落。这些部落通常处于地势险要的地方，宗寨则通常位于关口险地，据险而守，保卫着它的子民。据后藏志记载，"年麦地区，

起自科堆山口直到曲阁河谷为止。这地区有一处大集市，最初在古尔莫，后来集中在夏鲁，今日以桑则为集市"[58]。公元 1354 年，大司徒绛曲坚赞经过多年的励精图治，建立了帕竹第悉政权，同年建立了桑珠孜宗（日喀则宗）。他用新设定的十三大宗来代替原来的十三万户，这是藏族地区宗制度的首创，从此西藏社会进入了一个新的发展期。

第二阶段，桑珠孜宗建立后，日喀则城市由宗山脚下的"喳巴"户发展起来形成城市雏形。"喳巴"是指为宗山提供服务的工匠，他们落户在此逐渐发展壮大使宗山成为城市的核心。公元 1447 年，在宗堡的西面建立了扎什伦布寺。扎什伦布寺和宗堡之间曾经有一座小寺庙叫"扎西色奴"，意思为压倒扎什伦布寺的意思。可见在 1642 年格鲁派取得政权之前扎什伦布寺一直深陷教派争斗，努力抗争自保。在这百余年的城市发展中，宗堡仍是推动城市发展的主要因素。

第三阶段，随着格鲁派的掌权，扎什伦布寺成为宗教主流意识的代表，其后的一段历史时期内，社会稳定，生产力发展，成为藏族文化发展中的一个重要时期。由于格鲁派取得绝对的政治优势，扎什伦布寺"水涨船高"，得到迅速发展，成为后藏地区最有影响力的寺庙。扎什伦布寺的影响力同时也体现在对日喀则城市的发展制约上。350 多年来，扎什伦布寺成为城市的中心，并且成为城市的象征。

1.4.5　当代日喀则的城市空间格局

1.城市格局

日喀则城市以东西向的青岛路为界分为新旧两片。旧城的中心在宗山一带，向西延至扎什伦布寺。扎什伦布寺、宗政府以及大清真寺都聚集于此，旧城居住区中以藏族居民和穆斯林为主体。日喀则老城的城市格局为：宗山为城市中心，主要居民区沿宗山南

侧、宗山东侧分布，宗山北侧尚有少量居民。日喀则老城区集中范围为尼玛沟、青岛路以东、仁布路以西、嘎曲美汤路以南、年楚河以西的地区。班禅夏宫——德钦格桑颇章距扎什伦布寺 500 m，该行宫位于城西南，又称"新宫"。

城市发展进程中逐步形成了"点、线、面"结合的城市格局，"点"为重点文物单位"扎什伦布寺、新宫、宗山遗址"，"线"是历史风貌轴（贡觉林路—几吉郎卡路—青岛路两侧），"面"为城北藏式建筑风貌区。（图1-39）伴随着城市经济和社会的不断发展，目前日喀则市形成了以下布局特点：

① 由于特殊的地形、地貌，日喀则市初步形成了沿年楚河河谷地带的"带状城市"发展格局；

② 城市大量的商业、办公、文化娱乐设施集中分布在城市中部地带；

③ 城市西部依托扎什伦布寺和新宫形成了西部历史风貌特色城区；

④ 城市南部集中分布了大量的特殊用地；

⑤ 城市西北部为具有保护价值的历史居住街区；

⑥ 城市东部作为城市新区开发的重点，近几年来发展迅速；

⑦ 城市东部依托年楚河形成了东风林卡、回族林卡和达瓦热林卡等滨河旅游观光区；

⑧ 由于长期以来城市建设受到年楚河洪水的影响，城市建设尤其是城市居住用地，主要在城市西部地势较高的地带发展，近几年来随着城市整体防洪能力的提高，城市建设用地逐渐向东发展。

2. 道路和街区

街道和道路是一种基本的城市线性开放空间。它既承担了交通任务，同时又为城市居民提供了公共活动的空间。日喀则市的街

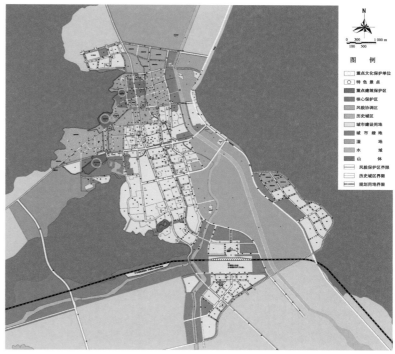

图 1-39 日喀则城市格局，图片来源：日喀则城市规划资料

道形态清晰，是典型的"井"字布局，承担交通功能的同时，还是城市市井生活的空间场所。日喀则市青岛路、几吉朗卡路以北，雪强路、仁布路以西围合的范围为旧城风貌街区。以后藏民居建筑为主，充分凸显出后藏特色的民居建筑风貌，特色浓郁，风土人情并茂，是保护规划的主要地带。

居民区三面围于宗堡布置，寺庙独立于古城西南，古城最主要的街道就是连接寺庙与居民区直至河畔的两条道路（嘎曲美汤路和曲崇美汤路），其他街巷在此道路基础上呈枝状分布。在宗山脚下，沿嘎曲美汤路或曲崇美汤路向东一眼便能望见矗立在城市东面的夏日山。古城依山而建，建筑顺势而筑，街巷曲折变化，充分利用地形，构成颇有情趣的城市空间变化，是日喀则古城的一大特点（图1-40）。

街道两旁的沿街建筑空间呈围合状态，建筑一层临街辟铺面。日喀则老城区的主要商业街为宗山脚下的南北向雪强路和东西向的帮佳孔路，两条街的交会点即日喀则古老的市场，它位于日喀则老城区的中心地带。

图 1-40 日喀则道路系统，图片来源：李晶磊绘制

图例：
- 城市主干道
- 主要传统街道
- 次要传统街巷

图 1-41 日喀则居委会分布，图片来源：李晶磊绘制

图例：
1 岗多居委会
2 米日贵林居委会
3 江洛康莎居委会
4 彭确曲美居委会
5 帮佳孔居委会
6 教武场居委会
7 扎西吉彩居委会
8 德勒居委会

雪强路以东的居民区内，零星散布着店铺和甜茶馆。

清晰的街道流线把日喀则分成形态规则的街区，而街区内部却像叶脉般自由有机。老城区内的建筑密度非常大，巷道狭窄。民居形态的多样性，致使巷道蜿蜒曲折，形态多变，再加上地势起伏，身处其中，几乎无法感知巷道的走向。每个街区内有水井，水井周围的空间便是街区中的公共空间，也是社区人们进行交流的主要场所。

1988 年撤区并乡，日喀则镇被撤销，设立城南、城北两个办事处。城南办事处是以城市工作为主，兼管附近郊区的乡级行政管理机构。设立办事处后，原日喀则镇的一居委、六居委、扎西吉彩公社（乡）、德来乡（立新公社）、桑夏公社（乡）、城南乡划归城南办事处，合并为 5 个居委会，即现在的帮佳孔居委会、教武场居委会、扎西吉彩居委会、德来居委会、曲夏居委会，包括 15 个农民自然村和 15 个市民行政小组。另有汉、回、满、珞巴等民族（图 1-41）。

3. 城市中心

寺庙是西藏最重要的公共场所和城市空间，求神拜佛几乎占据了藏族群众业余生活的全部。寺庙的社会功能是复合型的。在日喀则老城区中心不到 18 km² 的市区内集中了 6 处宗教场所，其中不仅有分属格鲁派、萨迦派、布顿派等派别的藏传佛教寺庙，而且还有伊斯兰教的大清真寺和汉地的关帝庙。扎什伦布寺是这些寺庙中最重要的宗教胜迹，成为日喀则城市的象征。

西藏的宗山是政府的办公机构所在，设有监狱、粮仓、档案管等机构，并有军事防御功能，是除了寺庙以外的另一种公共建筑。日喀则宗堡坐落在日喀则市城北的尼玛山，奠基于公元 1360 年，1363 年落成。建筑占据了整个山头，布局复杂，墙基深厚。日喀则城市最初是围绕宗山形成的，在漫长的发展进程中，宗山和扎什伦布寺一起形成日喀则城市的两极发展模式。宗堡在"文革"时期被毁，2006 年在上海的援助下在原址得以重建。

宗山脚下的市场（图 1-42）是日喀则历史悠久的贸易集散地，市场周边的邦加孔路和雪强路十字路口是传统商业的集中区。穆斯林擅长经商，这里大部分店铺都是由他们经营的。清真寺位于市场南面，处在宗山和扎什伦布寺之间，围绕清真寺和市场周围是城市中大部分穆斯林的聚集地。关帝庙的原址在第一中心小学内，与原清军练兵场（位于教武场居委会）仅一路之隔。

这些宗教场所都是靠近宗山而建的，彼此距离很近。从这样的建筑格局可以推测出日喀则城市现在南北向距离基本成形于 15 世纪，而城市的东西向距离在 15 世纪要小许多，边缘区可能位于现在的仁布路。城市形态是以宗山为中心，沿山势布局的带形城市。

1.4.6　日喀则的历史街区

日喀则的老城区位于宗山脚下，北起解放北路，南至帮家巷，西至宗山，东至仁布路，面积为 0.75 km²，常住居民约有 5 万人。这一区域中有居民区、旅游基础设施、学校、政府机构和市场。在这一地区保存着至今仍被使用的古街巷，有被列入文化遗产目录的珍贵文物古迹，同时区域内保存有古代住宅建筑多处。寺庙多座。尽管有了许多新兴建筑，老城区至今仍保留着独特的历史风貌，是现今世界仅存不多的由城镇住房、街巷和集市构成的传统西藏城镇的活标本，具有很高的历史和文化价值（图 1-43）。

1. 日喀则老城区现状分析

1）文脉分析

藏族传统文化，其中包括宗教、民族文化的聚集，是日喀则老城区、社区文化建立和发展的内涵动力；藏族传统文化的不断发展，并与现代社会生活的有机连接，使日喀则在各时期均产生出较大吸引力，宗教、迁居、商业和旅游参观等多种活动不断向本市汇聚，生活内容仍有不断膨胀的趋势，形成了多民族、多时期文化的汇集。

2）用地分析

规划区总用地面积：以现状周边道路中线范围为界，总用地面积约为 0.75 km²。

用地构成特点：日喀则老城区是以宗山为中心，逐渐向东形成以居住功能为主的街区，居住用地占街区用地的 60% 左右。街区的西北和南边有两块较集中、规模较大的其

图 1-42　宗山脚下的市场，图片来源：赵婷摄

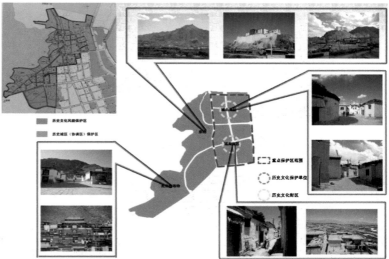

图 1-43　日喀则老街区保护范围分析图，图片来源：李晶磊绘制

他性质的用地，街区内部分布着商业服务、学校和少量工业用地、办公用地。

街区内的商业，在历史上以进行宗教活动的人为主要服务对象，逐渐发展成以街区居民、日喀则市民及外来游客为主要服务对象。由于历史形成的特点，商业主要集中于宗教活动场所周围和宗教活动线路上，许多商业设施与居住建筑相融合，或是以流动摊位形式出现，使得街区内商业用地较少，比例也不高。

日喀则老城区街区内部道路基本保持着原始的路网格局和道路宽度，形成也基本合理。但街区作为居住人口稠密、流动人口较多和旅游参观的热点地区，由于道路狭窄，严重缺少停车场地，已不能满足现代经济生活、旅游发展和街区内部防灾等方面的使用要求，应在保持传统街区风貌的基础上，适

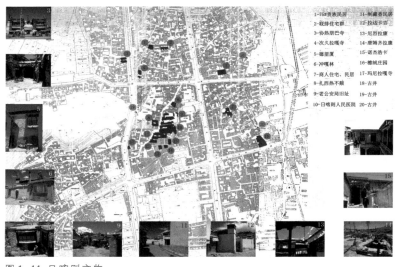

1-75#贵族民居	11-制藏香民居
2-联排住宅群	12-拉达卡吉
3-协热朋巴寺	13-尼烈拉康
4-次久久拉嘎寺	14-唐嘎齐拉康
5-德望厦	15-诺杰洛卡
6-冲嘎林	16-檀城庄园
7-商人住宅、民居	17-玛尼拉嘎寺
8-扎西热不顾	18-古井
9-老公安局旧址	19-古井
10-日喀则人民医院	20-古井

图 1-44 日喀则文物古迹现状分析图，图片来源：李晶磊绘制

当增加道路和停车场用地，其中道路以满足技术要求为主要目的，对部分道路的重点地段适当拓宽，在主要商业活动、宗教活动和旅游参观活动发生的重要地区，适当增加社会停车场用地。

3）保护分析

老城区的重要性在于这一地区内彼此联系的街巷、广场、古建筑和寺庙的整体性。这个老城在世界上是独一无二的。保护工作的关键任务是把这些作为一个整体加以完好的保护，这就是"街区保护"。如果仅仅保护少数几处古建筑是毫无意义的。不同的文物保护概念适应不同的需求，那种像橱窗展示一样供游客观赏的历史文物建筑保护（即博物馆式的保护）适用于那些古建筑遗迹或者孤立的城堡，对于那些位于城市的中心地带，至今仍有居民居住在内的古建筑区，保护工作就需要在保护老城特色的同时，也要考虑居民的实际生活需求。从技术的层面上来说，采取恰当的技术恢复并根据实际需求完善基建才是切实可行的，同时要具体问题具体分析。

日喀则老城区是较古老的街区之一，也是日喀则市居民集中的地区。以扎什伦布寺、宗山为代表的宗教活动场所，使该街区成为藏族宗教活动最集中、最活跃的地区，并以

此为源，经过上千年的发展，使街区成为表现藏族文化的重要窗口。街区范围内拥有众多各级别和各种类型的文物古迹、宗教寺庙，各类藏式民居建筑及成片的传统街区和传统街巷，是一个保存完整的藏式风貌特色的传统街区。社会的发展，使进入街区活动的人超过了进行宗教活动的人的数量，行为目的也远远超过了单一的宗教活动。保护街区内传统的藏族文化环境、建筑和街区空间特色，使之适应现代社会经济发展的需求，一直是各级政府、各界人士关注的热门话题，他们也长期投入较大的精力、财力和物力进行这方面工作的探讨和实践。

（1）文物古迹保护

日喀则老城区内，现有宗教建筑、各保护级别及具有保留价值的建筑多处，它们建筑年代不同，使用功能多样，建筑的形式各具特色。由于历史的原因，现状的使用情况和保护的情况也各不相同（图 1-44）。

（2）街区整体保护

日喀则老城区历史悠久，保留完整，从建筑单体、建筑的空间组合，到路网格局和街区形态，都具有鲜明的地方特色。但是社会的发展，逐渐对街区特色的保护提出新的挑战，它主要源于两个方面：

第一，城市社会经济的发展，使进入街区的人、设施及活动的内容不断增多，而这种吸引现象随着时间的推移不断扩大。原街区各种物质要素包括道路设施、停车场地、商业服务设施及工程设施等，已不能满足现状。

第二，由于街区内部的许多居住建筑建造的时间长，街区内危房出现的数量连年增多，政府部门必须投入较大的精力去进行危房的修缮和改造。这一举动同样伴随着街区原有特色如何进行有效保护问题的出现。

从近年来街区的发展来看，上述两项内容的完成，均是以实际的使用为第一目的，

未能达到有效保护街区特色为目的的较高层次。例如危房改造的方式是以遍地开花的形式出现的，往往所改造的建筑未能与周围建筑、原有的建筑组合环境相关联，失去了传统建筑空间环境特色；各种商业活动无秩序地引入到街区内的核心位置，破坏了街区传统的环境气氛。

（3）建筑高度限制

在老城区，扎什伦布寺构成了整个城区的制高点，从很远的地方即可望见。日喀则这里的房屋多是一两层。狭窄的街巷有它的优势，也应延续，不能将高楼林立的现代城市类型不假思索地套用到日喀则。但同时必须保持建筑物之间的有效日照距离，避免使老街巷长年处于建筑阴影中。

（4）根据地区逐步开展项目

通过对日喀则市老城区的调查，我们发现老城区内有许多特色各异的街巷，这些街巷内许多古建筑尚存有独特的细节和特点，对此应更加注意其独特性。

4）居住分析

建筑质量——在居住建筑中，危房面积约占总居住建筑的10%，而占总建筑面积一半以上的一般质量的建筑，均为年久失修，即将跨入危房行列。

设施水平——旧城区内的住宅，均无独户使用的自来水设施，基本上以院落为单位。缺乏统一的规划，给排水设施的改造和新建未能与住宅危房改造有效结合，设施使用未能达到设计要求，有的甚至出现严重的损坏。其他公用设施也不能满足使用要求，其中包括公共厕所、垃圾站等。

环境水平——除扎什伦布寺门前广场中间的小块绿地外（用地计入广场用地），地区内几乎没有绿地。

5）公共设施分析

日喀则老城区主要商业活动分布：沿主干道（解放路、雪强路、嘎久美达路、罗康沙路）

两侧，道路总长度为2 000 m，共有上千户经营者。

帮家巷市场：占地50 000 m²，是日喀则市比较大的综合性集贸市场，市场范围延伸到雪强路部分地段，是旅游活动和商业活动比较活跃的场所，服务范围大。现状环境质量和设施水平（市场建筑质量、停车设施等）较差。

解放路：全长700 m，是日喀则市主要的生活性干道之一。规划范围的道路两侧拥有众多的商店，服务设施较齐全。

2.日喀则老城区保护面临的问题

1）保护问题

宗山下老城区是日喀则城市发展的起点，街区承担着宗教、商业贸易、居住等多方面的功能，街区内拥有众多的文物古迹、特色的单体建筑及传统街区建筑群。过去进行的老城改造，未能将保护问题融于改造的全过程，目前已完成的老城改造项目，是在没有统一规划的背景下进行的，投资改造的方向和顺序是以危房出现的先后而定的，基本呈遍地开花之状，且又未能很好研究及处理在各项改造中与保护之间衔接配合的问题。

在日喀则市，因为所有建筑尺度都比较统一，建筑材料全部一致，建筑高度基本上是1~4层，都有一样风格的窗户、门、屋顶和院墙，所以传统的街道和街巷的整体风格是和谐统一的。街道大多比较狭窄，有一些无规律的转弯，有的街道可能直接通向某个公共空间。即使是主要干道，其街道尺度也与独户住宅相关。

近年来日喀则老城区的现代商业发展和房屋住宅楼的开发较快，新建筑大都建在原有老房子的基址上，从整体来看老城区的街道格局没有太多的变化，还都保持着传统的结构布局，这对保护老城是非常好的基础。为了更好地保护老城首先要保护古建筑，保存原有的街巷，需要对一些新兴的建筑物进行改造，同时限制日后的新建筑的兴建。要尽量保护好在传统老街两侧的历史建筑和古街巷。

2）改造问题

目前的改造模式基本上分为以下四种：

①在不改变建筑的结构和布局的前提下，替换已损毁的结构构件（如木柱、梁等），粉刷建筑的外立面，一般运用在破旧程度不严重的住宅建筑中。

②不改变现有的居住模式，在住宅院落中设置公用的卫生间、公用的自来水池，但居住条件并未得到彻底改善。

③不改变住宅的整体格局，只是用现代的建筑材料重新修复建筑损毁部分。

④拆除原有的老住宅，重新按照传统的式样重建现代住宅。

3）规划与改造衔接

①老城改造的整体设想应以规划为先导，建立良好的渐进改造程序，使改造工作不断完善。

②建立健全有效的改造及管理体制，结合规划，使规划、建设改造、管理工作处于超前地位。

1.5 江孜

1.5.1 城市概况

江孜位于西藏自治区南部，地处冈底斯山与喜马拉雅山之间，年楚河上游河畔。地势南北高，中西部低，平均海拔 4 120 m，总面积约 3 800 km²。

江孜地理位置优越，自古就是对外交通、商旅往来的要道，更是历代兵家必争之地，20 世纪初发生的抗击英帝国主义入侵的江孜保卫战，使其被誉为"英雄城"。江孜地处前后藏结合部，是联系前藏和后藏地区的交通枢纽，也是尼泊尔、印度地区与中国西藏地区交流的中转站，故而流动人员较多，经贸交易活跃，这使其成为西藏重要的经济中心之一，也是西藏的第三大城市。

江孜属高原温带季风和半干旱河谷气候类型。适宜的气候和肥沃的土地，使江孜在吐蕃王朝时期就已形成了较为发达的农业区域。

西藏处于十二小邦之时，江孜属十二小邦之一的娘汝部落等四个小邦的统治区。元代时期，江孜属于夏鲁万户府辖区，江孜地区设有乃宁千户府。夏卡瓦家族帕巴贝桑布任萨迦地方政权朗钦后，因征服夏冬、洛东部落有功，萨迦地方政府把年楚河上游地区统治权授予帕巴贝桑布，从此这一广大地区称为"班丹夏卡瓦"。班丹夏卡瓦家族统治时期，元、明朝皇帝曾封班丹夏卡瓦家族的帕巴贝桑布、帕巴仁钦、热丹贵桑帕等大司徒、司徒、朗钦等封号，并赐予印章和诏书。元代，江孜修建了白居寺，各方信徒云集，因位于交通要冲，工商业繁荣，遂形成西藏历史上的第三大城镇。帕竹地方政权时期，这里被称为"年堆江孜瓦"，设"宗"级（相当于县）建制，江孜成为帕竹政府政权所辖十三大宗溪之一。甘丹颇章地方政权时期，江孜继续设"宗"。噶厦委派僧俗五品官一名任职管理，任期三年。当时，县境包括现今的江孜县、康马县、亚东县的唐拉山以北地区，面积达 13 800 km²。

1951 年，西藏和平解放后，中国人民解放军于当年 11 月进驻江孜，在江孜分工委的领导下，逐步建立起新型的政治机构，和平解决了旧中国遗留下来的外交问题，将印度和尼泊尔驻军及商务人员礼送出境。新生的人民政权和旧西藏封建农奴制度政权经过了 8 年的较量，1959 年民主改革以后，江孜宗改为江孜县人民政府，划归江孜专署管辖。1964 年，江孜、日喀则两专区合并，江孜县隶属日喀则地区管辖至今。

江孜名胜众多，景点独特，是全国历史

文化名城。2012 年，江孜县被评为自治区级文明县城。位于县城中心的宗山，既是江孜人民英勇抗击英国侵略者的历史见证，又是现今唯一保存完整的旧西藏宗政府建筑遗址。位于县城西郊的白居寺，始建于 1418 年，是唯一的藏传佛教三大教派聚于一寺的寺庙，并且是一座集建筑、绘画和雕塑艺术于一体的具有大型纪念性质的艺术博物馆。"十万佛塔"更是藏传佛教中唯一的塔寺。距县城 4 km 的帕拉庄园，是旧西藏贵族庄园中唯一完整保留下来的庄园。著名的乃钦康桑雪山，集中了各种冰川遗迹，人们可以观赏到冰川的壮观。

1.5.2 江孜的历史沿革

1.吐蕃时期的江孜（7—9 世纪中叶）

历史上，江孜是古代苏毗部落[59]的属地，是一个僻静肥沃的乡村，居民从事农牧业。雅隆部落的首领，松赞干布的父亲囊日论赞降服了苏毗，江孜便成为贵族的封地。据传，当年文成公主进藏时，带入 12 岁释迦牟尼等身像，为佛像挽车的拉噶、鲁噶（车夫），后来移居江孜一带。公元 8 世纪，印度高僧莲花生大师让吐蕃君臣品尝甘露，于是该地以曾品尝天神甘露之味而得名为"年"。其后甘露增益，使整个雪山都受到天神甘露的加持，于是称发源于此雪山的大河为年楚河，江孜位于年楚河的上游，故称"年堆"。

2.分裂时期的江孜（9—13 世纪）

吐蕃王朝走向衰弱从朗达玛[60]灭佛开始，他削弱了先祖所开创并遵行的法度，一时整个社会动乱。朗达玛遇刺后，两位"母后派系的臣民相互对峙，各自拥二王子为王，云丹占据'卫如'（卫茹），威宋占据'禾如'（约茹），卫禾之间时常发生火并。其影响几乎波及全藏族聚居区"[61]。卫禾两派内讧的战火蔓延到各地之后，加剧了前后藏的分裂，导致了威宋之子贝考赞不能立足于前藏之地，被迫迁移至后藏。

根据藏族文献《年曲琼》（年楚河流域的山海志）记载，贝考赞曾在江孜居住，认为宗山与江孜地形殊异：东坡恰似羊驮着米，南坡状如狮子腾空，西坡如铺着洁白绸幔一样的年楚河，北坡像是霍尔儿童敬礼的模样。河谷平原上金色的青稞，麦浪滚滚，从远处看似长方形的金盆，具有吉祥之兆，于是在山上修建王宫。当时的江孜名为"年堆司雄仁母"："年堆"意为年楚河上游，指江孜古城所在一带；"司雄"意为金盆；"仁母"意为长形，即把江孜喻为长形的金盆。

3.萨迦巴统治时期的江孜（1260—1354 年）

江孜的城市建设与萨迦时期的江孜夏卡瓦家族的兴起有密切的关系，从担任萨迦朗钦[62]的帕巴贝桑布开始，江孜宗山及城市有了很大规模的发展。

15 世纪达仓宗巴·班觉桑布所撰《汉藏史籍》中记载："贝桑布在萨迦被选拔为萨迦朗钦的文书，不久又升任为萨迦上师达尼钦波桑波贝的文书，由于上师的慈悲护佑，他的权势日渐增长……当时萨迦派统治着整个乌斯藏、朵甘思地区，但珞、门地区却怎么也不驯服，特别是被称为夏冬、珞冬的许多冬仁部落，侵袭了伍由贵恩和襄冬布塘以南的许多地方，并威胁到蒙古与吐蕃的金字使臣和官员们行走的驿道，因此上师派帕巴贝桑布与康巴·根敦坚赞为首的朵甘思和藏地方的七名有武艺的仲科一起前去年楚河上游，镇压冬仁部落。后康巴·根敦坚赞去世，他遗嘱说：'你们众人不要像乌合之众一般，文书帕巴贝桑布能够胜任首领之职，可让他代替我的职位，为具吉祥萨迦派效劳。'众人举他为首领，都在他脚下致礼，团结一心，清除违碍。具吉祥夏卡瓦的事业最初即从此时开始。

"平定冬仁后，帕巴贝桑布让归降的冬仁部落的豪酋担任手下的官员，定居下来，因此在年楚河上游一带，至今还有许多冬仁的后裔。此后，他又降服珞冬部落，按上师的命令，修建了帕里南杰城堡。将巴卓、黑达埂等珞冬部落的地方全部收归治下。在帕里设置了大小官署。任命他的弟弟帕巴仁钦为帕里宗的第一任宗本。

"这样，帕巴贝桑布依次降服了夏冬、珞冬各个部落，使具吉祥萨迦寺以下的各个哨所驿站及居民得到平安，服事了上师，也为自己建立了大功业。这期间，他曾担任萨迦朗钦的职务数年，还作为米巴和室利达鲁花赤、帝师贡噶坚赞的随行官员，护送他们到朝廷，朝见了蒙古妥欢帖木耳皇帝。皇帝封他为大司徒，赐给印章和诏书。他在年楚河东建造了江孜城堡，河西建造了紫金城堡，两个城堡隔河相望，奠定了夏卡瓦家族统治江孜一带的根基。"

乙巳（1365 年）二月二十日在宗山上正式重建宫殿，因为建在贝考赞宫殿的旧址上，宫殿建成后被帕东·却勒朗杰（帕东教派创始人）称赞为"杰卡尔孜"："杰"是王的意思，"卡尔"意为堡寨，"孜"意为到了"顶峰"，藏语意为"胜利顶峰，法王府顶"。"杰卡尔孜"简称为"杰孜"，后逐渐变音为江孜，可见江孜的地名，始于宗山宫名。

4. 帕木竹巴统治时期的江孜（1354—1618 年）

现代的历史学家把 1354 年（藏历木马年）这一年定为帕竹统治西藏的开始。大司徒绛曲坚赞以萨迦的喇嘛丹巴为自己的根本上师，他还任命江孜首领帕巴贝桑布为萨迦大殿的管理人和拉康拉章（佛殿）的大近侍。此后，江孜夏卡瓦家族与帕木竹巴万户的大司徒绛曲坚赞关系亲密。大司徒帕巴贝桑布的长子为朗钦贡噶帕，他继续建修了江孜城堡及朵穷的土城，又从帕木竹巴手中夺取了达孜宗，重新在布尔达划界，城堡、民居和属地都得到增加。他继承父业担任了萨迦的朗钦。次

子索朗贝掌管紫金城堡。

第三代首领热丹贡桑帕巴（朗钦贡噶帕的长子）统治的阶段，达到了江孜夏卡瓦家族统治的全盛期。他多次向明朝中央朝贡，大明皇帝授予他"荣禄大夫""大司徒"等封号，赐予印信和诏书，赠送许多礼品，并准许朝贡。他与当时统治全藏的帕竹第悉扎巴坚赞保持密切关系，一度充任这位政教领袖的内侍；同时又竭力支持已经失势的萨迦教派，与达仓宗的萨迦人建立了比以前更加紧密的师徒关系和政治联系，成为大领主南喀勒巴杰出的心传弟子，继续担任世袭朗钦的职务。当细脱拉章的后裔年龄幼小需要辅佐之时，他担起大近侍的重担，尽力完成各种任务。这一时期的江孜保持了长时期的社会稳定，各方信徒云集，人口聚集；又在年楚河上架设了大桥，使两岸畅通无阻，动员属民织氆氇、编卡垫，工商业繁荣，遂形成西藏历史上的第三大城镇。

热丹贡桑帕巴在宗教上也有诸多建树，他从小学法，潜心向佛，在他 30 岁时兴建班廓德庆（白居寺）经堂，39 岁时为十万佛像吉祥多门塔奠基。他还织造了当时西藏最大的彩缎佛像，以藏传佛教经典《甘珠尔》（纳塘版）为底本，用金汁写造了一部完整的《甘珠尔》，史称"江孜定邦"。

5. 甘丹颇章政权统治时期的江孜（1642—1951 年）

17 世纪初，正值藏巴第悉统治前后藏之际，噶玛噶举派与格鲁派之间矛盾日深。蒙古固始汗占据青海，并向西藏地区进攻，终被收于治下。蒙军"初到孜地（今日喀则），大经堂内藏蒙人员列坐聚会，宣示将现存于江孜的薛禅皇帝（元忽必烈）向八思巴大师（萨迦法王）奉献的诸多供养佛像和以溪卡桑珠孜（日喀则）为主的藏地 13 万户全部奉献给第五世达赖喇嘛"[64]。这样，固始汗根据元朝薛禅皇帝（忽必烈）把西藏 13 万户赐给

萨迦派的八思巴大师的先例行事，将第五世达赖喇嘛从拉萨请至溪卡桑珠孜（日喀则），把西藏三区的全部政教大权，以及自己的族系人等作为佛法属民，尽皆效忠于第五世达赖喇嘛。于藏历水马年（1642 年），以达赖喇嘛驻锡地甘丹颇章宫为名字，正式建立了甘丹颇章地方政府。

清代的江孜宗，属噶厦[65]地方政府管辖，是西藏对外的重要窗口，英国、印度、尼泊尔等国均在此设有商务机构。1904 年荣赫鹏率英国侵略军入侵西藏，清政府腐败无能，纵寇入室而失地，江孜人民不畏强暴，以宗山为堡垒，用土枪、刀剑、弓箭，甚至牧羊用的"乌朵"与持有当时最先进武器的侵略者展开了殊死搏斗，在弹尽粮绝的情况下，抗英战士仍顽强杀敌，坚持了三天三夜，最后许多人跳崖殉国，表现了中华民族反抗外侮宁死不屈的高尚情操。连荣赫鹏也承认："西藏人的英勇是无可争辩的。"电影《红河谷》就取材于这段悲壮的故事。江孜因此也以"英雄城"闻名中外。

1.5.3 江孜的城市选址

1. 从聚落到城市的形成

据学者考证，距今 4 万年至 8 000 年前，广阔的青藏高原上已经出现许多游牧氏族及部落，其中大部分分布于雅鲁藏布江及其支流流域。

约在 5 000 年前，青藏高原上的藏族先民由游牧时代进入比较稳定的定居时代，他们以氏族血统关系或其他方式结成诸多部落小邦，最初有 12 小邦，后发展为 40 小邦。其中分布于年楚河流域的有：娘若切喀尔（即娘若切尔），以藏王兑噶尔为王，其家臣为"苏"与"朗"二氏；娘若香波之地，以弄玛之仲木查为王，其家臣为"聂"与"哲"二氏。后来，年楚河流域为苏毗部落盘踞，江孜为其都城。在襄日论赞降服苏毗之后，

江孜之地被封赏给吐蕃贵族。随着吐蕃王朝崩溃，王子贝考赞逃到后藏的娘若香波，但被大臣所杀，其长子扎西孜巴贝逃亡到江孜一带，他的后代形成了贡塘（吉隆）王系。

从江孜历史沿革中可见，江孜的城市建设与萨迦时期的江孜夏卡瓦家族的兴起有密切的关系，从担任萨迦朗钦的帕巴贝桑布开始，江孜宗山及城市有了很大规模的发展。1365 年，帕巴贝桑布在江孜大兴土木，修建城堡，"相继在江孜柳园、甲孜和孜钦等地修建了孜钦、噶卡河巴囊伦珠孜等城堡。后又在吐蕃王室后裔贝考赞王宫的遗址基础上修建了巨大坚耸的江孜城堡"。这标志着夏卡瓦家族的江孜政权初步建立。

帕巴贝桑布之子贡噶帕进一步扩大了江孜的影响：他扩建了江孜城堡和朵穷土城；从帕木竹巴政权手中夺过达孜宗，扩大了江孜的庄园与属地。更为重要的是他创办了一年一度的江孜大法会，这使他与江孜周围的许多宗和溪卡建立了联系，让他成功地将自己的势力扩大到丹喀宗、羊卓、洛扎等地。1413 年，贡噶帕之子——江孜法王饶丹衮桑帕继承江孜政权。在他的统治下，"轻徭薄役，发展农牧业经济，弘扬佛教文化。江孜地区政治相对稳定，减轻了农牧民的负担，刺激了农牧业经济的发展，江孜地区的社会经济从而得到了增长，出现了一段比较清明的时期"。

饶丹衮桑帕于 1413 年邀请已闻名卫藏的一世班禅喇嘛克珠杰任江孜佛教总管，参与策划修建江孜柳园白居寺。于 1418—1425 年历时 8 年完成了白居寺大殿的修建，又于 1427—1436 年完成吉祥多门塔的修建。在 17 世纪中叶甘丹颇章政权建立前，江孜政权始终自成一体。

围绕宗山城堡、白居寺，民房与市场逐渐形成规模，僧侣、商贩往来不断，手工业如制作卡垫、金银铜器也逐步发展起来。到

噶厦统治时期，由于江孜处于后藏各地通往拉萨的必经之道，这里一度设置了西藏地方政府商务总管以及英国、印度、尼泊尔、锡金、不丹等国家的商务机构。江孜逐渐成为古代西藏第三大城镇。

2. 卫藏军事要塞、交通枢纽和贸易中心

清代黄沛翘所著《西藏图考》一书中指出："江孜，在前藏西南，后藏东北，背山面水，为卫藏交通之重地，与定结、帕克里、噶尔达相通；布鲁克巴（今不丹）、哲孟雄（今锡金）、宗木等部落来藏之要路也。"1904年，江孜藏族军民在江孜抗击英帝国主义者侵略，凸显其军事要塞地位。

江孜清末开埠，民国后发展迅速，势头直追日喀则，虽无日喀则规模大、人口多，但城市功能远胜日喀则。英国人以之为侵藏大本营，苦心经营，设有商务代办，驻扎军队。江孜还是西藏主要的手工业中心，城内有制造氆氇、毛毡、呢绒的手工工场，五金工匠亦多，为西藏最具近代气息的城镇。江孜在民国十九年（1930年）已开办有邮局、电报、医院、银行等机构，城镇有一定规划，城区西部宗署与邦故曲登寺之间为街市，商贩云集，销售日用各物，热闹异常。民国三十二年（1943年）城区共有居民千余户，贫富各半，另有尼泊尔、不丹商民十余户。

在1960年代拉萨至日喀则的直线公路修通之前，江孜是拉萨到日喀则的必经之地，是联系前藏和后藏地区的枢纽，成为前藏拉萨、后藏日喀则之后西藏第三大中心城市。

3. 山水形胜的文化景观

江孜古城枕山面水，西侧为年楚河景观带和农耕区，北侧和东侧为连绵的群山。依山可为防御之用，近水则无用水之忧。农耕区土质肥沃，是西藏的粮仓。

古城山水形胜的格局、城区河谷地的选择，较好地体现了西藏城市的选址精髓。

古城周边的山体、水系、田野完整，历史上未遭到任何破坏，保留了原有的自然和山水形胜。周边广阔的农田是古城山水格局的重要组成，对保持各景点之间视线走廊的通达性起到了关键的作用。《江孜县城总体规划（2010—2020）》已经将河道和农田片区作为限建控制，以法定的形式加以保护。

1.5.4 江孜的城市格局与城市要素

1. 寺与宗堡——城市双极空间格局

由于藏族聚居区特有的自然环境及军事、心理需求，宗山建筑成为宫殿的主要形式。藏族聚居区的城镇并不像汉地城镇有着坚固的城墙保卫，这决定了它们需要在聚集地的制高点上建立宗山建筑，以有利于防御。宗山作为宗政府所在地矗立在城市的最高处，形成以宗山为中心的外向型发展，这也是藏族聚居区城市设立宗政府后的共同特点。元朝对藏族聚居区实行特有统治制度——万户制，它赋予了宗政府极大权力，使以宗山为中心的城镇格局被确定了下来。宗山从此成为城镇的权力中心以及制高点，决定着城市的基本格局。

藏传佛教通过宗教影响并决定着藏族聚居区政治、经济、文化、意识形态，这种影响具体表现为佛教寺庙在城市平面格局上处于核心地位以及在城市空间中至高无上。藏族群众独特而虔诚的朝拜方式（如转经、转山、叩长头等）也使得这些寺庙成为人流环绕和集聚的中心地。每座中心城市都有与之等级匹配的寺庙，如拉萨的三大寺、日喀则的扎什伦布寺、江孜的白居寺和泽当的昌珠寺，它们构成了城市格局除宗山外的另一个中心。

寺庙作为藏族人的主要活动场所，成为藏族人的心理重心，这也是当权者愿意看到的局面。政教合一的统治，比起只运用统治的威严更能使之稳定。自此，城市出现两个中心——宗堡与寺庙，有序地引领着全城的

图 1-45 江孜古城天际线，图片来源：沈芳摄

发展，宗堡与寺庙共同形成西藏城市的"双极"空间意象。

2. 宗山—寺庙—民居——组成城市的三要素

江孜城位于年楚河谷中游的平原上，而宗山处在江孜平原的中央。依山而建的江孜宗山是江孜全城的最高点，它拔地而起，犹如擎天之柱。宗政府耸立于山上，居高临下，将整个江孜平原尽收眼底。江孜古城用"建筑高度"取代了"城市轴线"，普通百姓的住房建于宗山脚下，没有水平向轴线的控制，杂乱无序地修筑其间，形成城市人群的尊卑等级。从宗山向西延伸向江孜城市的另一极，象征藏族群众的精神世界——涅槃净土的白居寺（图 1-45）。

14 世纪的江孜宗山，作为宫堡建筑，是政治的象征，显示了西藏地方政府至高无上的权力和所向披靡的军事势力。作为政教合一政权的核心所在，宫与佛、政与教的结合更加强化了宗山的崇高地位。

15 世纪兴建的白居寺使得人间变成"天国"，是神权的崇拜场所。连接宗山与寺庙、政治与神权之间的就是芸芸众生。宗山、寺庙、民居完成了独具西藏特色的"三位一体"的或者说是具有地域宗教特征的建城模式，形成了现在的江孜古城的格局（图 1-46）。

除此之外，农田对于江孜古城还具有特别的意义。在以农牧生产为历史背景的传统聚落，农田维系了整个历史的延续，是人们情感的寄托，并与宗山城堡、白居寺和众多民居建筑一样，成为聚落景观密不可分的一部分。

图 1-46 江孜古城全景，图片来源：沈芳摄

3. 佛教文化影响下的城市公共空间

江孜城内存在的城市广场空间多是在藏传佛教文化的主导下形成的。这种广场空间规模不大，数量也不多，但却为宗教活动的开展提供了良好的场所。其主要集中在寺庙建筑和官署建筑周围，例如宗山脚下的广场以及白居寺南门的入口广场（图 1-47）。这些广场常兼具多种功能，在宗教活动举行的

寺庙、宗山前广场

图 1-47 江孜城区广场分布，图片来源：沈芳依据卫星图绘制

间隙，广场可以作为拉萨居民日常礼佛、贸易交流的场所。

从使用功能的角度考察，可以发现江孜的城市广场空间与中世纪的西欧城市广场在一定程度上呈现出了相似的特征，均可以作为宗教集会和居民从事各种活动的场所。中世纪的西欧城市广场主要为教堂广场，也有市政厅广场和市场广场，它们通常都是城市的中心，是城市的必然组成部分。但对于西藏的古城而言，广场空间却并不是城市的必然组成部分。广场虽然也是为江孜居民提供活动的场所，但更像是寺庙内的宗教活动空间在城市中的延伸拓展。

通过对建筑单体及建筑群的考察可知，江孜城内的建筑多以天井、院落围合成内向的生活空间，面向内院的建筑立面较为开敞，面向城市街道的外观则比较闭塞，可以说建筑的布局原则基本上是内向的。这与中原古城中建筑群的布局原则相同。然而与中原古城中鲜有城市广场空间存在的特点不同，拉萨城内出现了广场空间。中国古典建筑群的平面构成方式是由一系列的院落串联或者并联而成，实际上这些或大或小的院落在一定程度上兼具了广场空间的作用，因而在城市平面构图上，似乎没有再重复采用的必要。对于江孜古城而言，如果仅从生活空间的角度考察，广场空间的出现似乎并没有多少实质性意义，但若从宗教活动的角度出发，广场空间的出现就有了存在的合理性。广场空间既可以为宗教活动提供举行的场地，又可以拉开与世俗百姓的距离，为信众的信仰提供事实上的距离感，进而升华为膜拜感，迎合了其为宗教服务的目的。同时广场也为城市营造出了较为开阔的空间，使江孜城内过于封闭的街道空间有了"喘息"的机会。

江孜城内的广场与拉萨城广场类似，广场空间具有内向性的特征。它们多被广场周边的建筑单体所围合，又多依托寺庙、官署等建筑的出入口，形成宽敞的缓冲空间。在广场空间内常设有与宗教文化或宗教活动相关的实体，如佛塔、塔钦（意为"幡柱"）、焚香炉、高台等，广场常用石质铺地（图1-48），均满足了修行的需求。

1.5.5 江孜老街——加日郊历史街区

到目前为止，西藏共有 3 处历史文化街区，分别是拉萨八廓街历史文化街区、日喀则老城历史文化街区、江孜古城历史文化街区。江孜镇下辖宗堆居委会、拉则居委会和加日郊居委会 3 个居委会和格吾村、江嘎村、强杂东村 3 个村委会。江孜老城历史文化街区现在属于加日郊居委会的一部分，当地人习惯称其为"加日郊老街"或"老街"。截至 2008 年 11 月，该街区居民共计 203 户，577 人；其中农民约占 30%，城镇居民占 70%。

为发展白居寺旅游而开辟的水泥马路"白居路"把江孜老城区分成了东、西两部分（图1-49，图1-50）。白居路以西的规划肌理是

图1-48 白居寺前广场，图片来源：沈芳摄

图1-49 新修的笔直的白居路把江孜老城区分成两部分，图片来源：沈芳摄并标注

白居寺

白居路　　加日郊历史街区

明显的现代主义规划手法：宽度一致、角度精准的通道路网，规整的地块划分，行列式的平行布局。单体建筑虽然也采用了传统建筑的一些外观处理手法，但建筑体量普遍较大，且样式雷同。白居路以东为加日郊历史街区，为本节分析的重点。

1）加日郊历史街区的空间布局

当深入到一个城市的时候，各种尺度的街巷与建筑构成了城市的形象，对于古城来说，街道比建筑更为重要。高耸的宗山城堡和背山而建的白居寺这两个基本的"点"作为老城南北端的限定，中间通过加日郊老街道为主要干架，各条小巷通道为次生网络，形成了街区的街巷格局（图1-51）。

街巷并未做过规划，有的只是建筑之间的空隙，这种空隙完全是"非设计"的，是房屋建筑的"副产品"。正是这种"非设计"与"副产品"的状态造就了加日郊老街的"有机"与自然，形成了丰富的建筑肌理。

历史上，这里的民居首要解决的是如何满足农田劳作、农副产品交易以及领主阶级下达的其他任务。围绕寺院、宗堡依山而建是一个理想策略，既有益于前两者的安全，又可以避免挤占农田，也方便耕种。顺应地势因地制宜，也为解决拥挤、获得充分的阳光提供了便利。这也是颇具创造力与感染力的——人们通过长久不衰的建筑行为在自然景观之上进行雕琢，通过既斗争又协调的方式，表现出人与自然融为一体的品质。陡峭、狭窄的地形极大地制约了建筑的可能性，但从街区的历史看，地形的复杂却完全无碍民居建筑的发展。

街巷格局尽量保持历史原状，包括维持原有平面布局、街巷宽窄、空间开合，以维持历史感与独特的场所感。街道完全顺应地形山势而成；建筑单体体量小，密度大，主要通过院落的形式构成建筑布局（图1-52，图1-53）。单体的建筑艺术价值不高，采用

图1-50 新修的白居路，图片来源：沈芳摄

图1-51 加日郊街巷结构，图片来源：沈芳依据卫星图标注

图1-52a、图1-52b 街巷尺度，图片来源：沈芳摄

图 1-53 房屋依山而建，图片来源：汪永平摄

图 1-54 江孜加日郊老街现状（2007 年），图片来源：汪永平摄

多种平面组合模式，以适应地形；街区又通过建筑间紧密的联系，达到一种群体效果。

公共空间的营造也是街巷保护与整治工作的重要方面。加日郊老街在历史上是著名的商业街，是各类手工制品、农牧产品的集散地，对江孜地区，甚至整个后藏地区，都具有重要的经济辐射作用。但在今天，不论是对周边地区还是街区自身，它的商业功能已经微乎其微。在新的时代背景下，重新赋予其昔日地区经济中心的角色既是不必要的也是不现实的。在街区全面发展的新时期，重新确定与梳理街巷的功能显得尤为重要。（图 1-54）

2）加日郊老街的现状与保护

江孜老城区保留相对完整，从建筑单体、建筑群组合，到路网格局和街区形态，都具有鲜明的地方特色。但是社会的发展，逐渐增大对街区特色保护的难度，它主要源于两个方面：

首先，城市社会经济的发展，使进入街区的人、设施及活动的内容不断增多，原街区各种物质要素包括道路设施、卫生设施、停车场地、商业服务设施及工程设施等，已不能满足现状。

其次，由于街区内部的许多居住建筑建造时间长，街区内危房出现的数量连年增多，街区面临着原有特色如何进行有效保护的问题。

2013 年 5 月，西藏自治区政府常务会讨论并原则通过《江孜历史文化名城保护规划（2012—2020）》，为江孜古城的发展带来了指导性的方向。在自治区层面上，正全力推动利用各种特色资源，构建本土化、民族化、生态化的可持续发展产业，积极支援农牧区旅游发展与农牧民技能培训。江孜历史街区正面临推动基础设施改善与安居工程、街区保护规划编制的机遇。

1.6 泽当镇

泽当镇，旧译作孜塘，位于西藏自治区雅鲁藏布江中游南岸的雅砻河与雅鲁藏布江的交汇之处，是西藏山南地区行署所在地，也是西藏山南地区的政治、经济、文化和交通中心，距西藏自治区首府拉萨约 191 km，海拔 3 551 m。

1.6.1 历史沿革

泽当镇所处的乃东县历来被认为是藏族灿烂文化的发祥地，所谓"经书莫早于邦贡恰加，农田莫早于索当，房屋莫早于雍布拉康，国王莫早于聂赤赞普"的"四早"，均发生在乃东境内。泽当，藏文意为"猴子玩耍的坝子"，相传西藏"猕猴变人"的故事就发生在泽当镇。《汉藏史集》中亦有记载："小猴变成人，并广为增衍，占据蕃地，由玛桑九兄弟、二十五小邦、十二小邦、四十小邦，逐次统治。"流经泽当镇的雅砻河，被誉为藏民族的"母亲河"，被贡布日神山、西扎山和冈底斯山脉环绕的雅砻河谷因此成为藏族先民活动的中心地区。它不仅开发早，是西藏传统农业最发达的地区，更是西藏古代文明的发祥地。可以说是雅砻河谷广阔的河川平原以其肥沃的土质、适宜的气候，培育了雅砻部落，使其从众多小邦中强势崛起；悉补野王统世系的延续，更带来了吐蕃王朝的繁荣与强大。

今天的山南，在吐蕃王朝统治时期，是占全藏五分之一面积的"约茹"，乃东则是约茹的腹心，为约茹下辖的"雅砻东岱"。在松赞干布统治时期，政治中心北迁拉萨，但是作为吐蕃王朝发家之地和实力所在的雅砻河谷地区，地位并没有衰落，吐蕃王朝的兴衰变化常和雅砻一带的政治气候有着千丝万缕的联系。公元869年发生的"邦京洛"奴隶平民起义在雅砻河谷爆发，最终导致了吐蕃王朝的崩溃和瓦解，使西藏进入了长达数百年的分裂时期，包括乃东、泽当在内的西藏各地出现了众多的地方割据政权。吐蕃王室后裔威宋一派的势力就曾占据约茹的雅砻河谷，直至分裂时期的后期才被迫迁往后藏日喀则。

萨迦地方政权时期，十三万户中颇有影响的帕竹万户的领地约相当于今天乃东的泽当区。帕竹万户充分利用雅砻河谷的有利条件，培植起强大的势力。公元1351年，第十位帕竹万户长绛曲坚赞主持兴建了泽当寺，内有帕竹噶举派学显教经论的讲经院，它与丹萨提寺的静修院，均得到绛曲坚赞的资助，颇为丰裕。其后的历任帕竹第悉都曾出任过泽当寺的法座，泽当的政治地位也因此而有所提升。推测"泽当"其名肇始于此时，只惜今日泽当寺已无存。其后帕竹万户趁萨迦

派内讧不断，抓住有利时机，于公元1354年推翻了萨迦政权，确立了帕竹地方政权在西藏地区的统治地位。首任帕竹第悉绛曲坚赞创建宗溪制度，下辖十三个宗，并以乃东宗为首，"扩大乃东孜王宫，作内、外、中三城门"，城堡之名为乃东衮桑孜，乃东其名正始于此。帕竹政权的发源兴起之地——泽当镇得到空前的发展。

帕竹政权的统治持续了200多年，以后大臣丹松巴起兵叛变，建立了噶玛地方政权。虽然泽当仍然是噶玛政权的要地之一，但其地位已日趋衰落。而此时以拉萨为据点的格鲁派正呈上升势头，1642年正式成立政教合一的甘丹颇章政权。1753年新成立的噶厦政府复于乃东设宗，在泽当设置洛卡基巧，总领山南地区，泽当的政治地位重被确立。民主改革后，乃东置县，下辖泽当等镇。1959年西藏民主改革后，泽当作为山南地区行署的所在地，其政治、经济、文化地位得到了加强，城市建设随着经济的发展，在内地对口城市加大力度的支持下，开启了飞速发展的进程，城市的面貌也发生了巨变，但旧城的格局与规模未有大的改变，为今天的保护与更新奠定了基础。

1.6.2 空间布局特征及形成机制

1. 选址

西藏地处高原，周围高山耸立，密布流淌的河流在众多高山之中蜿蜒穿梭，形成了为数不少的河谷平原地带，尽管面积较小，但毕竟有了可供选择聚居的土地。西藏众多居民点沿河谷展开，形成枝干状的聚集分布。在相对较为开阔的河谷地带，发展形成了规模较大的城镇。泽当镇的选址遵循着因地制宜的自然规律，在藏南较为宽阔的雅砻河河谷地带，背依贡布日神山，北面面向宽阔的雅鲁藏布江中游河谷，体现出山、水、城和谐相处的自然观念，形成了西藏城镇选址的

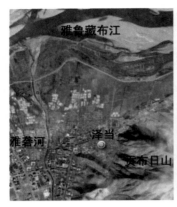

图1-55 泽当卫星图，
图片来源：焦自云根
据卫星图标注

共性法则（图1-55）。

泽当镇的选址，除遵循城市选址受自然因素影响的共性之外，也存有自己独具的个性。藏民族有对"猕猴变人"神话传说的信仰，而这神话发生的地点就在泽当镇东面的贡布日山上的比乌哲古岩洞内。它不仅赋予了泽当这一富含寓意的地名，随之而来的对祖先的膜拜与瞻仰，受苯教文化影响的贡布日神山的崇拜，均在一定程度上影响了泽当镇的选址，并成为泽当镇城市的文化、个性特征。

2. 政权统治方式的影响

西藏城镇的产生、发展受多种因素的影响和制约，其中又以统治方式的影响最深，值得关注和探讨。从西藏早期依托军事的政权统治到宗教辅助政治的统治方式，再到高度统一的政教合一制度，无一不在西藏城镇发展的进程中留下深刻的烙印。从城镇自身的发展角度来看，它们受到统治方式的影响各有偏重，其城市形态具体表现为以下三种：①以宗山建筑为中心的城镇；②以佛教寺院为中心的城镇；③以宗山和寺庙为中心双极的城镇。现存西藏城镇中以后两种模式居多。

泽当镇历史格局的形成亦受统治方式的影响和制约，溯源泽当的历史，推测早在雅砻部落时期在泽当的山梁上可能就有居民点的存在，出于防卫的考虑，早期的房舍多建在山顶处。至吐蕃王朝统一时期，房舍则多迁至河谷地带。《智者喜宴》记载："将山上居民迁到河谷，于高山顶处修建堡寨，以此改造成为城镇。"吐蕃王朝时期，泽当堡寨的存在和早期城镇的出现有一定的关联，为今天研究西藏的城镇起源提供了思路。

佛教前弘期时，西藏兴建了大量寺庙，如西藏第一座佛、法、僧俱全的桑耶寺距泽当很近，此时泽当是否修建过寺庙尚无考证。其后历经西藏分裂时期、萨迦政权时期、帕竹政权时期，直至甘丹颇章政权时期，与宗教相关的统治方式对泽当的影响愈发强烈。佛教后弘期的来临掀起了寺院建设的又一高潮，佛教寺院在城镇格局中的核心地位变得毋庸置疑，泽当镇的城市格局也因寺庙的兴建更迭而不断发展变化。

14世纪中叶，随着萨迦政权的衰微和帕竹政权的兴起而建造的泽当寺，位于泽当的山梁上。这无疑对泽当镇空间的发展起过重要的导向作用。14世纪末兴建的日松拉康，至今仍存，其规模虽然很小，只有一层的主殿和极小的前院，但是仍然可见其在泽当镇中的重要地位，民居紧紧绕其周边而建，形成组团，成为泽当镇空间布局的核心之一。

佛教的再兴使教派林立的西藏出现转折，脱颖而出的格鲁派，虽然形成时间比较晚，但其对后世的影响也最大。泽当镇现存的噶丹曲果林寺就属于格鲁派寺庙，它是在18世纪建造的噶举派寺庙盆得列谢林寺的基地上东移约30 m修建而成的，逐渐成为泽当镇空间格局的新核心。其属寺尼姑庙桑丹林寺则建造在泽当东面的山坡上，与城镇保持适当距离，契合格鲁派修行戒律的要求。根据康区德格仲萨寺活佛钦则旺布（1820—1892年）所著的《卫藏道场胜迹志》中记载，当时泽当最有名的寺庙是安雀巴的杜康浦，就位于泽当镇内。还有修建年代不详的通追林寺，仅见于文献记载，惜遗址已不可考。现今的安居寺则是20世纪90年代修建的新寺庙，是泽当镇格局的新核心之一。

政权统治对泽当镇的影响较宗教统治而言，显得有些薄弱。尽管在帕竹政权时期有乃东衮桑孜的存在，但其位置在泽当西南约十余里（1 里 = 500 m）。泽当镇更多还是依托乃东而发展。至甘丹颇章政权时期，泽当才成为洛喀基巧的所在地，并一度成为政治中心。据此推测，作为政权统治机构的建筑在泽当出现并存在过，它对泽当城市空间格局的形成或许产生过一定的影响，惜其遗址已不可考。乃东宗仍设在泽当山麓的南侧，其下建有乃东孜措巴寺，两者共同构成乃东镇双极空间格局，雪村则紧挨山脚而建。而泽当最终没有形成类似的双极城镇空间格局，更多受制于宗教统治，发展成以寺庙为中心的城镇空间格局（图 1-56）。

3. 与寺庙的密切关系

泽当镇历史悠久，随着各代的不断建造，其格局亦随之不断改变。吐蕃王朝时期，早期存在的居民点为泽当镇的发展打下了基础，发展到萨迦、帕竹地方政权时期，泽当兴建了一些寺庙，如泽当寺、日松拉康等。泽当镇的空间格局随之发生变化，人们紧靠泽当寺所在的山脚建造房舍，以及环绕位于河谷中的日松拉康等寺庙建造房舍，成为当时居民们建设行为的主要选择。盖因当地居民多为寺庙的属民，要做到既为寺庙服务，又对宗教虔诚信仰，最方便的是在靠近寺庙的地方建造家园。甘丹颇章政权时期，原有噶举派寺庙盆得列谢林寺改宗格鲁派，后在其基础上修建的格鲁派寺庙噶丹曲果林寺对泽当镇的历史空间格局影响最为深刻，它逐渐成为泽当镇空间格局的主核心，奠定了现在泽当镇老城区的空间格局。

民主改革后的泽当发展迅速，又因其成为山南地区的行署所在地，发展愈发迅猛，新城区的面积已是老城区的十几倍。新城区以老城区为起始点，向北侧靠近宽阔的雅鲁藏布江河谷，向西越过雅砻河，向东南顺应

图 1-56 泽当镇鸟瞰，图片来源：焦自云摄

山间较为舒缓的山谷地带继续延伸，向西南则绕过泽当山梁，沿雅砻河前行，有与乃东县城合拢之势。泽当新城区道路宽阔，畅通便捷，建筑肌理与老城区相比有了很大的变化。本书对泽当镇格局特色的具体分析仍然集中在泽当镇的老城区。

1.6.3 泽当镇的空间格局

1. 从属于寺庙的城市结构

西藏传统城镇聚落的空间组织模式比较特殊，它常以一个或多个强烈的焦点如寺庙、宗山建筑等为核心逐渐向外辐射，其他内容的设置也都以核心为参照布置，即以接近节点的方式组织成区域，进而生成聚落。这不仅与中原江南沿轴线序列发展的城镇模式不同，也与中原北方传统城镇所采用的严格规矩的方位系统有着比较大的区别。

泽当镇的空间结构是此类空间组织模式的典型实例。至迟在 20 世纪上半叶，噶丹曲果林寺就成为了泽当镇的主要核心，其周边空间被赋予绝对神圣的意义。它不仅处于整个镇区地形的较高位置，又通过建筑高度来形成整个区域的制高点。于是，道路的方位、视线的通廊能否到达噶丹曲果林寺就变得十分重要，神圣的焦点组织了整个周边区域。

不仅民居建筑绕其周边而建，泽当老集市也紧靠其西侧而兴。这种集市紧靠寺庙而形成的模式与拉萨大昭寺和八廓街老商业街区的关系有些类同。

调研中发现泽当镇现存的寺庙数量比较多。除噶丹曲果林寺外，还有日松拉康、哲布林寺、桑丹林寺、鹿参教寺庙（土地庙）、安居寺等。其中的日松拉康、鹿参教寺庙、哲布林寺等俨然成为泽当镇小建筑群组团的

图 1-57 空间结构分析图，图片来源：焦自云绘制

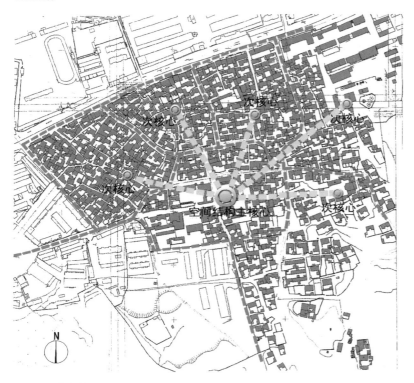

图 1-58 街巷结构示意图，图片来源：焦自云绘制

核心，安居寺的周边也正引发着新民居绕其建设的行为，从而形成了泽当镇以噶丹曲果林寺为第一级核心，以日松拉康、土地庙、哲布林寺和安居寺等寺庙为次一级核心的空间组织模式。据此结合路网等进行分析，又可将泽当镇的空间结构划分成6个组团模块，它们之间以主要街道进行划分。最终形成了泽当镇以噶丹曲果林寺为主核心，向周边辐射多个次级核心的多组团模块的空间结构形式（图 1-57）。

2. 发散的城市街巷空间

泽当镇的空间层次是通过街道、巷子、支巷和院落层层展开的。街巷层级分明，极少沿规整的方位系统延伸，且多尽端式的支巷，人行其中，很难通过道路来辨别方位，容易迷失方向，由此归纳这种道路体系为迷路系统。但是泽当镇的道路体系又有些特殊，其各条主要街巷都能通向寺庙，寺庙的指向性和重要性可见一斑。

泽当镇主要街道围绕噶丹曲果林寺庙外围展开，最内一圈近似环状，然后以此为基点向外发散。其中通向北侧和西侧新城区城市主干道的街道有5条，通向东侧和南侧山梁的道路有3条。次一级的巷子在各个组团之中延伸，通向组团之间的主要街道，其特点是随着建造的民居院落自由伸展，交接之处多形成三岔口。尽端式的支巷又以其为支点深入组团内部，串联起各个院落。层级分明的道路体系犹如一张网打捞起了所有的院落，构成了泽当丰富的街巷空间。

泽当镇的道路体系中有两处点睛之笔。一是紧紧围绕噶丹曲果林寺外墙的转经路线。外墙的南、北、西侧各设置有很多的转经筒，成为居民到寺内礼佛时的必走路线。二是泽当镇东南一隅的外围转经路线。从噶丹曲果林寺出发，沿主要街道向东顺时针前进，经过安居寺，转过被赋予神性意义的古树和泉水，转过山坡上的煨桑之处和竖有经幡的玛

图 1-59 边界空间，图片来源：焦自云摄

尼石堆，经过位于山腰的桑丹林寺，路过关帝庙遗址，再返回到噶丹曲果林寺，整个路线包含了多处神址，转经膜拜之余，既能强身健体，又可获得心灵的满足。（图 1-58）

3. 自然元素限定的城镇边界

西藏传统的城镇聚落多依山面水而建，发展多由其精神核心开始，自内而外延展而成，规模又被河流和山形所限制。也就是说，城镇边界多是由自然元素予以限定的。城镇聚落常紧紧依偎在山脚下，或顺应舒缓的山坡向上延伸，但却多跟河流保持有一定距离，中间常隔以农田，形成自然过渡的边界空间。盖因西藏传统习俗中的一种禁忌，认为房屋不能离水太近，不然水如长矛直刺房屋，意味着有山洪暴发，房屋将被卷走之意。考察泽当镇的边界空间，亦遵循此规律。它依偎在其东南侧山体的脚下，北隔大片农田，与雅鲁藏布江相呼应，西则遥望其支流雅砻河。此外，转经路线的存在也客观地限定了泽当镇东南方向的边界，被赋予神性的古树和泉水，以及山坡上的煨桑之处和竖有经幡的玛尼石堆共同构成了泽当镇独特的边界空间（图 1-59）。

图 1-60 墙垣遗址围合的泽当镇，图片来源：焦自云摄

在泽当的实地调研中发现存有墙垣遗址，沿泽当镇南面的山麓延伸开来，围合面积很广。据介绍，墙垣遗址是泽当镇的老城墙，但尚未见于史料记载。不过墙垣与山体仍然共同构成了泽当镇比较特殊的一种边界限定元素，形成了在西藏城镇中较为少见的边界空间（图 1-60）。

4. 院落围合的建筑单元

泽当镇的建筑层数以一层为主，少量二、三层的建筑穿插其中，属于低层高密度的方式。建筑规模较小，多以院落为单元组合，形成小的露天内院。建筑平面形态主要有"一"

图 1-61 院落形态（左），图片来源：焦自云摄

图 1-62 建筑外观（右），图片来源：焦自云摄

字形、"L"形、"凹"字形等，空余面则由院墙围合，但是院落的形态没有定规，多根据实际用地情况而建，形态各异，矩形和异形的院落形态都可以见到。这说明外部空间是建筑形态形成的主导（图 1-61）。

建筑单元的主要房间有卧室、厨房、贮藏室、走廊、厕所、圈房及草料储藏室等。其中卧室多兼有客厅接待的功能，靠内墙常供奉佛龛、经书、唐卡等，是一家礼佛的重要场所。其室内多为一柱或两柱空间。建筑面向院内的立面较为开敞，常设近乎满开的大窗，并有开敞的走廊通向院内，形成室内外的过渡空间。建筑面向街道的立面则较为封闭，尤其是早期的民居鲜有开向街道的窗户，若有则多为窄窗。入户门低矮，形成较为内敛的建筑空间。据调研了解，泽当镇紧靠噶丹曲果林寺西侧的部分民居曾作为商铺建筑使用，其建筑临街的立面直接面向街道开多窗，尤其是一层常临街开低窗，窗台较低，窗户较宽，以利于商品买卖，显现出不同于普通民居的商用特性。

建筑单元内外墙体的勒脚部分多用石块砌筑，以上则用土坯。在土坯墙外常抹厚约2 cm 的砂浆面层，用手抹平后，伸开五指在墙面上画出宽约 30 cm 的弧线在上的竖形花纹，雨水可以顺墙面流下，同时也可起到装饰的作用。一般民居建筑的墙体不刷色，或者刷白色，手工痕迹被清晰地保存下来，呈现出自然、朴实的质感。在调研中还发现，许多民居的外墙表面贴有一些直径二三十厘米左右、排列成行的圆形的牛粪，待其干后可储存以用作燃料。屋顶女儿墙上又常堆有树枝、木柴等，它们很整齐地排列累叠在一起，高度视其多少不一，也做燃料之用。外墙的牛粪和女儿墙上的树枝木柴等的存在，是与当地居民的日常生活紧密相关的，其存在并非偶然，它们共同构成了泽当民居富有地域特色的外立面景观（图 1-62）。

注释：

1 次旦扎西.西藏地方古代史 [M].拉萨：西藏人民出版社，2004：7

2 西藏自治区文物管理委员会.昌都卡若 [M].北京：文物出版社，1985：13，155

3 恰白·次旦平措，诺章·吴坚，平措次仁.西藏通史——松石宝串 [M].陈庆英，格桑益西，何宗英，等译.拉萨：西藏古籍出版社，2004：26-27

4 王尧，陈践，译注.敦煌古藏文文献探索集 [M].上海：上海古籍出版社，2008：124

5 何一民，赖小路.西藏早期文明与聚落、城市的形成 [J].天府新论，2013（1）：135

6 隋书·女国 [M].北京：中华书局，1973

7 杨嘉铭，赵心愚，杨环.西藏建筑的历史文化 [M].西宁：青海人民出版社，2003：17

8 《旧唐书·吐蕃传》

9 大昭寺：蒙语称为"伊克昭庙"。"昭"是从梵语"招提"来的。《慧琳音义》释"招提"为僧房。不过大昭之名始见于清代史书，唐时之称则有不同。《新唐书·地理志》记载："经佛堂百八十里至勃令驿鸿胪馆"，内中佛堂一地名，可能就是当时所称祖拉康的意译（《藏文史料集》第342页）

10 小昭寺：蒙语称为"巴汉昭庙"。

11 林冠群.唐代吐蕃史论集 [M].北京：中国藏学出版社，2007：451

12 恰白·次旦平措，诺章·吴坚，平措次仁.西藏通史——松石宝串 [M].陈庆英，格桑益西，何宗英，等译.拉萨：西藏古籍出版社，2004：240

13 张建林.荒原古堡：西藏古格王国故城探察记[M].成都：四川教育出版社，1996：37

14 宗：藏语原意为城堡、要塞之意。帕竹政权时期，其含义延伸为行政机构的名称。

15 明史·食货志（卷77）[M].北京：中华书局，1974.

16 张镱锂，李秀彬，傅小锋，等.拉萨城市用地变化分析 [J].地理学报，2000（4）：401，396

17 西藏社会科学院西藏学汉文文献编辑室.西藏地方志资料集成（第一集）[M].北京：中国藏学出版社，1999：17

18 [清]黄沛翘，撰；《西藏研究》编辑部，编.西藏图考 [M].拉萨：西藏人民出版社，1982：186

19 五世达赖喇嘛阿旺洛桑嘉措.五世达赖喇嘛传 [M].陈庆英，马连龙，马林，译.北京：中国藏学出版社，2006：150

20 五世达赖喇嘛阿旺洛桑嘉措.五世达赖喇嘛传 [M].陈庆英，马连龙，马林，译.北京：中国藏学出版社，2006：160

21 《布达拉宫志汇编》，转引自：恰白·次旦平措，诺章·吴坚，平措次仁.西藏通史——松石宝串 [M].陈庆英，格桑益西，何宗英，等译.拉萨：西藏古籍出版社，2004：696

22 拉萨东印经院：又名"噶甘平措林"，意为"幸福乐园"。

23 五世达赖喇嘛阿旺洛桑嘉措.五世达赖喇嘛传 [M].陈庆英，马连龙，马林，译.北京：中国藏学出版社，2006。转引自：宿白.藏传佛教寺院考古 [M].北京：文物出版社，1996：17

24 五世达赖喇嘛阿旺洛桑嘉措.五世达赖喇嘛传 [M].陈庆英，马连龙，马林，译.北京：中国藏学出版社，2006：406

25 转引自：宿白.藏传佛教寺院考古 [M].北京：文物出版社，1996：17-20。

26 五世达赖喇嘛阿旺洛桑嘉措.五世达赖喇嘛传 [M].陈庆英，马连龙，马林，译.北京：中国藏学出版社，2006：269

27 恰白·次旦平措，诺章·吴坚，平措次仁.西藏通史——松石宝串 [M].陈庆英，格桑益西，何宗英，等译.拉萨：西藏古籍出版社，2004：685-686

28 《布达拉宫志汇编》，转引自：恰白·次旦平措，诺章·吴坚，平措次仁.西藏通史——松石宝串 [M].陈庆英，格桑益西，何宗英，等译.拉萨：西藏古籍出版社，2004：697

29 西藏自治区文物管理委员会.拉萨文物志 [Z]，1985：82

30 西藏自治区文物管理委员会.拉萨文物志 [Z]，1985：126-127

31 《清高宗实录》卷1318

32 《清高宗实录》卷1339

33 黄教：格鲁派，俗称黄教。

34 呼图克图：亦作"呼土克图"。蒙语 xutugtu 音译，意为有寿者。清王朝授予藏族及蒙古族喇嘛教大活佛的称号。凡属此级活佛，均载于理藩院册籍，每代"转世"必经中央政府承认和加封。乾隆以后，"转世"须经清廷主持的金瓶掣签确定。

35 中国社科院边疆史地研究中心.乾隆朝《大清会典》中的理藩院资料 [Z].全国图书馆文献缩微复制中心版：83

36 格巴，指拥有土地、百姓的世俗贵族；米扎和古扎，指那些在社会上拥有政治、经济特权的贵族阶层。

37 藏语音译，通常意指"园林"。"林卡"的实际含义要广泛得多，一片丛林也可包括于林卡的含意之内。事实上，藏族人民也常把"林卡"当作一种活动来叙述，它包含了在林卡中所进行的歌舞、野宴等一系列娱乐休闲活动。文中所指的"林卡"即为"园林"之意。

38 乌尧颇章，"乌尧"意为"帐篷"，"颇章"意为"宫殿"，故又名帐篷宫，亦称凉亭宫。

39 《文硕奏牍》卷一

40 王元红.中国西藏古代行政史研究 [D].成都：四川大学，2006：55

41 李延恺.历史上的藏族教育概述 [J].西藏研究，1986（3）：26-32

42 牙含章.达赖喇嘛传 [M].拉萨：西藏人民出版社，1984：260

43 傅崇兰.拉萨史 [M].北京：中国社会科学出版社，1994：200

44 宿白.藏传佛教寺院考古 [M].北京：文物出版社，1996：19-20

45 索南坚赞.西藏王统记 [M].刘立千，译注.北京：民族出版社，2000

46 沈玉麟.外国城市建设史 [M].北京：中国建筑工业出版社，1989：48

47 "穿过这片绿地，便是一条线条不清晰的羊肠小道。这条路的某些部分小到即使用西藏人的标准来衡量也非常之小，很容易被初来的人忽略掉。但是，这就是拉萨人神圣的转经路，称为林廓（Ling - Kor 外环）。" 沈宗濂，柳升祺.西藏与西藏人 [M].柳晓青，译；邓锐龄，审订.北京：中国藏学出版社，2006：203

48 "噶林积雪"白塔：其建造年代不详，据《汤东杰布传》（西藏人民出版社，2002）记载此处原为其修道之所。

49 甘丹塔钦，蒙古军事首领甘丹次旺于1681年率兵西征，击败拉达克王，收复大片失地，为纪念此次胜利而立的塔钦，故称之为"甘丹塔钦"。

50 夏加仁塔钦，是因宗喀巴大师而立。1409年，拉萨传召大法会之时，宗喀巴大师曾立手杖于此地。

51 格桑塔钦，是拉萨民众为期盼多年的七世达赖喇嘛而立。1720 年，七世达赖喇嘛到达拉萨，举行盛大庆典之时所立的塔钦。

52 曲亚塔钦，是由第悉索朗群培竖立的塔钦。1634 年，固始汗率兵东征，取得胜利并活捉彼日王，为纪念此次胜利而竖立。今日立在大昭寺西门前的两处塔钦是十世班禅喇嘛重新竖立的，原有的塔钦因修建大昭寺广场而拆除。

53 唐柳：位于大昭寺西门前的一棵柳树，据传初为文成公主所植，今日所存之柳树为后人纪念文成公主而植。

54 御制十全记碑，原立于布达拉宫道路中，又称"十全记功碑"，1965 年，因拉萨城建设的需要，将该碑和碑亭迁至布达拉宫背后龙王潭公园的大门内侧。

55 1642 年，以达赖喇嘛为首的格鲁派上层集团掌握政教大权的西藏地方政府正式在拉萨建立。由于自二世达赖根顿嘉措以来的历辈达赖喇嘛均驻锡于哲蚌寺甘丹颇章宫，因此，这一政权就被称为甘丹颇章政权。

56 哲布尊丹巴（藏语：Rje Btsun Dam Pa）呼图克图，是外蒙古藏传佛教最大的格鲁派活佛世系，于 17 世纪初形成，与达赖喇嘛、班禅额尔德尼、章嘉呼图克图并称为格鲁派四大活佛。罗桑丹贝坚赞为第一世哲布尊丹巴。

57 藤井明 . 聚落探访 [M]. 宁晶，译；王昀，校 . 北京：中国建筑工业出版社，2003:85

58 觉囊达热那特 . 后藏志 [M]. 西藏：西藏人民出版社，1996：17

59 苏毗：6 世纪时，为青藏高原较大的奴隶制部落联盟政权之一。其地理范围大约在今西藏雅鲁藏布江以北，南与雅砻部落联盟隔江相对，东北与青海玉树相接，西接今西藏阿里地区南部，其统治中心在拉萨和日喀则一带。

60 朗达玛，吐蕃末代赞普，841 年即位后，吐蕃境内连续发生了前所未有的自然灾害，他听信建议，认为这些天灾是信奉佛法、触犯天神的后果，遂下令在吐蕃全境禁绝佛法。846 年，朗达玛遇刺。

61 巴卧·祖拉陈瓦 . 贤者喜宴 [M]. 黄颢，译 . 北京：中国社会科学出版社，2010：132

62 朗钦：西藏官名，相当于内务大臣。

63 甘珠尔：意为教敕译典，为西藏所编有关佛陀所说教法之总集，包括经藏与律藏两大部门。

64 阿旺·洛桑嘉措 . 西藏王臣记 [M]. 刘立千，译 . 北京：民族出版社，2000：108

65 官署名。藏语音译，即西藏原地方政府，设有噶伦四人，三俗一僧，受驻藏大臣及达赖喇嘛管辖。

2 西藏的宫殿建筑

宫殿建筑是西藏建筑艺术中具有纪念碑意义的重要建筑形式。在不同的历史时期，西藏各地均兴建过具有各个时代特征的宫殿建筑，充分体现了西藏各个时期建筑技术和艺术的最高水平，给后人研究西藏建筑留下了极其珍贵的物质财富。从公元前 2 世纪至公元 20 世纪初的 2 100 多年中，西藏宫殿建筑大致经历了形成时期、发展时期和成熟时期三个阶段。

2.1 西藏宫殿建筑的形成时期

2.1.1 发展概况

在新石器时代结束后，西藏高原的社会经历了一个漫长的从"小邦时代"逐渐过渡到象雄、吐蕃、苏毗三大部落联盟的发展、演变过程。《汉藏史集》与《贤者喜宴》均记载过西藏境内存在过的各个小邦的情况。从《贤者喜宴》有关记载来看，这个时期大约延续了四五百年，即公元前 11 世纪到公元前五六世纪。有些小邦具有较强的独立性，存在时间更长，一直延续到吐蕃王朝之后。那个时代实际上处于原始社会末期，部落之间彼此弱肉强食，各自为扩大势力而互相厮杀，战争频繁。当时，各小邦已出现了自己的首领，即"王"和"大臣"，《贤者喜宴》中列有十多个小邦的王臣名单，《敦煌吐蕃历史文书·小邦表》载："在各小邦境内，分布着一个个堡寨"，可以想见，堡寨式建筑已经成为当时各小邦的领域中心，是地域领主的象征，从"小邦喜欢征战厮杀"来看，堡寨同时具有明显的防御功能。

进入铁器时代后，一直到公元 6 世纪以前，在这个时期，象雄部落联盟成为自小邦时代之后西藏高原最早的文明中心。象雄，在今天的阿里地区，据苯教传说，其都城为琼隆银城，即今天阿里地区札达县境内的琼隆地方。苏毗部落联盟的兴起晚于象雄，象雄文明和苏毗文明都对雅砻部落产生过强烈的影响。

大约于公元前 2 世纪，在今西藏自治区山南地区的雅砻河谷地区，雅砻部落日渐崛起。雅砻部落的发展壮大得益于得天独厚的自然地理条件。随着经济和人口的迅速增长，雅砻部落联盟在政治上也日渐强盛。《敦煌本吐蕃历史文书》载："古昔，各地小邦王子及其家臣如此应运而生，众人之王，作大地主宰，王者，威猛，谋略深沉者相互剿灭，并入治下收为编氓。最终，以鹘提悉补野之位势莫敌最为崇高。"鹘提悉补野王统即雅砻王统，第一代赞普聂赤赞普在今西藏自治区乃东县琼结乡觉姆扎西次日山头上建造了藏族历史上第一座宫殿——雍布拉宫。

根据藏文文献记载，自此以后，历代雅砻王统还相继修建了不少宫殿，第三代赞普丁墀赞普修筑了"科玛央致宫"；第四代赞普索墀赞普修建了"固拉固切宫"；第五代赞普德墀赞普修建了"索布琼拉宫"；第六代赞普墀贝赞普修建了"雍仲扯孜宫"；第七代赞普止贞赞普修建了"萨列切仓宫"；第九代赞普至第十五代赞普先后在今琼结县兴建了达孜、桂孜、扬孜、赤孜、孜母琼结、赤孜邦都六座宫殿，称为"青瓦达孜宫"；在第三十二代赞普囊日论赞时期，在今墨竹工卡兴建了强巴弥居林宫。在上述史载诸宫殿中，尤以雍布拉宫和青瓦达孜宫最为著名[1]。青瓦达孜宫是吐蕃兴建的第二大宫堡，六宫遗址现位于琼结县青瓦达孜山。当时，吐蕃社会内部各种矛盾日益激化，各个部落之间穷兵黩武，战争频繁。为了保卫六宫，抗御外敌，历代赞普逐年在青瓦达孜山上修建城墙碉堡。六宫原由城墙相连，城墙现仍残存，城墙上设有石砌碉堡，城墙碉堡相互衔接，组成了一条完整的战略防线，在抵御外侵中发挥了重要作用。据记载，从布德贡杰时代到达日聂塞时代，还有十几座小邦的王臣们居住的堡寨也修建在雅鲁藏布江流域的山南等地，但基本无存。

2.1.2　特点

西藏宫殿建筑在形成阶段，受到本土的碉楼式建筑的强烈影响。从在各小邦境内遍布的一个个堡寨来看，堡寨的产生首先是为了适应各小邦之间争斗的需要，用于防范敌对小邦的进攻，故其大多修筑在山岗之上，具有较明显的堡垒性质。从西藏历史上第一座宫殿——雍布拉宫来说，虽然历时两千多年，后代维修、重建过多次，但是整个建筑东端的高碉式建筑形式却被基本保留了下来。从碉楼式建筑的作用推断，当时的雍布拉宫最大的用途是起警戒防御的作用。雍布拉宫是小邦时期过渡到三大部落联盟形成及雅砻王统逐渐强大时期的标志性建筑，是"堡寨"类建筑形式的最杰出代表，为藏族碉式建筑的发展起到了"启后"的作用。

自聂赤赞普兴建雍布拉宫后，它一直作为雅砻王统的正宫。而历代赞普又兴建了许多座王宫，从位于山南地区琼结县的青瓦达孜宫的遗址规模看，它们可能是雅砻王统时期历代赞普的行宫，同时也是赞普举行苯教祭祀等宗教活动的主要场所。不过这些王宫一直还保持着早期小邦时期堡寨的建筑特点。

2.2　西藏宫殿建筑的发展时期

2.2.1　概况

这一时期跨越吐蕃王朝时期及其后分裂时期，直至元帝统一西藏之前。

公元 7 世纪初，松赞干布接替了其父囊日论赞的王位，成为雅砻王统世系的第三十三代赞普。他继位后，首先平息了由内部贵族勾结地方势力发动的战乱。待吐蕃本部安定之后，就开始了兼并邻部、统一青藏高原各部落的战争。松赞干布招抚了横跨唐古拉山南北草原的苏毗部落；吞并了日喀则以西，直至阿里，地域广阔的象雄部落；占领了青海东南部河曲地区及四川省松潘以西河谷地带的党项与白兰部落；攻占了地处甘肃、青海间的吐谷浑部落。接着他在社会生产力发展和邻近各部之间来往关系不断增多的形势下，同时也是为了更有效地把自己的势力覆盖到西藏更大的地区，决定把统治中心从山南迁到逻些（即今拉萨）。大约在公元 633 年（唐贞观七年），松赞干布在拉萨建立了西藏历史上第一个奴隶制的吐蕃王朝[2]。西藏地区第一次实现历史性的统一。

松赞干布时期不仅是藏族历史上的重要时期，同时也是藏族文化大发展、对外交流最活跃、藏式建筑发展突飞猛进的发展时期。公元 631 年（藏历铁兔年），松赞干布为迎娶文成公主，修建了布达拉宫。其大致规模可以在松赞干布著的《玛尼全集》中得到解："红山以三道城墙围绕，红山中心筑九层宫室，共九百九十九间房子，加宫顶的一间共一千间，宫顶竖立矛和幡旗。"但早期的布达拉宫已毁于雷击和吐蕃王朝灭亡后的奴隶起义，仅剩佛堂两处：曲结哲布和帕巴拉康。在其后的吐蕃王朝时期内，赤德祖赞在扎囊县境内修建"札玛止桑宫"，同时还在今乃东县境内为金城公主修建了行宫"傍唐宫"。

吐蕃王朝自朗达玛后灭亡、分裂。吐蕃王室为赞普继承权展开激烈的争夺，这场争夺战持续时间长达 30 余年。王统后裔的云丹一派占据卫茹（拉萨）地区，威宋一派占据约茹（雅砻河谷）地区，各地亦分成两派支持云丹和威宋。公元 869 年，吐蕃内部开始大规模的奴隶起义，吐蕃内部各据一方，互相混战，有的则归顺唐朝，这次起义风暴又延续了几十年。威宋的一支后裔，贝科赞之子吉德尼玛衮逃至象雄的杂不让（今西藏阿里札达县），与当地贵族和亲，在"拉若地方修建了孜托加日宫"，其后代德尊衮做了古格王，在今扎达县境内建筑了古格王城，在依山而建的古格王城顶部修建了宫室；另一支后裔扎西则巴贝到了贡塘地区，建立起贡塘王朝，在今日喀则地区的吉隆县境内修建了贡塘王城，在王城内建"扎西琼宅嘎波"宫室。

2.2.2 特点

在这一时期，宫殿建筑属于城堡，虽然保留了防御的功能，但是碉楼的建筑形式弱化了。而且宫殿不再是一个单体建筑概念，而是位于山巅的大规模的建筑组群。以建筑群规模的庞大来象征王权的强大，并适应其功能的需要。

与雅砻王统世系时期相比较，无论是建筑规模还是营造技术均有了很大的改进。布达拉宫的规模达到房屋一千间，数倍于雍布拉宫和青瓦达孜宫的规模。像雍布拉宫这种碉楼式宫殿以石砌为主，到了布达拉宫时期则发展为砖木混合结构。

雕塑绘画艺术融入宫殿建筑中，在布达拉宫的曲结哲布中得到充分的展示。

其他文化对西藏宫殿建筑有比较明显的影响，最主要的是我国中原文化，以及尼泊尔文化的影响。中原唐朝和尼泊尔的建筑在吐蕃的传播，在文成公主和墀尊公主下嫁到吐蕃后达到了巅峰，并一直影响了后来西藏宫殿乃至各种建筑形式的发展。两位公主的到来，同时带来了我国中原地区，以及尼泊尔地区大量优秀的工匠，而他们现场的操作、施工、示范深刻影响了宫殿建筑的发展[1]。

2.3 西藏宫殿建筑的成熟时期

2.3.1 概况

宫殿建筑的成熟时期是自元朝统一西藏后，以宗教功能在宫殿建筑中所占有的显著突出地位为主要特征。这段时期内西藏宫殿建筑的发展也是经历了一个发展过程。

13 世纪初叶，蒙古族崛起于漠北地方，乞颜部首领铁木真以鄂嫩河流域为中心，于 1206 年征服蒙古各部落，统一蒙古高原，建立蒙古汗国。随后蒙古汗国以强劲的姿态西进南征，生活在中国大地上的包括藏族在内的各民族融入了全国统一的历史进程之中。

元朝是西藏在政治上发生重要变革的时期。其重要标志是：公元 1253 年，元宪宗蒙哥汗于即位的次年，派兵进入西藏，开始将西藏正式纳入祖国的版图。更为重要的是将西藏佛教（喇嘛教）立为国教，随后元朝的历任帝师都由萨迦派僧人担任。萨迦本钦释迦桑布为十三万户的万户长，同时也明确了萨迦为十三万户之首。

萨迦地方政权一直是由创建萨迦教派的昆氏家族僧人所掌握，帝师之下设萨迦本钦掌管西藏行政，设萨迦囊钦掌管本派事务。公元 1264 年，元中央王朝设立掌管全国佛教事务和藏族地区行政事务的机关——总制院（后改为"宣政院"），萨迦派祖师八思巴以国师身份监管其政务，积极推行土司制度，在宣政院以下，设立吐蕃处宣慰使司都元帅府，管辖全部藏族地区[2]。其实，这个时期的西藏相当于十三个利益联盟，萨迦派是联盟的首领，受元中央的支持。这些重大变革以及元中央王朝对藏族聚居区的施政，结束了西藏长期以来分裂割据、混乱的局面，使藏族聚居区有了一个相对稳定的社会环境。就藏族聚居区本身来说，政教合一的政治体制已经开始逐渐形成。萨迦派的主寺是位于萨迦的萨迦寺。内部本钦居住的地方，称为"颇章"。在萨迦寺中，曾经建有吉绒森吉嘎尔布颇章、森康宁巴（旧宫，又名拉章霞）、曲美增卡典曲颇章、德曲颇章等具体宫室建筑。此外，还有不少被称为"拉章"的殿堂，诸如细脱拉章、都却拉章、仁钦岗拉章、甘丹拉章、苏康拉章、格白拉章、仲琼拉章、札木七拉章、拉康拉章等。这样众多的颇章和拉章融为一体，与萨迦寺内的"拉康""贡康"以及其他建筑物共同构成这个"政教合一"实体的"宫寺合一"的殿堂。所以，从某种意义上讲，萨迦寺既是一座寺庙，又是一座宫殿[1]。

元末明初时期，萨迦派内部不断出现内讧，矛盾重重，加之此时元朝政府日落西山，帕竹万户逐渐以武力使西藏地区各个万户屈服，最终彻底打败萨迦派，俘获了萨迦本钦，结束了萨迦派一统西藏的局面。帕竹地方政权从此控制西藏。在地方政权的建设上，绛曲坚赞废弃了藏族聚居区原来实行的万户制，而代之以新兴的"宗"（rdsong）。藏文史书《新红史》载："当时，在世俗的措施方面，他在多嘎波以上的地区建造了佳孜芝古、约卡达孜、贡嘎、乃乌宗、查嘎、仁邦、桑珠孜、白朗及伦珠孜等宗寨，各宗设有宗本，每三年一换。"在教权方面，以修密法为主的丹萨替寺是帕竹噶举派的主寺，丹萨替寺的座主"京俄"是帕竹噶举派的领袖，也是帕竹政权宗教界的最高领袖[3]。帕竹时期，宫殿不再像萨迦时期那样单纯以寺庙为载体，而转变成以"宗"为宫殿的形式，象征地方王权的宗寨建筑内融入了宗教的功能。政教合一的政权特征在宫殿建筑中进一步加强。

清代，甘丹政权得到了清政府的大力支持。"特别是五世达赖时期，建立了强有力的地方政权，因政权设立在噶（甘）丹颇章内，被称为噶（甘）丹颇章政权。噶（甘）丹颇章政权遂一度成为西藏地区政治权力的中心。"[4] 噶丹颇章，现名甘丹颇章，是哲蚌寺的一个相对独立的建筑单元，在布达拉宫修建以前，是西藏地方政权——甘丹颇章政权的所在地。《论西藏政教合一制度》中记载，公元1518年，王阿旺扎西扎巴时期，"将位于哲蚌乃东巴，叫做'多康俄莫'的宅邸献给达赖喇嘛根敦嘉措，这座石屋被命名为噶丹颇章。五世达赖喇嘛掌握了西藏地方政权之后，'噶丹颇章'遂成为西藏地方政府的别名"[5]。17世纪中叶，由五世达赖主持，桑结嘉措具体实施修建了现在所见到的布达拉宫。从白宫与红宫为代表的建筑布局充分象征了王权与宗教相结合的政教合一的政权体制。布达拉宫是藏族历史上规模最为宏大，建筑技术最为高超，艺术造诣最为深厚的宫殿建筑，是西藏宫殿建筑的巅峰杰作。除了布达拉宫之外，现在的罗布林卡虽然是藏式园林的典范，但它在当时却是以达赖的行宫（夏宫）存在的，相当于颐和园与承德避暑山庄在清王朝时期的地位与作用。林卡内部建有相当数量、不同功能的宫殿建筑。达赖多数时间在此会见要员，处理政务。从某种意义上说，罗布林卡也是西藏宫殿建筑的一个特殊形式。

2.3.2 特点

由于政教合一制度的确立，西藏宫殿建筑充分表现了政教合一的体制。具体表现为"寺中有宫，宫中有寺，宫寺一体"的布局形式。但是这种显著的特色并不是在短期内形成的，而是经历了数百年的发展演变过程，即从行使行政权力的单纯寺院向宫殿与寺院融为一体的过程，这也反映了西藏地方政权本质的变化过程。作为西藏历史上第一个政教合一的地方政权——萨迦王朝，萨迦寺本身是一座宗教性质的建筑，但是除了规模宏大的寺庙建筑之外，还有许多官署府邸之类的建筑。但是这个时期还是以寺庙为主体，这和喇嘛教在元朝的宗教信仰地位有着密切的关系。到了"宗"的时期，宗教在中原的政权体系中逐渐弱化，宫殿建筑又回到了主要象征王权的发展道路上，即真正意义的宫殿形式开始成熟。到了甘丹政权在清政府的扶持下统治西藏后，布达拉宫的建成，意味着西藏的宫殿建筑达到了巅峰。

不论是萨迦寺，还是后来的"宗"，以及布达拉宫，建筑的规模逐渐庞大，建筑艺术和技术达到了很深的造诣，并且多元文化的影响越发明显，尤其是我国中原地区，以及印度、尼泊尔的影响最为强烈，彼此交织，有机地融合在了西藏宫殿建筑之中，从而形成了藏族宫殿建筑独特的建筑形式和特征。

2.4 宫殿实例

2.4.1 雍布拉宫

位于山南地区乃东县东南、雅砻河东岸、扎西次日山的山头上。始建于公元前约200年，距今已有2 200多年的历史。根据《西藏王统记》记载，雍布拉宫是西藏早期雅砻部落首领的宫殿，最初并非寺庙。到松赞干布时，在原来的宫殿两边又修建了两层楼的殿堂，成为松赞干布和文成公主在山南的夏宫。后来历代都有扩建，在殿堂西侧增建了门厅，南侧增建了僧房。五世达赖时在碉楼式建筑上加修了四角攒尖式金顶，改为黄教寺庙（图2-1，图2-2）。

现存的雍布拉宫建筑分成三个部分：碉楼，殿堂佛堂，僧房及附属建筑。

雍布拉宫碉楼式建筑位于整个建筑东端正中，是聂赤赞普所建的最早建筑。高11 m，南北长4.6 m，东西宽3.5 m，有明显的收分。外观5层，内部实为3层，墙壁厚重，内部空间狭小（图2-3）。

雍布拉宫是（小邦）部落时期"堡寨"式建筑的浓缩，或者说是该时期"堡寨"式建筑的集中体现。由于雅砻部落在当时的各（邦）部落中实力最强、势力最大，其堡寨式宫殿建筑应代表了这一时期的特征。其基本特点是：依山而建；碉楼式建筑风格；由于当时仅有本土宗教——苯教，而苯教本身对政治的影响不大，所以该建筑的宗教因素不大；建筑物风格的本土性较强，外来文化

图2-1 雍布拉宫东立面，图片来源：吕伟娅摄

图2-2 雍布拉宫南立面，图片来源：汪永平摄

图2-3 雍布拉宫室内，图片来源：汪永平摄

图 2-4a 从白塔上看布达拉宫（左），图片来源：汪永平摄

图 2-4b 布达拉宫立面（中），图片来源：汪永平摄

图 2-4c 从龙王潭看布达拉宫（右），图片来源：汪永平摄

的影响痕迹不明显；建筑的艺术性表现还处于初始阶段。在上述特点中，依山而建和碉楼式风格对历来的宫殿建筑和其他建筑产生了重要影响。

2.4.2 布达拉宫

1. 历史简介

布达拉宫是西藏现存最大、最完整的集古城堡、灵塔殿和藏传佛教寺庙为一体的建筑群，1961 年被列为我国第一批全国重点文物保护单位。"布达拉"是梵文的音译，意为脱离苦海之舟。虔诚的佛教徒认为雄伟的布达拉宫可与观世音菩萨的圣地普陀山相媲美。

布达拉宫位于西藏拉萨河谷平原中央的红山之上。主体建筑分为红宫、白宫两大部分。附属建筑包括山上的僧院、学校、僧舍，山下的印经院、城墙角楼以及宫后的龙王潭等。东西长 360 m，南北宽约 140 m，建筑面积 90 000 m²，加上山前城郭以内和山后龙王潭范围，占地面积达 0.41km²（图 2-4）。

公元 631 年（藏历铁兔年），吐蕃第

图 2-5 壁画中的布达拉宫，图片来源：汪永平摄

三十三代赞普松赞干布始建布达拉宫。当时选址据传颇为讲究，文成公主入嫁到西藏后，经过勘查认为西藏大地犹如一个仰卧的岩魔女。岩拉萨的一片湖泊（大昭寺基址）恰如魔女的心血，红山和药王山形似魔女心脏。若能在湖上修庙，在红山上建王宫，可以镇住魔女。拉萨河谷平原中的三座孤山为三位最殊胜尊的魂山，即红山为观世音菩萨的魂山，药王山为金刚持的魂山，帕玛日山为文殊菩萨的魂山。拉萨周围山的形态和纹路呈现八宝吉祥图案。观世音菩萨的魂山——红山形如大象卧槽，地形极佳。如果能在此山上修建自在观世音殿，并居住观世音的化身（松赞干布），雪域大地便可幸福天成[6]。当时的布达拉宫，可以在拉萨大昭寺回廊和布达拉宫门厅北壁上的壁画内见其风貌（图 2-5）。

公元 7 世纪末期（即赞普芒松芒赞时期），布达拉宫遭火灾损坏。公元 8 世纪，赞普赤松德赞时期，布达拉宫又遭受雷击。而后至朗达玛灭佛后，西藏内乱分裂。此间，布达拉宫屡遭破坏，规模逐渐缩小。当时的布达拉宫被纳入大昭寺，作为其分支佛堂进行管理。布达拉宫一度变成纯粹的佛事活动场所。在五世达赖重建白宫前，布达拉宫仅存部分房屋和围墙[7]。公元 1642 年，当时正是明王朝没落走向衰亡的年代，为了巩固政教合一的甘丹颇章地方政权，决定在布达拉宫旧址上重建布达拉宫。公元 1652 年，五世达赖喇嘛前往北京觐见清朝顺治皇帝，次年受册封，正式确立为西藏地方的政教首领。公元

1653 年，五世达赖喇嘛返回西藏时，布达拉宫白宫重建工程全部竣工，甘丹颇章政权机构便从哲蚌寺迁至布达拉宫（图 2-6）。公元 1682 年，五世达赖喇嘛阿旺洛桑嘉措在布达拉宫圆寂。1690 年，第五代摄政王第悉桑结嘉措为纪念五世达赖喇嘛，主持修建了五世达赖喇嘛灵塔及灵塔殿，并据此扩建成红宫。1693 年，红宫基本完工，是年藏历 4 月 20 日，举行了隆重的落成典礼，并在宫前立无字石碑以示纪念。

从 16 世纪中叶至 1959 年以前，布达拉宫一直作为历代达赖喇嘛生活起居和从事政治活动的场所，是西藏政教合一的统治权力的中心。

2. 布达拉宫的布局

布达拉宫的主体建筑，就其功能主要分两大部分，一是达赖喇嘛生活起居和政治活动的地方；一是历代达赖的灵塔殿和各类佛殿。

第一部分主要集中在白宫（图 2-7）。东大殿（措钦厦）为白宫最大的殿堂，是达赖喇嘛举行坐床、亲政大典等重大宗教、政治活动的场所。白宫之巅有两套寝宫，终日阳光朗照，俗称东、西日光殿，西日光殿（尼悦索朗列吉）是十三世达赖喇嘛的寝宫，由卧室、小经堂等组成。东日光殿（甘丹朗色）是十四世达赖喇嘛的寝宫，室内采光良好，陈设豪华。

第二部分主要集中在红宫（图 2-8）。主体建筑是历代达赖的灵塔殿。灵塔为方座圆身，分塔座、塔瓶、塔刹三部分，达赖的遗体用香料红花等保存在塔瓶内，塔座、塔瓶用金皮包裹。司西平措又称西大殿，是五世达赖灵塔殿的享堂，是红宫中最大的殿堂，建筑面积达 680 m²，由 48 根方柱组成，净高 6 m。殿上冠以金顶，光彩夺目，富丽辉煌。十三世达赖喇嘛的灵塔殿——格来顿觉，是规模仅次于五世达赖灵塔殿的建筑，这座殿

图 2-6 1662 年素描布达拉宫，图片来源：德国耶稣会教士约翰·格鲁伯绘制

图 2-7 布达拉宫白宫，图片来源：汪永平摄

图 2-8 布达拉宫红宫，图片来源：汪永平摄

建于 1934 年，是红宫的晚期建筑，殿内灵塔高 14 m。殿内最引人注目的陈设是用两万余颗珍珠和珊瑚以金丝串缀而成的"曼扎"（坛城）。七、八、九世达赖灵塔殿规模略小，灵塔形制基本相似。殿上冠以 3 座歇山式金顶，与五世达赖灵塔殿金顶、十三世达赖灵塔殿金顶、帕巴拉康金顶、拉海拉康金顶共同组成布达拉宫的金顶群。红宫的二、三层设有众多的佛殿，如时轮殿、释迦殿、无量寿佛殿、合主像殿、未来佛殿等[4]。

萨松朗杰（胜三界），建于 1690 年，是

图 2-9 布达拉宫的大台阶，图片来源：汪永平摄

图 2-10 白宫东入口——德阳厦，图片来源：汪永平摄

红宫的最高殿堂。在清代，历代达赖每年要定期到这里向皇帝牌位进行朝拜，萨松朗杰的西侧是甘丹吉（极乐世界），亦建于 1690 年，六世达赖曾用此作为经堂。其北部设置经台和达赖宝座。四周佛橱中供奉千佛。在红宫南侧脚下，是朗杰扎仓，这座 1645 年建立的经学院，是布达拉宫 100 多名僧人习经诵经的场所。

布达拉宫正面山下，沿"之"字形石铺大阶梯蜿蜒而上，通往布达拉宫东、西两大门（图 2-9）。东大门是入宫主要通道，进入大门后为典型的阶梯式复道，通过幽暗的复道，可直达白宫正门外的大平台——德阳厦（图 2-10）。德阳厦位于高达 70 m 的半山腰上，面积约 2 000 m²，地面用藏族特有的建筑材料"阿嘎土"夯筑，光洁平整。这里是喜庆节日专供达赖喇嘛及高级僧俗官员

赏玩歌舞跳神表演的场所。平台南北两面有回廊建筑，东西的楼房是 1749 年创办的僧侣学校旧址。

布达拉宫前有一城郭，即现称为"雪"的地方，城郭北面依山，其余三面围以高大城墙。城墙高 6 m，底宽 4.4 m，顶宽 2.8 m，顶部外侧砌女儿墙。南城墙正中为三层石砌城门楼，门内有一石砌影壁。城郭东南、西南两拐角有角楼，东、西城墙中段有侧门楼。城内建筑除部分为居民住房外，大部分为布达拉宫所属的办事机构、印经院、监狱、仓库、马厩、各种作坊等。

布达拉宫庞大的建筑群中，吐蕃时期保留下来的建筑只有曲结哲布和帕巴拉康。曲结哲布意为"法王洞"，在红山之巅的岩体上，据传当年松赞干布曾在这里静坐修法。建筑面积约 27 m²，室内净高 3.7 m，两柱，现保存完好，后世先后添加了 9 根柱子以加固。室内正中现保存一炉灶，灶上置有石锅、石臼，据说这些都是松赞干布时的原物，室内供奉有松赞干布、文成公主、墀尊公主、芒松赤江娘、吞米桑布札、禄东赞等早期塑像。整个建筑基本保持了历史原貌。曲结哲布的楼上是著名的帕巴拉康，也是布达拉宫的早期建筑之一，但历经维修已失原貌。

3. 布达拉宫的建筑特色

布达拉宫的建筑基本上是石、土、木混合结构。其主要结构形式有"墙体承重结构"和"墙柱混合承重结构"两种。

地垄的结构形式在布达拉宫中被普遍采用，不但宫殿、经堂、学校、僧舍等建筑采用，前后坡的登山石道和东西广场也有地垄。其中有的地垄空间具有使用功能，先在地上纵横起墙，上架梁木构成下房，称为"楼脚屋"。有的地垄空间则是起单纯的结构作用。地垄的层数随着基础、坡度而定。如红宫、白宫地垄分别为 4~6 层，总面积约 1 500 m²。建造地垄的材料也是石、土、木。白宫北侧上

层地垄为夯土墙，其余均为石墙。墙上分层铺设不甚规整的杨木椽，椽上铺盖劈柴（参差不齐的木棍或劈开的树枝），其上再铺卵石、泥土。一般不再铺阿嘎土层[7]。在山体坡地上兴建如此大规模的地垄结构，承托如此巨大的宫殿，在世界范围内都是罕见的。

墙柱混合承重结构是布达拉宫最基本的结构形式，同时也是藏式建筑普遍采用的结构做法。此结构就是外墙和内部的柱子同时承重，大梁横向铺设，外纵墙及内柱承受大梁传下的荷载，檩条纵向铺设，外墙和大梁承受密铺椽子传下的荷载[7]。可以想见，布达拉宫里建筑的墙体承受着极大的荷载，所以墙体厚度极大，一般都不小于1m，这样一方面增强了整体结构的稳定性，同时很好地解决了保温的问题。从外观上看，布达拉宫的墙体呈现明显的收分，使整个宫殿显得稳重、气势雄伟。

布达拉宫外观13层，最高达115.4m。宫墙全部用花岗石砌筑，最厚处达5m，墙基深入山体岩层，墙身收分显著，以增强建筑的整体性和抗震能力。建筑充分利用地形和空间，分层修筑，层层套接、错综复杂。白宫外墙刷白色，红宫外墙刷朱红色。红宫中央采用竖向大窗格，与白宫的较小窗户以及细狭的通气窗形成强烈对比，坚实的石墙与最高处的金顶相结合，使建筑型体高低错落，形成明暗、虚实和色彩上的对比，突出中心主体建筑，使建筑造型雄伟庄重，达到高度的统一和谐。布达拉宫的建筑，主要体现了藏族传统的石木结构碉楼形式，主殿依山叠砌、巍峨高耸；在空间组合上，院落重叠，回廊曲槛，因地制宜，主次分明，既突出了主体建筑，又协调了附属的各组建筑。建筑上下错层，前后参差；形成较多空间层次，富有节奏美感，又在视觉上加大了建筑的体量和高耸向上的感觉[4]，是我国古代高层组群建筑成功的范例。

4. 布达拉宫建筑的审美特色

在众多西藏宫殿建筑中，耸立在拉萨红山上的布达拉宫无疑是最雄伟壮丽而又神秘的。它所散发出的魅力驱使着无数善男信女匍匐在它的脚下。它是西藏人民对世界认识的物质升华，即超越人间世俗的宗教膜拜与现实生活密切联系的完美结合。布达拉宫正是通过建筑群体的组合、单体建筑的营造方式以及建筑物上的装饰色彩等，折射出当时的社会生活、精神面貌和经济水平。

布达拉宫的美既有雄伟博大的美，又有深沉含蓄的美。布达拉宫巨大的体量、方正敦厚的墙体、巍然高耸的宫殿、长柱如林的殿堂产生了独特的视觉效果。布达拉宫内的建筑，既有深邃的经堂、肃穆庄严的灵塔殿和佛殿，也有极富生活情调的寝宫；既有体量巨大、方正凝重的藏式碉楼，也有斗拱飞檐的汉式建筑。总之，这座建筑所体现的审美特征是一种十分开朗的有机整体的美（图2-11～图2-13）。

布达拉宫的建筑艺术是将藏族传统的碉楼建筑与木结构、祭祀神灵与现实生活和谐统一的形象艺术。它以独特的形式、恢弘的气度、深沉含蓄的风度散发出一种极其独特的魅力，吸引着不同民族，不同国度的人们前来瞻仰、朝拜[7]。

1961年布达拉宫被列为全国第一批重点文物保护单位。1989—1994年国家拨专款对布达拉宫进行了为期6年的维修工程，使这

图2-11 布达拉宫屋角蹲兽，图片来源：汪永平摄

图 2-12 布达拉宫经堂，图片来源：汪永平摄

图 2-13 布达拉宫壁画，图片来源：汪永平摄

座举世瞩目的古代建筑焕然一新，1994 年 11 月布达拉宫被列入世界文化遗产名录。

2.4.3 古格王国都城宫殿

古格王国都城遗址所在的札达县位于青藏高原的最西端，现由西藏自治区阿里地区管辖，西、南两面与印度交界，西北端与克什米尔的印度控制区毗邻，东、北两面分别与阿里地区的普兰县、噶尔县相邻。我们习惯上称的"古格王国遗址"，实际上是原古格王国都城的遗址，旧称札布兰，现译札布让，位于现札达县城西 18 km 的朗钦藏布南岸。

古格王国都城从 1630 年以后逐渐沦为废墟，至今已被遗弃 300 余年。

1）古格王国历史概述

古格王国的王系是吐蕃王朝赞普的嫡系后裔。公元 9 世纪，吐蕃王朝逐渐衰落，统治者内部的僧侣贵族集团和世俗贵族集团的矛盾急剧激化。朗达玛死后，吐蕃王室为赞普继承权展开激烈争夺。"朗达玛被杀后，他的长妃找来一个男孩，宣称是她生的儿子……被称为云丹，他占据卫茹地区。朗达玛次妃生一遗腹子……被称为微松（威宋），他占据约茹地区。""领主微松（威宋）的儿子贝考（科）赞修建了八座神殿。贝考（科）赞的长妻生子吉德尼玛衮，次妻生子扎西则巴贝。他们二人统治的地区大都被云丹的后裔夺去，所以逃往阿里。"[8]据《西藏王统记》载，吉德尼玛衮逃往阿里后，"先后在拉若修建了红堡、孜托加日宫堡，并受到布让（即扎布让）土王扎西赞的礼遇，扎西赞还把女儿卓萨廓琼嫁给他，并推之为王。吉德尼玛衮生有三子，晚年将他们分封三处，长子贝古衮占据芒域，次子扎西衮占据布让，幼子德尊衮占据象雄"[9]。芒域一支后来成为拉达克王国，现位于克什米尔北部；布让一支后来为古格王国吞并，位于现普兰县境内；象雄一支即古格王国。公元 10 世纪中叶至 17 世纪初，古格王国雄踞西藏西部，弘扬佛教，在西藏吐蕃王朝以后的历史舞台上扮演了重要的角色。古格王朝的末期，由于古格王室与寺院僧侣集团的矛盾日益加剧，西方传教士在古格的传教活动，虽然得到王室的支持和纵容，却引起寺院上层人士和民众的强烈不满；相邻的拉达克王又因婚姻等问题与古格王之间产生过矛盾，这样，在公元 1630 年古格末代王墀扎巴德病重期间，喇嘛和暴动的百姓乘机包围王宫，拉达克王立即抓住这个机会出兵古格，围困王宫达月余之久，最后终将古格王及王室成员诱骗出宫，吞灭古格王国，宣告了古格王国历史的终结。直至公元 17 世纪末，拉达克军队才被五世达赖派遣的军队驱逐出境。

2）古格王国都城的建筑遗存

古格王国建筑遗存主要分布在遗址西南部主体土山的东、北两侧山腰和山顶台地上，东、北两面的缓坡地带和那布沟东侧的

土梁上也有建筑遗存散布，土山西侧建筑遗存较少。遗址东西宽约 600 m，南北长约 1 200 m，遗址占地总面积约为 720 000 m²（图 2-14）。遗址的建筑遗存就其功能来分，有宗教建筑、居住遗迹、仓库、军事设施、道路和暗道等；就类别来分，有房屋、碉堡、窑洞、塔、防卫墙等，两者往往交错在一起。有房屋遗迹 445 座、窑洞 879 孔、碉堡 58 座、暗道 4 条、各类佛塔 28 座、洞葬 1 处；新发现武器库 1 座、石锅库 1 座、大小粮仓 11 座、洞窟 4 座、壁葬 1 处、木棺土葬 1 处[10]。

王宫区位于古格王城遗址所在的土山顶部，也是王城遗址的最高地（图 2-15）。台地整个平面略呈"S"形，南北长约 210 m，东西最宽处 78 米多，最窄处仅 17m，面积约为 7 150 m²。四周边沿为悬崖峭壁。只有通过两条陡峭的暗道，才能上到山顶王宫（图 2-16）。四周边沿处用土坯砌筑城墙保护王宫。从残存的遗迹能辨识的建筑共有房间 56 间，窑洞 14 孔，碉楼 20 座，暗道 4 条，四周防卫墙现存总长约 430 m。山顶的最南边是王朝集会议事大厅，面积约 400 m²，是遗址内最大的一座建筑。国王所住的宫室，原况已不清楚，只留存数间面积不大的房屋，每间约 12~18 m²（图 2-17）。

佛教建筑及其居住建筑位于相对较低的坡地上，处在山顶王宫区的外围（图 2-15 黄色区域）。佛教建筑包括佛殿、经堂、供佛洞、塔、塔墙、玛尼墙等。规模比较大的有红殿（拉康玛波），位于古格故城遗址的北坡台地上；大威德殿（杰吉拉康），位于遗址东北部的坡地上；度母殿（卓玛拉康），位于东南斜坡的小平台上；坛城殿（金科拉康），位于遗址山顶部，面积约 25 m²。

另外古格故城遗址内残存 28 座佛塔。其中的天降塔（拉卜曲丹）位于整个遗址西北坡的第一台地的边沿上，这是遗址内保存最好的一座塔。

图 2-14a 远眺古格遗址图一，图片来源：汪永平摄

图 2-14b 远眺古格遗址图二，图片来源：汪永平摄

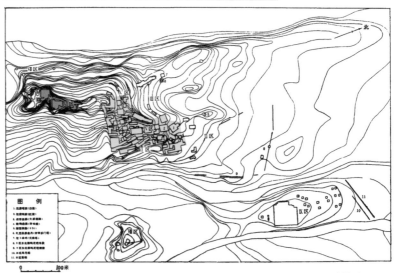
图 2-15 古格总平面，图片来源：《古格故城》

图 2-16 古格王城暗道，图片来源：汪永平摄

3）古格王国都城宫殿的特点

从古格王城遗址的建筑布局可以看出，王宫、议事厅等建筑全部位于山顶，形成一

个居高临下的王宫区，而佛教殿堂寺院却主要分布在山坡或山脚下，显然整个城堡是以王宫为中心构成的，而不像萨迦、帕竹政权及后来的格鲁派政权那样完全以寺院为中心，也不像布达拉宫宫殿和寺庙并列布置。这显示出古格政权的一个显著特点，那就是自始至终始终保持着王权的独立性和至尊地位。古格王国王室政权与佛教寺院势力的关系比较微妙，既给予佛教界以大力支持并保持密切关系，又始终坚持政教分离，固守王权的至高统治，这在西藏中世纪各地方政权中显得尤为突出。

古格王国地处西藏边陲，除了东面与卫藏相隔遥远外，另外三面都受到不同势力的威胁。因此古格王城尤其注意营建军事防御工程。在城址的选择上，王城所在的土山，南半部都是悬崖，险不可攀，山顶的王宫范围更是四面临崖，居高临下，总览全城（图2-18）。筑一周防卫墙并夹以碉堡，仅有一条隧道通往北侧坡下。整个王城的防卫设施布局是经过精心设计、周密设置的：北与土山东侧相呼应；土山北侧坡地上分层筑防卫墙及碉堡，层层把关。碉堡、防卫墙、暗道相互沟通、连接，较好地解决了兵员输送调遣的问题[11]。古格王城堪称是西藏建筑中防卫宫堡建筑的杰作（图2-19，图2-20）。

2.4.4 贡塘王宫

贡塘王城现仅存遗址，大约建于公元11世纪前后，地处日喀则地区吉隆县城东南，海拔4160 m。城址现存西南角楼、南垣西段、南垣东段、东垣、夯土城墙，城墙有卵石勒脚，四角筑有角楼，城垣中段筑有碉堡。另有内城垣，城内有古寺卓玛拉康。遗址大约分为5个时期建造，始建于第六代贡塘王拉觉德，终于第十七代贡塘王赤拉旺坚时期。

公元869年，吐蕃发生了王室内部争夺王位的长期战争，导致吐蕃王朝瓦解，进入了封建分裂割据时期。朗达玛之子威宋的后裔吉德尼玛衮逃到阿里，并分封三子，先后建立起拉达克王朝、古格王朝、普兰王朝、亚泽王朝等"阿里王朝"。

据《汉藏史集》记载，吉德尼玛衮还有一个同父异母的弟弟名叫赤扎西则巴贝，"哥哥吉德尼玛衮先到了西部地区，当了古格、普兰、亚泽等地的领主……弟弟赤扎西则巴贝后来也到了西部地方，占据了阿里贡塘以下的地方，他的儿子是贝德、沃德、吉德，他们被称为下部的三德"。由赤扎西则巴贝在贡塘一带所建立起来的贡塘小王朝，与上述各阿里小朝同为吐蕃分裂时期在西藏西部地区一支重要的割据势力。从赤扎西则巴贝创建贡塘王朝至贡塘王朝覆灭，共传23代，经历了数百年的割据统治时期。

贡塘王城及城内附属建筑的年代，从《贡塘世系源流》的记载来看，可以大致分为以下5个时期：①第六代贡塘王拉觉德时期。"在形似巨幅帷帘之西山脚兴建宫堡，并在周围砌以围墙及修筑壕沟。"②第十一代贡塘王朋德衮时期。这一时期已有"宫堡四大门"，并分其辖下为"十三部区"，修筑城墙、碉房、中央白宫、王妃殿及大围墙等，还正式命名王城内的王宫为"扎西琼宗嘎波"。此后，朋德衮王又修建了一座神殿及如来佛灵塔。经过这一时期的扩建工程，贡塘王城的范围与规模均得到很大的扩展，尤其是围绕王宫所兴建的系列建筑，基本上奠定了贡塘王城内城区格局。③第十四代贡塘王赤扎西德时期。这一时期内"动工兴建了宗嘎之外围城墙，还有大仓贝钦之堡垒，另还深挖了水井"。该时期建筑中最为重要的，是修筑了具有防御功能的外城垣、城堡等，进一步完善了城防体系。从文献中特别提及"深挖水井"一事来分析，说明当时的军事形势可能较为严峻，逼使赤扎西德不得不将城建工程的重点放在军事防御上。④第十六代贡塘王赤杰索朗德时期。这一时期兴建了"拥有16个扎仓之大寺庙"。⑤第十七代贡塘王赤拉旺坚才时期。这一时期，修建了北王宫六层楼及扎西阁芒邬孜，上下并设密宗殿。上述5个历史阶段中，以②、③两阶段在贡塘王城的建筑历史上最为重要，由此基本上奠定了其内、外两重城垣，城门四辟，城墙高处设角楼、碉楼，宫城（即内城）内分布王宫、佛寺的总体格局[4]。

贡塘王城同时具有明显的防御功能。中央碉楼平面略呈"凹"形，长约15 m，最宽处10 m，碉楼内部有夯土夯筑的阶梯沿墙壁盘旋至顶。碉楼四面各层均向外开有射箭孔和瞭望孔，上下楼层之间的射箭孔相互错位。角楼建在东垣与南垣的交接之处，向外凸出，可同时扼控两面墙垣。角楼上四面各层也都开有射箭孔及瞭望孔。角楼顶部，局部地方还残存有碟垛，垛体呈正方形。登上角楼的顶端，整个吉隆县城尽收眼底。同时，各个角楼、碉楼把全城连接为一座具有严密防御体系的建筑群。

贡塘王城内建筑的构筑方式也是极具特色的：墙体的基础用大卵石砌筑，卵石大小直径在40~50 cm之间，层层叠压基础高约1 m。在卵石基础之上，采用分节筑法逐层夯筑，材料以当地的黄沙为主，其中掺和以适量的小砾石。夯层整齐均匀，每层之间的间隔处用大卵石、大石板，局部夹夯入木板，夯层每层厚度约40~60 cm，墙体厚度达2 m或以上，一般下部略厚。有的部位有内、外墙之分，中间留出一道宽狭不等的空间，是典型的"双层墙"做法。

2.4.5 萨迦寺

闻名遐迩的萨迦寺，位于日喀则地区萨迦县的本波山下，海拔4 316m。萨迦的"萨"，藏语意为"土"；"迦"，藏语意为"灰白色"。萨迦寺因本波山腰有一片灰白色的岩石，

图 2-21 本波山及山下的村子，图片来源：汪永平摄

图 2-22 从本波山俯视萨迦寺，图片来源：汪永平摄

图 2-23 萨迦寺角楼外观，图片来源：汪永平摄

图 2-24 萨迦寺角楼内景，图片来源：汪永平摄

风化如土而得名（图 2-21）。

　　萨迦寺是藏传佛教萨迦派的中心寺庙，在我国青海、四川，以及尼泊尔、不丹等地

均有其分寺，总计 150 多座。在元代，萨迦曾是萨迦王朝的首府所在地，是西藏政治、宗教、军事、文化的中心。萨迦寺虽然在现在来看是一座萨迦派的宗教寺庙，但是在公元 13 世纪元朝范围内的西藏，其宗教的意义远远超出了它本身所涉及的范围。那一时期的西藏是由萨迦教派所统治的。萨迦教派所依托的寺庙——萨迦寺，在建筑布局上，已经具备了一个政权所需要的基本功能。所以萨迦寺在一定意义上不光是一座寺庙，更像是一座宫殿（图 2-22）。

　　萨迦寺分南北二寺，重曲河横贯其间，南寺位于南岸的平坝上；北寺坐落在北岸的本波山灰白色山岩下。萨迦北寺建于公元 1073 年，是藏传佛教萨迦派的祖寺，由昆氏家族的昆宫却杰波所建，自建寺以来，经萨迦五祖励精图治，广弘佛法，其教派名震雪域高原，随着萨迦王朝的建立，此寺得以不断扩建，逐渐形成规模巨大的宫殿式建筑群，如今北寺已成废墟。现存的是萨迦南寺，建于 1268 年，是萨迦本钦迦桑布组织修建的。南寺形似城堡，四周环绕高 13 m 的城垣，平面呈正方形。城堡东面正中辟城门，西、北、南三面也各建一碉楼，城墙四角建有碉式的角楼。城堡外还环绕一道较矮的土城遗迹，再外围以城壕。整个城垣建筑防御设施异常坚固（图 2-23～图 2-25）。

　　寺院的主体建筑为大经堂、佛殿、萨迦法王居住宫殿等。大经堂位于正中，面积约 5 700 m²。殿内柱子、墙壁皆涂暗红色，柱高 10 m，共计 40 根。殿顶层西面、南面、北面有元代所绘画廊，东面是供奉萨迦祖师的殿堂。在大经堂北侧为萨迦法王的宫殿，南侧和后部为僧舍（图 2-26～图 2-28）。

　　萨迦寺内所藏宗教、历史、建筑、雕塑等诸方面的文物极其丰富。寺内有一套大型历史传记杰作《八思巴唐卡画传》及其他 280 幅唐卡，有元帝赐的盔甲、马鞍等，明清两代敕封的印章、封诰，有数十尊高达

图 2-25 萨迦寺城墙顶面（左），图片来源：汪永平摄

图 2-26 萨迦寺广场（右），图片来源：汪永平摄

10 m 的合金、银、铜、铁质大宗造像和灵塔。寺内藏有大量珍贵的元明两代的手抄佛经和文献图书，卷帙浩繁，极其珍贵。萨迦寺的藏书量为西藏诸寺之冠，藏有当今被视为稀世之宝的《贝叶经》，还藏有自元以来的各类精美瓷器[4]。

1961 年萨迦寺被列为全国重点文物保护单位。

图 2-27 萨迦寺内院鸟瞰，图片来源：汪永平摄

2.4.6 甘丹颇章

公元 1518 年，帕竹政权家族将位于哲蚌寺的一座叫"朵康恩莫"的别墅送给了二世达赖根敦嘉措，根敦嘉措将别墅更名为"甘丹颇章"[12]。大约在公元 1530 年由担任哲蚌寺第十任池巴的二世达赖根敦嘉措亲自主持大规模扩建甘丹颇章。以后三世达赖、四世达赖、五世达赖都在这里住过，特别是五世达赖时期，建立了强有力的地方政权，因政权设在该颇章内，称为甘丹颇章政权，甘丹颇章遂一度成为西藏地区政治权力的中心（图2-29）。

图 2-28 萨迦寺内院，图片来源：汪永平摄

甘丹颇章位于哲蚌寺整体布局的西南部，地势处于整个寺院的中部，是一个完全独立的建筑单元。甘丹颇章依山势而建，整体共有 7 层，其中包括一些地下基础部分，错层复杂（图 2-30）。

从平面上按院落可分为三个部分即三进院落。步入前门是一范围不大的小院，小院左侧是两层的办公用房，为桑阿颇章（图

图 2-29 甘丹颇章鸟瞰，图片来源：牛婷婷摄

2-31，图 2-32）。桑阿颇章的一层是建筑的基础部分，有一道道的地垄墙，中间靠东北方向有一间梯形的房间，是当年五世达赖修

图 2-30a 甘丹颇章
1~3 层平面，图片来
源：牛婷婷绘制

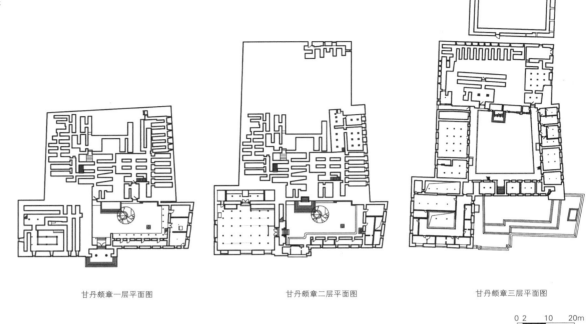

甘丹颇章一层平面图　　　　甘丹颇章二层平面图　　　　甘丹颇章三层平面图

0 2　　10　　20m

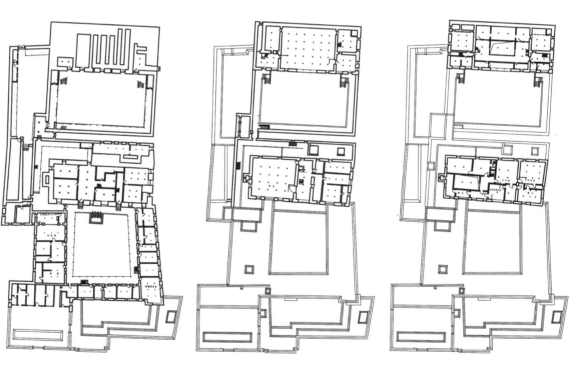

图 2-30b 甘丹颇章
4~6 层平面，图片来
源：牛婷婷绘制

甘丹颇章四层平面图　　　　甘丹颇章五层平面图　　　　甘丹颇章六层平面图

0 2　　10　　20m

图 2-30c 甘丹颇章 7 层平面，以及立面、剖面，图片来源：牛婷婷绘制

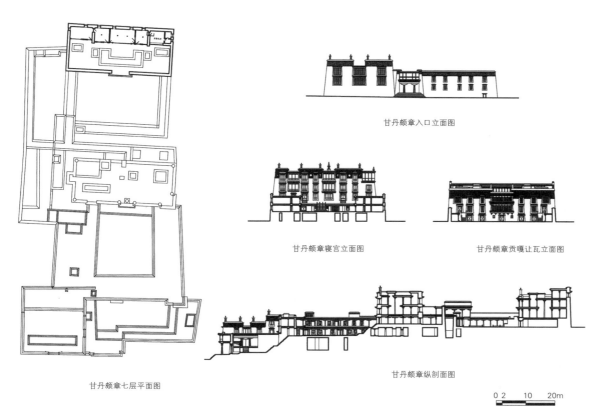

甘丹颇章入口立面图

甘丹颇章寝宫立面图　　　　　甘丹颇章贡嘎让瓦立面图

甘丹颇章纵剖面图

甘丹颇章七层平面图

0 2　　10　　20m

行所用的修行洞，紧贴着它的是一个三进四间的空间，曾经是五世达赖给徒弟们讲授佛经的地方。桑阿颇章右侧有一"L"形两层建筑，与桑阿颇章围合形成甘丹颇章的第一进院落。这个部分有一柱距的廊道，一层现为库房，二层为僧侣住房。

内小院拾级而上即登临颇章大院内。环绕大院两侧是两层的明廊建筑和一些住房，正前即颇章的主体寝宫，大楼高 4 层（图 2-33）。寝宫的地坪高出大院约 2 m，地坪的处理也颇费匠心，它是在原有高低不一致的地面上筑起一道道坚固低矮的石墙，在石墙顶端水平面上密集地排布一层木料，于木料上面堆放阿嘎土层构成的。寝宫第二层是达赖处理政教事务的地方。三层左边一侧有一经室，其中心靠后安放五世达赖的宝座，宝座精雕细刻而成，花纹繁丽细腻。经室内佛橱经架齐备，幢幡唐卡遍悬，气氛神秘肃穆（图 2-34）。

第三进院落也是由一个四层的主体建筑和一圈回廊组成，叫贡嘎让瓦，主体高度 4 层（图 2-35，图 2-36）。一层同样是基础部分，有两道门，内部被地垄墙分割成若干个狭而长的长方形空间，用作储藏室。二层正中是一个大的经堂，面阔七间，进深六间，共 30 柱，两侧开门，第四排正中两根柱子升起两层。两侧空间被分割用作住房和库房。三层亦是僧房（活佛使用）。局部四层，进深两间，和其他的僧侣住处没有什么特别的不同，只是房间里的装饰和摆设相对华丽。

坐落在哲蚌寺内的甘丹颇章作为一个相对独立的建筑单元，呈现一种古城堡的建筑风格。这个特点是与它存在的历史时期自身地位相吻合的。当时的甘丹政权还不是非常强大，但是势力范围已经在拉萨地区扎根。可以说甘丹颇章的存在是布达拉宫的前奏。

图 2-31 桑阿颇章院落（右上），图片来源：牛婷婷摄

图 2-32a 桑阿颇章地宫（右下），图片来源：周航摄

图 2-32b 桑阿颇章地宫壁画（左），图片来源：周航摄

图 2-33 甘丹颇章寝宫（左），图片来源：牛婷婷摄

图 2-34 寝宫达赖讲经堂（右），图片来源：王一丁摄

图 2-35 贡嘎让瓦立面（左），图片来源：周航摄

图 2-36 贡嘎让瓦门厅（右），图片来源：牛婷婷摄

2.4.7 拉加里王宫

拉加里王府宫殿位于曲松县城南侧的高台地北缘，建筑群所在地属下江乡，海拔3 880 m。拉加里王系，是西藏历史上一支独立的地方割据势力，其先祖为吐蕃王室后裔鄂松的嫡系。公元 10 世纪后，该王系在山南曲松一带逐渐形成并发展起来，历经萨迦王统治时期，仍保持着相对独立的地方统治特权。直至 1959 年西藏进行民主改革之前，拉

加里王系还统辖有拉加里、桑日、加查、隆子四个宗，方圆达三四百里的广大地区。拉加里王宫是西藏地区地方小王朝宫殿的典型代表（图2-37）。

宫殿现存建筑遗存大致可分为三期：早期建筑——旧宫"扎西群宗"；中期建筑——新宫"甘丹拉孜"（亦称拉加里颇章）；晚期建筑——夏官。

旧宫"扎西群宗"：该建筑始建于13—14世纪，位于新宫甘丹拉孜西侧约180 m处，位置稍低于新宫，占地范围南北长100 m，东西宽70 m，总面积7 000 m²。宫殿由石砌围墙环绕，现仅存东、南墙体及西墙残段。宫墙所用石块较规整，外壁修抹整齐，最高处15 m。

新宫"甘丹拉孜"：甘丹拉孜始建于公元15世纪，是拉加里王宫现存建筑的主体部分，位于整个建筑群的东北部，由王宫、仓库、拉康、广场、马厩等一系列建筑单元构成，该建筑群北临河谷，东侧是一条人工壕堑，占地范围南北长120 m，东西宽130 m，总面积近16 000 m²（图2-38，图2-39）。

王宫位于该建筑群北侧，建筑面积共5 000 m²左右，分为东楼和西楼两部分，其间底层以甬道相连。该建筑原为5层，现仅存3层，是王室成员生活及处理政务的主要场所。底层为酒窖及仓库等，并有木梯通向第二层（图2-40）。

建筑二层是王宫最重要的建筑场所，包括有门廊、会议厅、办公场所"赤恰康"及礼会殿"充钦"等单元。门廊位于南侧正中，面积270 m²。门廊立柱、替木、横梁上皆有雕刻或彩绘的狮首、如意宝珠、卷云、卷草、莲荷等图案及梵文字母，并用金粉饰之，斑斓绚丽（图2-41，图2-42）。地表为厚8 cm的阿嘎土，坚硬光洁。会议厅位于门廊东侧，平面呈正方形。赤恰康位于门廊西侧，平面呈不规则形，面积约50 m²，南壁开有藏式宽木窗一排。充钦位于门廊北侧，充

图2-37 远眺拉加里王宫（2001年拍摄），图片来源：汪永平摄

图2-38 拉加里王宫外观（2001年拍摄），图片来源：汪永平摄

图2-39 拉加里王宫周边（2001年拍摄），图片来源：汪永平摄

图2-40 二层大殿入口（2001年拍摄），图片来源：汪永平摄

钦殿内共16柱，面积约160 m²。殿内立柱、柱头、替木、梁枋等皆有彩绘图案。甘当颇章位于该层东南角，面积约56 m²，外间为狭长的门厅。南壁为藏式宽木窗一排。这里是

图 2-41 室内梁架,
图片来源:汪永平摄

图 2-42 王宫壁画,
图片来源:汪永平摄

王府专用于接待噶厦政府官员及其他高级来宾的殿室。申穷布位于该层西南角,外间同样为狭长的门厅,木质地板,为拉加里王静修之处。龙神殿位于该层东北角,面阔 7.5 m,进深 6.5 m,为供奉龙神的殿室。该层建筑特点是建筑中央为天井式亮棚。

王宫三层设有护法神殿。第四、五层建筑已被拆毁,据资料记载原第四层建筑包括法王念经室、王妃念经室及卓玛拉康等。设在该层的其他建筑还有王母起居室、王府成员聚会及观赏跳神舞的厅堂等。第五层建筑包括拉加里护法神殿"绒拉坚赞"等,今亦不存。

甘珠尔拉康位于王宫南侧约 50 m 处,该

图 2-43 门斗拱细部,
图片来源:汪永平摄

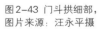

建筑包括大经堂、佛殿两部分。经堂位于北侧,现已毁坏无存。佛殿位于南侧,面阔 23 m,进深 6 m,原为两层,现仅存石砌墙体,残高 4~7 m。墙体外饰泥皮。佛殿四壁尚残存壁画遗痕,但已不可辨。甘珠尔拉康是新宫群落中最早的建筑,为拉加里王礼佛朝拜的重要活动场所。

广场是每年王府举行重大宗教活动或节日庆典的场所,位于新宫建筑群中央,南北长 40 m,东西长 80 m,总面积为 3 200 m²。广场地面用精心拣选的白、青两色砾石(砾径 0.1~0.2 m)拼铺而成,在广场中心部位镶嵌出"雍仲"、莲花、八宝吉祥图案等,构图颇具匠心。

在原王宫之下辟有一条秘密的地下通道,共有两个洞口,一个位于王宫西楼底层的酒窖之下;另一个位于王宫西侧约 300 m 处的古如曲丹寺(即拉加里寺)西北隅,从上至下可通达河谷的"罗布林卡"河畔。该洞穿越几十米厚的砾岩层,宽 1.5~2 m,高 2 m,总长度达 800 m 左右,洞内设有石阶可上通下达。开凿这条地道的用途有二:一是王府遭围困时可由此地道下山取水;二是可供王府人员作为紧急疏散通道,具有军事防御性质。

夏宫:夏宫位于新宫甘丹拉孜东北方向约 1 000 m 处的林卡之中,北临江扎普久河,南依高崖,海拔 3 840 m。原建筑包括宫墙、浴池及宫殿等,多已无存。夏宫原为拉加里王府避暑消夏游乐之处,现仅存一小型宫院。该宫院为一四合院式宫殿。坐北朝南,北面正房一排三间,通面阔 18 m,进深 4 m。东、西面各有厢房一间,中央为庭院。正房、厢房门窗皆设计成汉式格子棂窗及板门式样。

拉加里王府宫殿建筑基本保持了原有的平面布局和建筑结构,其中一些小木作,尤其是门枋之上斗拱的使用,无疑是融合了汉地古建筑的某些因素,因而具有极为重要的研究价值(图 2-43)。在西藏境内,像拉加

里王宫这种小王国性质的宫殿建筑其实还有很多，但是拉加里王宫是最具有代表性的。拉加里王宫因其独特的历史背景，在西藏古代宫殿建筑中极为珍贵。

拉加里王宫于 1996 年 4 月 16 日被列为自治区重点文物保护单位，2001 年 6 月 25 日被列为全国重点文物保护单位[4]。

小结

西藏宫殿建筑作为象征王权的物质形态，是藏族建筑的重要组成部分，充分代表了西藏各个时期最高的生产力水平与建筑水准，对于研究西藏各个王朝时期真实的社会历史文化状况和营造技术具有重大的参考价值。

西藏宫殿建筑的发展经历了两千多年的漫长过程。最早的碉楼式宫殿雍布拉宫具有鲜明的藏族早期本土特色与防卫特征，这个时期苯教作为西藏地区土生土长的宗教信仰已经成为主流意识形态，但是对宫殿建筑的影响微乎其微。到了吐蕃王朝时期，布达拉宫的修建延续了宫殿位于山巅的特征，但是规模扩大了，从当时布达拉宫的选址情况可以看出佛教思想开始从某些方面影响西藏的宫殿建筑，但是大昭寺作为这个时期物化了的佛教信仰并没有和宫殿修建在一起，表明宗教信仰的地位得到了很大的提高。吐蕃王朝瓦解分裂后，西藏境内陷入各个势力分封为王的割据时期，这个时期宫殿建筑的代表古格王宫以及贡塘王宫由于不稳定的社会环境，建筑的防御性成为此时期宫殿最主要的特征。正是在这个动荡的时期，佛教得到了长足的发展。如果说佛教在吐蕃时期是赞普集团主观推行的话，那么此时的佛教经过本土化进入后弘期，逐渐成为藏民族大众所接受的主流宗教信仰，这为后来宫殿建筑的发展奠定了基石。元朝统一中国后，元政府极其推崇藏传佛教，甚至将其推为国教，使得西藏在当时中国的地位陡然上升。萨迦政权、帕竹政权以及后来的甘丹政权都是依托其宗教教派的地位在中原地区的支持下统治整个西藏的。由此开始，西藏宫殿建筑表现出了宫寺结合的特性，即"寺中有宫，宫中有寺，宫寺一体"的特征。这也是今天西藏宫殿建筑在世界范围内所特有的表现形式，以布达拉宫为杰出代表。西藏的宫殿在各个历史时期并不是孤立存在的，而是伴随着众多的行宫如夏宫，存在于各个历史时期。从西藏早期陆续修建的青瓦达孜宫，一直到清代建成的罗布林卡，都可以了解这一点。

雪域高原的西藏虽然处于相对恶劣的自然环境和闭塞的地理条件下，但是对外来文化有强烈的好奇心和接受能力，这一心态甚至一直深刻影响着今天的西藏。其中我国中原地区，以及印度、尼泊尔对西藏宫殿建筑的影响最为强烈，但是西藏宫殿并没有完全照搬各地宫殿建筑的形式，而是将各种文化的影响在宫殿建筑中融为一体，形成了独具特色的西藏宫殿建筑。

注释：
1 杨嘉铭，赵心愚，杨环.西藏建筑的历史文化 [M].西宁：青海人民出版社，2003
2 次旦扎西.西藏地方古代史 [M].拉萨：西藏人民出版社，2004
3 尹伟先.明代藏族史研究 [M].北京：民族出版社，2000
4 西藏自治区地方志编纂委员会.西藏自治区志：文物志 [M].北京：中国藏学出版社，2012
5 东嘎·洛桑赤列.论西藏政教合一制度 [M].郭冠忠，王玉平，译.拉萨：西藏人民出版社，2008
6 转引自：第司·桑结嘉措.南瞻部洲唯一庄严目录 [M].拉萨：西藏人民出版社，1990

7 姜怀英，噶苏·彭措郎杰，王明星.西藏布达拉宫修缮工程报告 [M].北京：文物出版社，1994
8 蔡巴·贡嘎多吉.红史 [M].拉萨：西藏人民出版社，2002
9 转引自：索南坚赞.西藏王统记 [M].刘三千，译.北京：民族出版社，2000
10 索朗旺堆.阿里地区文物志 [M].拉萨：西藏人民出版社，1993
11 西藏自治区文物管理委员会.古格故城 [M].北京：文物出版社，1991
12 恰白·次旦平措，诺章·吴坚，平措次仁.西藏通史——松石宝串 [M].拉萨：西藏古籍出版社，1996

3 西藏宗山建筑

3.1 历史背景及发展概述

3.1.1 宗的概念

"宗"作为建筑名称最早出现在吐蕃王朝时期，当时仅仅是城堡、营寨之类的建筑物，是一种有别于普通民居的特殊建筑。直到帕竹政权时期，"宗"才作为西藏地方行政组织基本单位名称出现，相当于内地的县。"宗"是藏语的音译，意为"碉堡""营寨"。《西藏志》中译为"纵"："凡所谓纵者，系傍山碉堡，乃其头目碟巴据险守隘之所，俱是官署。"魏源所著《圣武记（西藏后记）》中记载："全藏所辖六十八城……所谓城者，则官舍民居垒山建碉之谓。"《大清一统志（西藏）》中记载："凡有官舍民居之处，于山上造楼居，依山为垒，即谓之城。"[1] 这里的"城"，就是我们所说的"宗"。元明时期称为"宗"，到了清朝时期称之为"营"。

西藏地域广阔，地势海拔高，各个地方气候存在着很大的差别。宗多设立于东南部雅鲁藏布江流域，那里受印度洋季风影响，气候较为宜人，土地平坦，水草丰美，人口最为繁密，是西藏精华所在。而西藏西北地势高峻，气候酷寒干燥，雨水稀少，人迹罕至，所以西藏地区政府并没有在那里设立宗。

"宗"的行政首长，藏语译为"宗本"，清代则直称"营官"，意为"宗官"，相当于内地的县长。宗本的执政范围是：①承上达下，传达噶厦政府公文指令；②收派差税；③处理案件，调查纠纷。在宗本全权负责下，又设内、外务两个方面的办事人员，内务方面设有列仲、康涅、盖巴6人，主要管理宗政府机关的文书、财产和执行衙役、执罚等任务；外务方面设有卓扎4人，又称定本、错本，以及根保若干人。卓扎和根保的任期不定，不像宗本那样3年一换，而是可以担任很长时间，有的甚至可以是终生或世袭。卓扎的任务是执行上司指令，如分配新定差额，保管、审核支外差的文本账簿，收发粮食差物、管理粮仓等等。根保则直接从百姓手中接收差物，管理百姓[2]。

3.1.2 元朝以前西藏地方政府

7世纪，松赞干布在西藏地区建立了统一的吐蕃王朝，结束了这一广阔地域长期以来的封闭状态和分立局面。松赞干布和东方强盛的唐王朝发生了经济文化联系，并迎娶唐文成公主为妃，为汉藏沟通交流搭建了平台。文成公主入藏对吐蕃社会文明的进步产生了巨大的影响，她为吐蕃带来了大量的佛教经典以及医学、工艺等方面的书籍，并且带去了很多技术工人，极大地改善了吐蕃技术生产力落后的局面。

吐蕃王朝的建立是与庞大的行政管理系统的逐渐完善相辅相成的，而这套系统的形成又有力地保障了吐蕃王朝这台机器的正常运行。松赞干布统治国政之时，国家的大事不是赞普独断，而是通过尚伦（戚臣）共同商议的方式决断的，前藏一切事务均由"三尚一伦"管理（"尚"来且赞普的母系家族，"伦"为普通大臣家族）。国家的重大措施都是在赞普的亲自安排指导下，由公伦、尚伦等众臣办理的[3]。

据后代藏文史书记载，吐蕃时期把整个辖土划分为"五茹六十一东岱"进行管理，在中央设有各级各类机构和相应的职官执掌大权。五茹为卫茹（中翼）、约茹（左翼）、叶茹（右翼）、如拉茹、苏毗茹。

"六十一东岱"即"六十一豪奴千户"，61个豪奴千户各有千户长1位，共61位，另有未接受册封的小千户长，也有大五百长的官员。这些千户不像是常设的正式军队。此前在吐蕃北方牧区有"守卫边境"者和"兵营"，他们经常参加牧业生产，出现土匪时担负剿匪的任务。当时的部队是一支不脱离生产的部队。至于千户士兵的人数，《五部遗教》说："四茹三十六个千户共有士兵三四十万。"部分藏学家根据汉文资料研究认为，61个千户必须是各拥有1万人的军队，总兵数为61万人[4]。六十一东岱的主要责任是防卫本地区的安全，所以我们有理由相信，这六十一东岱就是后来出现的宗的雏形。

藏王朗达玛因毁灭佛法被杀后，吐蕃王朝崩溃，朗达玛的两个儿子威宋和云丹各立山头，致力于争夺辖区的内战，《贤者喜宴》中记载："母后派系的臣民相互对峙，各自拥二王子为王，云丹占据'卫如'（卫茹），威宋占据'夭如'（约茹），卫夭之间时常发生火并。其影响几乎波及全藏区，在各个地方也随着出现了大政、小政、众派、少派、金派、玉派、食肉派和食糌粑派等派系，互相进行纷争。"随着卫夭两派之争，于藏历土牛年（869年）威宋26岁之时，在藏堆（后藏上部）、尼本、番域等地先后出现了民众暴乱，事件发生地点等都有清楚的记载，但具体的君王为何人不甚清楚。

（1）威宋之子贝科赞不能立足于前藏之地，被迫迁移至后藏，势力有所增强，在仲马拉孜岩上修建了城堡，修建了卓之门龙等庙宇。贝科赞在后藏建立起以自己为王，卓氏与党氏为臣的君王制。由于歧视被迫迁居到后藏的纳氏，对待百姓的态度又不平等，最后贝科赞被达孜纳弑于仲巴拉孜，贝科赞

的二公子无法在该地安居，被迫逃至阿里地方。

（2）卡热穷尊等在秀尼木的占嘎尔杰赞地修建城堡，号称一方王系，任朗氏和始氏为臣。

（3）在澎波萨当地方，修建城堡，以卓氏和玛氏为臣，建立了一个王系。

（4）在上雅隆地方以棋母和纳氏为头人的王系，其城堡建在下纳木和上纳木两处。

（5）在洛扎洛觉虚地方建立了以尼瓦、许布两氏为头人的王系，城堡建在甲全贡朗。

（6）在琼结处建立了以秀氏和纳氏为头人的一王系，其城堡建在库贵觉嘎[5]。

平民暴动后，"卫夭两派"内讧之战火逐渐蔓延到各地，西藏四分五裂，长期混战，分割属地，各个地方出现了大大小小的若干政权，卫藏地区从此进入混战和割据分裂时期。各个封建王侯，为求自保，建立了许多大小不同的宗，将其视为私地。其地名也与现在所知的宗名不同，而其性质则纯是自卫的军事碉堡。在一些割据势力范围内仍像吐蕃王朝时期有君王，有作为大臣的头人。

3.1.3 元明时期宗的形式

约从12世纪末开始，蒙古成吉思汗的军事力量兴起，武力统一了中国北方的许多地区。成吉思汗去世后，他的第三子窝阔台继位。当窝阔台汗派兵向各方拓展疆土时，安多和康区的一些寺庙和高僧派人求和，表示愿意归顺。卫藏地区普遍采用这种方法，各个地方政权纷纷表示愿意归顺蒙古并建立依靠关系。这样，卫藏地区分裂割据的混乱时期很快结束了，全藏开始出现了和平安定的局面。在忽必烈建立元朝后，卫藏地区就归入元朝政权统一管理，正式划入了中国版图。

元朝政府对吐蕃乌思藏[6]地区，最初"蒙古成吉思汗取得了汉地的皇位，震慑整个国土，对诸皇子分封土地之时，以及后来在历

代皇帝之时，出现了划分拉德、米德，清查土地，计算户数的各种制度等"《汉藏史集》。对西藏地区来说，大的清查进行了三次，第一次是薛禅汗[7]即位之初的 1260 年，在皇帝派大臣答失蛮到藏族聚居区的三个却喀设立驿站之时，清查了土地和人口。第二次是 1268 年，即藏历第五绕迥的土龙年，由薛禅汗派遣大臣阿衮和米林二人，与萨迦本钦释迦桑布一起，对吐蕃乌思藏纳里速（阿里）各地的土地、人口及户数进行了详细的清查，建立了十三万户的体制。第三次是 1287 年，即藏历第五绕迥年的火猪年，由元朝皇帝派遣的大臣托肃阿努肯和格布恰克岱平章等人与萨迦本钦宣努旺秋一起，再次清查了户口，恢复了驿站，并重新整理了被称为大清册的户口登记册[8]。在萨迦王朝统治的一个世纪里，西藏以前的各个宗都被划分为各个万户管辖，由各个万户向萨迦王朝纳税，萨迦的命令并没有直接行之于各宗。

《萨迦世系史》记载说："萨迦法座统治全部萨迦派，是在著名的达尼钦波桑波贝及其以前的时期。达尼钦波桑波贝以后，分裂为 4 个拉章。达尼钦波桑波贝的儿子帝师贡嘎洛追将印章给予他的弟弟们，分为 4 个拉章。"[9]4 个拉章的权势约略相等，除了喇嘛丹巴索南坚赞等少数几个人潜心学习佛法之外，其他的人都忙于尽力扩大自己拉章的权力和财富，相互之间的怨恨越来越大。萨迦本钦和朗钦等官员都培植亲信，拉帮结派，使得政治混乱，并引起了整个西藏社会的动荡不安。同时百姓的赋税和劳役负担越加沉重，民不聊生，萨迦的名声和威望日渐衰落。乌思藏地区的一些万户长也加入了各个拉章和本钦之间的矛盾中，接纳亲信，打击异己，谋求私利。这种情况下，帕竹万户长绛曲坚赞崛起，夺取了萨迦王室之权，建立帕木竹巴王朝。绛曲坚赞拥护和执行元朝皇帝的法度，1357 年即藏历绕迥火鸡年派人到朝廷奏

请，皇帝赐予他大司徒的名号、诏书及玉印等，从此帕竹第悉[10]开始了对西藏十三万户的统治。

明朝时期，西藏地区帕竹掌权，采用的是以封建农奴制庄园经济为经济基础的、采取"族内传承"以维系政教两权的政教合一的政权。在当时西藏的历史条件下，农奴制是一种代表时代潮流的新兴生产关系，其优越性是显而易见的，因此，各地的奴隶主都仿效这种新的统治方式，逐渐以农奴制代替了奴隶制，而且还创造了适应这种农奴制的封建庄园，藏语叫作溪卡。溪卡的出现，比较可靠的说法是在萨迦政权的后期，首先在西藏山南地区帕木竹巴万户府管辖之下的区域内推行的。绛曲坚赞继任万户长后，鉴于其前任荒淫贪暴、征敛无度，属民散投其他领主，帕竹万户因而衰弱的教训，采取了一些改良措施。他自行俭约，注意调动属民生产的积极性，修复溪卡，奖励垦荒。山南土地肥沃，十余年间，属民的辛勤劳动使帕竹的实力大增，这才有了 1349—1354 年间军事上的节节胜利，终于推翻了萨迦政权，建立了帕竹政权。显然，新兴的以溪卡为社会细胞的农奴制的成长壮大，是帕竹之所以能战胜旧、腐朽的萨迦政权的经济方面的主要原因。在确立了对乌思藏的统治之后，绛曲坚赞开始大规模地推行以溪卡为组织生产、管理属民的庄园制度，并于其家臣中挑选功绩卓著，尤为忠顺者，赐以溪卡，作为世袭采邑，形成了一批新贵族。溪卡把散居的农奴组织在一个庄园之内，除了便于农奴主控制农奴之外，还起到一定的组织生产的作用[11]。帕竹政权建立的 13 个大宗管理着这些大大小小的溪卡。大的溪卡相当于宗，管理着许多小溪卡，这种大溪卡数量不多。小的溪卡只有十余户农奴，相当于内地的一个小村子，这种溪卡比较普遍。宗的行政长官就是宗本，宗本是帕竹政权在地方一级最重要的长官，

其地位相当于元代萨迦政权属下的万户。原来萨迦时代的万户有 13 个，帕竹时代的宗也有 13 个。宗本由那些在帕竹崛起时绛曲坚赞手下最得力、最可靠、最忠诚的属下担任。各宗宗本都是由第悉直接委派，又切实对第悉负责。早期宗本任职年限有严格规定，即每 3 年一换，后来随着帕竹政权的衰微，轮流执政的制度遭到破坏，才逐渐出现了宗本家族内部专权、独霸一方、割据称雄的局面。绛曲坚赞时代，"宗"制在加强帕竹地方集权方面所起的作用是明显的，"宗"制在西藏能够长期延续下来，也是与这种行政建制本身的优越性密切相关的。在明代，不少宗的宗本还同时领有明王朝册封的"都指挥佥事"等官衔[12]。

3.1.4　清时期宗的形式

清朝时期，西藏宗归清朝中央政府统一管辖，以营[13]来命名。宗（营）的分布，按照西藏疆域，据《大清一统志》记载："其地有四，曰卫，曰藏，其东境曰喀木，其西境曰阿里。""卫"又译作"乌思"，即现在所说的前藏，以拉萨为中心；"藏"即现在所说的后藏，以日喀则为中心；喀木即 1939—1955 年的西康省[14]，以金沙江为界；阿里，即现在的阿里，在后藏以西。

雍正五年（1727 年）清朝政府划分土地，封赏给西藏地方政权。雍正三年"议政大臣等覆，川陕总督岳钟琪奏，打箭炉界外之裹塘、巴塘、乍了、察木多、云南之中甸、察木多之外、罗隆宗、察哇、坐尔刚、柔噶吹宗、衰卓尔部落，虽非达赖喇嘛所管地方。但罗隆宗离巴塘甚远，若归并内地，难以遥制……其罗隆宗部落奖赏给达赖喇嘛管理，特遣大臣前往西藏，奖赏给各部落之处，晓以达赖知悉"。"雍正五年副都统鄂齐，内阁学士班第，西川提督周瑛前往巴塘察木多一带，指授赏给达赖喇嘛地方疆界。五月抵巴塘会

勘，巴塘邦木与赏给达赖喇嘛之南墩中。有山名宁静，山以内，均为内地巴塘所属。山以外悉隶西藏达赖所管，差员查造户口，分输粮户，选派一名本地大头人，协理土官事务，造册提报，安定边疆。"[15]

乾隆五十七年清朝平定廓尔喀之乱后，着手整理西藏政府辖下的基层政治单位。经统计，一共有 124 个营（宗），并将营分为"大""中""小""边"四等。前藏一共有 92 个营，营官 126 人：边营 14 个，营官 23 人；大营 10 个，营官 19 人；中营 43 个，营官 59 人；小营 25 个，营官 25 人。后藏一共有 32 个营，营官 37 人：大营 3 个，营官 4 人；中营 14 个，营官 17 人；小营 15 个，营官 16 人。

3.2　宗与城市建设的关系

3.2.1　宗的分布位置

1）吐蕃时期与分裂时期

松赞干布统一吐蕃之前，各部落首领分割吐蕃之地，各霸一方。后来，服从赞普的敕令，拥护统一，在承担税法的条件下，各部首领继续管辖他们的土地、牲畜和奴隶，承继前业，把这些称为"采邑境界（地方势力范围）"，共 18 个。除了王室经营管理中央所属地区外，另外 31 个地区由庶民和聂氏等父系亲属的 25 位首领长期管理。这些部落首领们为保卫其封土，在傍依山腹、形势险要之地建立宗寨。18 个势力范围内，又分为了"六十一东岱"，东岱及豪奴千户，即当时用来保卫领土的军队机构。这些东岱即为宗的雏形。

关于 61 个豪奴千户，所谓"豪奴"，指臣民中拥有奴隶和财产，能组织参加战争者。千户，分为 61 个军士千户，即每茹有 8 个千户、1 个小千户、1 个卫戍千户，总共 10 个千户。

五茹中增加象雄茹，共 6 个茹。其中卫茹、

约茹、叶茹、如拉茹、象雄茹各有 10 个千户，苏毗茹有 11 个千户，共 61 个千户。

卫茹的 10 个千户分别是：托尔岱和岱仓两个千户（即玛与嘎瓦千户），秋仓与昌仓两个千户（秋仓氏千户），觉巴与支仓两个千户（觉热氏千户），吉堆与吉麦两个千户（韦氏千户），叶热小千户和东部近卫队。

约茹的 10 个千户是：雅隆和强隆两个千户（年氏与蔡邦氏千户），雅仓和宇邦两个千户（那囊氏与娘氏千户），达波、聂尼两个千户（洛氏与琛氏千户），聂与洛扎两个千户（聂瓦氏千户），洛若小千户和北部卫队。

叶茹的 10 个千户是：东钦和香钦两个千户（琼保氏千户），朗米和沛噶尔两个千户（巴曹氏千户），年嘎和昌仓两个千户（郎萨氏千户），波若两个千户（桂氏千户），香小千户和西部卫队。

如拉茹的 10 个千户是：芒噶尔和赤旁两个千户（没庐氏千户），仲巴和拉孜两个千户（卓氏千户），娘热和赤邦两个千户（没庐氏与琼保氏千户），康萨和格冲两个千户（许改氏与桂氏千户），措昂千户（卓氏千户）和南部卫队。

上象雄的 5 个千户是：吐蕃与突厥交界处的沃觉千户、芒玛千户、聂玛千户、咱莫千户、帕卡小千户。

下象雄的 5 个千户是：吐蕃与苏毗交界处的古格千户、觉拉千户、吉藏千户、雅藏千户和吉第小千户。

苏毗茹的 11 个千户是：孜屯、普屯、上郭仓、下郭仓、炯堆、炯麦、治堆、治麦、卡若、卡桑和那雪小千户。

千户需要负责边疆的安全守卫，有哨兵轮值放哨。新疆出土的吐蕃赞普时期的木牍记载："若计算吐谷浑万户的常住户数，须通过巡视而定。"意思是吐谷浑户数中有多少常住户，根据住户决定人数。又说："有户数或骑士共二十七户""沃措帕部之沃茹切策者，编于哨兵中，因患病，不能去瞭哨，由千户中聂热伦达替换切策。"意思是说沃措帕部之中有位名叫沃茹切策者，收编于哨兵中，由于他身患疾病，不能去瞭哨，和千户中名叫聂热伦达的人换哨，聂热伦达来了，沃茹切策准备返回。可见，戍边防哨的人（数）是根据各地的户数人口多少决定的，如果在哨卡执行任务时患病，可以由其他哨兵替换。平时，哨兵参加农牧业生产，遇有军事任务时又是军人。[16]

2）元明时期

元朝末年，帕竹派掌权，大司徒绛曲坚赞废除了萨迦时期的万户制度，在乌思藏的紧要地区建立了 13 个大宗，进行管理。各宗政府设有宗本，每 3 年更换 1 次。关于绛曲坚赞建立的 13 个大宗，没有详细的记载，很多文献上只列举了七八个宗。《新红史》记载："在多嘎波以上的地区建造了佳孜芝古、约卡达孜、贡嘎、乃乌宗（原注：在火蛇年）、查嘎（原注：在火鸡年）、仁邦、桑珠孜、白朗及伦珠孜等（原注：在杰钦孜却吉钦波之时）宗寨。""在其本身的豁（溪）卡方面，林嘎蔡阿仁波切时的齐达思宗未计算在内。"《红史》注释中记载："在第六绕迥年火猴年建江孜止贡宗、沃卡达孜宗、贡嘎宗、内邬宗等，第三年（藏历火鸡年）又建豁（溪）卡扎嘎宗，此外还建立宗本三年一任，每年考察各宗政绩的制度。"《西藏王臣记》记载："于卫部地区，关隘之处，建立十三大寨，即：贡嘎、扎嘎、内邬、沃喀、达孜、桑珠孜、伦珠孜、仁邦等等是也。"何可编著的《西藏宗及宗以下行政组织之研究》中记载："在日喀则、江孜、仁本、达孜、德庆、墨竹工卡、岭噶尔、硕卡、穷结（琼结）、乃东等地修筑大寨。"宗制度最大的益处就是宗本的定时更换，避免了万户制度下世代相袭的弊端，消除了因家族势力过度膨胀而容易形成的不稳定局面，大大稳固了帕竹政权的根基。

3）清朝时期

清朝时期，西藏社会沿用了明朝帕竹政权确立的宗、溪卡制度。随着统治范围的扩大，宗一级机构不断增多。西藏宗山的数目，按《卫藏通志》卷十二条例篇记载共计90个："边营十四，大营十，中营四十二，小营二十四。"《清理藩部则例》中则记载为92个营，其所记载宗的名称和《卫藏通志》上的大致相同，仅中营和小营各多出一个。《大清会典》卷九百七十七（西藏官制）中记载前后藏共有124个营，计前藏92营，后藏32营。其中前藏92个宗就是《清理藩部则例》中所记载的。大清会典所谓的前后藏，并非按照地理上的前后藏来划分，而是以辖属划分。达赖喇嘛所管辖的地方称为前藏，班禅额尔德尼所管辖的地方称为后藏。《大清会典》中列举的营（宗）较为完备，所以我们认为清朝时期的宗数为124个。每营设营官或一人或二人，以管理各个辖区内的属民。

前藏的92个宗，有大营10个：乃东营、琼结营、贡噶尔营、仓孜营、桑昂曲宗营、工布则冈营、江孜营、昔孜营、协噶尔营、纳仓营；中营43个：洛隆宗营、角木宗营、打孜营、桑叶营、巴浪营、什本营、仁孜营、朗岭营、宗喀营、撒噶营、作冈营、达尔宗营、江达营、古浪营、沃卡营、冷竹宗营、曲水营、突宗营、僧宗营、杂仁营、茹拖营、锁庄子营、夺营、结登营、直谷营、硕般多营、拉里营、朗营、沃隆营、墨竹营、卡尔孜营、文扎卡营、辖鲁营、策堆得营、达尔玛营、聂母营、拉噶孜营、岭营、纳布营、岭喀尔营、错朗营、羊八井营、麻尔江营等；小营25个：雅尔堆营、金东营、拉岁营、撒拉营、浪荡营、颇章营、扎溪营、色营、堆冲营、汪垫营、甲错营、拉康营、琼科尔结营、蔡里营、由隆营、扎称营、折布岭营、扎什营、洛美营、嘉尔布营、朗茹营、里乌营、降营、业党营、工布塘营；边营14个：江卡营、堆噶尔本营、喀喇乌苏营、错拉营、帕克里营、定结营、聂拉木营、济咙营、官觉营、补人营、博窝营、工布硕卡营、绒辖尔营、达巴喀尔营。

后藏的32个宗，多为喇嘛寺名。[17] 有大营3个：拉孜营、练营、金龙营。中营14个：昂忍营、仁侵孜营、结侵孜营、帕克仲营、翁贡营、千殿热布结营、托布甲营、哩卜营、德庆熟布结营、央营、绒错营、葱堆营、胁营、千堤营。小营15个：彭错岭营、伦珠子营、拉耳塘营、达尔结营、甲冲营、哲宗营、擦耳营、唔欲营、碌洞营、科朗营、札喜孜营、波多营、达木牛厂营、冻噶尔营、札苦营。

3.2.2 宗在城市中的地位、位置

从吐蕃时期开始，封建领主建立宗寨，其属农牧人民围绕宗寨居住，形成一个个小部落。这些部落通常处于地势险要的地方，宗寨通常位于关口险地，据险而守，保卫着它的子民。从这时候开始，宗就处于部落的中心位置。到了明朝时期，十三大宗的建立加强了宗的地位。《西藏王臣记》记载："于卫部地区，关隘之处，建立十三大寨，即：贡嘎、扎嘎、内邬、沃喀、达孜、桑珠孜、伦珠孜、仁邦等等是也。"十三大宗所在都是重要地段，承担着卫藏地区的安全防卫功能。到了清朝，中央政府专门设置了大营、中营、小营和边营，分理藏族聚居区各部番民。这些营均有着防御性质，其中以边营最为明显，它驻在西藏边境，抵制邻邦的入侵，负责整个西藏的安全。现在大多数宗堡已经损毁，但是在仅存的几个宗建筑以及宗山遗址中我们还是可以看出，这些宗都有着明显的防御风格。我们可以对几个典型宗堡进行分析。

1）江孜宗山

江孜曾经是古代苏毗部落的都城，囊日论赞降伏了苏毗之后，江孜便成了贵族的封地。江孜地处萨迦、后藏经亚东通往锡金、

图 3-1 江孜宗外观，
图片来源：王斌摄

不丹的路上，而且地沃物丰，因此成为商旅往来的交通要道，并逐渐发展成为沟通前后藏的重要通衢，成为西藏的一大重镇。吐蕃王朝覆灭后，进入了群雄割据的时代，江孜一带被赞普后裔法王白阔赞占领。白阔赞见江孜地形奇特：东坡恰似羊驮着米，南坡状如狮子腾空，西坡铺着洁白绸幡一样的年楚河像，北坡像是霍尔儿童敬礼的模样。他认为江孜具有吉祥之兆，于是在江孜修建王宫。14 世纪萨迦王朝的朗钦帕巴白在宗山上重建宫殿，宫殿建成后被称为"杰卡尔孜"。藏语中"杰"是王的意思，"卡尔"是宫堡的意思，"孜"是殊胜的意思。"杰卡尔孜"简称"杰孜"，后逐渐演变为江孜，并以此命名古城（图 3-1）。

江孜宗位于江孜县城的一个小山头上，背山面水，地势险要，站在宗山上，年楚河平原一览无遗，宗山当之无愧地承担着江孜守护人的角色。山的表面为坚硬的水晶岩，建筑的根基非常稳固。江孜宗建筑占据了整个山头，民居和寺庙围绕宗山分散布置。宗山西侧是一片陡峭的悬崖，有如刀削斧凿过一般。在另外几面，也都是陡峭的山坡，很难攀爬。江孜宗在四周建立了围墙，墙基多设在悬崖边上。墙体全部由石块砌成，厚约 1 m。围墙高度随着山体的高低起伏和地势险要与否而变化，在非常险要的地方不设置围墙。墙体直接建立在山壁上，往往和山形成一体。在相对平缓的地段加高围墙，连同基

础部分往往达到 5 m 高。有些地方甚至建立了两道围墙。围墙中间每隔一段就建立一个小碉楼，增强了宗山的防御性。所以要想通过非正常的途径进入宗山，几乎是不可能的。

江孜宗山建筑群本身也体现了防御的功能。宗山建筑众多，城垣重叠，明碉暗堡遍布，暗道纵横，形成了一个严密的防御系统。在建筑之间，有着很多相互穿插的通道。这些通道往往非常狭窄，有的地方仅容一人通过，可谓一夫当关，万夫莫开。主体建筑依山而建，通道多为连接高低不一的建筑，所以很多通道都是非常陡峻、来回曲折的。有的地方的通道坡度甚至超过了 60°。这在很大程度上加强了宗山的防御功能，不熟悉地形的外来人往往会身陷其中，不知所措。

1904 年，江孜的军民依据宗山的险要地形和防御工程设施，利用最简陋的火枪土炮和大刀弓箭，和当时世界上最强大的英国侵略军队展开了殊死的搏斗。英军利用当时最先进的大炮轰炸了 3 个月，才将宗山一角炸开。西藏勇士们弹尽粮绝，跳崖殉国。英军这才进入通往拉萨的道路。这场战斗充分体现出了宗山的军事意义和防御价值。

2）日喀则宗山

日喀则宗山位于后藏首府日喀则市，又称为"桑珠孜宗"。日喀则是后藏的中心，是班禅喇嘛的驻锡地。帕竹政权时期，大司徒绛曲坚赞废除万户制，将卫藏地区划分为十三个大宗，并将政治中心迁移到了日喀则。桑珠孜宗建于 1354 年，即是当时所建的十三大宗之一。因为桑珠孜宗是十三宗里最后一个建造的，所以绛曲坚赞认为这个宗建成后，完成了他理想中的一切凤愿，便把它称为"桑珠孜"。

桑珠孜宗坐落在日喀则市城北的日光山头。建筑贴着山壁而建，远远看去和山石一种颜色，连成一体。宗堡在"文革"时期已经被毁，但是从残留下的断墙石砾依然可以

看出当时桑珠孜宗的宏伟（图3-2）。建筑占据了整个山头，布局复杂，墙基深厚。从山顶看去，年楚河平原尽收眼底。既可以居高临下地观察军情，又可以依据天然地形来抵抗入侵（图3-3）。从文字以及图像资料得知，桑珠孜宗与布达拉宫有着深厚的渊源，两者布局非常相近，我们可以从保存完整的布达拉宫中看出当时桑珠孜的影子。建筑呈梯状依山势而建，铺满整个山头，最高处为宗政府官员的办公与住宅用房。险要的位置上均布有碉楼，加强守卫宗山的安全。建筑空间复杂，房间众多，高低曲折，回廊陡梯，表现出了积极的防御特点。底层只设置透气小孔，并不开窗。小孔横断面为梯形，外窄内宽，从建筑里面可以很轻易地对外界进行观察，必要时可以进行攻击，而在外部很难对内部进行反击。这也充分地体现了建筑本身的防御功能。

3）恰嘎宗遗址

恰嘎宗位于山南地区桑日县绒乡所在地，为当时东西陆路、南北水路的咽喉之地。恰嘎宗位于雅鲁藏布江畔，北面通往西藏首府拉萨，向西通往乃东，东面直达拉加里王府。同时这里又是西藏地方开发最早的地区之一，农业、牧业相对发达，因而成了古时兵家必争之地。由于地理位置的重要性，历代山南王都对此地十分重视，从而使得恰嘎宗不断得到维修扩建，成为山南王属下最大的一个宗（图3-4）。山南王自称是松赞干布的后代，笃信佛教，宗建筑内还设有经堂、佛殿，可供100多名僧人常住和举行各种宗教活动。

4）白朗宗遗址

白朗宗位于日喀则地区白朗县嘎东乡白雪村的宗山上，地处年楚河下游东岸，坐东朝西（图3-5），面临年楚河，北面依山，东边和南面是河谷平原，宗山位置极为险要，三面几乎全是悬崖峭壁，只有后山脊上有一条狭窄的小路。山下是沿河大道，白雪村前

图3-2 桑珠孜宗遗址，图片来源：王斌摄

图3-3 桑珠孜宗下民居，图片来源：王斌摄

图3-4 恰嘎宗遗址外观，图片来源：王斌摄

图3-5 白朗宗遗址外观，图片来源：王斌摄

面的年楚河上架设一木桥，是前卫拉萨和后藏日喀则的交通要道。宗政府设在此咽喉之地，具有明显的军事防御性质。据《西藏王

臣记》记载，在佛教前弘期莲花生的弟子巴早粗崔杰布和纳朗多吉在此颇章居住过，所以此地被称作"三人颇章"。

14 世纪初，萨迦政权内部分裂，日趋衰落，噶举派帕木竹巴朗氏家族崛起于泽当。1354 年，大司徒绛曲坚赞建立了帕竹政权，在他执政期间，取消了万户制，先后在卫藏地区各要冲地点设置了 13 个大宗，白朗宗就是其中一个，并分派有功部下充当宗本，此外，又分封其亲信家臣以庄园培植起一批忠于他的新贵族。

总之，西藏宗政府建筑具有明显的军事防御风格，主要表现在：

（1）选址以占据险要地形和交通要道为特色。一般的宗政府建筑，都占据着险要地形，如江孜宗、曲松宗、贡噶宗等。有的建在交通要道旁，如帕里宗就建在亚东峡谷口，为藏南军事要地，扼守着西藏与南亚各国交往的咽喉，历来为兵家必争之地。同时宗堡一般建在人口相对稠密的地区，便于战时就近集合当地居民，组织反抗。当然，这样做也可以强化统治阶级对广大农奴的统治。

（2）宗政府建筑本身都具有一定的防御性能。由于有强大的政治支持和经济实力做后盾，宗政府建筑一般都是以建筑群出现。在西藏众多的宗堡建筑中，几乎看不见由单一建筑构成的宗堡建筑。建筑群内部结构相当复杂，凸显了强烈的防御思想。

（3）宗政府建筑群均有高大厚实的围墙作为外围防线。围墙的高度和厚度根据实际地形和具体情况构筑，如扎嘎宗政府围墙下部的厚度就达 1.5 m，曲松宗在南北两面设多层围墙，昂仁宗的围墙则为两层平行夯筑的墙体等。不管是哪种形式的围墙，显然都是为了加强防御能力。

（4）一般的宗政府建筑都有附属防御设施，以增强整体的防御效果。在这些防御设施当中，碉楼是最为普遍的，几乎是只要有宗堡建筑的地方都可以看到碉楼。有的宗堡建筑还挖有暗道，以方便取水和遇到紧急情况时转移，如贡噶宗就修有直达河边的暗道等。为了维护统治者的利益，几乎所有的宗堡都建有监狱，用以对付农奴的反抗。

3.2.3 宗山建筑与宗教寺庙的关系

吐蕃王朝时期，松赞干布等赞普弘扬佛教，779 年墀松德赞建成桑耶寺，正式剃度僧人，这标志着西藏第一座寺庙诞生。到了赞普朗达玛灭佛，吐蕃进入了分裂时期，佛教的传播受到了一定阻碍。而自西藏佛教后弘期后，佛教兴起和分化出了许多不同的大小教派，为了将自己的教法推广到全藏，一些大德和僧人均前往各地进行佛法演说，招收僧徒，建立寺庙和尼姑庵，或者建立静修地和神殿，使之成为各教派的据点。这使得纷繁的宗教活动遍及全藏。而另一方面，除了阿里等部分地区，整个卫藏地区没有统一的法度和政权，各地方的赞普后裔或贵族的后代逐渐成为大大小小的地方首领，凭借自己的力量或者群众的拥护，掌管着一些部落或村庄。但并没有一个首领足够强大，主要的世俗政治势力正处于衰弱状态之中。在这种情形下，各教派的一些高僧凭借其自身的学识功德和声望，受到地方首领和群众的信奉，接受他们献出的土地和财物作为供养。这种做法使得一部分教派的主要寺庙逐渐成为占有土地、牲畜、农牧民户等生产资料的领主。随着寺庙经济基础的发展，担任寺主的高僧们的亲属和亲信成为了未经正式册封的没有名分的贵族官员。一些大寺庙自行建立了法庭、监狱以及不脱产的地方军队，以适应管理地方政务的需要。这期间出现了一些将宗教首领和地方官员的职能结合起来的类似于行政机构的组织。地方首领的宗寨是宗山建筑的雏形，地方首领和大德高僧们的逐渐结合，使得宗寨和寺庙之间的联系非常紧密。宗寨为寺庙提供供养，寺庙为宗寨教化民众、管理地方。宗寨和寺庙相辅相成，缺一不可。这为以后的政教合一提供了基础条件。

11世纪元朝蒙古成吉思汗征服西藏，薛禅汗尊萨迦上师八思巴为元朝帝师，并将西藏十三万户交其管理。这时，萨迦派在西藏的地位得到空前提高，佛教由此正式介入了西藏的政治权力中心。到了格鲁派时期，五世达赖喇嘛将政治和宗教结合为一体。西藏的一切宗教和世俗事物全部由达赖喇嘛和班禅喇嘛管理，佛教在西藏的地位达到了巅峰，寺院建筑也进入了一个全盛的时代。据《圣武记》记载，雍正十一年上报理藩院的黄教寺院达3 477座，喇嘛31.6万余人。而花、白、红等其他教派的寺院也有类似的数量。西藏很多寺院规模庞大，如哲蚌寺坐落在拉萨西郊格培山腰上，建筑连绵起伏，鳞次栉比，层楼叠阁，蔚为壮观，俨然一座山城。

除了这些大寺庙，西藏还有很多的小型寺庙。这些小寺庙一般隶属于大寺庙，深入藏族平民的生活中，在藏族各地发挥着重要的作用。它们参与管理地方政权，和地方上的宗政府相辅相成。这些大小不一的寺院，既是宗教活动场所，又是一个地区的政治、经济、文化中心，财富的集中地。而作为西藏政府的基层行政机构，宗与宗教结合得更紧密了。在宗山建筑的周围，到处都可以感受到强烈的宗教色彩。

宗政府一般设有两个宗本，一僧一俗。僧宗本，顾名思义，就是由僧人来担任宗本。僧宗本和俗宗本一同治理管辖区域。这本身就使宗山蒙上了一层宗教色彩。在宗山建筑中，僧宗本一般会设置经堂、佛堂，作为其修行之用。在宗山建筑的周围，一般会设立一个或多个寺庙，供所属辖民参拜。这些寺庙基本上都是一些小寺庙，行政权力不是很大，但是也都受到当地藏族居民的尊敬。经

我们调查发现，宗和寺庙的关系大致分为以下几种：

（1）宗隶属于大寺庙。寺院在藏族社会中占据着特殊的地位，除了统治本寺的辖地之外，还要参与行使地方政权。喇嘛、座主、活佛等佛教首脑都具有行政权和司法权。一个大寺庙就是一个独立的经济实体，占据并管辖着本寺的辖地和农奴。如哲蚌寺占有庄园185个，耕地面积5.1万余亩（34km²），牧场300处以上，农、牧奴2万余人；扎什伦布寺管辖21个宗、6个溪卡、10余万农奴。昌都强巴林寺的帕巴拉呼图克图"拉章"，管辖58个属寺和5个宗、7 600余户属民。[18]

（2）宗与当地小寺庙相辅相成。在我们调查的宗山资料中，几乎每个宗的附近都会有一个或多个寺庙，这和当时西藏的佛教信仰和政治体制有关。不管宗是封建贵族的宗堡还是西藏政府的地方行政机构，它周围必定有它自身的属民。西藏民众信仰佛教，去寺庙念经祷告是他们每日的必修课。所以，几乎每个聚落都会建立一个或多个的寺庙，以满足西藏民众的这种精神需求。在选址上，寺庙和宗是当时当地仅有的公共建筑，西藏民众不仅精神上寄托于此，人身安全也需要它们来保障。寺庙和宗山建筑建在相邻的地方，能够增强宗的防御性，更好地庇护当地民众。在粮食、水等生活资料的供应上，也能得到相应的便利。

有些地方辖地过小或者属民不多，没有必要单独设置宗政府办公场所，政府就将宗政府和寺庙合二为一，寺庙就是宗政府所在。宗本就将寺庙作为其办公、居住用房。当雄的羊井宗就属于这种情况。

（3）宗山建筑内部的佛教建筑。在宗山建筑内一般会设有经堂、神殿等寺庙功能用房，供僧宗本拜佛修行。如江孜宗中，在僧宗本住房的前方设立了一个经堂，僧宗本每日在里面念经拜佛。在经堂前面，还设有法

图 3-6 雍布拉康外观，图片来源：吕伟娅摄

王殿，供奉当地的法王神。日喀则的桑珠孜宗也设有经堂和佛堂。这些佛教建筑一般装饰华丽，在墙壁、梁柱上绘有精美的壁画，并悬挂着珍贵的唐卡，表示对佛的尊敬和虔诚之心。

3.2.4 宗山建筑与宫殿建筑的比较

西藏的官方建筑有两种。一种是宫殿，它是西藏中央最高领导阶层的办公及居住用房；第二种就是宗山建筑，它是西藏地方政权的办公和居住用房。同属于西藏的官方建筑，宗山建筑和宫殿建筑之间存在着很多相类似的地方，也必然有着其不同的方面。追溯宗山建筑和宫殿建筑的雏形，我们可以发现它们原本出自一家。西藏的宫殿建筑和宗山建筑均属于城堡建筑类型。宫殿始为吐蕃赞普的城堡，为了保卫自身与臣民的安全而建。而最初的宗山建筑是封建贵族以及割据王侯们的城堡，也有着相同的目的。在这一方面可以看出，两种建筑的出发点是相同的。因而它们有着大略一致的建筑功能和整体布局。而由于管辖范围、主人地位等级的不同，它们又存在着各种各样的差异。

1）宗山建筑与宫殿建筑的相似点

（1）防御性。宗山建筑与宫殿建筑最大的相似之处就在于防御性。宗山建筑是地方政府，宫殿建筑是更高一级的王室居住的地方。在战乱纷繁复杂的社会里，他们最大的任务是保护自身和所属臣民的安全，所以他们通常把建筑的防御性放在第一位。

宫殿建筑里居住的都是王公首领，其防御性更是需要得到保障。第一是选址，宫殿通常都选择在山上建造，如雍布拉康建造在扎西次日山顶（图 3-6）；青瓦达孜宫建造在青瓦达孜山顶；布达拉宫建造在布达拉山顶。据险而守，有利的地形为宫殿提供了第一道有力的屏障。第二，宫殿建筑均建有围墙，布达拉宫在雪城周围修有一道高大厚重的围墙，墙上开门，作为进出宫殿建筑范围的关口。青瓦达孜宫 6 个宫殿之间用城墙连接，组成了完整的战略防线。第三，宫殿建筑在关口建有碉楼，作为对外界进行观察的据点，布达拉宫建筑现存有西圆堡和北圆堡。第四，宫殿建筑一般体量庞大，空间错综复杂，身处其中，不易辨识方向，这也是宫殿建筑防御性重要的一方面。

宗山建筑通常建造在山坡上，首先占据着有利的地形，居高临下，鸟瞰原野。建筑通常建造在山势比较凶险的地方，在相对平缓的地方，往往建有高大的围墙。在紧要关口，宗山上会修建碉楼，试图对自身的防御做到尽善尽美，万无一失。从山下进入宗，只有一条曲折狭窄的道路。宗山上往往还会设立炮台，来保卫自己的属民。这些防御措施和设备很好地保护了宗山的安全。1904 年，英国入侵者经由江孜入侵西藏。江孜宗用最简陋的武器，竟抵抗了当时世界上最强大的军队 3 个月之久。宗山建筑的防御功能可见一斑。

（2）系统性。宗山建筑和宫殿建筑另外的一个类似点就是它们的系统性。宫殿建筑是西藏王权中心，其规模体系不可谓不严密完整。布达拉宫是西藏现存最大的宫殿，它包括了生活系统、佛教系统、行政管理系统、防御系统、娱乐休闲系统以及各个系统的附属设施等，我们在布达拉宫里面几乎可以找到任何一种功能设施。宗山建筑由宗堡建筑发展而来，本身就是一个个小部落，是一个相对独立的整体。西藏统一后，加上西藏政

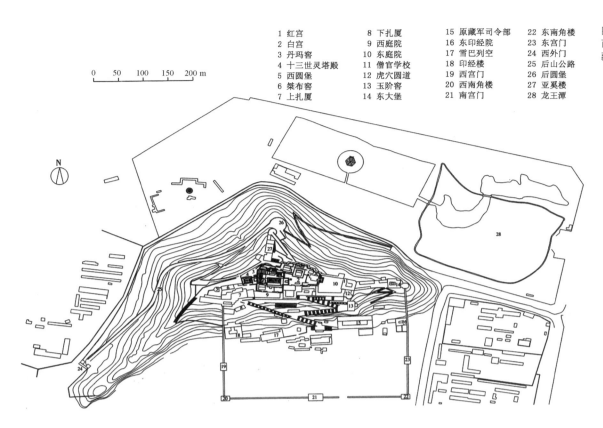

图 3-7 布达拉宫总平面图，图片来源：西藏自治区文物局

1 红宫
2 白宫
3 丹玛窖
4 十三世灵塔殿
5 西圆堡
6 桀布窖
7 上扎厦
8 下扎厦
9 西庭院
10 东庭院
11 僧官学校
12 虎穴圆道
13 玉阶窖
14 东大堡
15 原藏军司令部
16 东印经院
17 雪巴列空
18 印经楼
19 西宫门
20 西南角楼
21 南宫门
22 东南角楼
23 东宫门
24 西外门
25 后山公路
26 后圆堡
27 亚奚楼
28 龙王潭

府的统一管理，宗山就更形成了一个完整严密的体系。

布达拉宫由宫殿部分、雪城和龙王潭组成（图 3-7）。宫殿分为白宫和红宫两大部分。白宫主要作为达赖喇嘛工作和休息之用；红宫则主要供奉历代达赖喇嘛的灵塔殿和各类佛殿。雪城位于布达拉山南山麓，由东西南三面高大的围墙围绕，在东西南三面各设有宫门。雪城东西长约 365 m，南北长约 180 m，占地约 6.6 hm²。南宫门为正门。城的东南、西南建有碉楼，形制非常完备。城内的主要建筑有行政、司法管理和监狱等噶厦下属机构；有藏军司令部、造币厂、印经院，以及仓库、马厩、骡院、水院等附属建筑；此外还有一些贵族住宅、民居建筑、酒馆等。龙王潭位于布达拉山北麓，包括两个湖泊、小岛、水阁、凉亭等[19]。

宗山建筑虽然没有宫殿建筑的宏大规模，但是它也有一套完整的体系。如江孜宗包括了生活体系、佛教体系、管理体系、防御体系以及各个体系的附属建筑（图 3-8）。宗山上的宗本住房和山下民居构成了生活体系。佛殿和经堂是宗山建筑的重要组成部分，有些宗山上还建有佛塔。这些建筑构成了宗山建筑的宗教体系。议事厅是宗政府官员议事的地方，差税厅是宗政府收受差税的地方。这两个部门及其附属机构构成了宗山管理体系的主要部分。宗山上的碉楼和炮台等设施构成了宗山的防御体系。加上仓库、羊圈、马厩等附属设施，这就形成了完整的宗山系统。

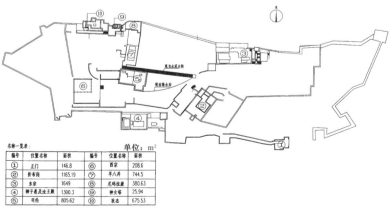

图 3-8 江孜宗总平面示意图，图片来源：西藏自治区文物局

图3-9 布达拉宫金顶侧面，图片来源：吕伟娅摄

2）宗山建筑与宫殿建筑的不同点

宗山建筑是地方官员宗本的办公生活场所，宫殿建筑是中央首领的办公生活场所。两者主人身份不同，相应的建筑等级也不同。这些不同点在许多地方体现出来。

第一，宫殿建筑中有些建筑形式是不可以用在宗山建筑上的，比如说金顶。金顶是宫殿建筑的重要组成部分和高级建筑装饰。在宫殿建筑上加盖金瓦屋顶，其目的是让主体建筑突出于群殿和城镇建筑群之上，使其宫殿建筑更加富丽堂皇，辉煌夺目，巍峨壮观，气势宏伟（图3-9）。除了宫殿建筑，金顶只能够建在寺庙和寺院建筑上。宗山建筑作为较低等级的建筑来说，是不可以建造金顶的。

第二，宫殿建筑作为西藏地方政府所在，管辖整个藏族聚居区；而宗政府是基层管理机构，只管辖某一片地区。所以在功能设置上，两者必然存在着差异。行政体系上宫殿建筑拥有行政、司法管理和监狱等噶厦下属机构，而宗山建筑只有议事厅等小型办公建筑；宗教体系上宫殿建筑拥有佛殿、灵塔殿等大型

宗教活动场所，而宗山建筑只有经堂等一些小型的宗教场所。此外，宫殿建筑还拥有一些宗山建筑没有的机构，如布达拉宫的藏军司令部、造币厂、印经院、龙王潭等。

总之，宫殿建筑和宗山建筑有其相类似的一方面，也存在着一些差别，但总体风格形式类似。宗山建筑大多数已经损坏，所剩完好的不多。在对宗山建筑进行研究时，我们可以把宫殿建筑作为一个参照，从而能对宗山建筑进行更完整、更深入的研究。

3.3 宗山建筑剖析——以江孜宗为例

宗山建筑通常铺满整个宗山，规模比较大。它有着一套完整的体系，包括居住用房、行政办公用房、佛教用房、监狱以及炮台等防御性设施。现在大部分宗山已经倒塌损毁了，我们只能从历史记载以及当地人的记忆里得到破碎零星的资料。江孜宗作为唯一幸存、保存完整的宗山，有着非常重要的历史研究价值。通过对它的分析，我们可以对宗山建筑的构成、作用以及地位做深入的了解。

3.3.1 宗山建筑的功能布局分析

1）居住使用

居住用房是宗山建筑重要的组成部分，宗本及其下属官员、奴隶等都居住在宗山上。江孜宗山上的东宗是江孜俗宗本的居住用房。西宗则是江孜僧宗本的住房。东宗位于宗山建筑群的东北部，现保存基本完好（图3-10）。东宗坐北朝南，共3层，建筑面积为1 649 m^2。一层作为整个建筑的基础，沿着山壁砌出。墙体厚重，用土石混合砌筑，一般的墙体都是在1.2~1.7 m之间，墙体之间间隔约2 m。在空间稍大的地方，铺设粗大的柱子。一层并不设置很多隔断，往往是一个相通的空间，主要做储

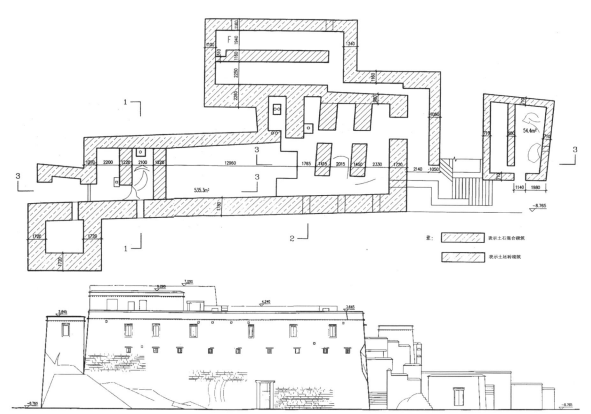

图 3-10 东宗一层平面，图片来源：西藏自治区文物局

图 3-11 东宗南立面，图片来源：西藏自治区文物局

藏室之用。一层没有设置窗户，在墙上只有一行排列整齐的透气孔，透气孔断面呈梯形，内宽外窄，从外面看只能看见狭长的一条细缝，从里面看比较大，像一个窗洞。这样的设计，一是通过它能给地下室一些光线，并适当地排出地下室的潮气；二是出于安全防守上的考虑，这样的设置非常具有隐蔽性。人在里面可以轻易观察建筑外部的情况，并可给予入侵者适当的进攻，而建筑外部的入侵者只能看见一条条狭长的细缝，无从还击。（图 3-11）

院子是西藏居住建筑的一大特点，没有院子的住宅西藏人是不愿居住的。西藏人比较喜欢聚会。西藏的节日数不胜数，大的节日有藏历新年、传召大法会、林卡节、雪顿节和望果节等等。在这些节日中藏族人聚集在一起，或是拜佛求神，或是唱歌跳舞，或是骑马射箭，有着各式各样的活动形式。而平时不过节的时候，藏族人也喜欢聚在一起，喝茶聊天，或是玩游戏消磨时间，这种活动

基本上都是在院子里完成的。院子给了人们一块属于自己的室外空间。即便在宗山建筑上，藏族人对院子的喜好也能得到很好的体现。江孜宗东宗的二层由 9 个房间和 2 个院子组成（图 3-12）。建筑南北向分成两个部分，北半部分是各个房间，南半部分是两个院子。院子四周有柱子支撑廊棚，形成了一个非常完整的院落空间。两个院子通过一个走道连接，相通而又独立。

西藏建筑另一个特色就是大片坚固的平屋顶。屋顶也是日常生活的重要场所，人们可以在上面休息、晒衣服，甚至放风筝。

2）宗教功能

西藏是佛教圣地，是个政教合一的社会。达赖喇嘛掌管着整个西藏，居住的布达拉宫中，宗教气氛极为浓厚。地方上的政府机构宗山上的宗教色彩也是非常强烈。江孜宗山上的经堂、法王殿、神女塔，以及日喀则宗山上的经堂、佛堂等都属于宗山上的宗教建筑。

江孜宗上经堂位于僧宗本东边，是僧宗

图 3-12 东宗二层平面,图片来源:西藏自治区文物局

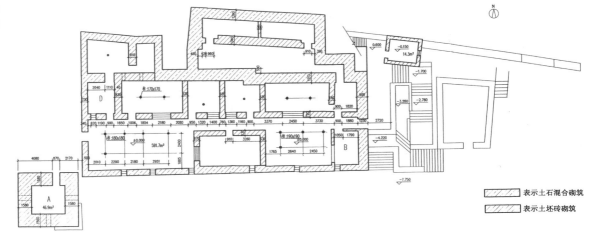

表示土石混合砌筑

表示土坯砖砌筑

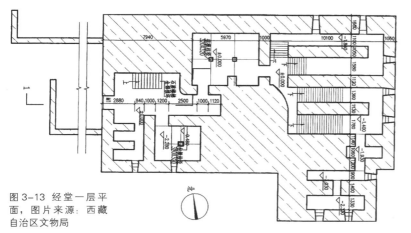

图 3-13 经堂一层平面,图片来源:西藏自治区文物局

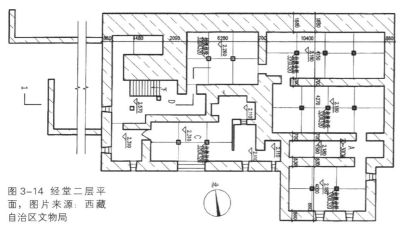

图 3-14 经堂二层平面,图片来源:西藏自治区文物局

本平时诵经拜佛的场所。共 3 层,第一层为地垄层,主要起到结构支撑作用(图 3-13)。从大门进去,直接就进入了第二层。二层有很多厚重的墙体,这些墙体厚约 90~120 cm。经堂二层被这些墙体分隔成了很多狭长的空间,只能作为储藏间用。二层基本上是墙体承重,在少数的稍大的空间中央,有木柱支撑,加强了基础的稳定性(图 3-14)。二层门口

有一个石质楼梯,通往经堂的三层平面,现在已经全部损坏。三层主体部分主要有 5 个房间,房间之间通过几个小门呈环行连接,空间关系错落复杂。每个房间中间都有木柱,柱子断面呈正方形,约 320 mm × 320 mm。和东宗一样,经堂的窗户断面呈梯形,外窄内宽,也是有防御上的意义。

塔是随佛教从印度传入中国的。在印度,塔是为保存或埋葬佛教创始人释迦牟尼的"舍利"营造的建筑物。"舍利",为梵文的译音,其含义即身骨。在佛教中,舍利是一种至高无上的神圣物品,佛教信徒们为供奉、保存舍利,便创建了这种具有坟冢之意的塔。后来印度的塔传到了中国,但是塔的功能却比印度塔更复杂了。除了保存高僧尸骨、舍利外,还有在寺庙、城郊制高点或河流转弯处、海滨港埠之巅建造的具有纪念、军事、导航、城市标志和观赏风景等功能的塔。江孜宗上的神女塔就是为了纪念神女所建造的(图 3-15)。神女塔位于江孜宗制高点,共 3 层,层层往上缩进。一、二层平面四面十二角,三层为正方形。在神女塔每一层的檐口部位均有边玛墙。边玛墙由边玛草砌筑,在西藏只有宫殿、寺庙或者与活佛有关的建筑才能用边玛墙砌筑。

法王殿建于 1390 年,最能体现江孜宗山的宗教氛围(图 3-16)。法王殿建造在斜坡上,共 3 层,地下 1 层,地上 2 层。地

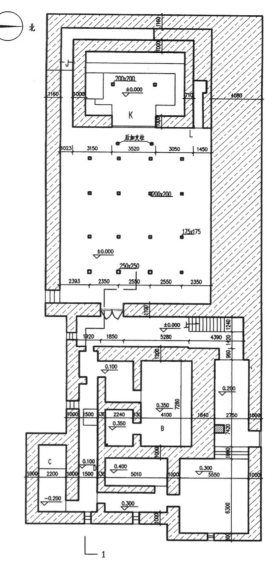

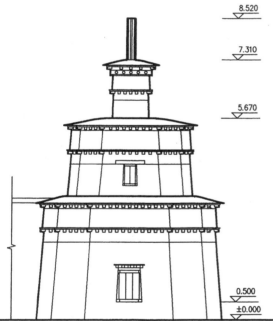

下层是地垄层，在建筑外墙和山体之间，只有一个狭长的空间，大部分为山石地基和石质墙体，很好地起到了基础支撑作用。建筑一层中，西半部分是佛堂，为建筑的主体部分（图 3-17）。佛堂由一大空间和包容在里面的小殿形成。由粗大的木柱支撑着建筑的结构（图 3-18）。佛殿的四周墙壁上，均绘有彩色壁画，但现在大部分已经毁坏，只剩下很少的几处墙上残留着壁画。东半部分为法王殿的附属用房，多以小空间组成，空间结构较为复杂，人进入其中犹如进入迷宫一般。建筑则仅剩二层小殿上方的一个小殿堂，供奉主佛。小殿内墙原绘有壁画，现

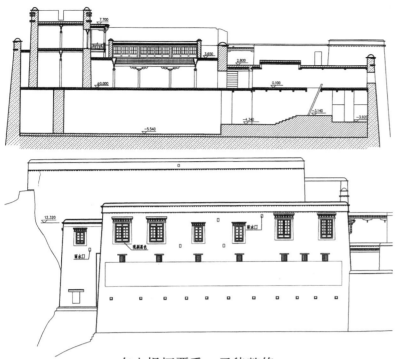

图 3-18 法王殿横剖面（上），图片来源：西藏自治区文物局

图 3-19 折布岗立面（中），图片来源：西藏自治区文物局

图 3-20 折布岗二层平面（下左），图片来源：西藏自治区文物局

图 3-21 折布岗剖面现状图（下右），图片来源：西藏自治区文物局

在也损坏严重，亟待整修。

3）办公议事

宗政府的主要职能就是收受差税和处理纠纷。江孜宗山上的折布岗就是当时宗政府官员的议事厅（图 3-19）。宗本和其他宗政府官员就在这里讨论事物。现在议事厅里放

置着蜡像，模拟了当时宗官员们议事的场景。折布岗共两层，一层为地垄平面。地垄层平面里很整齐地排列着长短不一的墙踩，给了建筑坚固的基础。二层平面主体部分由一个院落组成，四周的房间都围绕院落布置（图 3-20）。每一个房间的具体功能已经无据可查。折布岗的主体建筑贴着山体所建，（图 3-21）在山体里面，挖掘有一组地下空间，这些空间面积不大，相互连通。宗政府把这作为监狱，犯人就被关在这样的地牢里，过着不见天日的生活。

宗政府最重要的职能在于收税。羊八井是江孜宗收受差税的办公地点，即差税厅。羊八井一层为地垄层，用于堆放粮草，做储藏室用。二层为一大厅，官员们在此收税，现大厅里有蜡像模拟当时的场景（图 3-22，图 3-23）。差税厅外墙上仅开有两个小窗，为了更好地采集阳光，大厅上空中央部分升起，并开有高侧窗，很好地解决了采光问题。12 根木柱支撑结构，使得大厅空间宽大，便于收受税粮等工作。

4）防御堡垒

宗山建筑上无处不体现着宗山建筑防御的意义。单从宗山建筑的布局看，居高临下，据险而守，整个宗山易守难攻。在功能设置上，江孜宗山上在整个建筑群的最西边，也就是面对着进入江孜城的入口方向，设置有两座

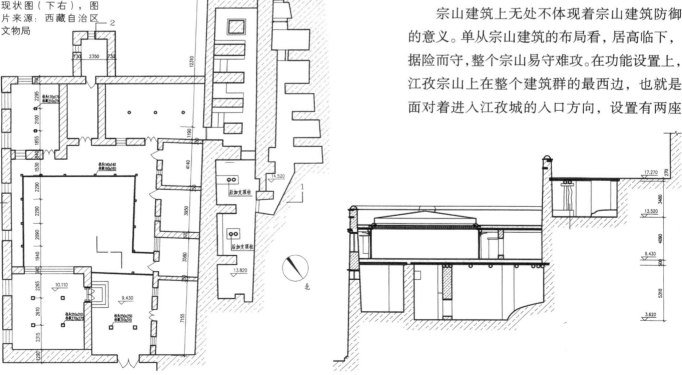

炮台（图 3-24）。并且还设有几道壕沟在作战时用。1904 年，英国侵略者进攻江孜，江孜军民就是在这里和侵略者进行着力量悬殊却满怀悲壮的搏斗（图 3-25）。江孜宗山良好的防御系统，使得英国用当时世界上最先进的武器，连续进攻了 3 个月，耗尽了守城将士的弹药后才得以成功。

孜杰建于 967 年，是江孜宗山上最古老的建筑，也是位置最高的建筑。江孜的意思是"王城之顶"，当时的"王城之顶"指的就是孜杰这个江孜宗山上最高的建筑。从建筑形式上来看，孜杰以前最大的功能就是防卫。从山下看去，我们可以看出孜杰的顶端是一个瞭望所，类似城堡中的碉楼。在那里我们可以轻易观察到宗山四周的情况，以便随时应对恶意的入侵（图 3-26）。在日喀则桑珠孜宗山的四角，设置有圆形的碉楼，这也是作为防御建筑的一个形式出现的；再从细部来看，建筑均建造在山坡陡壁之上，加上高大厚重的墙体，敌人根本无法入内；从建筑的里面看，底层窗户均为小窗，并且设置得很高，外面无法观察到建筑内部的情形；从建筑内部看，建筑空间复杂，并且绝大多

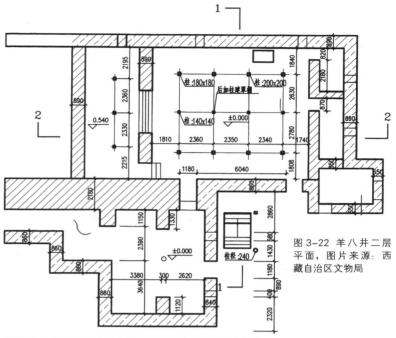

图 3-22 羊八井二层平面，图片来源：西藏自治区文物局

图 3-23 羊八井二层大厅，图片来源：汪永平摄

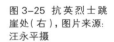

图 3-24 江孜宗炮台（左），图片来源：汪永平摄

图 3-25 抗英烈士跳崖处（右），图片来源：汪永平摄

图 3-26a 孜杰顶端（左），图片来源：汪永平摄

图 3-26b 从孜杰看老城东南（右），图片来源：汪永平摄

数空间均为窄小空间，即便敌人进入建筑内部，也很难摸清方向，熟悉内部情况的人能很轻易将敌人制服。这些特点体现了宗山建筑构思巧妙，细部设计细致。

3.3.2 宗山建筑的用材、结构和构造分析

1）墙体

墙体是建筑承重的主要部分，对墙体的研究对于研究宗山建筑而言极其重要。按照建筑材料分，宗山建筑的墙体一般分为土墙、石墙两种。按照建筑形式分，可分为收分墙、地垄墙和边玛墙三种。

建筑承重墙一般为收分墙。墙体的收分能够增强建筑物的稳定性。宗山建筑等建造在山头的建筑比平坦开阔场地上的建筑物的收分更为突出。承重墙厚度一般在 0.5~2 m，最厚的承重墙可达到 5.5 m。墙外壁向内侧收分的一般角度为 6°~7°，比例约为 1/10~1/60。在当时的条件下，墙体的施工主要凭借工匠的经验砌筑。从结构上来看，宽厚的底层墙体增强了墙体的承载能力，加强了稳定性能。随着墙体的增高而收分的做法，一是满足了墙体自身的稳定，二是求得整体结构的稳定。采用收分的方式，可以减轻墙体上部的重量，使得整座建筑的重心下降，增强建筑的稳定性，并提高了建筑的抗震性。

建筑承重墙一般采用石块砌筑，也有土质墙体。墙体外形方整，风格古朴粗犷。砌筑的石材都从山上采掘。因为当时采石工具比较简陋，石块的形状各不相同，宫殿建筑和宗山建筑也不例外。石墙传统的砌筑工艺是用一层方石叠压一层碎薄片，一层一层向上砌筑。这样满足了砌墙质量要求和坚固稳定的需求，并且起到了外墙体装饰的作用。我们调查发现，土质承重墙多出现在年代较早的宗山中，如沃喀宗遗址和白朗宗遗址中均发现了土墙。沃卡宗遗址中的土墙以黏土为主要材料，将细木碎石夹杂其中，增强墙体的强度。白朗宗遗址中的泥石混合墙体则不尽相同，墙体先用一层黏土夯实，再在黏土上面铺一层薄石块，然后再在上面铺设一层夯实的黏土块，这样交叉重叠上去（图3-27）。这种墙体强度很高，可以竖立多年而屹立不倒。

建筑内隔墙，没有结构受力上的要求，一般也采用土坯砌筑。墙体中间一般夹有木柱，但是不将柱子包在墙内，墙厚一般为 0.2~0.3 m，与木柱直径大致相等。土坯墙一般用黄土砌筑，内掺碎石或者细木棍作为骨料。板筑墙一般用块石砌筑墙基，上置墙板，加生土夯筑。墙板间宽度按照端头挡板进行控制。墙体需要收分，挡板做成梯形。墙板用"地牛""田鸡腿"和箍头固定好，然后倒土捣筑。筑墙的木杆长 2 m 左右，一端做成纺锤形，一端做成长圆形。筑好一层再筑一层，每层厚度一般为 0.08~0.1 m，长度约 2 m。约三四层为一板。筑好一板，向前移筑或向上移筑第二板。民居中收分较小，在宗山建筑等依山而建的宫殿和城堡等高大建筑中收分较大，一般达到 5%~10%。

地垄墙主要在依山建筑中用作建筑物的基础部位。根据建筑物的规模和所选地址的

图3-27 白朗宗土墙，
图片来源：王斌摄

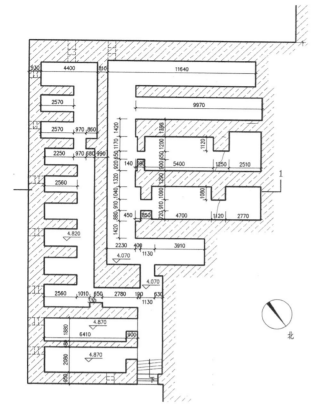

情况控制地垄墙的层次，有的只有一二层，但也有四五层的。地垄墙主要为竖向砌筑，与外墙横向连接，如果地垄进深较长，也在一定的距离内设置横向墙连接（图 3-28）。地垄墙根据整个建筑的高度和地质情况等需要确定其墙厚，高层城堡的基础地垄横向外墙要留通风道，地垄层次的外墙上要留小型的窗户，这样不仅能解决通风的问题，而且可以采光。通常情况下，地垄墙形成的空间一般不住人，原因是地垄空间都是 2 m 左右的长方形平面，也就是说地垄墙的设置都要以顶层建筑的柱距确定。地垄墙的层高也是根据地址、地形条件和上部建筑面积的需要确定的，一般情况下，地垄层高和房屋层高是基本相同的。依山建筑的设计中把地垄墙作为建筑物基础和抬高整体建筑的主要措施之一。依山而建的建筑的地垄墙做法可以节约大量的人、财、物力，还可以起挡土墙的作用。因此，山体建筑采用地垄墙的做法是藏式传统建筑中极具创意的建筑手法之一。

边玛墙是用晒干后的柽柳枝捆绑后堆砌而成的（图 3-29）。具体做法是：将柽柳枝剥皮晒干，用细牛皮绳捆扎成直径为 0.05~0.1 m 的小束。每束一般长 0.25~0.3 m，最长的有 0.5 m，小束之间用木签穿插，连成大捆。然后将截面朝外堆砌在墙的外壁上，并用木槌敲打平整，压紧密实，内壁仍砌筑块石。一般柽柳占墙体厚度的三分之二，块石占墙体厚度的三分之一。由于树枝的截面一般较粗，梢端较细，因此，需要用碎石和黏土填实柽柳和块石之间的缝隙。最后，用红土、牛胶、树胶等熬制的粉浆，将枝条涂成赭红色。边玛墙墙上的镏金装饰构件，直接固定在预埋于檐口的木桩上。边玛墙不作为承重墙，只起装饰作用，一般在宫殿建筑、寺庙建筑、政府建筑中使用，象征着权势和地位。

2）屋面

藏式传统建筑的屋面按照形式分，主要有：平顶屋面，歇山屋面。宗山建筑的屋顶一般是平顶屋面，使用阿嘎土砌筑。平顶屋面一般分三层做法。第一层是承重层，根据

图 3-30 藏族姑娘夯打阿嘎土（左），图片来源：王斌摄

图 3-31 窗构成大样（右），图片来源：王斌绘

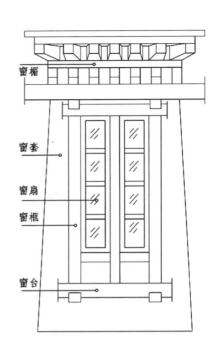

房屋等级的不同在椽子上铺设不同的材料，房屋等级高的密铺整齐的小木条；房屋等级次一级的铺设修整过的树枝。第二层是阿嘎土层。第三层是面层，制作面层的阿嘎土层有一定黏结性，但其抗渗性能要靠夯打密实和浸油磨光（图 3-30）。

3）门的形式

宗山建筑中门的形式多为拼板门，主要用木材制作。取材容易，制作方便，而且坚固耐用，部分门用铁皮和铜皮做金属装饰。江孜宗保留完好的门形制较为简朴，没有华丽的装饰，但也包含了丰富的构成元素。这些元素包括了门扇、门框、门枕、门脸、门斗拱、门楣、门套等。

（1）门扇：门扇多为木质拼板，以单扇和双扇为主，部分为多扇。门扇宽 0.6~0.8 m。

（2）门框：分为内门框和外门框。内门框有两根框柱，上面一根平枋组成一个框架来固定门扇。

（3）门斗拱：门斗拱一般用于院门或主体建筑大门，起装饰作用，通常偏门和内门不做，斗拱形如一个等腰三角形或斜三角形。

（4）门楣：门楣的作用相当于雨篷，主要是防止雨水对门及门环上装饰的损坏，位置在门过梁的上方，用两层或两层以上的短椽层层挑出而成。

（5）门套：门套位于门洞两边的墙上。门套的颜色一般为黑色，形状一般为直角梯形，上小下大，上端伸至门过梁的下方，下端伸至墙角。西藏常放牛头于门头屋顶用来避邪，黑色的门套就象征着黑牛角，有避邪的寓意。

4）窗的形式

宗山建筑开窗不多，洞口尺寸普遍较小，窗台高度较低，一般向南面开窗较多。西藏地处青藏高原，气候寒冷，较小的门洞尺寸利于保温；房间净高较小，窗洞口尺寸不宜过大。古时各部落、地区之间经常发生纷争，洞口较小利于防御。小窗洞的设置还含有驱鬼避邪等宗教原因。窗台高度较低，一般在 20~60 cm，主要是受房屋层高的限制，低矮的窗台可以增加采光面积。窗套形式大部分呈梯形。

窗的构成要素有窗框、窗扇、窗楣、窗套、窗台等（图 3-31）。

（1）窗框：窗框是用来安装和固定

窗扇的，其形状为矩形，窗框高度一般在
5~10 cm。为使窗框耐用，常刷上油漆做保护。

（2）窗扇：窗扇是窗的通风采光部分，
需要开启、关闭或固定。江孜宗山上窗扇较
为简单，多为单扇窗。

（3）窗楣：窗楣作用是防止雨水对窗及
窗上装饰的损坏，一般做成短椽形式，其自
身也起到装饰作用。

（4）窗套：窗套位于窗洞左右和底边的
墙上，形成一个"U"字形。其形状主要有
牛脸和牛角两种形式，颜色一般为黑色，俗
称黑窗套，亦称梯形窗套。

5）柱式

藏式传统建筑除墙体承重外，主要还有
木柱、木梁承重。

（1）柱：西藏大部分地区的木材比较匮
乏，加之山高路远，运输困难，所以木料尺
寸均不大，一般都在2~3 m，柱径在0.2~0.5 m。
重要建筑的大殿、门厅的梁柱用比较高大粗
壮的木料，多对其加工装饰，达到美观要求。
而地下部分或者辅助房间，梁柱制作比较简
单，只需满足力学要求，并不对其进行加工
美化。建筑物的柱子断面有圆形、方形、瓜
楞柱和多边亚字形（包括八角形、十二角形、
十六角形、二十角形等）。宗山建筑等级相
对不高，多为圆形和方形柱，各式柱子都有
收分和卷杀。

柱顶上一般有坐斗，斗和柱头用插榫连
接。斗上置雀替、大弓木。雀替为拱形，一
般长0.5 m，其下垫以硬木，弓长的长度不
等，为柱距的1/2~2/3。藏式传统建筑中柱距
一般为2~3 m，梁枋木上方密排的椽子长度
也与柱距基本相同。椽子有圆形和方形两种，
圆木用于地下室和一般房间。档次较高的房
间内的椽子比较整齐，断面为方形，一般为
12 cm见方。梁枋上两边的椽子错落密排，
露出椽头，以保护足够的支撑长度（图3-32）。

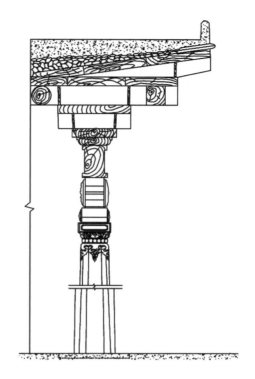

图3-32 柱头结构，
图片来源：《拉萨建
筑文化遗产》，第109
页

（2）雀替：藏式传统建筑的雀替与内地
雀替在功能作用上相同，但与柱的连接方式
和装饰手法有很大的差别。藏式传统建筑构
架上下之间用暗销连接，在矩形的梁架中，
暗销既可以防止矩形框架的变形，又可以加
强水平构件的连接力，减少剪应力，同时使
其在同一净跨内承受更大的荷载。

（3）梁：藏式传统建筑的梁置于雀替之
上。梁的长度一般为2 m左右，梁的厚度为
0.2~0.3 m，宽度为0.12~0.2 m。梁上叠放一
层椽木，椽木上铺设木板或石板、树枝。另
一种方法是在梁上叠放数层梁枋木和挑出的
小椽木，以增大密椽木的支撑长度和加大建
筑净空。在凹凸齿形的梁枋木上，出挑的各
式椽头之间嵌有挡板。椽子在墙体上的支撑
（埋置）长度一般为墙体的2/3，主梁在墙体
上的支撑长度则与墙体的厚度相同。柱和梁
的连接方法有两种：一种是在弓木上置斗，
以斗承梁；一种是柱头置斗拱，其目的是为
了加大建筑净高。

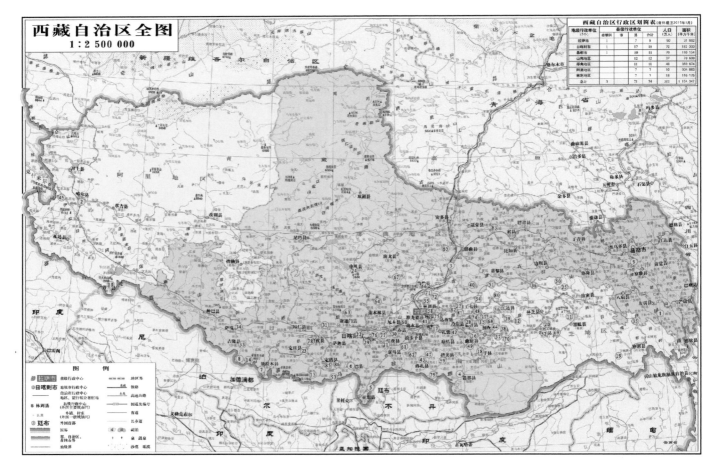

图 3-33 清朝时期宗山分布详图，图片来源：国家测绘地理信息局（底图，2015 年 4 月），王斌标注

3.4 宗山建筑遗存调查

3.4.1 清朝宗山详细分布

清朝宗山分布详图如图 3-33 所示，详表如表 3-1 所示。

表 3-1 清朝宗山详表[20]

前藏 92 宗（达赖喇嘛管辖）

序号	类别	宗名	别称	地理位置	备注
1	边营	江卡	芒康、宁静	西藏芒康县	宣统三年设宁静县
2	边营	堆噶尔本	噶大克、噶尔宗	阿里地区	
3	边营	喀喇乌苏	黑河、那曲	前藏，临近青海	哈拉乌苏蒙语黑河之意，藏语称那曲
4	边营	错拉	翠南、错那	前藏，临近不丹	
5	边营	帕克里	帕里	后藏，临尼泊尔、不丹	
6	边营	定结		后藏，临尼泊尔、印度	
7	边营	聂拉木		后藏，临近尼泊尔	
8	边营	济咙	济隆、吉隆	后藏，临近尼泊尔	
9	边营	官觉	官角、宫角	昌都地区	
10	边营	补人	普兰	阿里，临尼泊尔、印度	
11	边营	博窝		林芝波密县	宣统三年改统
12	边营	工布硕卡	学喀	工布江达县之东	
13	边营	绒辖尔		定结与聂拉木之间，临近尼泊尔	

序号	类别	宗名	别称	地理位置	备注
14	边营	达巴喀尔		济咙之东，临近尼泊尔	
15	大营	乃东		拉萨东南、雅鲁藏布江南岸	
16	大营	琼结	穷结	乃东东南	
17	大营	贡噶尔	贡噶	拉萨南方、雅鲁藏布江南岸	
18	大营	仑孜	隆子	乃东东南	
19	大营	桑昂曲宗		林芝地区察隅县	宣统三年设县
20	大营	工布则冈		西康雅鲁藏布江弯曲处	
21	大营	江孜		后藏日喀则东南	
22	大营	昔孜	日喀则	年楚河与雅江交汇处	
23	大营	协噶尔		后藏、日喀则西南方	
24	大营	纳仓	申札、香沙	日喀则北方札林湖南岸	
25	中营	洛隆		昌都地区洛隆县	
26	中营	角木宗	足穆	雅鲁藏布江支流尼洋河西岸	具体位置待考
27	中营	打孜		拉萨东北、拉萨河西岸	
28	中营	桑叶	沙莫叶	拉萨东南、雅鲁藏布江北岸	《卫藏通志》称桑萨，又称桑桑，拉萨东南、雅鲁藏布江北岸
29	中营	巴浪	白朗	日喀则地区白朗县	
30	中营	仁本	仁布、仁蚌	日喀则之东、雅鲁藏布江南岸	
31	中营	仁孜		拉孜之北	
32	中营	朗岭	南岭、南木林	日喀则北方	
33	中营	宗喀	白堡、荣哈	济咙之北	
34	中营	撒噶	萨喀	宗喀之北	
35	中营	作冈	察洼左冈、左贡	怒江支流鄂宜河东岸	
36	中营	达尔宗	边坝	洛隆县以西	
37	中营	江达	太昭	林芝地区工布江达县	宣统二年收回设江达县
38	中营	古浪		乃东东方	
39	中营	沃卡	沃喀	拉萨东南	
40	中营	冷竹宗	隆珠	拉萨北方	
41	中营	曲水		拉萨河与雅鲁藏布江会口处北岸	
42	中营	突宗		拉萨南方	
43	中营	僧宗	僧格宗	洛扎县、临近不丹	
44	中营	杂仁		古浪宗西北	
45	中营	茹拖	罗多克、日土	阿里地区，诺河湖南	
46	中营	锁庄子		待考	《卫藏通志》称锁庄
47	中营	夺		僧格宗之北	《卫藏通志》称子夺
48	中营	结登		江达东北	
49	中营	直谷	哲古	琼结之南	
50	中营	硕般多		昌都地区洛隆县	宣统二年收回设硕督县
51	中营	拉里	嘉黎	那曲地区	宣统二年收回设嘉黎县
52	中营	朗		古浪宗之东、雅鲁藏布江南岸	
53	中营	沃隆		尼泊尔境内，定结之南	沃隆原属西藏定结，至何时划入尼泊尔待考
54	中营	墨竹		拉萨之东	
55	中营	卡尔孜		拉萨西北	
56	中营	文扎卡		墨竹工卡东南	
57	中营	辖鲁		古浪宗西南	
58	中营	策堆得		拉萨之西、曲水之北	

续表

序号	类别	宗名	别称	地理位置	备注
59	中营	达尔玛		夺宗东南、临近不丹	
60	中营	聂母	尼木	仁本与曲水之间	
61	中营	拉噶孜	朗卡子	羊卓雍湖西南岸	
62	中营	岭		羊卓雍湖南岸	
63	中营	纳布	拉普	日喀则之北	
64	中营	岭喀尔		仁本宗西北	
65	中营	错朗		疑似朗错之误，朗错可能是天湖（腾格里海）	《卫藏通志》及《理藩部则例》称朗错
66	中营	羊八井	阳八井	拉萨西北	
67	中营	麻尔江		羊八井西北	
68	小营	雅尔堆		乃东之东、雅鲁藏布江北岸	
69	小营	金东		朗宗之东	
70	小营	拉岁		古浪宗之南	
71	小营	撒拉		拉萨北方	
72	小营	浪荡		拉萨之北	
73	小营	颇章		乃东之东	
74	小营	扎溪		乃东西北	
75	小营	色		拉萨西南、曲水东北	
76	小营	堆冲	堆琼	江孜之西、巴浪之东	
77	小营	汪垫		堆琼之东、江孜之北	
78	小营	甲错		在后藏拉孜西南	
79	小营	拉康	拉冈	夺宗之南、临近不丹	
80	小营	琼科尔结		江达之西、墨竹工卡东	
81	小营	蔡里	采里、砌塘	德庆宗之西、拉萨之东	
82	小营	由隆		拉萨之南、贡噶之东	
83	小营	札称		黑河东北、嘉黎西北	
84	小营	折布岭		拉萨北	具体位置待考
85	小营	扎什		定日东南	
86	小营	洛美	隆迈	札什之东	
87	小营	嘉尔布		拉萨德庆之间	具体位置待考
88	小营	朗茹		拉萨之东，靠近嘉尔布	具体位置待考
89	小营	里乌		拉萨之东，德庆之北	具体位置待考
90	小营	降		拉萨西北	具体位置待考
91	小营	业党		拉萨西南	具体位置待考
92	小营	工布塘		黑河之南	具体位置待考

后藏32宗（班禅额尔德尼管辖）

序号	类别	宗名	别称	地理位置	备注
93	大营	拉孜		日喀则拉孜县	海拔4 400 m
94	大营	练		待考	
95	大营	金龙		待考	
96	中营	昂忍	昂仁	日喀则昂仁县	海拔4 390 m
97	中营	仁侵孜		待考	
98	中营	结侵孜		待考	
99	中营	帕克仲		待考	
100	中营	翁贡		待考	
101	中营	千殿热布结		待考	
102	中营	托布甲		待考	
103	中营	哩卜		待考	

续表

序号	类别	宗名	别称	地理位置	备注
104	中营	德庆热布结		待考	
105	中营	央		待考	
106	中营	绒错		待考	
107	中营	葱堆		待考	
108	中营	胁		待考	
109	中营	千堤		待考	
110	小营	彭错岭		待考	
111	小营	伦珠子		待考	
112	小营	拉耳塘		待考	
113	小营	达尔结		待考	
114	小营	甲冲		待考	
115	小营	哲宗		待考	
116	小营	擦耳		待考	
117	小营	唔欲		待考	
118	小营	碌洞		待考	
119	小营	科朗		待考	
120	小营	札喜孜		待考	
121	小营	波多		待考	
122	小营	达木牛厂		待考	
123	小营	冻噶尔		待考	
124	小营	札苦		待考	

表格来源：王斌绘制

3.4.2 宗山建筑遗存

宗山建筑遗存分布图见图 3-34，建筑遗存调查表如表 3-2 所示。

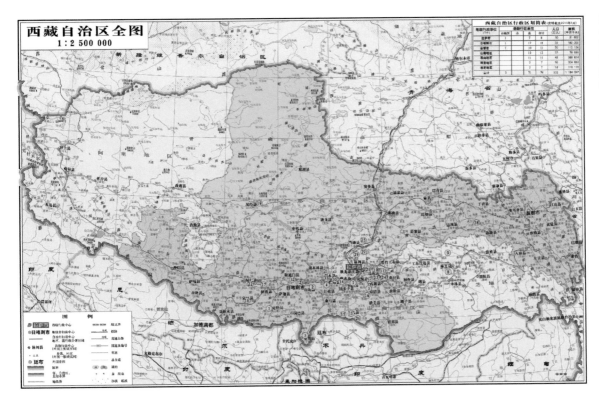

图 3-34 宗山建筑遗存分布图（部分），图片来源：国家测绘地理信息局（底图，2015 年 4 月），王斌标注

表 3-2　宗山建筑遗存调查表

编号	宗名	所处地区	海拔（m）	建造年代
1	定结宗	日喀则地区定结县		始建于 17 世纪末
2	江孜宗	日喀则地区江孜县		始建于 967 年
3	琼结宗	山南地区琼结县	3 800	始建于一世达赖时期
4	仁布宗	日喀则地区仁布县	3 843	1387 年
5	帕里宗	日喀则地区亚东县		14 世纪
6	则拉岗宗	林芝地区	2 900	元末明初
7	贡嘎宗	山南地区贡嘎县	3 643	元末明初
8	德木宗	林芝地区米林县	2 900	
9	觉木宗	林芝地区八一镇		清朝
10	恰嘎宗	山南地区桑日县	3 669	
11	卡达宗	山南地区桑日县	2 800	元末明初
12	白朗宗	日喀则地区白朗县	3 992	14 世纪
13	顿珠宗	山南地区洛扎县	3 300	
14	曲水宗	拉萨市曲水县	3 621	
15	达玛宗	山南地区洛扎县	4 650	始建于吐蕃时期
16	当巴宗	山南地区措美县	3 800	13 世纪
17	拉孜宗	日喀则地区拉孜县	4 400	元朝八思巴时期
18	协噶尔宗	日喀则地区定日县		
19	琼宗	那曲地区尼玛县	4 370	象雄王国时期
20	达孜宗	拉萨市达孜县	3 650	元末明初
21	麻江宗	拉萨市尼木县	4 550	
22	昂仁宗	日喀则地区昂仁县	4 390	
23	沃卡宗	山南地区桑日县	3 941	1352 年
24	桑日宗	山南地区桑日县	3 649	1352 年
25	当雄宗	拉萨市当雄县	4 217	
26	多宗	山南地区洛扎县	3 670	14 世纪
27	林周宗	拉萨市林周县	3 958	
28	洛隆宗	昌都洛隆县康沙镇	4 500	
29	内邬宗	拉萨市	3 689	元末明初
30	甘丹宗	拉萨市尼木县	4 300	始建于吐蕃时期
31	乃东宗	山南地区乃东县	3 647	
32	桑珠孜宗	日喀则市	3 983	1354 年
33	尼木宗	拉萨市尼木县	3 944	
34	日土宗	阿里日土县	4 700	清代
35	硕督宗	洛隆县硕督	3 550	清代

表格来源：王斌绘制

3.4.3　宗山建筑遗存实例[21]

1）定结宗遗址

定结宗遗址位于日喀则地区定结县定结村，坐落在定结平原中一座小石山上，始建于 17 世纪末五世达赖时期。初建时楼高 5 层，为夯土建筑。现存的宗政府为 1921 年在原建筑的基础上用石块建成。后建的宗政府由于 1959 年之后一直是定结县政府及定结乡政府的驻地，所以保存较为完整。

定结宗政府坐北朝南，南北长 42 m，东西宽 26 m，楼高 2 层，分为前后两部分（图 3-35）。前院一层门廊为马厩，中为院落，院落东侧两间库房，西侧一间为牛圈、一间为佣人住房。其二层门廊之上，有 5 间住房，为宗政府人员宿舍，东西两侧各有一套高级卧室，都带有天井和卫生间，是宗本（相当于县长）住房及贵宾客房。前院主要为生活区，后院为办公机构，大门开在前院北侧正中。后院下层的门房是 1 间堂屋，面积约 80 m²，堂屋东侧、南侧和西侧共有 5 间粮仓、4 间牢房。其上层中为一天井，天井南侧即一层门房之上为宗政府办公室。天井西侧为神殿和肉仓、粮仓。天井东侧为宗政府附近的札西曲林寺喇嘛的经房及杂屋，天井北侧为一座大经堂。定结宗政府集办公、仓房、监狱、经堂于一体，是旧西藏地方政府政教合一的政治机构。

2）江孜宗遗址

江孜宗抗英遗址位于日喀则江孜县镇中心，占地面积 120 080 m²，现存古建筑面积 7 067 m²，外围墙 1 179.5 m（图 3-36）。

吐蕃地方政权崩溃后的长期割据时期，吐蕃赞普的后裔班士赞看中了这块宝地，于 967 年，在江孜宗山始建了宫堡式的建筑，割据统治年楚河流域。帕巴巴桑在萨迦地方政府的四大内臣中任"下卡瓦"之职，同时被授予年楚河中上游地区的统治权。帕竹政权时期热丹贵桑的父亲朗青·贵嘎帕在帕竹乃东政权任职，继续统治年楚河中上游地区，并在江孜宗山上扩建了宫堡式的建筑，使江孜宗成为当时在全西藏修建的十三大宗溪之一。清朝时期原西藏地方政府在江孜宗山上设立了宗的行政单位，使江孜成为全西藏大宗之一。

19 世纪末 20 世纪初，为了维护祖国统一，西藏各族人民进行了英勇斗争。1904 年第二次抗英战争中所发生的江孜保卫战，就是英勇的西藏军民为保卫祖国领土而进行的神圣战斗，从此人们称江孜为英雄城。为了纪念江孜保卫战，1961 年国务院确定江孜宗山城堡为国家重点文物保护单位。如今的宗山设有陈列馆，展示当年西藏人民抗击英军所使用的自制火枪、大炮以及剑、盾等武器。1994 年江孜又被列为全国爱国主义教育基地，通过江孜宗山抗英遗址上的抗英炮台、抗英展厅、勇士们跳崖处、原西藏地方政府的议事厅、原西藏地方政府江孜宗差税厅、

图 3-35 定结宗一层平面、二层平面，图片来源：《西藏传统建筑导则》，第 30 页

图 3-36 江孜宗现状，图片来源：王斌摄

图 3-37 琼结宗原状照片，图片来源：山南文物局

地牢等增强人们的爱国热情。

3）琼结宗遗址

琼结宗原建在现山南地区琼结县政府后的青瓦达孜山上，海拔 3 800 m（图 3-37）。主要分为永新康、康尼、宗府和监狱四处，下辖溪卡 15 个。

琼结宗的修建时间，根据原宗办事人员回忆，始建于一世达赖时期，具体时间早于日乌德钦寺，修建人为当时琼结王桑旺多吉·次旦朗杰。

图 3-38 琼结宗现状（左、右），图片来源：王斌摄

图 3-39 琼结宗遗址平面，图片来源：王斌绘

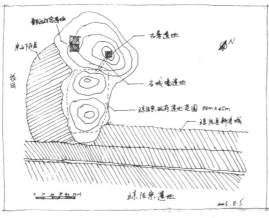

图 3-40 仁布宗遗址（左、中、右），图片来源：王斌摄

图 3-41 仁布宗遗址平面，图片来源：王斌绘

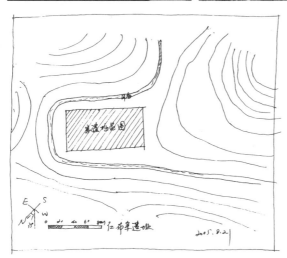

赤孜邦都六宫，称为"青瓦达孜宫"，是吐蕃兴建的第二大宫堡。六宫遗址即在宗址一边。六宫原由城墙相连，城墙现仍残存，城墙以上设有石砌碉堡，城墙碉堡相接，既可守土，又可御敌，堪称要冲重地（图 3-38）。凭借这些建筑能防能守，这个部落历次得胜而不衰。松赞干布的祖辈们在这里指挥部落百姓打败了吉曲和年楚河流域的苏毗部落，称雄全藏，建立了大的王朝。由此可见琼结宗选址的重要性。（图 3-39）

4）仁布宗遗址

仁布宗位于日喀则地区仁布县仁布乡，坐落在曼曲河与江嘎曲河汇合处的一座小山包上，海拔 3 843 m（图 3-40）。建筑坐南朝北，南北长 113 m，东西宽 80 m，占地面积9 040 m²。仁布宗始建于 1387 年，毁于民主改革和"文革"时期（图 3-41）。从现残存遗址可看出为石块和夯土建筑，城墙四周修建碉楼，城门位于后山山坳处，在宗内右侧的房底下，修有地下暗道直通曼曲河，可取水饮用。

5）帕里宗遗址

位于日喀则地区亚东县帕里镇的一块高

根据史料记载，古代吐蕃从第九代赞普布迪贡坚到十五代赞普伊肖勒，曾先后在琼结兴建了达孜、桂孜、扬孜、赤孜，孜母琼结，

地上，高于周围平地约 8~9 m，犹如一块磐石屹立于帕里平原的中央。帕里宗建于 14 世纪中叶，由萨迦朗钦帕巴贝桑布在征服珞冬部落时所建，其弟帕巴仁钦为帕里宗第一任宗本。由于帕里宗位于亚东峡谷的谷口，镇守着西藏与南亚各国交往的交通要道，为藏南的军事要地，清朝政府曾在此驻兵，历届噶厦政府对帕里宗也十分重视。

1903 年冬，英国侵略军以突然袭击的手段，侵占了帕里宗，其后，又扣留了三大寺和扎什伦布寺派出的谈判代表。帕里人民为了营救谈判代表，手持大刀、镰刀、斧头、木棒夜闯宗政府，鲜血染红了宗山，表现了西藏人民反抗侵略的大无畏的英雄精神。

1959 年以后，为了国防建设，中国人民解放军边防部队在宗山上构筑了坑道、战壕、碉堡。现存宗山遗址长约 50 m，宽约 20 m，面积约有 1 000 m²。

6）贡嘎宗遗址

贡嘎宗位于山南地区贡嘎县，建于帕竹政权时期，属于绛曲坚赞建立的十三大宗之一（图 3-42）。贡嘎宗位于雅鲁藏布江边上的一座山头之上，海拔 3 643 m。宗山建筑损坏严重，但能从留下的残垣断壁中看出基本的建筑布局（图 3-43）。

7）则拉岗宗遗址

则拉岗宗位于林芝地区布久乡则拉岗村中，地处尼洋河与雅鲁藏布江交汇处，东接尼洋河，西邻村寨，沿河畔有米林公路通过，宗政府所在地海拔 2 900 m，地势居高临下，视野开阔。

元末明初，帕木竹巴大司徒绛曲坚赞在西藏设立 13 个大宗，则拉岗是其中之一。工布一带的噶玛噶举派掌权时，驻地即在此宗。后属噶厦政府在则拉岗宗设立基巧，下属 7 个宗。该宗毁于 1951 年林芝一带发生的大地震。

则拉岗宗政府的建筑面积 1 120 m²，宗政府规模为 28 柱的两层藏式碉楼，前后左右

图 3-42a 贡嘎宗遗址图一，图片来源：王斌摄

图 3-42b 贡嘎宗遗址图二，图片来源：王斌摄

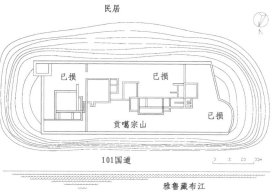

民居

贡嘎宗山

已损　　　已损

已损

101国道

雅鲁藏布江

图 3-43 贡嘎宗遗址平面，图片来源：王斌绘

对称，呈"四合院"式。前、后栋为两层楼，左右为一层楼，均为土木结构。林芝一带地处雅鲁藏布江中游，气候温和，森林茂密，雨水较多；为了防止房屋漏水，在房屋的楼顶上加盖一层木板雨棚。宗政府内设有经堂、办公、仓库、马厩等。

该宗政府修建于江河汇合的山坡上，前面地势平坦，后依高山；地处林芝与山南的要道上，居高临下，具有进攻与防御的有利条件，可见当时宗址的选择是经过周密考虑的。由于年代久远，当地资料奇缺，历届宗本的情况不详，只知道最后一任宗本名叫仁细吉布苏巴。宗政府的机构设置和官员的派遣都是由西藏噶厦政府决定，与其他宗政府相同。

图 3-44a 恰嘎宗遗址图一，图片来源：王斌摄

图 3-44b 恰嘎宗遗址图二，图片来源：王斌摄

8）德木宗遗址

德木宗位于林芝地区米林县米瑞乡德木村的台地上，海拔 2 900 m，坐南朝北，东靠德木寺山坡，西距米瑞乡政府约 4 km，南为平地，北邻村寨。宗政府的西、北边有两条小溪流环绕。该宗始建于噶厦政权时期，1959 年西藏民主改革时与则拉岗宗、觉木宗辖地合并，成立林芝县人民政府。

德木宗建筑面积约 1 000 m²，呈横向布局，为二层楼房，均系土木结构，共有大小房舍 120 余间；楼房前有一块空坪场，三面修筑围墙，高 2.2 m，厚 1 m。宗政府内设置经堂、办公、客堂、监狱仓库、住房、伙房、马厩等。德木宗政府现保存较完整，现为村里的公房。

9）觉木宗遗址

觉木宗位于林芝地区八一镇觉木村西南的小山岗，坐南朝北，后靠当增山，前临觉木河沟，东近觉木寺，西接村寨，距八一镇约 3 km。该宗政府系噶厦政府时期所建，后

隶属则拉岗基巧，1951 年毁于地震。

宗政府原来的修建规模较大，主楼为 28 根柱子的规模，北面为 3 层楼房，与其相连接的走廊为第二层，均系土木结构，主楼外修建住房 4 柱两层楼，马厩 8 柱；东侧修有伙房 3 间；在府外西侧修筑围墙，高 2.5 m，厚 0.8~1.5 m；正面修建有大门，门前为条石砌成的台阶。该宗政的历任宗本系噶厦政府派遣。

10）恰嘎宗遗址

恰嘎宗位于山南地区桑日县绒乡所在地，是山南拉加里王属下最大的一个宗。早在吐蕃王朝时期，这里就是王朝的重要军事基地之一。吐蕃王朝崩溃后，吐蕃最后一代赞普的王子威宋又一次来到这里，开始了拉加里王朝的历史。随着山南王势力逐渐扩大，在此地建立了拉加里王宫。帕竹王朝时期，拉加里在政治上仍是相对独立的。当时帕竹王朝虽未在拉加里设宗，但所设的 12 个庄园中却有恰嘎溪堆，恰嘎溪堆到 15 世纪后正式归属山南王，此时更名恰嘎宗。

恰嘎宗的建筑东西长 95 m，南北宽 80 m，主体建筑高 8 层，共 1 200 根柱子的实用面积，四周建有高大的围墙，围墙上建有二层台，四角又建有坚固的碉堡，使得恰嘎宗戒备森严，易守难攻。每年藏历 3~5 月，山南王都到恰嘎宗定期视察，届时当地举行盛大的宗教活动，民间赛马和其他活动也同时开展，百姓载歌载舞十分热闹，当时的民歌中有关恰嘎宗雄伟、高大的唱词也很丰富，其中"恰嘎吉祥八层"的词句一直流传至今。

恰嘎宗遗址位于现绒乡政府所在地西面约 100 m 的一个小山头上，当年用于巡逻的二层台只剩余东面一段长约 40 m，二层台内外各有一周围墙，围墙外低内高，现残存围墙高约 1.2~1.4 m，内围墙残高 7 m 左右，围墙有石砌和夯土两种，四角的碉堡是石砌的。墙厚达 1.5~2 m，碉堡高 18 m（图 3-44）。

进入宗政府的通道有明道、暗道两种，平时出入走明道，战时可走暗道。在碉堡以内又有一围墙，在这一围墙内就是恰嘎宗楼内高达8层的主楼，如果加上地下一层库房实际上共有9层。主楼内有宗政府办公室、会计室、住房、经堂、佛殿、监狱等房间。这座雄伟壮观的古建筑毁于"文革"期间，从现存遗址可看到围墙遗迹和其中的宗政府遗址，周边的民居围绕宗山布置（图3-45）。

由于恰嘎宗具有浓厚的宗教色彩，宗政府内设有佛殿、经堂，有100多名常住僧人，并且定期举行自己的宗教活动。恰嘎宗政府建筑面积很大，柱梁、门窗雕刻华丽。这种情况的宗政府建筑在山南境内较为少见。

11）卡达宗遗址

卡达宗位于西藏山南地区桑日县拉龙村东约5 km处。在桑日通往沃卡的公路边，同时紧靠雅鲁藏布江北岸，江水因河道狭窄而显得非常湍急，江边的卡达拉山高高耸立在群山之中，古老的卡达宗就建在依江靠山的江岸小山脚上。

卡达宗建筑坐东朝西，遗址平面呈正方形，面积约2 800 m²，建有二层台，在二层台的西南、东南、东北角及宗的碉堡是根据宗所处地势及战争需要而设计修建的。宗的碉堡可阻击卡达山一面的进攻，同时也有利于向东进攻，西南角是进入宗政府的通道，所以设有一座碉堡以防不测。这些碉堡连同二层台的墙均为石砌，非常坚固。

二层台内的宗政府戒严，西南角碉堡入口处仅有一广场，二层台后是宗下主体建筑和一片建筑物前面的平台。原主体建筑高4层，在平台南端有一地道口，地道直通江边，为宗政府取水道。

卡达宗始建于帕竹王朝时期，当时绛曲坚赞和止贡派发生战争，为战争需要修建了卡达宗，以后取得沃卡等地后，由于这一地区人烟稀少，卡达宗事实上只作为通往沃卡

图3-45 恰嘎宗民居，图片来源：王斌摄

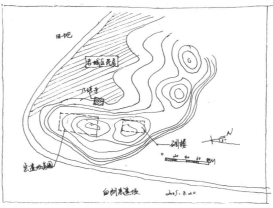

图3-46 白朗宗遗址平面，图片来源：王斌绘

的驿站，在帕竹王朝灭亡，格鲁派执政后，西藏社会进入了相对稳定的农奴制社会，卡达宗的战略地位削减，逐渐被遗弃。

12）白朗宗遗址

白朗宗位于日喀则地区白朗县嘎东乡白雪村的宗山上，地处年楚河下游东岸，坐东朝西，海拔3 992 m（图3-46）。原宗政府的建筑依山势而建，以"宗政论"楼房居中，上下、左右排列，有经堂拉康、监狱、聚会堂仓库、住房等建筑物。在宗府四周依地形起伏修筑城墙长约100 m，宽约75 m，占地面积7 500 m²。城墙为土石结构，残墙高2.5 m，

图3-47a 白朗宗遗址图一（左），图片来源：王斌摄

图3-47b 白朗宗遗址图二（右），图片来源：王斌摄

长 8 m，厚 1.5 m，在城墙的四角及城门上还修建有碉楼。该宗在民主改革时与杜穷宗、旺丹宗和东喜宗合并为白朗县，原宗废弃。宗政府原建筑在民主改革中毁坏一部分，"文化大革命"中全毁，现成为废墟（图 3-47）。

图 3-48 白朗宗民居，图片来源：王斌摄

图 3-49 曲水宗遗址平面，图片来源：王斌绘

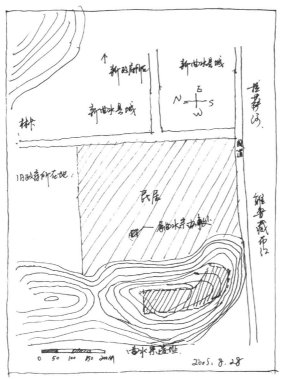

图 3-50a 曲水宗遗址图一（左），图片来源：王斌摄

图 3-50b 曲水宗遗址图二（右），图片来源：王斌摄

现在宗山的周边是大片的民居（图 3-48）。

13）顿珠宗遗址

顿珠宗位于西藏山南地区洛扎县拉康乡，海拔 3 300 m，宗山占地 1 130 ㎡，东、南两面为悬崖峡谷，西面为陡坡，陡坡下为洛扎霞曲峡谷，北面山势较为平缓，宗政府就设在北面。宗东面悬崖下有一个建筑，应该是宗政府所设的关卡。

宗山周围建有石质围墙，墙厚约 1 m。顿珠宗建筑平面呈椭圆形，大门向外凸出，形成一条狭长通道。穿过通道进入一间圆形的碉楼，碉楼西侧有 3 间附属用房，再往西是 1 间长弧形住房。顿珠宗主体建筑位于宗山南部，临近悬崖，现仅剩底层 4 个矩形房间。主体建筑前有一道长石阶，长石阶西侧是 2 间附属用房。主体建筑后有一条暗道，沿悬崖绝壁垂直下降至山底。

14）曲水宗遗址

曲水宗位于拉萨市曲水县，雅鲁藏布江和拉萨河的交汇口旁的一座山头，海拔 3 621 m（图 3-49）。曲水宗地处山顶，山势险要，不易攀登。曲水宗坐西朝东，基地南北长约 81 m，东西长 20 m，现基本已毁（图 3-50）。宗山上原有一条暗道通往山下，用来取水和应急之用。宗山下是一片民居，东北处有一片原宗山的林卡（图 3-51）。

15）达玛宗遗址

达玛宗位于西藏山南地区洛扎县曲措乡西北约 3 km 的一个小山之巅。传说吐蕃王朝

初期，赞普松赞干布因吞米·桑布扎创造文字有功，将此地封给了吞米·桑布扎，其封地首府就设在这座小山之巅。

达玛宗遗址所在的山顶海拔 4 650 m，与山谷相对高差为 250 m。宗山陡峭险峻，南面是一条东西向峡谷，西通康马县，北达浪卡子县的羊卓雍湖，是一条交通要道。宗山建筑用石片叠砌，围墙高约 6 m，保存较好。围墙内有两座碉楼，长 15 m，宽 10 m，高 7~8 m。围墙内侧依墙建有一圈辅助用房，院内堆满了作为投掷武器的球状卵石。达玛宗遗址现仅存地下室部分。

16）当巴宗遗址

当巴宗建于 13 世纪，位于山南地区措美县当巴乡政府所在地北 100 m 处。当巴宗海拔 3 800 m，气候比较温暖，物产丰富，山上树木繁多，自然条件较好，为该宗提供了丰富的物质基础。宗山主体建筑位于山腰，均为石块叠砌。宗山东面是通往达玛宗与洛扎拉康宗的大峡谷，南面是洛扎霞曲峡谷，在正南面的山坡上建有碉堡建筑群，形成地势险峻、戒备森严、易守难攻的军事要塞，是扼守在西藏腹地与不丹王国要道上的一座重要堡垒。

宗政府建筑以碉楼为中心，四周建有仓库、兵营、监狱等设施，碉楼高 3 层，外观为 5 层，残高 13 m。碉楼平面正方形，碉楼四面设有箭孔。碉楼现遗存 3 间附属用房，从东向西依次为监狱、军官宿舍、兵营。监狱高 2 层，底层关押犯人，上层是看管人的住房。宗山内有一条取水地道，地道口呈圆形，直径 0.6 m，位于宗政府院子中间，进洞后高 1.2~1.8 m，地道底为一水井，这口水井是战时的取水处。宗政府周围建有一道高 1.2 m、宽 1 m 的护城河，河宽 2 m，河水来自山上的泉水。

17）拉孜宗遗址

拉孜宗位于日喀则地区拉孜县拉孜镇政府所在地的一个小山头上，东距拉孜曲德寺约 100 m，当地海拔 4 400 m。

图3-51 曲水宗民居，图片来源：王斌摄

据拉孜曲德寺老僧介绍，拉孜宗建筑始建于元代八思巴时期，由俄德白贡创建，建筑由大殿、护法神殿及八思巴僧舍等组成。拉孜宗是当时为镇守拉孜一带而修建的一个碉楼，占地 2 000 m²，高约 200 m，是拉孜一带的制高点。以后经过逐步扩建，形成了后藏入口处的一个重要城堡。

拉孜宗以碉楼建筑为主，所有建筑均由砾石砌成，有一个较为完整的防御体系。拉孜宗于 19 世纪 60 年代被拆毁，现存残墙最高约 7 m。拉孜宗周边是民居。

18）协噶尔宗遗址

协噶尔宗位于日喀则地区定日县协噶尔镇，北距县政府所在地约 400 m，宗政府所在山名为协噶尔山。协噶尔山陡峭雄伟，山势呈东西走向，其西面是陡峭的崖壁，东部山体分别向东南、东北方向伸出两条长近 500 m 的陡峭山脊，山脊前面是 50 多 m 高垂直悬崖。两条山脊间最宽处约 300 m，著名的协噶尔曲德寺即坐落在此。协噶尔宗政府的中心位于协噶尔曲德寺的上方（西侧）约 160 m 处。协噶尔宗是后藏有名的一座大宗，远远看去，宗山建筑雄伟壮观，每条山脊和崖壁上都建有城墙。城墙上每隔 30 ~ 50 m 就建有一个碉楼，最高的山顶上建有一个宗堡。宗堡根据山顶地势修建，略呈梯形，面积约 85 m²，在东、西、北三面各辟有一门，门前均为峭壁，原应有吊桥以便于进出。这座由城墙、碉楼、宗堡护卫的协噶尔宗政府建筑

图 3-52 面对当惹雍错湖的琼宗遗址，图片来源：孙正摄

图 3-53a 琼宗遗址图一（左），图片来源：孙正摄

图 3-53b 琼宗遗址图二（右），图片来源：孙正摄

图 3-54 琼宗遗址石刻，图片来源：孙正摄

厚 1~1.1 m，东、南墙两面墙各有 3 层射孔，每层 3 个，西、北各有 2 层，每层 2 个射孔；三层墙体厚 0.6~0.7 m，每面墙上各 1 个射孔；四层墙厚 0.4~0.5 m，东、南墙上 2 层射孔，每层 2 个，西、北两面墙上各 2 个射孔；五层墙厚 0.2~0.3 m，3 个射孔。碉楼由砾石片砌成，坚硬稳固。碉楼两侧的城墙上建有城垛，墙厚 2 m，外高内低，形成了一条巡道。

19）琼宗遗址

相传象雄有四大宗：达、森、琼、竹，琼宗为其中之一。吐蕃统一后，墀松德赞时期琼宗被毁。但史书不载，具体情况不明。

琼宗遗址位于那曲地区尼玛县文部乡二村，背山面水，总面积约 75 000 m²。遗址西

南靠山，东北朝向当惹雍错湖（图 3-52），山麓距离当惹雍错湖 150 m。遗址地形呈半环形，海拔 4 370 m。遗址现存遗迹分为两部分，包括石墙遗迹和建筑遗迹，相距约 500 m（图 3-53）。石墙遗迹位于北部，长 1.20 m，宽 0.30~0.40 m，残高约 0.30 m，用石块垒砌而成。建筑遗迹位于遗址内偏北的一处石山的顶部平缓处，共有 3 处。其中一处仅存墙基，石块砌成。墙长 1.0 m，厚 0.30 m，残高约 0.30 m，平面呈方形。石山面湖的一边有洞穴，洞壁、顶部有烟灰痕迹，洞内藏有泥质擦擦（"擦擦"为一种模制的泥佛和泥塔）；一些洞口前有用石砌的平台，长约 6 m，宽约 5.6 m。山体上有凿刻、彩绘、墨书的苯教六字真言和佛教六字真言等（图 3-54）。

防御体系十分完整，所有建筑均为砾石砌筑。

南面山脊 4 号碉楼，位于从宗堡伸向东南的山脊中部，残高 15 m，共 5 层。第二、三层上各辟有一门，二层门向北，三层门向西。碉楼东、西两面与城墙相连。底层为库房，只在西北角有一个天门；二层以上均为射击防御场所，墙面上均为射孔。二层墙体

20）达孜宗遗址

达孜宗位于西藏达孜县城雪乡达孜村，海拔为 3 650 m，修建于元末明初。遗址依山而建，均用石块依山势垒砌而成（图 3-55）。地势十分险要，残墙最高处达十几米（图 3-56）。面对悬崖，形成一道天然屏障。宗山周边是民居（图 3-57）。

21）麻江宗遗址

麻江宗位于西藏尼木县 53 km 处的麻江乡，海拔 4 550 m，方向东偏南 40°。麻江宗建造年代不详，现已被毁，仅残有经堂的一部分。经堂面积 88 m²，残墙厚约 55 cm，一部分墙体用石块砌筑，一部分墙体用土坯垒砌夯筑。

22）昂仁宗遗址

昂仁宗位于日喀则地区昂仁县县城东南的一座山头上，与曲德寺废墟相邻，海拔约 4 390 m。宗山地势险要，东南面为悬崖峭壁，只有通向县城的西北面山坡稍为平缓，宗山居高临下，既可俯瞰全城动静，又能凭借险要地势扼守东南之外部侵扰，具有明显的军事防御性能。

宗山建筑遗址面朝东南，东西长 500 m，南北宽约 100 m，依山势起伏略呈台阶状，总体平面呈长方形。建筑物墙体用夯土分节筑成，每节高 0.8 m，厚 1 m 左右，墙体残高约 3~10 m。保存较好的西、北墙最高处可达 15 m 以上。从遗迹现象观察，西北隅原来应为"碉楼"类建筑，墙体上部尚留存穿插檩条的痕迹，楼层至少在两层以上，由此居高临险可扼控四方。遗址内房屋开间较大，多在 20~30 m² 之间，其用途性质现已难判定。沿山头的周边残存有比较高厚的夯土残墙，其厚度近 2 m，有的地方可见两层夯墙平行建筑，这种人为加厚墙体的目的显然与防御有关。

昂仁宗遗址的始建年代和历史变迁由于资料缺乏，尚待进一步考证。

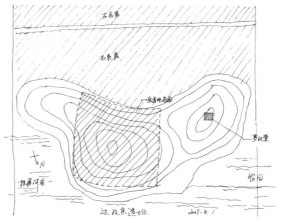

图 3-55 达孜宗遗址平面，图片来源：王斌绘

图 3-56a 达孜宗遗址图一，图片来源：王斌摄

图 3-56b 达孜宗山遗址图二，图片来源：王斌摄

图 3-57 达孜宗民居，图片来源：王斌摄

23）沃卡宗遗址

根据史料记载，沃卡宗建于藏历火蛇年即 1352 年，是帕木竹巴大司徒绛曲坚赞在帕

图 3-58 沃卡宗遗址平面，图片来源：王斌绘

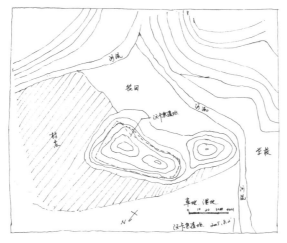

图 3-59a 沃卡宗遗址图一，图片来源：王斌摄

图 3-59b 沃卡宗遗址图二，图片来源：王斌摄

图 3-60 沃卡宗民居，图片来源：王斌摄

交通要道上，加上此地地域广阔，水草丰美，遂成了战略要地。17 世纪时，噶举派因争权夺利，曾在此打仗，据《西藏王臣记》记载，拉加里女王曾一度统治这个地方。五世达赖执政后沃卡宗归于噶厦政府。

沃卡宗位于西藏山南地区桑日县沃卡政府附近的一个小山头上，由于战争需要，沃卡宗高踞山头，依托峭壁，以坚实的大石块砌成厚墙，形成了一座攻守兼备的碉楼建筑（图 3-58）。原建筑面积 1 000 m²，平面呈正方形，坐北朝南，高 5 层，是一座木石结构的雄伟建筑，沃卡宗现已被毁，仅遗存少数断墙及半地下房间（图 3-59）。残墙均为石砌，最高有 21 m，墙厚在 1.5 m 左右，由于建筑在山头上，并根据山势而建，所以四周较低的地方均为半地下室房间。这些半地下室房间的入口均在建筑物内。由于底层的房间一般不设窗户，所以里面十分黑暗、潮湿，因此大多作为库房使用。一些存放重要物品的房间则用木板做防潮处理，在沃卡宗遗址的东侧地下就有这样的一个房间。这个房间进深 2.6 m，宽 2 m，在里面可以找到一些麦粒和盔甲片。沃卡宗南侧有一间监狱，南向开门，也是没有窗户的半地下室。除了储存室和监狱外，沃卡宗其他大多数房间是用来住宿、办公和从事佛事活动的。沃卡宗的周边是民居（图 3-60）。

24）桑日宗遗址

桑日宗位于西藏山南地区桑日县东面的一座峻山之巅。山体犹如一把倒放的大刀，长约 2 km，宽 200~500 m，山巅桑日宗依山而建，气势雄伟（图 3-61）。桑日宗即桑日颇章宫，始建于 1352 年左右。据《汉藏史集》记载，绛曲坚赞统治的帕竹地方政权为了进一步控制其属民，加强统治，在建立了 13 个大宗之后又设立了 12 大溪卡。在这以后相对稳定的几个世纪中，桑日颇章岗溪卡得到了不断的修复扩建。到 18 世纪达赖喇嘛在布达

竹王朝时期建立的十三个大宗之一，这是王朝建立后加强统治的措施之一。沃卡建宗以后，由于其地处通往拉萨、拉加里、乃东的

图 3-61a 桑日宗遗址
图一（左），图片来源：
王斌摄

图 3-61b 桑日宗遗址
图二（右），图片来源：
王斌摄

图 3-62 桑日宗民居，
图片来源：王斌摄

拉宫坐床，桑日宗被封给了七世达赖格桑嘉措的父亲索朗达杰，其时又修建了 36 柱的拉玛拉康和另外 3 座护法神殿，此时桑日宗既是桑颇家族的庄园，同时又是噶厦政府的政府行政机构。不同的是，桑日宗的宗本不是由西藏噶厦政府委派，而是在桑颇的大差巴中选举产生。最初享有这种特权的大差巴共有 11 户，这些被选派的宗本既是宗的行政长官又是桑颇家族在此地的代理人。一直到民主改革前，这种制度没有任何变化（图 3-62）。因此桑日宗经历了从溪卡到宗又变成宗溪的历史。就其宗山建筑本身而言，由于所在山势险峻，建筑面积又小，所以无法存放大量粮草，而且运输也十分困难，如有战事，或受围攻，粮、水问题不好解决，因此也只能起一个烽火台的作用。但就其职能而言，桑日宗是西藏噶厦政府属下的一个三等宗。

桑日宗主体建筑面向西南，形如碉堡，墙壁有石砌和夯土两种。其背面右侧是厚约 1.5 m 的夯土墙，墙上设有外小内大的三角形瞭望孔，可用作射击孔。正面和左侧为 0.7 m 厚的石墙。主体建筑背后建有一个环形碉堡，入口位于主体建筑的二层，用于阻挡从宗政府背后袭击的敌人。桑日宗政府建筑面积不大，建筑形式与乃东雍布拉康、洛扎桑卡鼓托极为相似。

桑日宗所在的这座山上有 3 条山脊，这 3 条山脊由下向上到宗政府建筑处汇聚，每条山脊最宽不到 10 m，高在 3~5 m。山脊间的最宽距离不到 100 m，最窄只有 10 m 左右，而且两边的山脊之外就是悬崖，形成了天然的坚固城墙。在这 3 条山脊上，每隔 10~15 m 就建有一个岗哨或防道，使得桑日宗森严壁垒，大有一夫当关，万夫莫开之势。

25）当雄宗遗址

当雄宗位于拉萨市当雄县境内，距当雄县城 30 km 处。当雄宗所在地群山环绕，中间是一大片的草原，海拔 4 217 m（图 3-63）。与其他宗不一样，当雄宗不是建立在山顶或者山腰之上，而是位于山脚下，在草原之上（图 3-64）。这可能与当雄当地畜牧业为主的生

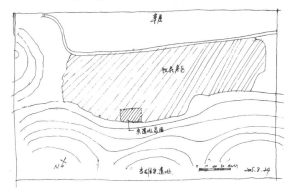

图 3-63 当雄宗遗址平面，图片来源：王斌绘

产方式有关。畜牧业的特点是流动性比较强，没有一个固定的居住场所。宗山附近没有多少建筑，多是葱葱的草原。离当雄宗不远有一座寺庙，那里聚集了不少民居。可见当雄宗当时的影响力不是很大，可能像桑日宗一样，起到驿站之类的作用。

当雄宗面朝西北，现损坏严重，仅剩下残垣断壁，尚可看出基本布局。平面呈长方形，四合院形式。入口位于西北面，进门为一院子。院子南边有三个开间，疑似经堂及客厅。右侧应为卧室，左侧两间，应为储藏室及下人住房。大门两侧是狭长空间，应为牲畜用房。墙体用泥土夹杂碎石夯筑，残墙高约 2 m，厚约 0.8 m（图 3-65）。

26）多宗遗址

多宗位于洛扎县城边缘东南的一个独立的山头之上，海拔 3 670 m，相对高度为 200 m。山顶有一块平台，宗山就建在平台之上，建筑均由石砌，占地 4 000 m²，在平台边缘建有一围墙，四面各建有一座碉楼。在最南端的山嘴上还建有一座半圆形碉楼（图 3-66）。

多宗建于公元 14 世纪，初为西藏政府流放犯人的地方，后为西藏噶厦政府下一个权力很大的地方行政单位，毁于 1959 年。多宗主体建筑高 5 层，占地 300 m²，底层为多间矩形库房，墙厚 50 cm（图 3-67）。

图 3-64 当雄宗牧场（左），图片来源：王斌摄

图 3-65a 当雄宗遗址图一（右），图片来源：王斌摄

图 3-65b 当雄宗遗址图二（左），图片来源：王斌摄

图 3-66a 多宗遗址图一（右），图片来源：汪永平摄

图 3-66b 多宗遗址图二（左），图片来源：汪永平摄

图 3-67 多宗寺庙与村落（右），图片来源：汪永平摄

27）林周宗遗址

林周宗位于拉萨市林周县内，距今林周县城约 10 km 处。林周宗坐落在群山之中的一个小山头上，建筑依山势而建，海拔3 958 m（图 3-68）。林周宗坐北朝南，现已被毁，仅剩几道断墙，但依然能看出当时的雄伟壮丽。主体建筑遗址基地长 53 m，宽40 m（图 3-69）。残墙底部由石块砌成，墙体上部用夯土砌筑，夯土里夹着石块以增加墙体的强度。在主体建筑 33 m 处，有一个下山通道，顺着山体，一直到达山下。山下是

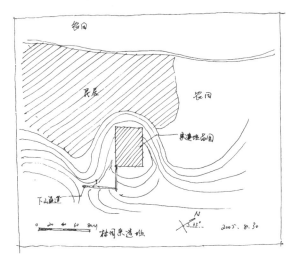

图 3-68 林周宗遗址平面，图片来源：王斌绘

图 3-69a 林周宗遗址图一（左），图片来源：王斌摄

图 3-69b 林周宗遗址图二（右），图片来源：王斌摄

民居建筑，围绕宗山而建，笼罩在宗山势力范围之下（图 3-70）。

28）洛隆宗遗址

洛隆宗位于洛隆县康沙镇，坐落于西札山上，海拔 4 500 m。宗建筑基地南北宽120 m、东西长 60 m，占地 7 200 m²。洛隆宗遗址仍残存于康沙镇东边的半山腰上（图3-71）。宗政府建筑由宗本官邸、监狱、库房、护法神殿等组成，皆为土石结构的藏式传统风格。根据《洛隆县志》记载，"现在

图 3-70 林周宗民居，图片来源：王斌摄

图 3-71a 洛隆宗遗址图一（左），图片来源：梁威摄

图 3-71b 洛隆宗遗址图二（右），图片来源：梁威摄

的洛隆县由原洛隆宗、硕督宗和孜托拉尼（相当于半个宗）组成。唐时为吐蕃属地，元代正式纳入中国版图，明朝属乌思藏管辖，后期属昌都寺。清雍正年间，清政府将洛隆及硕督两宗作为布施赠送达赖喇嘛。清末，本区连同金沙江移交康区建省，改称川边。民国以后，本区属西康省一部分"。1960 年 2 月，经昌都分工委批准，县城从康沙镇迁至孜托。

"洛隆"的藏文意思是"南部山谷"。西藏和平解放初期，街上有 100 多户人家，全宗有 3 000 多人口。县城迁址多年了，旧时的洛隆宗变成了康沙镇（图 3-72），但是

图 3-72 洛隆宗山下的康沙镇，图片来源：梁威摄（左）

图 3-73 洛隆宗新寺庙，图片来源：梁威摄（右）

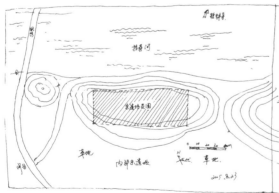

图 3-74 内邬宗遗址平面，图片来源：王斌绘

图 3-75 从内邬宗遗址看哲蚌寺，图片来源：王斌摄

康沙还是进入洛隆的必经之路。洛隆宗山下有街道、民居和大片崭新的寺庙（图 3-73），这里盛产高原上的青稞，人们都说洛隆是昌都地区的粮仓，康沙又是洛隆的粮仓。

29）内邬宗遗址

内邬宗建于帕竹政权时期，属于绛曲坚赞建立的十三大宗之一（图 3-74）。内邬宗位于拉萨河南岸、哲蚌寺西南方的一个山头上，现拉萨火车站就建在不远处。向东面看去，拉萨布达拉宫和哲蚌寺尽收眼底（图 3-75）。宗山三面临河，一面靠山，海拔 3 689 m。建筑基地东西长约 85 m，南北长约 37 m。这里地理位置极好，眼界非常开阔，又有拉萨河

这道天然屏障，作为防御性建筑的内邬宗可以充分发挥其军事作用（图 3-76）。内邬宗建筑现已基本无存，基本布局无从考究。但从山坡上建筑残渣可以得知，内邬宗是用石块建成的。宗山下面平坦的河边还有一座佛塔的遗迹（图 3-77）。

30）甘丹宗遗址

甘丹宗海拔 4 300 m，位于西藏拉萨地区尼木县吞巴乡北 5 km 处的一座山巅上。甘丹宗坐南朝北，为二层楼，面积约为 750 m²，墙基由石块筑成，墙为土坯夯筑。宗政府建筑现仅存残墙断壁，残墙最长有 17.65 m，最高处有 2.8 m，墙厚 0.8~1 m。传说这里曾是吞米·桑布扎的宫殿。距离宗政府遗址 18.7 m 的地方有一壕沟，深约 4 m。

31）乃东宗遗址

乃东宗位于山南地区首府乃东县泽当镇，

图 3-76 内邬宗遗址
（左），图片来源：
王斌摄

图 3-77 内邬宗佛塔
遗迹（右），图片来源：
王斌摄

图 3-78 乃东宗遗址
平面，图片来源：王
斌绘

海拔 3 647 m（图 3-78）。宗山建筑坐东朝西，基地基本呈长方形，南北长 170 m，东西长 136 m。乃东宗建筑基本全毁，只剩下几片墙基。从满山的石砾可以看出，乃东宗的主要建筑材料为石块（图 3-79）。在宗山东北不远处有泽措巴寺，在宗山南边也有一个小寺庙（图 3-80）。在宗山的周边有村落和大片的民居（图 3-81）。

32）桑珠孜宗遗址

桑珠孜宗位于后藏首府日喀则市，又称为日喀则宗，海拔 3 983 m。桑珠孜宗是后藏

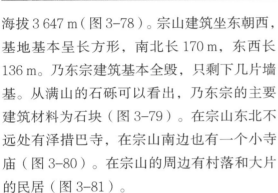

图 3-79a 乃东宗遗址
图一（左），图片来源：
王斌摄

图 3-79b 乃东宗遗址
图二（右），图片来源：
王斌摄

图 3-80 乃东宗寺庙
（左），图片来源：
王斌摄

图 3-81 乃东宗民居
（右），图片来源：
王斌摄

的中心，是班禅喇嘛的驻锡地。帕竹政权时期，大司徒绛曲坚赞废除万户制，把卫藏地区划分为13大宗，并将政治中心迁移到了日喀则。桑珠孜宗建于1354年，是当时所建的13大宗之一。因为桑珠孜宗是13宗里最后一个建造的，所以绛曲坚赞认为这个宗建成后，他完成了他理想中的一切凤愿，便把它称为"桑珠孜"（图3-82）。

桑珠孜宗坐落于日喀则市城北的日光山头。建筑贴着山壁而建，远远看去和山石一种颜色，连成一体。宗堡在"文革"时期已经被毁，但是从残留下的断墙石砾中依然可

以看出当时桑珠孜宗的宏伟。建筑占据了整个山头，布局复杂，墙基深厚。从山顶看去，年楚河平原尽收眼底。既可以居高临下地观察军情，又可以依据天然地形来抵抗入侵（3-83）。从文字以及图像资料得知，桑珠孜宗与布达拉宫有着深厚的渊源，两者布局非常相近，我们可以从保存完整的布达拉宫中看出当时桑珠孜的影子。建筑呈梯状依山势而建，铺满整个山头，最高处为宗政府官员的办公与住宅用房。险要的位置上均布有碉楼，加强守卫宗山的安全。建筑空间复杂，房间众多，高低曲折，表现出了积极的防御特点。底层只设置透气小孔，并不开窗。小孔横断面为梯形，外窄内宽，从建筑里面可以很轻易地对外界进行观察，必要时可以进行攻击，而在外部很难对内部进行反击。这也充分地体现了建筑本身的防御功能。

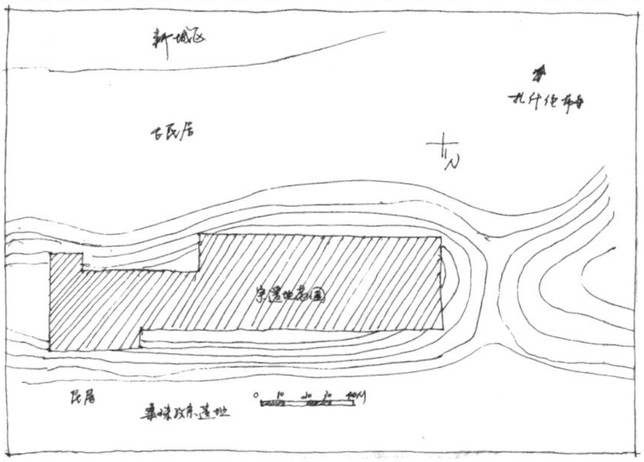

33）尼木宗遗址

尼木宗位于拉萨市尼木县，当地人称其为孟嘎宗（音译），海拔3 944 m（图3-84）。宗山位于群山之中，山路曲折，极难进入。尼木宗与当地民居处于同一高度，位于村庄的唯一的入口处，守卫着村庄的安全。尼木宗主体建筑现已全毁，无从考究其建筑布局。遗址基地长40 m，宽20 m。从建筑遗址上可

图3-82 桑珠孜宗遗址平面示意图，图片来源：王斌绘

图3-83a 桑珠孜宗遗址图一，图片来源：王斌摄

图3-83b 桑珠孜宗遗址图二（左），图片来源：王斌摄

图3-84 尼木宗遗址平面（右），图片来源：王斌绘

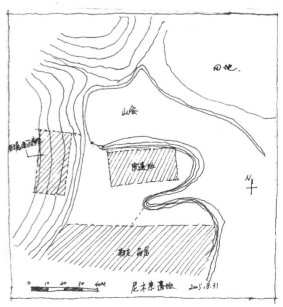

图 3-85a 尼木宗遗址
图一（左），图片来源：
王斌摄

图 3-85b 尼木宗遗址
图二（右），图片来源：
王斌摄

以看出，尼木宗是用石材建成。在主体建筑西边，是宗山建筑的辅助用房。长 40 m，宽 13 m。现仅剩一圈围墙，黏土夯筑，似为当时的牲畜用房（图 3-85）。

图 3-86 日土宗外观，
图片来源：汪永平摄

34）日土宗遗址

日土宗位于阿里地区的日土县境内，坐落在一座形同卧象的山顶，海拔约 4 700 m，山体的西南、西北面为沼泽，植被茂盛，光照充足（图 3-86）。

日土宗依山就势（图 3-87），规模宏大，由四殿、一宗、一康组成，即东殿、西殿、热普丹殿、喀噶殿、日土宗、拉康机索（总管寺庙公共财务收支的机构），集合了宗教、政治、军事为一体的建筑群，极具特色，而这其中的四殿、一康便组成了伦珠曲德寺。

图 3-87 日土宗遗址，
图片来源：汪永平摄

该寺由"日土历史上有名的酋长昂巴朗杰平当施主创建"，伦珠曲德寺建于公元 16 世纪左右。由于日土与拉达克来往密切，而拉达克是竹巴噶举派的势力范围，所以该寺在建立之初属于竹巴噶举派，自五世达赖喇嘛后改为格鲁派，并成为色拉寺杰巴扎仓的属寺。

该寺在历次战争中惨遭劫难，在"文化大革命"时期也曾遭受破坏，整体已基本倒塌。据日土县文物局介绍，1986 年修复了热普丹殿，按照原来的布局修建，另外在该殿东边修建了玛尼拉康和僧舍。

2010 年笔者调研该寺庙时，热普丹殿和玛尼拉康保存较好，其他殿堂及城堡皆为遗

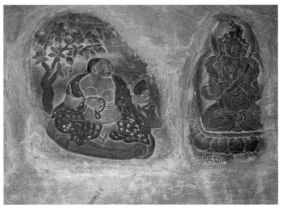

图 3-88 遗址石刻，
图片来源：汪永平摄

址（图 3-88）。寺内僧人向笔者介绍了这座山上以前的建筑分布，山顶上有东西排列的两座较高的山顶平台，热普丹殿、玛尼拉康

图 3-89 日土宗村落，图片来源：汪永平摄

图 3-90 远望硕督宗山和镇区，图片来源：汪永平摄

图 3-91a 硕督宗遗址图一，图片来源：梁威摄

图 3-91b 硕督宗遗址图二，图片来源：梁威摄

及以前的格鲁派佛殿、竹巴噶举派佛殿建于一座山顶平台，而一座不丹建造的佛殿及"辛拜卡"日土宗城堡建于另一座山顶平台。宗山下是大片的民居（图 3-89）。

35）硕督宗遗址

硕督宗在洛隆县硕督镇的山坡上，海拔约 3 550 m，镇内有硕督寺、清代墓葬群等建筑（图 3-90）。

硕督在历史上也叫硕班（般）多，藏语意为"险岔口"。古时候，这里是茶马古道上的重要驿站，也是川藏要道上的重镇之一，旧西藏政府在这里设有硕督宗。元朝时期，这里就开设了粮店；清朝时期，这里建立起了硕督府。这里商贾云集，商业贸易十分发达，本地最大的几家商人都有自己的马帮。常住人口达五六千人之多，茶馆、酒馆比比皆是。

据史料记载，"硕督"这个名字就是汉人取的。1913 年，川军将领尹昌衡率部队西征路过此地，见这里地势平坦，物产丰富，加之尹昌衡的别号中有一"硕"字，故而将此地取名为"硕督"。

硕督镇自然环境宜人优美，有达翁河和日许河两河交汇并流经硕督镇，地势平坦开阔，沿山脊修建有防御用的宗堡建筑，据说该宗山是由清军修建的。硕督宗便是沿北面山脊所修建的一圈防御性建筑，该建筑是由夯土墙与碎石修建的，硕督宗南边为村镇，北边为自然山体形成的崖壁，整个建筑易守难攻，地势绝佳。

硕督宗建筑是由采挖于当地的黄土与碎石修建而成，整个修建过程采用藏式夯土墙的建筑风格，在夯土墙墙基处填充碎石块，这样会使得墙体更加坚固厚重，起到防御的效果。夯土墙的高度较高，为 1.8 m 左右。其中还有瞭敌塔，起到防御与预警的效果，瞭敌塔的外层墙体厚度为 2 m 多。在墙体与瞭敌塔四周开有三角形的窗洞洞口，这是用

图 3-92 硕督寺（左），
图片来源：梁威摄

图 3-93 清代汉墓群
（右），图片来源：
汪永平摄

来还击的洞口（图 3-91）。

硕督寺位于整个村子的西北方向，沿主干道南侧布置，整个寺庙建筑由大殿及其他附属用房构成，大殿与附属用房围合成为一个中间休息广场（图 3-92）。

宣统二年（1910 年），四川总督赵尔丰在川边实行"改土归流"。当赵尔丰的部队征战至现在的那曲时，四川发生内乱，赵尔丰被清政府召回四川。他的部下受命退回到硕督宗政府所在地，在当地形成了与本地居民隔河（达翁河）而居、互通婚姻的格局，并繁衍生息，世代杂居、直至终老。他们的后代遵照他们的遗愿将其安葬在一处，从而形成了今天如此大规模的墓葬群。该墓葬群，东西长约 150 m，南北宽约 80 m。在 169 座墓葬中发现墓碑 39 块，从碑文内容看，死者为清光绪宣统年间至民国三十年葬于当地的汉族人（图 3-93）。

村内主要的建筑群以民居建筑为主，民居建筑具有明显的藏式建筑的风格特点，结构形式可以分为泥木结构、石木结构、木结构等（图 3-94）。

图 3-94 从宗山看硕督镇区，图片来源：梁威摄

注释：

1 何可．西藏宗及宗以下行政组织之研究 [M]．台北："蒙藏委员会"，1976：2

2 索朗旺堆，康乐．琼结县文物志 [M]．拉萨：西藏自治区文物管理委员会，1986：16–17

3 陈庆英，高淑芬．西藏通史 [M]．郑州：中州古籍出版社，2003：29

4 恰白·次旦平措，诺章·吴坚，平措次仁．西藏通史简编 [M]．北京：五洲传播出版社，2000：12–13

5 同注释 4，第 47 页。

6 乌思藏，明朝对前后藏的称法，清朝称为卫藏。乌思即前藏，以拉萨为中心；藏即后藏，以日喀则为中心。

7 薛禅汗，即元世主忽必烈。

8 同注 4，第 97 页。

9 同注 4，第 117 页。

10 第悉，又作"第司""第巴""第斯"等，本意为"部落酋长""头人"。明崇祯十五年（1642 年），蒙古和硕特部首领固始汗统一卫藏，成为总揽西藏地方行政大权的汗王。后经清廷册封，确立了他在西藏的地位。当时，将固始汗及其子孙掌权办事的行政官称为"第悉"或"第巴"，将第悉掌管的地方称为"第巴雄"。

11 尹伟先．明代藏族史研究 [M]．北京：民族出版社，2000：35

12 同注 11，第 42 页。

13 营，清朝军队的基本建制单位。500 人为营，营辖 4 哨，哨辖 8 队，分别由营官、哨官、什长率领，从两营至数十营设统领。兵必自招，将必自选，训练、指挥自主，粮秣薪饷自筹。

14 西康省。西康省为民国时期行省，1939 年成立。1955 年 9 月撤销编制，金沙江以东各县划归四川省，金沙江以西各县划归西藏自治区筹备委员会。

15 同注 1，第 7 页。

16 恰白·次旦平措，诺章·吴坚，平措次仁．西藏通史——松石宝串 [M]．陈庆英，格桑益西，何宗英，等，译．拉萨：西藏古籍出版社，2004：61

17 同注 1，第 8 页

18 参见中国广播网（http://www.cnradio.com/folk/zang/fengsu/200207030039.html）

19 汪永平．拉萨建筑文化遗产 [M]．南京：东南大学出版社，2005：25

20 同注 1，第 9 页

21 西藏自治区地方编纂委员会．西藏自治区志：文物志 [M]．北京：中国藏学出版社，2012

4 西藏寺院建筑

4.1 概述

苯教是西藏的原始宗教，又译为棒教、本波教或黑教等。它是行灵魂崇拜、咒术的萨满教（Sha-manism）的一种，即自然崇拜、庶物崇拜的西藏民间信仰。创世说中，苯教强调世界生于五种本原物质，是人与神的共同起源，认为万物有灵。其教义建立的基础就是关于天神、人类、动物、生灵相互依存、联系的宇宙世界图形。原始苯教拥有极复杂的仪礼组织，但其神殿或僧院却极为简单朴素（现今并无记录可供参考）。

公元前5世纪，西藏西部古地古象雄王子辛饶米保统一了象雄的原始宗教仪式，在原始"苯"的基础上，改变了杀生祭祀的方式，创建了"雍仲苯教"[1]。雍仲苯教是在吸收原始苯教的教义，并对其进行大量改革的基础上建立起来的相对理论化的宗教。它吸收了原始苯教中的藏医、历算、占卦、驱鬼降魔等教义，改变了一些血腥的祭祀仪式，改用糌粑捏成各种形状来代替原来的杀生祭祀仪式，这种祭祀形式对后来传入藏地的佛教也产生了很大的影响。

雍仲苯教的"卐"符号有"永恒不变""吉祥"之意（图4-1），也象征着集中的力量，是藏地十分常见的吉祥符号之一。该教派的核心内容是密宗修炼。

佛教传入西藏后，苯教明显受其影响，起初，两教徒之间屡有抗争，甚至引发政争。后来无论在教理方面还是实践方面，苯教与佛教逐渐融合，并模仿佛教的大藏经而撰著甚多苯教的经律、论疏等。在藏传佛教四大派中，宁玛派与苯教较为相似。公元7世纪中叶，佛教在西藏流传开来以后，西藏原始苯教与藏传佛教两者互相排斥又互相吸引、融合。朗达玛灭佛是佛教的黑暗时期，许多佛教徒的遭遇与苯教在墀松德赞时的遭遇一样。此时，佛教的势力濒于消亡，仅限于边远地区的民间流传，而苯教的基地在民间，这在客观上给苯教带来很多方便，他们大量抄袭佛教经典，以弥补自己教义理论上的不

图4-1a 苯教阿里古入江寺修行洞窟，图片来源：汪永平摄

图4-1b 雍仲苯教的"卐"符号，图片来源：汪永平摄

图 4-2 唐代步辇图，图中描绘了吐蕃请婚专使噶尔·东赞觐见唐太宗，图片来源：北京故宫博物院藏

足，苯教后弘期出现了大量的经典，如五大"伏藏"、《苯教大藏经》（即《甘珠尔》和《丹珠尔》），对于苯教都有着较大贡献。这个时期苯教在内容上得以丰富，但也因地位的变化不可避免地受到藏传佛教的影响。

佛教起源于天竺（即古印度），为北天竺迦毗罗卫国[2]王子悉达多·乔达摩于公元前 6 世纪左右所创立。悉达多·乔达摩是释迦族人，故被其弟子尊称为"释迦牟尼"，意为释迦圣人。古印度孔雀王朝时期（约公元前 322—前 180 年），佛教被定为国教，因当时印度海上交通发达，对外关系活跃，佛教便逐渐向亚洲各国传播。

藏传佛教也称藏语系佛教，与汉语系佛教、巴利语系佛教并称为世界佛教三大体系。作为佛教，它在基本教义方面与其他语系佛教有许多共同点，所不同的是藏传佛教是大乘显密宗佛教，是显宗菩萨乘和密宗金刚乘合二为一的教派，并在漫长的发展过程中融入了浓厚的藏族文化。西藏自治区 90% 以上的人口为藏族，他们普遍信奉藏传佛教，大小寺庙遍布了西藏各地。

史书一般认为，佛教是于 7 世纪上半

图 4-3 建寺镇压岩魔女（现代绘画），图片来源：《中华遗产》

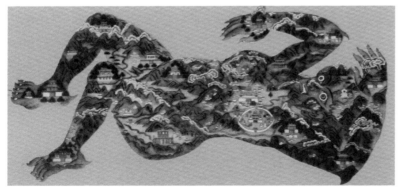

叶吐蕃王朝建立初期，松赞干布执政期间由我国中原地区和印度、尼泊尔地区同时传入西藏，内地传入的主要是大乘佛教，印度、尼泊尔传入的主要是佛教密宗（又称密教）。松赞干布的两位外族王妃——墀尊公主和文成公主，在入嫁时分别把释迦牟尼的 8 岁和 12 岁等身像带入了吐蕃，同时随嫁的还有大量佛经。她们到达拉萨后又建设了大昭寺和小昭寺，从而促进了佛教在吐蕃地区的传播。

关于松赞干布迎娶文成公主、修建大昭寺这段历史，还有许多美丽的传说和故事：为了修好当时强盛的唐朝，松赞干布派使团前往长安请婚（图 4-2）。请婚专使噶尔·东赞表现出非凡智慧，经历了多次考验后，终于使得唐太宗同意将文成公主嫁给吐蕃。文成公主进藏时，释迦牟尼 12 岁等身像作为最主要的陪嫁一同入藏。当车队抵达拉萨时，载有这尊等身像的车子突然被流沙陷住，动弹不得。深谙阴阳五行、星算八卦的文成公主卜算发现吐蕃之地是一个仰卧的岩魔女（又称罗刹女）形状，很不利于吐蕃的安定、繁荣，而卧塘湖正是她的心脏所在，红山和其对面的药王山是岩魔女的心骨所在。要想保境安民，就必须在其心脏上建造佛殿，供奉释迦牟尼的佛像。这样再加上建在红山之巅的赞普王宫，就可以震慑住岩魔女了。此外，为了镇压岩魔女的整个身体，还要在吐蕃的其他地方建造 12 座寺庙（图 4-3）。

大昭寺主要由藏族、尼泊尔工匠建造，供奉墀尊公主带来的释迦牟尼 8 岁等身像，为了纪念来自吐蕃西边的墀尊公主，大昭寺朝向西方；而小昭寺主要由汉、藏工匠共同建造，供奉文成公主带来的释迦牟尼 12 岁等身像，同样为了纪念来自东土的文成公主，小昭寺朝向东方。此外，镇压魔女肢体的 12 座其他寺庙也被建造起来。

松赞干布出于加强奴隶制中央集权统治

的需要，抑制吐蕃原有的苯教，积极支持佛教发展。正是由于他在位时为吐蕃引入了佛教，并推动了佛教的初步发展，松赞干布也被后世佛教史家神化，被奉为吐蕃时期的第一位"法王"。

吐蕃王朝赞普墀德祖赞（又译赤德祖赞）在金城公主[3]的协助下，积极兴佛，佛教一度得以重新发展。及至赞普墀松德赞（又译赤松德赞）在位期间，采取一系列措施大力弘扬佛教，迎请寂护大师入藏，并建造西藏历史上第一座严格意义上的寺庙[4]——桑耶寺，支持首批藏族子弟剃度出家成为僧侣等等。吐蕃王朝是藏传佛教的第一个快速发展时期，史称"前弘期"[5]。

赞普墀祖德赞继位后，其竭力弘佛，虽然一定程度上促进了吐蕃文化的发展，但也极大地消耗了国力民财，使得各种社会矛盾趋于尖锐，导致了他本人于841年[6]被刺。随后即位的末代赞普朗达玛执政不久就在反佛崇苯（苯教）的大臣支持下开始禁灭佛教，复兴苯教。但一系列极端的灭佛措施不仅没有缓和社会矛盾，反而将其激化，最终他也遇刺身亡。朗达玛死后，出现了王位继承之争，并引发内战，吐蕃随之分裂。吐蕃的内战持续了很长时间，又引发了869年的平民和奴隶大暴动。这次起义彻底摧毁了吐蕃王朝，也使佛教和苯教均遭到了沉重打击，各种宗教在西藏沉寂了很长一段时间[7]。

到10世纪后期，山南一带的地方势力首领意希坚赞资助多名信徒北上宗喀[8]受戒学经，学成后返回建寺授徒，史称"下路弘传"。大约与此同时，吐蕃王室后裔、羊同地区古格王国首领拉德也资助多人赴印度学经，学成后返回古格，史称"上路弘传"。经过"上路弘传"和"下路弘传"，佛教在西藏重新兴起并迅速发展，11世纪中期到13世纪初期，出现了众多的教派。历史上把从10世纪后期[6]开始的这一阶段称作藏传佛教的"后弘期"。藏传佛教中著名的宁玛、噶当、萨迦、噶举四大教派就出现在后弘期，其中噶举派又分为香巴噶举和塔波噶举，塔波噶举则衍生出了噶玛、帕竹、跋绒、蔡巴四支，而帕竹支派又分为八小支，众多的支派为各派之最。除以上四大教派外，还有夏鲁、希解、觉囊、觉宇等影响较小的教派。西藏此时尚处在分裂割据的状态中，各个教派因自身的生存发展需要地方势力政治、经济上的支持和资助，各个割据势力则从维护自身统治的稳定出发选择了佛教，相互需要使得各教派纷纷与不同的地方势力结合。其中有些教派还在政治上对西藏产生了重大的影响。

13世纪初，蒙古地方势力逐渐强盛，1279年，元朝统一全国。在此期间，1247年，萨迦派高僧——萨迦班智达大师代表西藏各地方势力与蒙古地区政权方面会晤、谈判。随后，各地势力共同向元朝臣服，西藏首次作为中央政府管辖下的一个地方纳入了中华版图。西藏臣服的同时，元朝也认可了萨迦派和萨迦政权在西藏的政教领袖地位，被当作元朝廷在西藏的代表，从此开始了萨迦政权掌控西藏的时期。1354年，内部分裂的萨迦派被帕竹噶举派及其政权最终击败，帕竹噶举派得到了元朝中央政府的承认，取代萨迦派成为了西藏的实际控制者。1368年，明王朝建立，西藏的各地方势力又纷纷向明朝称臣纳贡。作为西藏最大的一股地方势力，帕竹派的作用受到明朝的重视，1406年，永乐帝封帕竹地方政权首领扎巴坚赞为"阐化王"，帕竹政权达到鼎盛。

后弘期以来，藏传佛教经过长期发展，逐渐出现了无心佛法研究、热心政治斗争、不问民间疾苦和戒律废弛等种种弊端和颓势。为了振兴佛教，出身噶当派的宗喀巴大师于14世纪末、15世纪初，对藏传佛教实施了宗教改革。1409年，他在拉萨大昭寺举办了"大祈愿法会"[9]，同年在拉萨附近创建了甘丹寺，这标志着新教派——格鲁派的诞生。新兴的格鲁派受到广大群众的欢迎，并在帕竹派政权的支持下，发展十分迅速，以拉萨为中心，寺院、僧团和信徒很快遍及全藏，成为了实力最强教派。

17 世纪中叶，曾支持格鲁派的帕竹政权已经灭亡，面对强大的反对力量，五世达赖喇嘛和四世班禅喇嘛向青海的蒙古和硕特部求援。后蒙古军队进藏，击败了反格鲁派联盟，成为西藏大部分地区新的统治者，与格鲁派在拉萨成立了蒙藏联合、政教合一的甘丹颇章地方政权[10]。其后几十年间，该政权逐渐统一西藏，并控制了青、康地区。

1751 年，清政府改革甘丹颇章地方政权为噶厦地方政府，其后又建立"摄政佛"制度，协助达赖执政。1793 年，清政府在总结元朝和明朝治理西藏经验的基础上，制定、颁布了管理西藏的重要法律文献《钦定藏内善后章程二十九条》，明确了驻藏大臣的权限，确立了金瓶掣签等制度，使得中央政府对西藏宗教和地方的管理达到了完备和成熟的阶段。自此后很长时间内，西藏局势稳定，政治、宗教相对平安无事，发展正常。清末民初，英国殖民势力不断渗透、蚕食西藏，清朝政府的政治腐败则导致达赖喇嘛和西藏地方政府上层一度倾向英、印殖民主义者。但在广大爱国僧俗群众的强烈反对下，达赖喇嘛认清了形势，西藏并未从祖国分裂出去。

1950 年，中国人民解放军进藏，次年，西藏和平解放，翻开了西藏历史上全新的一页。1959 年中央政府平叛后，西藏实行民主改革，政教剥离，党和国家尊重少数民族习惯，奉行信仰自由的政策，保护各种宗教活动，积极支持藏传佛教的健康发展。20 世纪80 年代起，国家多次拨巨款和大量的黄金、白银等用于寺庙、灵塔、祀殿的修复与重建。2004 年，国家又恢复了中断 16 年之久的藏传佛教格西考试。

4.2 特点

经过前弘期和后弘期两个历史阶段的发展，源于天竺的佛教传入西藏后，不断融合其他文化元素，形成了历史悠久、特征鲜明的藏传佛教。

4.2.1 主要特点

（1）文化上，长期以来，藏传佛教与本土原始宗教苯教的矛盾一直较为尖锐，但斗争的同时，藏传佛教与苯教实际上也在互相吸收、不断融合，这使得藏传佛教的文化内涵更为丰富，更具有西藏地方特色和民族特色。

（2）信仰上，藏传佛教是大乘显密宗佛教，较侧重密宗修习。各教派中，唯格鲁派主张显密并重，先显后密。除了显宗、密宗的学习外，藏传佛教中还有专门的医学、时轮（天文历法）的学习。其区别于中原汉地佛教的显著特点是：传承各异、仪轨复杂、像设繁多。

（3）传承上，藏传佛教强调师徒相传，尊师如佛。尤其对"喇嘛"的崇拜达到了视若神灵的地步，所以也被称为"喇嘛教"。它以密宗付法为根本尺度，因师承、修习经典和理解的不同，有着不同的教派及众多分支。

（4）政教合一。藏传佛教的多数教派历史上都与一定的政治势力结合，形成一种相互依存、相互扶持的政教结合体。西藏社会中，长期以来一直孕育着"政教合一"制度的萌芽。帕竹派是最早在形式上实现政教合一的政权，开创性地集族权、神权、政权于一身[11]。格鲁派当政，特别是噶厦政府建立后，政教合一的制度在西藏发展到了顶峰。

（5）活佛转世制度是藏传佛教不同于其他体系的一大特点，这种制度一定程度上解决了活佛的政教地位、个人财产的继承问题。

4.2.2 教派

进入后弘期，藏传佛教迅速发展兴盛。目前传承下来、在历史上产生过比较大影响的是宁玛、萨迦、噶举和格鲁 4 个主要教派。

宁玛派[12]：俗称红教，是后弘期藏传佛教中最早产生的教派，形成于公元 11 世纪，属于密宗流派。其创始人被称为"三素尔"，即素尔波且·释迦迥乃、素尔穷·喜饶扎巴、素尔穷·释迦僧格 3 人。"宁玛"，在藏语中是"古""旧"的意思。因其所传习的密法为吐蕃时期所译，故称为"旧"；又因该派的历史渊源早于后弘期的其他各派，奉莲花生大师为第一位祖师，与吐蕃时期佛教有直接的传承关系，故称为"古"。同时，该派僧众戴红色僧帽传教而被俗称为"红教"。

萨迦派[13]：俗称花教，由款·衮却杰波始创于 1073 年。"萨迦"为藏语中的"灰白色的土地"之意，因其主寺萨迦寺（萨迦北寺）建在日喀则地区萨迦县北本波日山的一片灰白色山崖下而得名。又因该派寺庙外墙上均涂有象征文殊、观音和金刚手菩萨的红、白、蓝 3 色花纹，而被俗称为"花教"。

1246—1247 年，萨迦派著名高僧萨迦班智达大师作为西藏政教代表与蒙古政权会晤，协商西藏归顺事宜，为祖国统一做出了贡献。从而萨迦派受到蒙古政权和后来的元朝重视。法王八思巴被元世祖忽必烈任命为"国师"，后又擢升为"帝师"，并领元朝总制院[14]事，管理全国佛教事务和西藏地方政务。此后，元朝的历代"帝师"均由萨迦派高僧出任，该派长期作为元朝中央政府的代表管理西藏地方事务。萨迦政权是元朝分封西藏的"十三万户"之一，一度是最强的地方势力，掌控西藏近百年。除了政治上的作为外，该派在西藏的宗教和文化发展上也产生了重要影响。其中的萨迦班智达大师品行高尚，知识渊博，在哲学、语言学、医学、天文历算学等方面都有所贡献。

噶举派[15]：俗称白教，创立于 11 世纪，修习新密法，注重口耳相传，与印度传承的密宗同源，属密宗流派。"噶举"是藏语，"噶"的本意为佛语，引申为师长的言教；"举"则意为传承；二者合译为"口传"。因其创始人玛尔巴、米拉日巴修行时都仿效印度僧人穿白色僧袍，故俗称为"白教"。

噶举派是藏传佛教中分支最多的派别。它源于印度密宗大师德洛巴，传入西藏后，分为琼波和玛尔巴两支传承，并由此形成了香巴噶举和塔波噶举两大支派。

香巴噶举由琼波乃皎巴晚年创立。他一生中多次赴印度学习佛法，于 1121 年建羌嘎寺、香雄寺等多座寺庙，广纳信徒，创建了"香巴噶举"。该支派曾兴盛一时，寺庙众多，出现了多个传承系统。15 世纪时，该派出现了一位杰出人物——唐东杰布，传说他是一位建桥大师，并是藏戏的创始人。15 世纪后，香巴噶举逐渐式微。

塔波噶举（有史籍译为"达布噶举"），由塔波拉杰创立。他早年学医，有神医之称，后受戒出家。1121 年，塔波拉杰建岗波寺，收徒传法，创建了"塔波噶举"。塔波噶举分支众多，有"四大八小"之说。"四大支"为噶玛噶举、蔡巴噶举、跋绒噶举和帕竹噶举，均产生于 12 世纪。其中帕竹噶举的影响最大，曾取代萨迦派一度成为西藏的实际控制者。帕竹噶举则又分为止贡、达垄、竹巴、雅桑、桌浦、休色、耶巴、玛仓"八小支"。

格鲁派[16]：俗称黄教，由宗喀巴大师创建于 1409 年，是藏传佛教中最后形成的教派，也是历史上影响最大的教派。"格鲁"在藏语中意为善规，因该教派主张僧人严守戒律和修学次第而得名。又因宗喀巴大师在创教期间戴黄色桃形僧帽及后来其僧人在法事活动时也戴这种僧帽，而被称为"黄教"。

该派创始人宗喀巴大师出身噶当派[17]，

1409 年，他在拉萨大昭寺举行"大祈愿法会"，同年又在拉萨近郊建造甘丹寺，这标志着格鲁派正式形成。此后，格鲁派迅速发展成为西藏最有影响的教派。17 世纪中期格鲁派与蒙古部族联合，控制了绝大部分藏族地区，建立了地方政权。顺治、康熙年间，清朝中央政府正式册封了格鲁派的四大活佛，其中包括达赖和班禅，使其在西藏的政教领导地位得以确立。

格鲁派是印度佛教衰亡后，完全由藏族高僧依靠自身力量创建的教派，它不像其他教派那样都把祖师归结为印度的佛教大师，而是以宗喀巴大师为祖师。该派兼具其他各派教义之长，主张佛法修习时显密并重和先显后密的修行次第，有着一套严格、系统、规范的教育体系和学位考试制度，学习中主张采用相互诘难、辩论的方式。此外还十分强调僧人要严守戒规、以身作则，并禁止娶妻和从事劳动生产等。除了佛学外，格鲁派还重视文学、语言、医药、天文历算等学科的研究，在西藏的文化发展上起过重要作用。

格鲁派的寺院组织管理体系完整、严密，数量众多，遍布藏族聚居区，拥有大量的僧众和信徒。拉萨的甘丹寺、哲蚌寺、色拉寺和日喀则的扎什伦布寺，以及青海的塔尔寺、拉卜楞寺并称为黄教"六大寺"。

4.2.3　组织机构与僧职体制

西藏寺院众多，其组织管理问题早在 8 世纪桑耶寺建成之初就存在了。随着桑耶寺的建成，为了管理寺庙，吐蕃便有了第一批出家人，来自印度的寂护大师则出任了桑耶寺首任住持[18]。此后，藏传佛教在长期的生存、发展过程中，根据自身特点，建立了一套比较完整、严密的寺院组织体系和机构。在藏传佛教各流派中，尤以格鲁派的寺院组织管理体系最完备，也最典型。

格鲁派的寺庙主要依靠其健全完善的组织机构来维系正常的宗教事务和自身的生存发展。整个寺庙体系中最有权威的是达赖喇嘛或班禅喇嘛，在其之下各寺还有寺主[19]。藏传佛教各大寺院的组织机构按等级分为"拉基""扎仓""康村"三级。

"拉基"——藏传佛教各大寺院组织机构中的最高一级，管理"措钦"，即寺院最高政教管理委员会这一级的事务，办事地点设在寺庙中的"措钦大殿"里。措钦大殿一般是寺庙里规模最大的建筑，佛殿内供奉寺庙的主供佛，大经堂则供全寺僧众集会、集体诵经、重大法事活动之用。

"扎仓"——藏传佛教各大寺院组织机构中的中间一级，完整独立，为寺庙的基本组成单位，是僧侣们学经和修法的地方。扎仓可以说是寺院中的寺院，有自己的经堂、佛像、学法系统，以前还有自己的土地、属民、庄园等，它们共同组成了寺院。不同的寺庙按规模大小，其扎仓的数量从 1~8 个不等。有些小寺庙只有一个扎仓，而一些大寺庙，例如拉萨的三大寺则拥有多个扎仓。扎仓有大小、贫富之分；还有专业之分，包括显宗、密宗（又称阿巴扎仓）、藏医（又称门巴扎仓）、时轮（又称丁科扎仓）四类扎仓。扎仓的主持人藏语称堪布，管理扎仓的政教事务，一般由佛学造诣和资历较高的僧侣担任。寺庙中，扎仓拥有的佛殿和经堂建筑习惯上也被叫作"扎仓"。

"康村"——藏传佛教大寺院中的主要基层组织。"康村"在藏语中的意思是"按地域划分的组织"。僧侣进入扎仓后，要按家乡地域分到不同的康村中生活，例如：古格康村中的僧侣都来自古格。康村有供僧侣租住的僧舍、较小的经堂和厨房，僧舍等建筑被称作康村。康村也有大小、贫富之差，有些富裕的康村甚至超过穷的扎仓。"米村"，即僧人小组，是康村之下更为基层的组织。一些较小的康村一般不设米村，而一些只有扎仓一级组织机构的小寺庙则不设康村，只设立米村。

藏传佛教众多不同的宗派支系有着各自的僧职体制，格鲁派作为藏传佛教现存势力最大的教派，其健全而完善的僧职体制，对其他宗派的影响是巨大的。以格鲁派寺院为例，寺院中最有权威的为达赖喇嘛或班禅喇嘛。在其之下有寺主和各个寺院设立的议会。寺主是寺院的领导核心，一般由具有较高地位的活佛担任。格鲁派的大型寺院中的僧职有"赤巴""堪布""拉让强佐""措钦夏奥""格类""措钦翁则""翁则""措钦吉瓦""郭聂"等[20]。

"赤巴"掌管着全寺一切宗教活动和事务，是从管理寺院扎仓的"勘布"中选出的既有渊博佛学知识又德高望重的高僧，有些寺院的寺主也兼任着此职。以"甘丹赤巴"为例，作为藏传佛教第一赤巴，"甘丹赤巴"继承的是格鲁派鼻祖宗喀巴大师宝座的僧职称谓，具有崇高的威望。设立在寺院的大经堂内的"赤巴"宝座，也体现了其权威。

"堪布"主持扎仓的事务，大都是具有格西学位的德高望重的资深高僧，有较高的佛学造诣。"拉让强佐"为"堪布"总管。

"措钦夏奥"执行寺院里规定的各项清规戒律，负责监督纠察。"格类"与"措钦夏奥"职责类似，管理寺院或扎仓僧人的名册和纪律，常在维持清规戒律时随身携带铁杖，所以又被称为"铁棒喇嘛"。

"措钦翁则"管理寺院大经堂内举行的各类宗教活动，常负责在大经堂内领诵经文，俗称"领诵师"。"翁则"与"措钦翁则"的工作职能类似，管理寺院大经堂或扎仓经堂内的诵经功课和宗教仪轨，负责在法会上领诵经文，一般由熟悉经文且声音洪亮的僧人担任"翁则"。

"措钦吉瓦"管理全寺的财物或后勤工作。"郭聂"负责的工作类似于"措钦吉瓦"，

掌管各个寺院或扎仓中一切财物。

4.3 寺院建筑

4.3.1 分类

随着藏传佛教在西藏的兴盛发展，藏传佛教寺庙也由最初的佛殿发展至今天功能复杂、规模庞大的寺院。"拉康""贡巴""嘎巴（旦康）""日追""蚌巴"是藏传佛教寺院的五种类型。

1）拉康

在藏传佛教建筑中，"佛、法、僧"[21]三者都具备的才能被称为寺庙，规模较小、不完全具备三者的在习惯上被称为"拉康"，藏语中本意为佛殿。"拉康"作为小型寺庙解释时，指代的建筑物较少，除了佛殿便是供本寺僧人居住的"扎康"和供信徒转经的"东康"。拉萨典型的拉康有林周县冲堆乡的吉拉康、墨竹工卡县尼玛江热乡的夏拉康、墨竹工卡县甲玛乡的赤康拉康等。

拉萨现存的许多寺庙最初建成时仅为拉康，随着寺院的发展，逐渐扩修发展成现在的规模。大昭寺建成之初被称为"惹萨墀囊祖拉康"，只是作为供奉释迦不动金刚佛像的佛殿，经历多次扩建、修建才形成了今天的格局。正因为大昭寺建成之初仅为拉康，所以西藏第一座严格意义上的藏传佛教寺庙为桑耶寺（图4-4）。

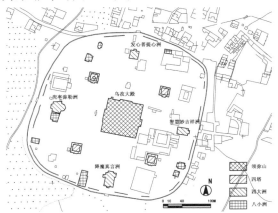

图4-4a 桑耶寺总平面图，图片来源：汪永平等绘制

图 4-4b 桑耶寺乌孜大殿立面，图片来源：汪永平摄

寺可有分属寺庙：色拉寺除拉基、扎仓、康村、米村外，还有众多的下属寺院，例如惹坠（修行寺）、拉让（活佛公署）等，分布在卫藏各地。著名的热振寺、策默林、帕邦卡等都是色拉寺的下属寺院，仅在色拉寺周围就有格桑拉让、普布觉拉让、曲桑赞丹林日追、扎西曲林日追、帕隆日追、热卡则日追、达丹松布日追、觉布日追、乃部端日追、嘎日贡巴等下属寺院[23]。

2）贡巴

藏语"贡巴"指的是具备"佛、法、僧"三要素的寺，其组织体系和功能复杂，可有很庞大的建筑规模，甘丹寺、哲蚌寺、色拉寺是寺的典型代表，它们的占地面积都在 100 000 m² 以上：色拉寺由措钦大殿、3 个扎仓、30 个康村组成[22]，占地 115 000 m²。寺内佛殿、僧舍密布，道路纵横，整座寺宛如一座宗教城市（图 4-5）。

3）嘎巴/旦康

"嘎巴"是一种小型寺庙，通常与村落临近或建于村落中，有些与附近大寺庙有附属关系，除了供奉、崇拜等活动外，还向周围村民提供其他的佛法事务以及一定的社会服务，如入户的佛事活动、丧葬仪式等，可以说是具有外派性质的寺庙。"旦康"与"嘎巴"很像，也是一种小型寺庙，但相比而言，寺庙的规模更大，供奉的文物也较多，远离村落，多建于山间，主要的佛事活动就是供奉、崇拜佛像以及经文学习

拉萨共有两座"旦康"，分别是色庆旦康、巴嘎当旦康（噶举派），均位于当雄县。色庆旦康始建于公元 1748 年，属噶举派。整座旦康为院落式布局，建筑围绕中心院落展开（图 4-6），占地面积约 430 m²，包括 2 座佛堂、1 座主殿、1 间僧舍、1 间储藏室。色庆旦康的主殿和两间佛堂的使用面积分别为 53 m²、15 m²、32.5 m²。所有建筑均为一层，主殿层高 3 m，内部升起高侧天窗；僧舍层高为 2.7 m。

图 4-5 色拉寺总平面图，图片来源：《拉萨建筑文化遗产》

图 4-6a 色庆旦康（左），图片来源：吴晓红摄

图 4-6b 色庆旦康院落（右），图片来源：吴晓红摄

色庆旦康的建筑形式和建筑规模与拉康较为接近。

拉萨共有9座"嘎巴",均位于当雄县。它们分别为桑巴萨嘎巴、拉多嘎巴、巴灵嘎巴、曲才嘎巴、曲登嘎巴、郭庆嘎巴、郭尼嘎巴、恰嘎嘎巴、达纳嘎巴,均属于格鲁派。拉多嘎巴始建于公元1418年,占地面积约520 m²。整座嘎巴为院落式布局,建筑围绕院落展开,包括1间佛堂、4间僧舍、1间厨房、2间储藏室。佛堂前部凸出的入口门庭、院门、法轮柱基本在一条轴线上(图4-7)。佛堂内有4根柱,使用面积为42 m²。僧舍等其他房间内均有1~2根柱。佛堂、僧舍建筑均为一层,佛堂层高3.2 m,僧舍层高2.5 m。拉多嘎巴的建筑形式和建筑规模与拉康较为接近。

4)日追

"日追"是僧人静密修行的地方。藏语里的"日"汉译为山,"追"汉译为修行。日追一般面积不大,仅能容一人静密修行。达孜县的贡朋日追现为贡康拉康的佛堂,建于公元983年[24](图4-8a,图4-8b)。日追使用面积约24 m²,洞高约1.8 m。左右两部分由天然石墙隔开,右侧部分内有一个静密修行洞。墨竹工卡县门巴乡的一座日追内,建有高起的土台,供僧人静思修行使用。这座日追内的天然泉水是僧人长期修行的有利条件(图4-8c)。

5)蚌巴

"蚌巴"在藏语里指的是"大宝塔",

就是佛塔。

上述各种类型的寺庙在数量上也有较大差异,贡巴最多,蚌巴也比较易见,拉康、日追的数量远少于贡巴,嘎巴(旦康)的数量更少。以拉萨地区和昌都地区为例:拉萨地区现共有寺庙256座,其中贡巴146座,拉康74座,日追26座,嘎巴(旦康)10座[25];昌都地区现有寺庙537座,其中贡巴416座,拉康37座,日追84座,无嘎巴(旦康)[26]。

本章节研究的对象是寺庙,在文中如无特别指出则指代广义的寺庙,由于到了格鲁派执政时期,寺庙规模日益扩大,组织体系也日趋完善,笔者认为大型寺庙更准确的定义应该是"寺院",所以在书中将"寺庙"和"寺院"做了区分。

4.3.2 选址

藏族群众普遍信奉藏传佛教,宗教信仰的需要使得有藏族群众集中居住的区域多建有藏传佛教寺院(图4-9)。历史上,尤其是"政

图4-7 拉多嘎巴,图片来源:牛婷婷绘制、拍摄

图4-8a 达孜县贡康拉康(左),图片来源:吴晓红摄

图4-8b 贡朋日追(现为贡康拉康佛堂)(中),图片来源:吴晓红摄

图4-8c 日追内打坐土台和饮用泉水(右),图片来源:吴晓红摄

图 4-9　泽当镇老城区（正中是刚丁曲果林寺），图片来源：汪永平摄

图 4-10　德仲寺、温泉及村落，图片来源：汪永平摄

性。藏传佛教寺院由于其特殊的政教地位，尤其是在政教走向紧密结合的时期，防御是其考虑的重要因素。靠水邻壑可以使寺院即使在非雨季也可以有充足的供水，对受高原季风半干旱气候影响的拉萨的寺院而言，水源非常重要；临近丛林的选址有利于建造寺院时的就地取材，丰富的山林资源，在保证寺院建造需求的同时也加强了寺院的安全和隐蔽性。

拉萨的寺院建筑不仅选址在山地，还有选择在河谷和平原上的，大昭寺等拉萨早期寺院的选址充分体现了这一点。松赞干布开发拉萨河谷时曾按照文成公主提出的建造思想，整治拉萨河北滩支流使其改道，而后填平了卧塘湖[27]。这可称为西藏地区古代城市建筑趋利避害的典范。这种先规划设计后营造建筑的程序理念，得到了后来切实的建筑实践。大昭寺在拉萨河谷的卧塘湖得以修建，女魔地形中的寺院被建造，这对于后来拉萨藏传佛教寺院乃至西藏寺院的选址产生了一定的影响。

藏传佛教寺院这种因地制宜、顺应青藏高原复杂自然环境和气候条件的选址模式，争取了环境中的天然有利条件，趋利避害，营造出一种理想的建筑环境。这与中国传统风水文化中的"山环水抱说"有着异曲同工之妙。

中国传统建筑非常注重建筑与环境的关系，建筑适应环境的思想在建筑选址上有明确的表达：众多遗址中以背坡面水、位于河流沼泽边缘的聚落遗址最为普遍，仰韶时期、龙山时期均是如此；建筑选址一般选择的是向阳取暖性好、水草茂密、高台近水的地方，以择吉避灾为目的，满足隐蔽、安全又便于猎取食物和农耕的最质朴的生活愿望，是在封闭的、自给自足的农业经济状态下的结果，不同的生存状态对于自然环境的要求不同，对建筑的选址也有着一定的影响。拉萨寺

教合一"时期，藏传佛教寺院所在地通常是其所在区域的行政、文化、经济中心。西藏的宗教文化占主导地位，寺院建筑的选址对其他类型建筑有相当的影响力。

寺院建筑选址的模式，受多种因素复杂的相互作用和影响，包含了对文化、经济、防御以及地域环境等多方面因素的考虑。拉萨藏传佛教寺院无论选址在平地还是在山地，都体现了对自然环境的重视，寺院建筑适应环境，满足着最质朴最基本的生存要求的同时，也体现着宗教文化的需要。

拉萨藏传佛教寺院多选择在环境宜人的山坡或依山的丛林之中，靠水邻壑。以德仲寺为例，位于拉萨墨竹工卡县雪绒河边的这座止贡嘎举派寺院，建造者巧妙地利用了坡度起伏很大的地形逐层兴建建筑。远远眺望，层层叠嶂，雄奇壮丽，宛如一座美丽的山城（图4-10）。

从防御的角度看，这种依山就势的选址，利用了环境中的天然屏障，具有良好的防御

庙的选址也有相似之处。

当代杰出的科学史家、英国学者李约瑟先生（Joseph Needham）指出：风水理论包含着显著的美学成分和深刻哲理，中国传统建筑同自然环境完美和谐地有机结合而美不胜收，皆可以得到说明。他论及中国建筑的精神，特别对风水在中国传统建筑文化中引起的显著现象做了概括，认为："再没有其他地方表现得像中国人那样热心体现他们伟大的设想'人不能离开自然'的原则……皇宫、庙宇等重大建筑自然不在话下，城乡中无论集中的，或是散布在田园中的房舍，也都经常地呈现一种对'宇宙图案'的感觉，以及作为方向、节令、风向和星宿的象征主义。"

藏族传统文化以原始苯教文化为根基，外来佛教文化为充实。它的发展经历了远古、古代、近代和现代社会，是在继承与冲击中发展起来的。公元7世纪吐蕃王朝建立，统一的藏民族形成之际，便到印度学习梵语与佛经，在此基础上创制了藏文文字。在藏民族几千年的社会实践中，创造了特色鲜明、内容丰富的灿烂文化，包括语言文字、宗教经典、历史文献、文学艺术等。

藏族的建筑艺术突出了人工建筑与自然环境的高度协调，形成了与自然环境浑然一体之貌，藏传佛教寺院在这种文化艺术形态的影响下，其选址体现了对和谐的追求：选址在山地的，建筑或似从山中长出，或与周围建筑及环境浑然一体，达到了崇高与平衡协调高度结合的美学境界；选址在平地的，多隐于村落，与周边的自然环境有着一定的和谐关系（图4-11）。

藏族丰富多彩的历史神话传说体现了藏族的传统文化。乃东和琼结作为藏族文化最早的发祥地，有许多历史神话传说，如"猴子玩耍的地方""天梯图腾说"，讲述藏族的文化传统，这些传说的共同之处在于对山的描述。藏语"泽当"汉语译为"猴子玩耍

图4-11 墨竹工卡甲玛乡赤康拉康及周边村落，图片来源：汪永平摄

的地方"，藏族先民在传说中是观世音菩萨点化神猴与罗刹女繁衍出的，乃东县泽当镇的"神山"是其居住的地方，也是藏族群众朝拜的地方。壁画以及洞内外的石刻描述了这个传说，山在这里是藏族起源的依托，是重要的例证。

天梯图腾代表了藏王至高无上的神般的地位，与西藏的历史传说有着一定的渊源。传说聂赤赞普是西藏第一个藏王，聂赤赞普及他之后的六个藏王，在历史上被称为天赤七王。天赤七王是天界的神仙，死亡时会登上天界。《王统世系明鉴》记载："天神之身不存遗骸，像彩虹一样消逝。"彩虹就是登天光绳，山体就是天梯。天赤七王之后的止贡赞普藏王，在一次决斗中，由于疏忽使他与天界联系的登天光绳被斩断，从此藏王留在人间，人们在现在琼结县境内的青瓦达孜为他修建了西藏的第一个坟墓[28]。

在这样一种崇拜藏王为天神的思想的影响下，山成为与天最接近的媒介，是世俗的王与宗教神话中神的结合之处。那个时期的西藏产生了不少建在山上的其他的皇宫、寺院，例如第一代赞普时期的雍布拉康（位于乃东县）、第九代赞普布代贡杰时期的青瓦达孜宫（位于琼结县），琼结县雪巴村的山顶上遗存有寺院建筑的痕迹。天梯图腾说对寺院建筑选址的影响体现在对山地的偏爱，即使在今天，我们仍然可以在一些地方的山腰上看到画上去的天梯图腾和山顶上建筑的废墟（图4-12）。

图 4-12 哲蚌寺山体上天梯图案，图片来源：牛婷婷摄

宗教文化并不完全等同于藏族文化，藏族文化的发展、继承和传播，都要依靠和借用宗教这个载体和媒介实现。藏传佛教在西藏有着极其重要的地位，尤其是在"政教合一"时期有着重要的影响力。宗教文化作为藏族传统文化的重要组成部分，对藏族的经济、文化、艺术和社会心理、思维方式等方面具有重要的影响。

藏传佛教寺院作为藏族社会的政治、经济、文化的中心和教育基地或最高学府，不仅培养佛学家，而且培养出一大批哲学家、医药学家和艺术家等。藏传佛教寺院建筑的精神意义往往超越了其建筑空间的实际使用意义，藏传佛教宗教思想对寺院建筑选址的影响从以下三点得以体现：

（1）罗刹女魔说

松赞干布迎娶唐朝文成公主入藏后，精通阴阳五行和星相风水的文成公主经过多次堪舆，发现此雪邦地形如岩女魔仰卧之状，其中卧塘湖为魔女心血，红山及药王山构成心脏形状，若在此湖上供奉释迦牟尼佛像，而山顶又有赞普王宫，则魔必制矣[29]。文成公主揭示出类似仰卧的罗刹魔女的地形，并主张在罗刹女魔的左右手掌、肘、肩、胯、膝、脚掌所在位置修建 12 座寺院，以消除魔患、镇压地煞。

传说松赞干布与尼泊尔墀尊公主按文成公主的主张命人用白山羊负土填塞卧塘湖，并在其上建造了神殿，将墀尊公主带来的释迦牟尼 8 岁等身像供奉其中，这就是大昭寺的由来。因为藏语中羊叫"惹"，土叫"萨"，为了纪念白山羊驮土填湖，最初的大昭寺便以"惹萨"为名，拉萨城也由此得名。同时，为了镇压魔女的躯干和四肢，在吐蕃的其他地方又建造了另外 12 座神殿[27]。

这种通过阴阳五行和星相风水的测算再加上宗教语言的形象解释，是西藏早期寺院选址思想的代表。

（2）宗教仪轨

藏传佛教是在金刚乘基础上发展的，属于大乘佛教。金刚乘是藏传佛教的基础，有着"顶礼膜拜""朝圣转经"的思想和仪轨，为了满足转山、转湖、转寺、转塔这样一些宗教仪轨的需要，藏传佛教寺院建筑的选址必然会受到一定的影响。

以拉萨城关区大昭寺的选址为例：大昭寺所处的拉萨城关区有"孜廓""囊廓""八廓""林廓"转经道[30]。囊廓和八廓初步形成于吐蕃早期，林廓出现于 15 世纪[31]。

外转经道"林廓"，是一条沿着拉萨老城的转经道路。中转经道"八廓"是藏语"八古"的音译词，意思是中路朝拜道。内转经道是围绕着大昭寺的转经道，在藏语中被称为"囊廓"。大昭寺位于中心位置的建筑选址，满足了藏传佛教转经的仪轨需要。

再如拉萨"三大寺"之一的甘丹寺，建造者利用了坡度起伏很大的地形逐层兴建建筑。甘丹寺这种依山就势的选址，在形成群楼层叠、雄奇壮观寺院的同时也满足了转山、展佛、天葬等宗教仪轨需要空旷山地的条件（图 4-13）。

（3）曼陀罗思想

Mandala，梵语，音译为"曼陀罗"，汉译"坛城"，藏语译为"集阔"，作"中轮""轮圆"解释，古代印度佛教密宗的宗教活动中常使用的一种土筑成的圆形或方形的坛台，坛台上绘制有诸佛形象[32]。曼陀罗是源于这种坛台的艺术表现形式（图 4-14）。

曼陀罗作为密宗修行中冥想的重要道具，常以唐卡和供品的形式出现在藏传佛教寺院内。曼陀罗的形式多种多样，密宗曼陀罗分4种：大曼陀罗（mahamandala）、三昧耶曼陀罗（samaya-mandala）、法曼陀罗（dharma-mandala）、羯磨曼陀罗（karma-mandala）。其中大曼陀罗常为平面绘画形式，使用青、黄、红、白、黑5种颜色。三昧耶曼陀罗描绘的是佛尊的标识和手印。法曼陀罗表现的是佛尊的真言和佛经中的义理。羯磨曼陀罗则用雕塑立体的方式表现佛尊和坛台[33]。

建筑在平地的寺院，平面图案性比建筑在山地上的寺院更强，体现曼陀罗的特征更为直观。模仿曼陀罗图形的目的对藏传佛教寺院建筑选址有着一定的影响力。大昭寺、桑耶寺、贡嘎曲德寺这些体现曼陀罗思想的寺院都建筑在平地之上（图4-15）。

藏传佛教宗教思想对寺院建筑选址的影响在拉萨老城区有集中的体现。位于八廓街中心的大昭寺，其选址模式是藏传佛教宗教思想对寺院建筑选址产生影响的重要例证：根据《西藏王臣记》的记载，罗刹女魔说对大昭寺的选址起到了至关重要的作用；大昭寺位于八廓街的中心，也满足了藏传佛教转经的宗教仪轨的需要；建筑在平地之上，为大昭寺体现曼陀罗特征带来有利的条件。拉萨市区的17座寺庙和27座拉康中有24座位于这个区域，藏传佛教寺院建筑的密集在满足宗教转经仪轨的同时也适应了经济发展的需要。

4.3.3 建筑组成

1）主要建筑

藏传佛教寺院建筑，是所在区域的宗教活动中心。规模较大的藏传佛教寺院的建筑功能复杂，主要建筑包括："措钦""拉康""拉让""扎康"及佛塔[33]。

（1）"措钦"——大殿，是藏传佛教

图4-13 甘丹寺展佛、转山活动，图片来源：汪永平摄

图4-14a 古代东印度寺庙坛台（今达卡西郊），图片来源：汪永平摄

图4-14b 坛城彩画和建筑形式的表达，图片来源：牛婷婷拍摄、绘制

图4-15 桑耶寺鸟瞰（坛城平面），图片来源：汪永平摄

寺院的核心，为最高管理机构所在地和寺院集会、进行重大法事的场所。大殿中会安放主供佛，供僧侣集体诵经、举行全寺性的宗教仪式。作为藏传佛教寺院的核心建筑物，其建筑地位、建筑面积、空间尺度、建造的精美程度在整个寺院中都是首屈一指的。

以哲蚌寺为例，哲蚌寺是藏传佛教格鲁

派最大的寺院，寺院的大殿基本位于中心位置，是全寺的宗教活动中心（图4-16）。大殿的规模宏大，占地面积约 4 500 m²。大殿内的经堂有 183 根柱，建筑面积约 1 800 m²。仅经堂中心升起的高侧天窗达 100 m²。整座大殿雕梁画栋，包含了众多的艺术精品[34]。

（2）"拉康"——佛殿、佛堂，主要供奉的是相对于大殿主供佛等级低一些的佛、菩萨等，一般的寺院中有多个拉康。佛堂的建筑等级、面积和装饰精美程度与大殿相比都要略逊一筹。佛堂的规模大小和精美程度与其内所供奉佛的等级、尺寸大小以及所在寺院的等级规模有直接关系。

位于哲蚌寺大殿后的嘉央拉康（图4-17）是哲蚌寺最早的拉康之一，其内供奉着三世佛及各自的二弟子。嘉央拉康的建筑面积明显小于大殿，高侧天窗的面积虽不及大殿，但也能较好地改善室内的采光。

（3）"拉让"——又叫"囊欠"[35]，是寺院内的住持、高僧或者活佛的住所。其建筑规模与等级要按照寺院的规模以及居住者的身份而定。寺院住持大活佛的住所规模最大，一般分上、中、下院，而达赖、班禅的住所被称为"颇章"（图4-18）。在一些大的寺院里，拉让的数量众多，常形成较为独立的院落，其中除了住所等生活用房外还会有佛堂。

（4）"扎康"——僧侣的住所。多数寺院的扎康采用院落式，一般为两层（图4-19）；也有单层的，由若干小间组成；一些寺院僧侣的居住区呈不规则分布。作为普通僧人住所的扎康，比寺院内其他高等级的建筑简陋。

（5）佛塔——藏式佛塔的建筑形式起源于印度，汉文塔的梵文音译名"窣堵波"，在藏语塔又被叫作"曲登"，原意指的是安

图4-16 哲蚌寺大殿，图片来源：汪永平摄

图4-17 嘉央拉康，图片来源：牛婷婷摄

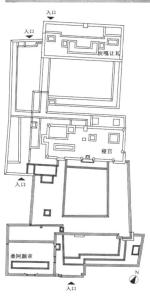

图4-18a 甘丹颇章屋顶平面图（左），图片来源：牛婷婷绘制

图4-18b 哲蚌寺甘丹颇章寝宫（右），图片来源：汪永平摄

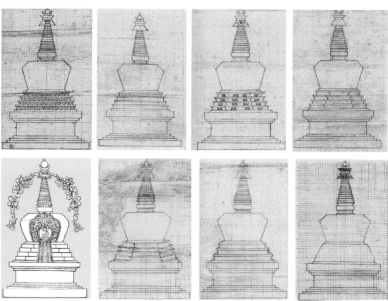

图 4-19 木如尼巴僧舍（左），图片来源：汪永平摄

图 4-20 佛塔的八种类型（右），图片来源：《藏式佛塔》

放佛骨、佛舍利的坟冢。佛塔在藏式宗教建筑中非常普遍，一般有寺院或村寨的地方就有佛塔，或单座或塔群。

藏式佛塔的出现时间有四种说法[36]：一是公元 7 世纪中叶佛教传入西藏后，松赞干布在山南乃东的昌珠寺创建了一座有五顶的佛塔；二是在同一时代，松赞干布在建布达拉宫时，在红山顶上建造了西藏的第一座佛塔；三是公元 8 世纪中后期，由印度高僧寂护在今天扎囊县的松嘎尔建造的五座石塔——"松嘎尔五塔"；四是公元 7 世纪中叶由尼泊尔工匠在今吉隆县冲堆建的石塔。

藏式佛塔按形式和内涵可分为八类即"八相塔"，包括叠莲塔、菩提塔、和平塔、殊胜塔、涅槃塔、神变塔、神降塔、吉祥多门塔（图 4-20）；按建筑材料分为五类：石塔、土塔、木塔、砖塔、金属塔；按实际功能分为三类：纪念性佛塔、灵塔、过街塔[37]。

甘丹寺中存有一座高达两丈（约 6.67m）的纪念塔，修建这座塔的目的是为了纪念格鲁派创始人宗喀巴。灵塔是藏传佛教独特的"塔葬"的载体，藏传佛教活佛圆寂后，将

其骨灰或经过防腐处理的遗体直接存放于灵塔中。一个灵塔通常只有一个法体。过街塔建在街道中或大路上，可以方便通行的信徒礼佛。拉萨现存的过街塔较少，布达拉宫前的道路上设有一座。

藏式佛塔基本上由塔座、塔身和塔刹三部分组成。塔座是佛塔的基本稳固结构，佛教中称塔座为须弥座；塔身是佛塔的主体核心部分，藏式佛塔的塔身呈瓶形，所以又被称为塔瓶，佛塔的塔瓶中可以存放经卷、佛像等，而灵塔的塔瓶中则放置活佛或高僧的肉身法体、骨灰、舍利等；塔刹又被称为"尼达"，多由太阳和月亮组成（图 4-21）。

藏族著名高僧罗桑伦巴对于灵塔的构造和功能曾做过一个有意思的解释[38]：他认为佛塔最下层的方形基底，表示的是坚固的地基。由此往上为"水球"；再上为"火锥"；再向上则为"气托"；最上面的为波动的精神或有待脱离物质世界的灵气。以上这些元素又都由"趣悟阶路"而登达。这种解释集中体现了佛教中"四相"即土、水、火、空的思想，也象征着生活、死亡、精神、出生的"生命之轮"。

藏俗中的土葬、水葬、火葬、天葬与佛教中的"四相"也是一致的。

图 4-21 藏传佛教佛塔部位名称，图片来源：《藏式佛塔》

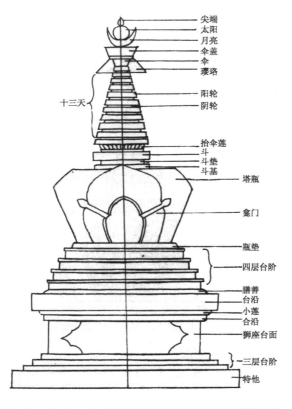

尖端
太阳
月亮
伞盖
伞
璎珞
阳轮
阴轮
十三天
抬伞莲
斗莲
斗垫
斗基
塔瓶
龛门
瓶垫
四层台阶
膳善台沿
小莲
合沿
狮座台面
一三层台阶
特他

图 4-22a 三世达赖灵塔（下左），图片来源：牛婷婷摄

图 4-22b 四世达赖灵塔神龛（下右），图片来源：牛婷婷摄

图 4-23 水流转动经筒的转经房（左），图片来源：汪永平摄

图 4-24 哲蚌寺辩经（右），图片来源：沈芳摄

2）附属建筑

根据各寺院规模的不同，附属建筑的数量、种类、大小也不同，一般包括印经院、藏经楼、转经房、辩经台、晒佛台、静休室等。

（1）印经院——寺院内附属的印经院规模不及独立存在的印经院，例如拉萨印经院，但功能相似，是印刷经书的地方，并多藏有经书刻版。

（2）灵塔殿——灵塔殿是用来放置灵塔的佛殿，灵塔有直接暴露在室外的，也有设置在灵塔殿内的。哲蚌寺的灵塔殿以伦崩殿为代表，内有多座灵塔（图 4-22）。

（3）转经房——转经是藏传佛教的重要宗教仪轨，转经房内设置有转经筒，筒里装满经文，可以方便不识字的人转动经筒念经，也有利用水的流动转动经筒的（图 4-23）。

（4）辩经台——"格西"是藏传佛教宗教学衔的总称，汉语解释为"善知识"，代表着藏传佛教宗教知识领域里的专业水准和身份。藏传佛教传承制度相当严格，学衔越高，相应的考试难度也越大。极少数僧人经过长期的清苦修行学习和考试，才能获得宗教学衔。辩经是藏传佛教僧人学习藏学和佛学的方法之一。辩经台较低矮，平台上为供主考人坐的敞厅[39]。辩经双方在辩经台上进行辩经时，一方端坐一方站立，站立者大声提问，端坐者大声回答，说出答案的同时，站立者右拳猛击左掌（图 4-24）。

（5）晒佛台——晒佛节为藏族传统节日，一般在藏历二月初和四月、六月的中旬举行。

晒佛台多位于藏传佛教寺院附近的山坡上或高大的石壁上，哲蚌寺晒佛时，僧人将珍藏的巨幅布画及锦缎织成的佛像取出，晒于晒佛台上让广大信徒观瞻。晒佛的同时僧人口诵佛经，信徒们顶礼膜拜（图4-25）。

（6）静修室——静修室是僧侣成为高僧前要闭关静修的地方。多位于山腰，外墙为白色，屋内光线昏暗。

（7）天葬台——藏语"尸陀林"，汉译为天葬台。藏俗中有土葬、水葬、火葬、天葬四种方式。天葬台位于藏传佛教寺院附近空旷的山上，周围堆以刻有六字真言[40]的玛尼石堆[41]，插满了经幡[42]。

（8）玛尼塔——由玛尼石堆筑而成，拉萨较少见，拉萨老城区的桑杰东固拉康玛尼塔，由片状和雕画有佛像的玛尼石层层交替堆筑而成（图4-26）。

4.3.4 布局

根据所处环境地理条件及地坪处理的不同，藏传佛教寺院建筑有平川型和山地型两种不同的布局形式。在拉萨老城区核心的大昭寺是平川型寺院建筑的代表，哲蚌寺、色拉寺、甘丹寺是拉萨山地型寺院建筑的代表。

藏传佛教寺院建筑在平地或山地时，建筑布局的平面图案性比山地型寺院建筑更强，多存在轴线对称关系。桑耶寺、贡嘎曲德寺模仿曼陀罗，是平川型寺院建筑呈轴线对称的典型代表。平川型寺院分纵深展开式、廊院式、分散组合式三种。寺院依托山势、建筑在山地时，大多不强调群体轴线对称而是顺应地形起伏变化，当寺院建筑规模较大时尤其如此。山地型寺院分院落式、中心展开式、自由组合式三种，以拉萨三大寺为代表的大型寺院多为第三种。

1）平川型

（1）纵深展开式

纵深展开式布局的藏传佛教寺院，有许

图4-25 哲蚌寺晒佛，图片来源：汪永平摄

图4-26a 桑杰东固拉康玛尼塔，图片来源：牛婷婷摄

图4-26b 石雕细部，图片来源：牛婷婷摄

多是经过扩建、修整逐步发展起来的。拉萨老城区的大昭寺、小昭寺、强日松贡布，当雄县当曲卡镇曲登村的色庆旦康属于这种建筑布局。这类建筑布局的寺院，多有轴线贯穿建筑各主要组成部分，如大昭寺、小昭寺。但有的纵深展开式寺院并没有这样的特点，如强日松贡布和色庆旦康。

始建于公元7世纪松赞干布时期的大昭寺，位于拉萨老城区的中心位置，建成初期规模较小，仅为拉康即现在的觉康主殿，经过多次扩建后，才形成今天占地约25 000 m²

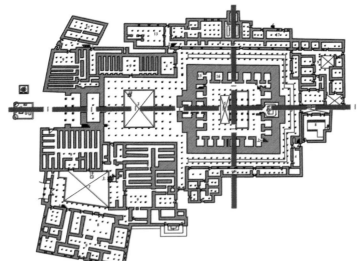

图 4-27 大昭寺建筑
布局中的轴线，图片
来源：宗晓萌绘制

的规模。沿轴线纵深展开的建筑布局是大昭寺的一大特点，多次的扩建都考虑到建筑原有的对称性。

大昭寺坐东面西，有纵横两条轴线（图4-27），东西向横轴线贯穿门廊、廊院、主殿等，南北向横轴线贯穿觉康主殿。大昭寺的主要建筑基本上沿轴线展开，呈前后左右分布，绕以回廊的宽敞庭院居于轴线前部，主殿的位置偏后。绕以回廊的露天庭院、门廊等为后来扩建。门廊平面为凹形，两边向前凸出，中间的大空间形成前院，视觉上增加了门这部分的纵深感。

主殿四边穿套有小殿，围绕中央的大空间展开，平面呈"回"字形，基本对称，纵横两条轴线贯穿其间。觉康主殿突出和强调的是供奉主尊释迦牟尼的佛殿，这座佛殿位

图 4-28 墨如尼巴的
建筑布局，图片来源：
《拉萨建筑文化遗产》

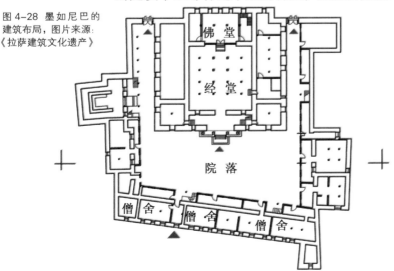

于主殿东西向轴线上，处于主殿正后部，与向前方凸出的正门楼相对。主殿两旁的无量光佛殿和强巴佛殿，沿横轴线左右两侧分布，右为千手千眼观音佛殿，左为墀尊公主带来的由八大门徒拱围成的释迦牟尼不动金刚身所在佛殿。

位于拉萨老城区北京东路以北的小昭寺，为吐蕃赞普松赞干布主持修建，建造时间与大昭寺接近。小昭寺早期建筑为现在的神殿，经过几次修整才形成了今天的规模，庭院、僧舍为后来扩建。小昭寺占地面积约 4 000 m²，坐西面东，一条东西向轴线贯穿庭院、门楼、神殿、转经回廊等主要建筑。庭院位于神殿前部，占地 900 m² 左右，其南北侧为僧房。神殿基本对称，北侧为后加建的库房。

（2）廊院式

廊院式寺院，建筑围绕院落展开。这类寺院中，主殿的轴线一般为整个寺院的对称参照线，拉萨老城区的墨如尼巴是典型代表。这类寺院的僧房、主殿等建筑不一定是同一个时期所建，现在的建筑多数是经过扩建后形成的，建筑总体布局基本对称，但也有类似策墨林这样不明显对称的例子。

墨如尼巴又名藏巴拉康，藏巴拉佛殿为其最早建造的建筑，[43] 主殿则建于十三世达赖时期。墨如尼巴现在占地约 1 900 m²，坐北朝南，主殿为主体建筑，其两侧和前面围绕僧房等附属建筑，主殿前部为开敞院落，寺院整体主次分明。主殿基本对称，轴线穿过门廊、经堂、佛殿，围绕主殿的僧舍等附属建筑虽不完全对称，但建筑面积和体量也沿轴线基本对等（图 4-28，图 4-29）。

拉萨老城区的惜德林，曾遭到严重破坏，现在的惜德林为在原址基础上扩建的结果，建筑布局属于方形院落式。惜德林现在的主要建筑包括主殿、僧舍、僧厨等，僧舍与主殿围绕中心的开敞院落展开，开敞院落的两侧和前面为僧舍，后面为主殿。惜德林的建

筑布局基本对称，寺院主殿的轴线也基本是整个寺院建筑对称的参照。类似布局的还有林周县冲堆乡的吉拉康和曲水县聂塘乡的卓玛拉康。

拉萨老城区的策墨林与惜德林一样，同属于"四大林"，建筑总体布局也类似惜德林，同属方形院落式。主体建筑居于院落的后面，僧舍等附属用房位于院落的两侧和前面。与惜德林建筑布局的不同之处在于，其主体建筑由两个并排的大殿组成，这两个不同时期建的建筑有各自独立的对称轴线。策墨林的整体对称性没有惜德林明显。

（3）分散组合式

夏拉康始建于8世纪，现在的建筑为依据损毁前地基和柱础痕迹的重建建筑，建筑布局基本保持原貌。夏拉康的主体建筑包括大殿和僧舍，建筑总体布局沿一条东西向轴线对称（图4-30），轴线贯穿寺院的围墙和大殿，僧舍基本对称地分布在轴线两边，靠近大殿入口。大殿平面贯穿有两条轴线，除寺院主轴线外还包括一条贯穿大殿中部的佛堂、院、塔的南北向轴线。寺院东西向主轴线贯穿大殿的门厅、院、院内的塔、佛堂、回廊。围墙西侧凸出部分与大殿平面凸出的部分相对。

2）山地型

（1）院落式

山地型院落布局的藏传佛教寺院，主殿、院落、僧舍的地坪不全相同，有高差层次之分。墨竹工卡县甲玛乡的布拉寺属于这类布局的寺院。

布拉寺的主要建筑包括佛堂、僧舍、厨房、库房等，建筑围绕中心的方形院落展开。寺院的入口地坪与佛堂及西侧僧房的地坪基本一致，北侧及东侧的僧房等附属建筑的地坪与中心的院落地坪一致。寺院建筑总体为西南侧地坪高，东北侧地坪低，院落地坪与佛堂地坪高差超过2m（图4-31）。

图4-29 墨如尼巴大殿，图片来源：汪永平摄

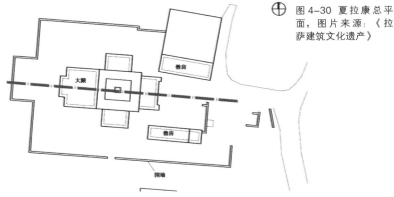

图4-30 夏拉康总平面，图片来源：《拉萨建筑文化遗产》

图4-31 布拉寺地平高差，图片来源：汪永平摄

尽管建筑地坪不同，主体建筑屋顶的高度仍保持高于僧舍等附属建筑。紧临佛堂东南侧的主体建筑，地坪与院落地坪一样，但建筑为两层，建筑层数的不同使得它与一层佛堂的屋顶基本等高。布拉寺的屋顶南高北低，建筑总体布局没有轴线关系，有在东侧的附属建筑外扩建的痕迹。这是山地型布局区别于平川型的地方。

（2）中心展开式

主体建筑地位突出，其他建筑围绕主体建筑分散排布是中心展开式布局的主要特点。

图 4-32 觉木隆寺中心展开式的建筑布局，图片来源：《拉萨建筑文化遗产》

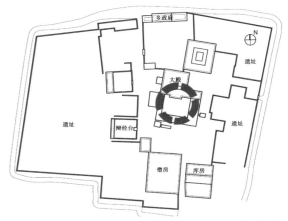

拉萨堆龙德庆县乃琼镇的觉木隆寺、拉萨林周县卡则乡毛元村的那林扎寺、拉萨河边的噶举派寺院楚布寺是有这种布局的藏传佛教寺院的代表。

觉木隆寺毁坏前规模庞大，方圆数平方千米，经过复建现在占地约 28 000 m²，主要建筑包括大殿、僧房、辩经台、库房。居于觉木隆寺中心的大殿为早期保留建筑，其他新建的附属建筑围绕着中心的大殿（图 4-32）。那林扎寺类似觉木隆寺的整体布局。

楚布寺，分上下寺，天葬台、静修室、

图 4-33 哲蚌寺总平面图，图片来源：《拉萨建筑文化遗产》

闭关洞位于山上，山下分布有佛堂、僧舍等。建筑基本坐北朝南，建筑布局的秩序体现在主体地位的突出。楚布寺主体建筑即措钦大殿居于中心位置，佛堂、经堂、护法殿、佛学院、僧舍等围绕中心展开，呈错落分布。主次分明的建筑布局使复杂的布局密而不乱。

（3）自由组合式

一些自由组合式布局的藏传佛教寺院的规模较大，如拉萨三大寺；也有如拉萨墨竹工卡县的直贡提寺和拉萨林周县唐古乡唐古村的热振寺等规模一般的。建筑规模较大时，这类布局的藏传佛教寺院一般有以下特点：

① 总体布局复杂

哲蚌寺、色拉寺、甘丹寺是这类寺院的典型代表，拉萨市林周县的唐古乡唐古村的热振寺的建筑布局也属于这种形式。这类布局的藏传佛教寺院，规模一般较大，其总体布局也复杂，主建筑群包括佛殿、经堂、僧舍、仓库等，个别大的寺院还设有刑堂、监狱等。

哲蚌寺现在的总建筑面积为 20 多万 m²，主

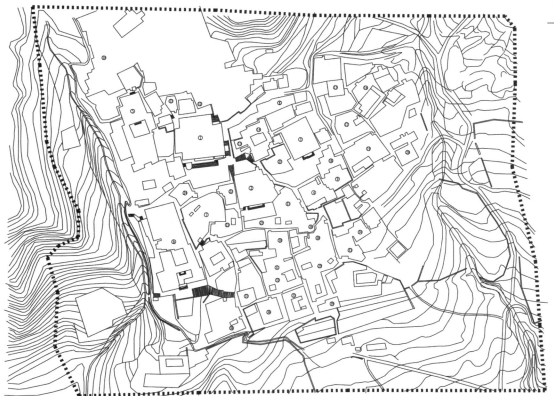

①措钦大殿　　⑳措吉吉康
②洛塞林扎仓　㉑洛巴康村
③果莽扎仓　　㉒林康村
④德央扎仓　　㉓泽当康村
⑤阿巴扎仓　　㉔甲康村
⑥甘丹扎仓　　㉕楚康村
⑦洛塞林辩经场　㉖蚌波康村
⑧果莽辩经场　㉗藏巴康村
⑨德央辩经场　㉘茹霍尔康村
⑩桑洛康村　　㉙茫巴吉康
⑪嘎东米村　　㉚克鲁冈
⑫嘉央拉康　　㉛拉万林
⑬乌多康村　　㉜洛巴吉康
⑭察瓦康村　　㉝泽当吉康
⑮达本康村　　㉞朗赛林帕巴雄
⑯雄巴康村
⑰隆波康村
⑱果莽帕巴雄
⑲兰巴康村
⑳哈尔东康村
㉑普冈康村
㉒帕拉康村
㉓工布康村
㉔郭乌康村

0　10　　50　　100 m

要由措钦大殿、4个扎仓和甘丹颇章等几部分组成，这几部分又有各自附属的康村、僧舍等，建筑单位的结构严密（图4-33）。再如，色拉寺现在的占地面积近115 000 m²，由措钦大殿、3个扎仓、30个康村组成。寺院内，佛殿、僧舍密布，道路纵横，俨然一座城市。甘丹寺则由经堂、佛殿、数以千计的僧舍等建筑组成，有大约50个建筑单位的庞大规模。

②经过不断兴建和扩展

这类大型建筑群的形成一般是在原有小规模基础上不断兴建和扩展，经过历代才具有现在的规模。哲蚌寺修建之前，根培乌孜山南坳还只有嘉央曲杰修法的山洞和小庙。山洞名让雄玛，位于今措钦大殿东侧的地坪下面，范围非常狭窄，仅能容一人静坐。小庙叫札多玛，建造也很简陋。北面用巨石代替了一面墙的作用，室内也只有1根柱子，建筑面积仅有10多 m²。[44]通过兴建和不断扩展，哲蚌寺才形成了今天规模惊人的大型建筑群，宛如一座山城。

③缺少相对完整的整体规划

自由组合式布局的藏传佛教寺院建筑缺少完整的整体规划，建筑扩建的随意性大。这种依山就势、没有长期规划作为指导的扩建，使得这类布局的藏传佛教寺院建筑密而杂。但这类布局特有的风格在于，建筑布局密而不挤，杂而不乱，有一定的秩序。以色拉寺为例，色拉寺早期的建设以麦扎仓、阿巴扎仓为中心，经过历代的增修扩建形成现在的规模。尽管色拉寺的总体布局没有长期完整的整体规划，但现在的建筑布局主次分明，主体的大殿等建筑突出，密布的佛殿、僧舍由纵横的道路来组织联系。甘丹寺位于旺古日山和贡巴山的山坳至山顶处，拉基大殿、赤多康等近百间殿堂和僧舍修建于15世纪，其余的建筑为后来增修扩建，总体布局的发展有一定随意性。甘丹寺现在的经堂、佛殿、数以千计的僧舍等建筑按不同的等高

图4-34 甘丹寺依托山坳的环形布局，图片来源：汪永平摄

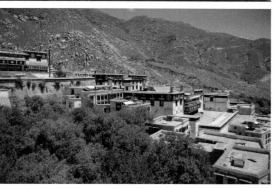

图4-35 利用地形的哲蚌寺，图片来源：汪永平摄

线排布，紧密有序，建筑以坐西向东为主。这种依托山坳的走势，呈环形布局的秩序是甘丹寺建筑布局的一大特点（图4-34）。

④多层叠落

山地型藏传佛教寺院建筑呈自由组合式排布时，建筑群体的曲线自由随意，建筑疏密结合，顺应地形起伏变化，错落有致，重叠而上，多层叠落。哲蚌寺的建造者巧妙利用了坡度起伏很大的地形逐层兴建建筑。远远眺望，群楼层叠（图4-35）。这类布局的建筑，其内部一般有3个地坪即院落地坪、经堂地坪和佛殿地坪，入口到佛殿是一个逐渐升高的格局。甘丹寺依山就势，满足入口到佛殿逐渐升高的格局，寺院的整体布局前低后高，远远望去，屋顶层层叠叠。

4.3.5　建筑空间

空间性是建筑的基本属性之一，建筑形式由空间等多种要素复合而成。哲学意义上的空间是与实体相对，实体以外无形、不可见的部分；感觉意义上的空间由物体和感觉

它的人之间产生的相互关系形成；视觉造型领域的空间指实体与实体之间相互关联而产生的一种环境，这种实体环境限定的"场"，由三维的长度、宽度、高度等表现。本书中的建筑空间是指为了提供给人们各种具体、特定的生活活动而用人为手段限定的空间，是建筑的本质意义所在。[45] 使用者对建筑空间的形成有重要的作用，赋予建筑空间以真实的意义。这种对建筑空间的理解不同于"物质空间决定论"所认为的建筑空间决定处在空间里的人的行为，而是认为建筑空间与人的行为之间有复杂的相互关系。

藏传佛教寺院建筑空间满足藏传佛教有关的宗教仪轨及僧人的生活、学习等活动的需要。正如维特鲁维在《建筑十书》中描述的，实用、坚固、美观是建筑的三要素，获得实用的空间是建造建筑的主要目的。藏传佛教寺院的建筑空间满足了直接的功能使用的目的，提供藏传佛教僧人念经、学经、宣扬教义、生活以及信徒膜拜等活动需要的实用空间。藏传佛教寺院建筑空间的内容也与形式统一，特定的功能与特定的建筑空间对应，例如晚期藏传佛教寺院的大殿多有前经堂、后佛堂，经堂内升起高侧天窗的建筑空间组合特点。

建筑空间有内部、外部之分。建筑物的每一个体块，包括墙体、柱、栏杆等等，都成为一种边界，构成空间延续中的一种间歇、一种限定，从而每一建筑物都势必会成就两种类型的空间：内部空间和外部空间。建筑的内部、外部空间的重要区分标志为有无屋顶。内部空间有屋顶，封闭，由 6 个或 6 个以上的面围合而成；外部空间没有屋顶，开敞露天。本书中藏传佛教寺院建筑空间的内、外部之分也依照以上标准。

拉萨藏传佛教寺院的建筑空间随着寺院建筑的发展逐步演化，经历了雏形阶段、发展阶段、成熟阶段。这三个阶段跨越了西藏从吐蕃统治时期到甘丹颇章统治时期的 5 个不同历史时期 [46]。

影响拉萨藏传佛教寺院建筑空间的因素包括当时的建造技术、材料的限制等等。各个时期的寺院建筑空间的特点归纳如下：

1）雏形阶段（吐蕃王朝至西藏分裂时期，7—13 世纪中叶）

拉萨藏传佛教寺院建筑空间的雏形阶段包括了 7—9 世纪的吐蕃王朝和 9—13 世纪中叶的西藏分裂割据时期。分裂割据时期，拉萨的藏传佛教寺院有许多在原来寺院基础上加以扩建，如大昭寺觉康主殿扩建、小昭寺主殿扩建。

受当时建造技术等方面的限制，拉萨的佛教寺院在七八世纪时的建筑规模都不大，建筑面积以 1 000 m² 以下的居多。这些建筑在建造初期多为拉康（即佛堂），典型建筑为大昭寺觉康主殿（7 世纪）、小昭寺主殿（7 世纪）、查拉路甫石窟（7 世纪）（图 4-36）、帕邦喀（7 世纪）、夏拉康（8 世纪）。公元 10 世纪后的拉萨藏传佛教寺院的建筑规模开始扩大，如林周县唐古乡唐古村的热振寺（11 世纪）、堆龙德庆县古荣乡那嘎村的楚布寺（12 世纪）、墨竹工卡县的直贡提寺（12 世纪）。

雏形阶段，拉萨的藏传佛教寺院的建筑空间构思多来源于印度，主要参照的是印度、尼泊尔和我国内地的佛教文化与建筑模式，如大昭寺觉康主殿和查拉鲁固石窟分别模仿了印度石窟中的毗诃罗窟和塔庙窟的形式，也有认为大昭寺觉康主殿与印度那烂陀寺 13、14 号僧房院遗址以及阿丹陀石窟 12 号

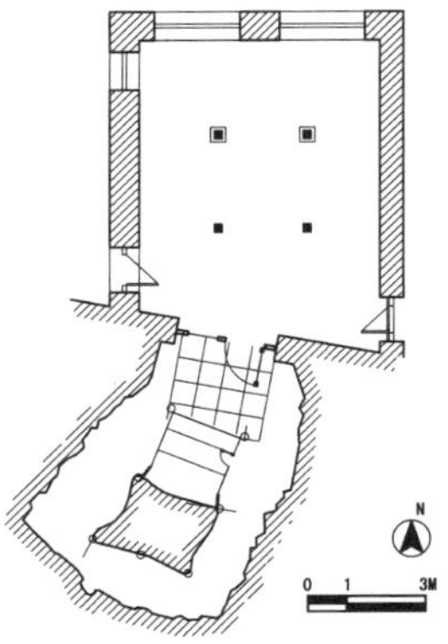

图 4-36a 查拉路甫石窟（7 世纪）平面图（左），图片来源：《拉萨建筑文化遗产》

图 4-36b 围绕中心柱布置的查拉路甫石窟（右），图片来源：汪永平摄

窟相似的。[47]大昭寺的建筑体现了西藏地区，以及尼泊尔、印度等多种风格的混合作用。

雏形阶段，拉萨佛教寺院的佛堂空间布局分三种：第一种为四周僧房围绕中心佛堂，例如大昭寺的觉康主殿，佛堂与经堂的功能混合；第二种为前经堂后佛堂的布局，如小昭寺主殿，空间分隔有的是墙和门，也有的为半开敞的木制隔断，如老城区的噶玛夏拉康；第三种为经堂居中，佛殿位居侧边的。转经回廊多出现在这一时期的佛堂中。墨竹工卡县的唐加寺后壁转经道保留了珍贵的吐蕃时期壁画（图4-37），随着拉萨藏传佛教寺院的发展，这种空间模式逐渐消失。

柱距、层高是建筑空间的重要特征，大昭寺觉康主殿的柱间距在2.1~3 m之间，小昭寺主殿的柱间距在2.5~4.5 m之间，查拉鲁固石窟的柱间距在2.0~2.5m之间。这个时期佛堂的层高多为3~4 m，也有的超过5 m，如夏拉康的佛堂一层，重要的佛堂则有的贯穿两层，高达8 m，如大昭寺觉康主殿的释迦牟尼佛殿。经堂内升起的高侧天窗也是拉萨藏传佛教寺院建筑空间的一大特点，在这个时期的建筑中已经出现，高侧天窗的体量与经堂的规模对应。

2）发展阶段（萨迦巴统治时期至帕木竹巴政权时期，13世纪后半叶至17世纪初）

拉萨藏传佛教寺院建筑空间的发展阶段是从13世纪后半叶—14世纪的萨迦巴统治时期到14—17世初的帕木竹巴统治时期。

与依靠和模仿外来文化的雏形阶段相比，这个阶段的拉萨藏传佛教寺院建筑有了自己独特的建筑空间模式，建筑的做法近乎规范化。随着格鲁派势力的日渐加强，格鲁派寺院在拉萨的数量及地位有很大的发展，哲蚌寺、色拉寺、甘丹寺的早期建筑均建于这个时期，林周县卡则乡毛元村的那林扎寺（15世纪）也为这个时期的典型寺院建筑。

建筑规模的扩大是这个阶段较雏形阶段

图4-37a 墨竹工卡县唐加寺大殿，图片来源：汪永平摄

图4-37b 大殿转经道，图片来源：汪永平摄

图4-37c 大殿转经道壁画（吐蕃时期），图片来源：汪永平摄

的变化之一，经堂与佛堂面积也随着寺院建筑规模的变化而扩大，高侧天窗的面积也相应增多。经堂、佛堂功能混合的建筑空间布局方式不再像以拉康居多的雏形阶段那样普遍。面积较大的佛堂，其空间布局多采用的是前经堂后佛堂的模式，有的经堂两侧也设有佛堂，三大寺的佛殿多为这种空间布局。转经回廊在这一时期的拉萨藏传佛教寺院建

筑中较少出现，现在的拉萨藏传佛教寺院的建筑空间中的门楼、廊、院落等各构成要素在这个阶段得以发展。

随着建造技术的提高和更大规模宗教活动的需要，大殿等寺院的主要建筑，其柱网排布和层高也与雏形阶段有所不同，更粗大的柱、更高的层高带来了体量更高大的建筑空间。

3）成熟阶段（甘丹颇章政权时期至西藏和平解放以后，17 世纪中叶至今）

成熟阶段的拉萨藏传佛教寺院的建筑空间以格鲁派为代表，这个时期格鲁派的绝对优势地位得以确立，三大寺也主要扩建于这个阶段。典型建筑有甘丹寺拉基大殿，色拉寺阿巴扎仓、吉扎仓、麦扎仓，哲蚌寺古玛扎仓，策默林东佛殿、西佛殿，原功德林佛殿、惜德林佛殿等。[48] 成熟后的寺院建筑空间并没有明显变化，但寺院整体建筑群经过扩建后功能复杂，建筑空间的组合模式也更加丰富。这个阶段拉萨藏传佛教寺院建筑的做法更加规范化，藏传佛教寺院建筑的建造日趋模式化。

4.3.6 建筑空间与相关要素

1）建筑空间与功能

（1）功能与建筑空间的统一

藏传佛教寺院的建筑空间满足了僧人念经、学经、宣扬教义、信徒膜拜等宗教活动的需要以及僧人生活活动的需要。特定的使用功能与特定的建筑空间相对应，内容与建筑空间形式的统一是藏传佛教寺院建筑的特点。经堂是典型的宗教活动空间，作为僧人每天念经以及信徒膜拜的主要场所，经堂是大殿中使用频率最高的地方。前经堂后佛堂、佛堂居经堂两侧、经堂与佛堂混合等不同的建筑空间组合方式都体现了使经堂居于建筑中心占据主导地位的特点。经堂内升起高侧天窗形成了贯穿两层的高大共享空间，不仅满足活动所需要的光线，同时也对经堂的重要性加以强调（图 4-38）。

（2）类型对建筑空间的影响

不同的等级对应不同的类型是藏传佛教寺院建筑的特点。同样的法则也适用于其他藏式建筑。使用功能和性质是决定建筑类型等级的重要因素：寺院的大殿，其功能在于安放主供佛、供僧侣集体诵经、举行全寺性的宗教仪式。这些功能决定了大殿是藏传佛教寺院的功能核心，是寺院等级很高的建筑。哲蚌寺措钦大殿的建筑面积、空间体量在整个寺院都很显赫，建筑空间的装饰也首屈一指，这些都是功能决定类型、类型影响建筑空间的体现。

普通僧舍在藏传佛教寺院的功能在于提供僧人居住生活的空间，等级低于大殿一级的建筑。僧舍与大殿在外观上的明显区别在于没有边玛墙，建筑空间尺度不如大殿，一般为 1~2 层的建筑。

2）建筑空间与结构

（1）结构对建筑空间的影响

藏传佛教寺院的建筑空间受到的结构影响以地垄空间为代表。地面以下的地垄墙[49]围合而成的地垄空间相对上部建筑较为低矮狭小。出现这种空间的原因之一在于：地垄墙的位置基本与上层的墙或柱对应，这可以减少剪距，增加建筑整体的稳固性。藏传佛教寺院建筑的柱网跨度以 3~4 m 的居多，而地垄墙的墙体厚度多为 1 m 以上。这就在地垄墙体之间形成了相对于地上建筑空间狭窄

图 4-38 哲蚌寺大殿经堂，图片来源：牛婷婷摄

的地垄空间，一般作为地下空间的地垄空间高度也不及地上部分。位于地下的地垄空间多用作寺院的库房，在很大程度上取决于其建筑空间的低矮狭小特性（采光通风不佳、位于地下等也是用作库房的原因）。

（2）结构对建筑空间的适应

为了获得建筑空间的使用要求，建筑结构也会有相应的变化。由于技术条件的制约，藏式传统建筑使用的木梁木柱等，受材料等因素影响，多数较短。材料的限制在一定程度上影响了建筑结构。一般的藏式建筑层高都低于 4 m，即使藏传佛教寺院这样的高等级建筑也较少使用高大的木柱。为了建造有高侧天窗经堂这样的高大空间，高大的柱被拼接出来，木柱的隔断接合处用铁条箍紧。这是结构适应建筑空间的例子。

3）色彩装饰

色彩和装饰吸引着人的注意力，在丰富建筑表现力的同时，营造出不同的感受。同样的建筑空间，不同的色彩和装饰会有不同的空间氛围。藏传佛教寺院的墙面壁画对所在建筑空间有一定的影响：大昭寺转经回廊的墙上绘有佛本生的 108 个故事，丰富了转经回廊这种建筑空间的视觉效果，增加了转经活动的愉悦感。壁画这种墙面装饰可以吸引人在其所属空间停留，在原有停留的基础上增加一定的时间，增加建筑空间对人的吸引力。

色彩对藏传佛教寺院建筑有较大的影响。萨迦派又被称为"花教"，原因就在于萨迦派寺院的建筑外墙多使用红、白、黑三色花条（拉萨现存的萨迦派寺院建筑外观与格鲁派寺院相近）。色彩对于藏传佛教寺院的建筑空间有明示的作用：红、白、黄是藏传佛教寺院建筑外墙最常使用的颜色。拉萨藏传佛教寺院建筑中，不同的建筑外墙颜色对应不同的建筑空间。以僧舍为代表的满足普通僧人生活的建筑空间，其建筑外墙的色彩为白色或土层的原色；以大殿为代表的主要宗教活动空间的建筑外墙为白色或赭红色；极为重要的建筑空间如历代达赖、班禅居住过的颇章等，建筑外墙的颜色为黄色。相传哲蚌寺最早建筑的堆松拉康，虽然仅为拉康级别的建筑，但由于其地位的特殊性，其建筑外墙也为黄色。位于建筑外墙上部的边玛墙[50]，为赭红色，在藏传佛教寺院内明示着佛殿等宗教活动空间的存在。当佛殿的外墙为白色时，赭红色的边玛墙与其配合使用，区别于僧舍的普通白色外墙。

4）建筑空间与文化

（1）建筑空间的精神感受

藏传佛教寺院建筑空间的精神意义与其实用意义同样不可忽视，作为宗教建筑，精神崇拜的需要影响着藏传佛教寺院的建筑空间。藏传佛教寺院独特的建筑空间效果对人的情绪产生较大的影响。经堂内升起高侧天窗，高大垂直的建筑空间增加了佛的崇高感，高侧天窗产生的独特光线效果，也增强了神秘的氛围。对无佛教信仰的参观者来说，这类空间所具有的艺术性超越了其本身所具有的宗教意义。寺院的建筑空间按不同的功能，给人不同的空间感受：僧舍属于单纯、简洁的建筑空间，相对大殿等宗教活动空间有着生活空间适宜的舒适尺度；大殿等相对封闭高直的建筑空间给人以庄严、肃穆和一定的压抑感；院落、园林等开敞的建筑空间给人贴近自然的亲切感，对比光线昏暗的佛堂等建筑空间，这类开敞的水平空间提供室外活动场地的同时也舒缓了视觉疲劳。

（2）建筑空间与藏族文化

藏族艺术追求的是人与自然的和谐，藏传佛教寺院在这种文化艺术形态的影响下，其建筑空间也体现了和谐美。院落、园林等空间构成要素将自然的景观引入人造的建筑内，依山而建的山地型寺院似从山中长出，院落、园林更有助于建筑与周围环境的浑然一体，达到在表现寺院建筑崇高地位的同时与平衡、协调高度结合的美学境界。寺院的建筑空间在藏民族特有文化的影响下形成了自己独特的建筑风格，诸如中心经堂与周围佛堂的主从对比空间，大殿对称平衡的建筑空间等。从普通僧舍到相对豪华的大殿，等级不同的寺院建筑有着各自不同的形制要求，形成了从单一到复合、从高耸到低矮的丰富建筑空间。

转经房、过街塔这些建筑空间的出现在满足转经仪轨需要的同时，也体现了方便人使用的建筑建造思想。设有转经筒的转经房、转经回廊可方便信徒转经，拉萨的大昭寺、小昭寺均设有转经回廊。哲蚌寺内多处设有转经房，有的以水流驱动，甚至不需要人的参与就可以完成转经的仪轨活动。类似方便信徒的藏传佛教宗教仪轨方式还有经幡，用被风吹动的经幡代替人的念经活动。

（3）建筑空间的象征手法

建筑空间的象征手法体现在藏传佛教寺院的建筑空间中：高侧天窗是大殿经堂经常使用的建筑手法，面积越大的高侧天窗对应着越大面积的经堂和越高耸的经堂空间；歇山屋顶通常暗示着重要的佛殿空间。甘丹寺的措钦大殿、强孜扎仓、夏孜扎仓等都有金色的歇山屋面，在整个建筑群的平屋面中十

分显著（图 4-39）。歇山屋面与平屋面的共同使用，丰富了藏传佛教寺院的建筑天际线，加强了寺院建筑外部空间的建筑感染力。边玛墙是藏传佛教寺院建筑空间的又一常用象征手法，是宗教活动空间的标志。有边玛墙的大殿等主要建筑的立面，基本对称，有歇山金顶和丰富的金属装饰。边玛墙有单层和多层之分，等级越高的寺院边玛墙高度较大。单层边玛墙一般占外墙面高度的 1/10~1/7 左右，如色庆旦康、拉多嘎巴。大昭寺门楼入口的双层边玛墙占墙面高度近 1/2，左右两侧的边玛墙占墙面近 1/4。

藏传佛教寺院建筑的歇山顶屋面包括木结构屋架、镏金铜皮屋面、正脊正中和两侧的宝瓶、垂脊末端的摩羯鱼或火焰宝珠。摩羯鱼或火焰宝珠类似内地汉式的套兽。巨鹿、法轮、经幢是用于藏式建筑平屋顶的重要构成要素，丰富了平屋顶的单调天际轮廓线。

5）建筑空间的使用

不同的建筑空间满足不同的功能需要，藏传佛教寺院丰富的建筑空间对应着丰富的宗教和生活方式。休憩、饮食、修行等是藏传佛教寺院内每天都在进行的活动，喇嘛的修行活动为学经、诵经、辩经、供佛。法会、跳神则是特定节日才举行的宗教仪式。以下针对藏传佛教寺院内的不同活动，分析相应的建筑空间使用。

（1）日常活动

休憩：僧舍是喇嘛休憩的主要地方，辩经场、广场等室外开敞空间均可作为休憩活动的空间。

饮食：喝酥油茶、吃糌粑是喇嘛的日常饮食活动。集中就餐多在经堂进行，开始前会有诵经活动。大殿的经堂主要用于僧人学经、诵经。当喇嘛在经堂内就餐时，经堂空间同时充当餐饮空间的角色。

寺院厨房的使用集中在僧人用餐时间，其余时间多被闲置。有僧人准备食物时，厨

图 4-39 甘丹寺措钦大殿，图片来源：汪永平摄

房热闹而充实，闲置时则显得黑暗而冷清。

供佛：前往拉萨三大寺朝佛的信徒众多，用来供奉佛像的佛堂布置华丽。木梁、木柱上挂满了唐卡、哈达，佛像前摆满了酥油灯和盛满新水的碗，有的佛堂在佛像前供奉花。佛堂的建筑空间在使用的过程中，为了满足信徒朝佛的实际和心理上的需要，布置了诸多装饰，丰富了建筑空间的视觉感官。

修行：静修是藏传佛教僧人达到思想更高境界的必经阶段。静修室多分布在寺院僻静的地方，直贡提寺的主体建筑周围散布有这样一些白色的静修室。静密修行的僧人需要苦修冥想排除干扰，基于这样的活动需要，静修室的建筑空间被建造得狭小，窗的面积也较小，内部光线不足。静修者常需要在静修室里居住一年以上才有可能得到寺院内等级较高的头衔，这种单调而压抑的建筑空间对苦修者是一种很大的考验。

（2）宗教节日活动

藏族是一个多节日的民族，从藏历元月开始几乎月月有节日。"神变节""旺果节""雪顿节"等等众多的节日有着丰富多彩的活动。藏族普遍信仰藏传佛教，藏族的节日也受到宗教的影响，传昭大法会、"雪顿节"、"帕邦塘廓节"、"酥油华灯节"是宗教节日的典型代表。[51] 这些宗教节日涉及的活动有转经、辩经、展佛、跳神等。

辩经：拉萨传昭大法会起源于 1409 年的大昭寺祈愿大法会，大法会期间重要的辩经活动在大昭寺的辩经场举行。

转经：这是藏传佛教的宗教节日中常有的活动。拉萨的传昭大法会，直贡提寺的"帕邦塘廓节""酥油华灯节"等都有转经的宗教仪轨要求。以大昭寺为中心的"囊廓"转经道围绕的是寺院的建筑外部空间。

展佛：甘丹寺、哲蚌寺都有特定的展佛节。展佛时，僧人将珍藏的巨幅布画及锦缎织成的佛像取出，晒于展佛台上让广大信徒观瞻。展佛的同时僧人口诵佛经，信徒们顶礼膜拜。晒佛台多位于藏传佛教寺院附近的山坡上或高大的石壁上，属于寺院建筑外部空间。甘丹寺晒佛则以措钦大殿的墙面为依托，利用垂直的建筑外墙面替代展佛台。

跳神：跳神是一种配乐舞蹈形式的宗教活动，表现的是消灭邪魔外道的仪式。跳神时，喇嘛们身穿五彩服装，头戴面具（图4-40），

图 4-40 跳 神 面 具（左、右），图片来源：戚瀚文摄

图 4-41 楚布寺大殿
及广场，图片来源：
汪永平摄

图 4-42 色卡古托寺
鸟瞰，图片来源：汪
永平摄

手拿法器，在青烟缭绕和鼓乐声中起舞。藏传佛教寺院的跳神活动选择在主殿前的广场上举行，以主殿为背景。主殿前的开阔广场能提供开阔的建筑外部空间，这是寺院跳神选择在广场的原因之一。

藏传佛教寺院的大殿、经堂等都向信徒和游客开放，这类可以被寺院僧人、信徒和游客共同使用的建筑空间构成了藏传佛教寺院的公共空间。僧舍等仅供藏传佛教寺院僧人使用的建筑，满足他们的生活需要，这类不对外界信徒、游客等开放的建筑空间属于私密空间。介于公共空间和私密空间之间的半公共空间属于两者之间的过渡，庭院、走廊、楼梯间都属于半公共空间。

拉萨藏传佛教寺院的大殿、佛堂是封闭空间的代表，这类空间的限定性强，空间采光较少，空间静谧感强。开敞空间的界面开放，限定性弱、通透性强，大殿前的广场为开敞空间的典型（图 4-41），驻留性弱，是大殿入口空间的强调和引导。大殿的入口空间通常为明廊，这种半开敞半封闭的空间位于入口前开敞的广场及封闭的大殿之间，呈过渡的形态。

6）设计特点

（1）平面设计

拉萨藏传佛教寺院的建筑平面以矩形为主，成正方形、长方形，兼有梯形、菱形、不规则多边形。多数大殿的建筑平面对称平衡，以"回"字形布置，布置有房中房，有的设有转经回廊。寺院的大殿底层一般为大经堂、主要佛堂，上层为僧房、佛堂、小经堂等。从色卡古托寺鸟瞰可以看出藏传佛教早期的平面布局（图 4-42）。

大昭寺觉康主殿的一二层为早期建成部分[52]，四边穿套有小殿，围绕中央的大空间展开，平面呈"回"字形。神殿平面基本对称，纵横两条轴线贯穿其间。释迦牟尼佛殿位于神殿正后部，而神殿正门楼向外部凸出，与释迦牟尼佛殿相对。神殿的这些对称特征与藏密曼陀罗的对称特点不谋而合。

觉康主殿突出和强调的是供奉主尊释迦牟尼的佛殿。释迦牟尼佛殿位于神殿东西向轴线上，并与神殿正门楼相对，处于平面布局中重要的位置。觉康主殿的平面构成要素为方形，回字形平面的形成缘于围绕中心的方形空间，各个小殿的平面也是方形，由方形构成的空间单元重复出现在神殿中。藏密曼陀罗中类似之处在于方形作为基本形的反复出现，并且是曼陀罗平衡和秩序感的来源。

位于墨竹工卡县甲玛乡的赤康拉康，其平面也为回形。赤康拉康始建于公元 1118 年[53]，有数间僧舍和一座佛殿。整座佛殿由前院、佛堂、转经回廊组成，占地面积约 325 m²。佛殿入口处设有顶棚，由 2 根柱支撑。前院是佛殿入口围墙与佛堂之间的过渡空间，占地面积约 50 m²。佛堂的平面布局属于回形，是早期藏传佛教拉康的典型实例。佛堂内有 4 根柱，使用面积为 71.5 m²。佛堂的墙为整座佛殿中最厚的，达到 1.2 m，区别于佛殿的

0.6 m 左右的一般墙厚度。

转经回廊多见于藏传佛教早期寺院，哲蚌寺阿巴扎仓后部的结几拉康，其建筑风格粗厚古朴，佛堂布局严密局促，四周有回廊，基本保留了早期藏传佛教寺庙的建筑风格特征，是哲蚌寺最宝贵的建筑之一。

（2）建筑空间组合

藏传佛教寺院的建筑空间组合受到院落、园林、廊的影响较大，它们是寺院建筑各组成部分之间有机结合的要素。

① 院落

院落是藏传佛教寺院的建筑空间构成要素之一，对不同空间的组合起到重要的作用，是寺院各部分建筑融合的重要过渡空间，其建筑空间较为封闭。回形平面的藏传佛教寺院，空间多呈天井式，形成内向型的院落空间（图4-43）。

平川式建筑布局中的方形院落式，是寺院建筑围绕院落展开的代表。居于中心的院落，是僧舍和佛殿等建筑沟通的重要空间，具有交通性的特点，例如策墨林。除这类有较强交通性的院落空间，还有的院落具备较强观赏价值，使建筑与建筑周围环境巧妙结合。哲蚌寺层层叠落的各部分建筑通过院落组合在一起，这类依山修建的山地式建筑，院落空间在保证建筑获得充足的采光、通风等条件的同时，与周围的环境交相辉映，是藏传佛教寺院"天人合一"思想的体现，可以促使建筑与周围环境浑然一体，达到了与自然平衡协调的美学境界。

② 园林

藏传佛教的寺院园林又称"僧居院"，辩经场是这类寺院园林的代表。辩经是藏传佛教僧人学习藏学和佛学的方法之一，僧人课后复习提问以及考试都可以在辩经场举行。绿树成荫的辩经场有舒适的自然环境，地面铺满白色的鹅卵石，高大的树木在藏传佛教的寺院中十分醒目。属于建筑外部空间

图4-43 甘丹颇章前院（桑阿颇章），图片来源：牛婷婷摄

图4-44 哲蚌寺洛塞林扎仓的辩经场，图片来源：牛婷婷摄

图4-45 转经回廊，图片来源：牛婷婷摄

的辩经场，附属建筑较少，辩经台是辩经场内主持辩经的空间所在，低矮的辩经台与地面的鹅卵石融合在一起。哲蚌寺的洛塞林扎仓的辩经场是这种寺院园林的典型代表（图4-44）。

③ 廊

藏传佛教寺院廊的形式复杂多样，可分为转经回廊、走廊、明廊等。转经回廊为封闭空间，有的转经回廊外墙一侧设有小面积的窗。转经回廊的功能在于提供转经仪轨所需要的空间。在转经回廊的墙壁上多绘有壁画，丰富了空间的可视性（图4-45）。藏传佛教寺院的走廊连接寺院各部分建筑，有的依墙而建，有的两侧架空。走廊具备交通性

的同时，其半开敞的空间提供人与室外空间沟通的机会，有的走廊与室外屋顶相结合。通过这类廊的空间，人在行走的过程中可以舒缓在寺院建筑内部长期停留的视觉的疲劳。明廊是藏传佛教寺院大殿的入口空间组成部分，提供给人建筑空间的初步印象。等级高的大殿，其明廊的空间高过等级低的寺院。

（3）建筑体量

藏族建筑的建造有严格的形制区别，寺院的建筑体量为各类建筑中最显著的。西藏历史上，同一区域的藏传佛教寺院建筑比宫殿高，宫殿比庄园高，庄园比民居高，藏传佛教寺院建筑在所在区域一般为最高的建筑物。例如拉萨老城区的最高建筑是大昭寺，其建筑高度接近 20 m，周围的众多民居和庄园的屋顶高度都比大昭寺低。

在同一寺院中，建筑体量和大小与其地位的高低有关，等级越高，空间越高越大。例如大昭寺觉康主殿内早期建成的佛殿层高都较低，约 4 m；而释迦牟尼佛殿层高较高，约 8 m，这种相对高大的空间突出释迦牟尼的主尊地位。再如哲蚌寺措钦大殿的经堂，其东西长 50 m，南北宽 36 m，面积约 1 900 m²，总间数多达 221 间，总柱数 183 根，层高为 5 m 多，规模宏大。经堂的中心升起一层，构成了面积达 100 m² 的高侧天窗，层高为 10 m 多。经堂后部的佛堂，单层高度达到 10 m 多，与其他小佛堂相比有较高大的建筑空间。

注释：
1 王尧，陈庆英. 西藏历史文化辞典 [M]. 拉萨：西藏人民出版社，1998：315
2 今尼泊尔境内。
3 唐中宗李显养女，公元 710 年嫁给墀德祖赞为妻。
4 佛教认为只有"佛、法、僧"三宝同时具备才能称作寺庙。
5 关于前弘期起始时间的认定一般有两种，一种观点认为前弘期应从 7 世纪佛教传入吐蕃开始计算，另一种则认为应该从 8 世纪墀松德赞大力弘佛开始。
6 恰白·次旦平措，诺章·吴坚，平措次仁. 西藏通史——松石宝串（上）[M]. 陈庆英，格桑益西，何宗英，等译. 拉萨：西藏古籍出版社，2004
7 关于西藏宗教消失的时间有多种说法，此处不做说明。
8 朗达玛灭佛时，一部分高僧辗转逃到宗喀地方，即今青海省西宁，使佛教在当地再度兴起。
9 西藏佛教界重要的宗教活动之一，亦称"传召大法会"。参见王尧，陈庆英. 西藏历史文化辞典 [M]. 拉萨：西藏人民出版社，1998：56 "大祈愿法会"词条。
10 布达拉宫修复以前，二至五世达赖喇嘛都居住在哲蚌寺内的甘丹颇章佛宫。格鲁派与蒙古和硕特部建立了蒙藏联合政权后，政权也以此命名，并一度在此办公。
11 《藏族简史》编写组. 藏族简史 [M]. 拉萨：西藏人民出版社，1985：139–140
12 关于宁玛派的介绍参见王尧，陈庆英. 西藏历史文化辞典 [M]. 拉萨：西藏人民出版社，1998：187–189；陈庆英，高淑芬. 西藏通史 [M]. 郑州：中州古籍出版社，2003：124–128
13 关于萨迦派的介绍参见王尧，陈庆英. 西藏历史文化辞典 [M]. 拉萨：西藏人民出版社，1998：216–218；陈庆英，高淑芬. 西藏通史 [M]. 郑州：中州古籍出版社，2003：143–145，172–228
14 元至元二十五年，总制院改名为"宣政院"。
15 关于噶举派的介绍参见王尧，陈庆英. 西藏历史文化辞典 [M]. 拉萨：西藏人民出版社，1998：89–90，245，290；陈庆英，高淑芬. 西藏通史 [M]. 郑州：中州古籍出版社，2003：133–142，220–228，252–266；《藏族简史》编写组. 藏族简史 [M]. 拉萨：西藏人民出版社，1985：103–104
16 关于格鲁派的介绍参见王尧，陈庆英. 西藏历史文化辞

典 [M]. 拉萨：西藏人民出版社，1998:89，98-100，353-354；陈庆英，高淑芬．西藏通史 [M]. 郑州：中州古籍出版社，2003:304-313

17 后弘期的重要教派，格鲁派建立后，该派全部改宗加入格鲁派，故其又有"旧黄教"之称。

18 有的史料称为"堪布"，但他当时应是全面负责管理桑耶寺。

19 一般由活佛担任，世袭继承，是固定的。四大宗主寺中，达赖同时是甘丹寺、哲蚌寺、色拉寺三大寺的最高寺主，班禅则是扎什伦布寺寺主。

20 王尧，陈庆英．西藏历史文化辞典 [M]. 拉萨：西藏人民出版社，1998：311

21 杨嘉铭，赵心愚，杨环．西藏建筑的历史文化 [M]. 西宁：青海人民出版社，2003:130

22 数据参见：西藏自治区文物管理委员会．拉萨文物志 [Z]，1985:34

23 西藏自治区文物管理委员会．拉萨文物志 [Z]，1985:41

24 始建时间参见：拉萨市民宗局．拉萨市宗教活动场所简介 [Z]，1998:22

25 数据来源：拉萨市民宗局．拉萨宗教活动场所 [Z]，1998

26 数据来源：昌都地区民宗局昌都地区宗教活动场所介绍 [Z]，1998

27 西藏自治区文物管理委员会．拉萨文物志 [Z]，1985:1

28 徐宗威．西藏传统建筑导则 [M]. 北京：中国建筑工业出版社，2004:15

29 五世达赖喇嘛．西藏王臣记 [M]. 刘立千，译．北京：民族出版社，2000:26

30 闫振中．帕廓街的转经路 [J]. 西藏名俗，2003（1）:1

31 西藏文化发展公益基金会．拉萨市老城区保护规划建议 [Z]，2002:5

32 王尧，陈庆英．西藏历史文化辞典 [M]. 拉萨：西藏人民出版社，1998:248

33 杨嘉铭，赵心愚，杨环．西藏建筑的历史文化 [M]. 西宁：青海人民出版社，2003:132

34 西藏自治区文物管理委员会．拉萨文物志 [Z]，1985:27

35 姜安．藏传佛教 [M]. 海口：海南出版社，2003:109

36 杨嘉铭，赵心愚，杨环．西藏建筑的历史文化 [M]. 西宁：青海人民出版社，2003:135

37 杨嘉铭，赵心愚，杨环．西藏建筑的历史文化 [M]. 西宁：青海人民出版社，2003:137

38 姜安．藏传佛教 [M]. 海口：海南出版社，2003:59

39 陈履生．西藏寺庙 [M]. 北京：人民美术出版社，1995:8

40 六字真言：六字真言简称"玛尼"，有藏密经咒"唵、嘛、呢、叭、咪、吽"6 个音，是藏传佛教中的一句佛语，翻译成汉语就是"如意宝呀，莲花哦！"的意思，表现出对观世音菩萨的无限赞美。藏传佛教视六字真言为一切的根源，认为循环往复地诵念就能消灾积德。

41 在西藏随处可见一堆堆刻有经文的玛尼石堆，大的可以绵延数百米，小的有时仅有几块石刻。玛尼石堆是源于对苯教灵石的崇拜，又叫"多崩"，有十万经石的意思。信徒们会通过围绕玛尼石堆转经的方式积德祈福，他们边口诵真言边绕着玛尼石堆转，通常每转一圈就会向石堆上加一块石块，久而久之，玛尼石堆的规模就越来越大，越堆越高，越堆越长。

42 汉语发音为"隆达"，又称风马旗。通常为红、黄、蓝、绿、白五种颜色，上面印满了六字真言或其他咒语。卫藏农耕区多在藏历新年初三在屋顶和村头插挂风马旗；藏东南林区多在竖起的长杆上拉系印有佛经的长约丈余的宽幅布条，五六个一簇，如同旗帜；藏北及甘肃牧区多在每年藏历四月祭祀山神时将风马旗系在箭杆上插于石垛（敖包）上，或将印有群马图案的纸片在山顶上抛撒，称为放风马。

43 西藏自治区文物管理委员会．拉萨文物志 [Z]，1985:42

44 西藏自治区文物管理委员会．拉萨文物志 [Z]，1985:27

45 刘芳，苗阳．建筑空间设计 [M]. 上海：同济大学出版社，2001:5-6

46 分期时间参见：宿白．藏传佛教寺庙考古 [M]. 北京：文物出版社，1997:190

47 西藏自治区文物管理委员会．拉萨文物志 [Z]，1985:21

48 宿白．藏传佛教寺庙考古 [M]. 北京：文物出版社，1997:190

49 地垄墙为西藏宫殿和寺庙大型建筑的地基处理方式，用间隔狭窄、密集的条形墙体作为基础。

50 边玛墙为西藏宫殿和寺庙主体建筑的檐墙处理方式，以突出建筑的重要，还可以减轻上部的荷载。

51 邓侃，孙俊．西藏的魅力 [M]. 拉萨：西藏人民出版社，1999

52 西藏自治区文物管理委员会．拉萨文物志 [Z]，1985:20

53 拉萨市民宗局．拉萨市宗教活动场所简介 [Z]，1998:48

5 西藏的风景与园林

5.1 西藏居民的自然观

西藏特殊的自然环境造就了西藏特殊的社会文化，进而影响到西藏居民自然观的形成。西藏由于地处高原，地形复杂，外加高空大气环流和太阳辐射等因素的影响，形成了以低温、干燥、多风、缺氧，区域差异和垂直变化十分显著的高原气候。为适应高原这种独特而又严酷的气候和自然环境，西藏居民对待自然的态度尊重而谦和，甚至将自然界万物神圣化，逐渐形成了崇拜自然、保护自然、顺应自然，人与自然同生共存、和谐发展的自然观。

5.1.1 宗教文化蕴涵的自然观

宗教文化是西藏文化的一个重要组成部分，它在西藏文化中的地位历来为人们所推崇。可以说，宗教文化就是西藏社会的主要思想意识。它以原始信仰和苯教文化为基础，以藏传佛教文化为指导，对西藏社会的政治、经济、民风民俗以及艺术等都产生了极为深刻的影响，对西藏居民的自然观的形成，同样起着极为深刻的作用。

1）苯教文化

以万物有灵、大自然崇拜为特征的原始信仰和以祭祀禳被、鬼神仪轨为特点的苯教文化构成了藏族宗教文化的基础。作为藏族土著宗教的苯教，不仅吸收了许多原始信仰的文化形式，在后期佛苯斗争中又吸收了许多佛教文化的内容，所以至今依然具有旺盛的生命力，影响着西藏居民自然观的形成和发展。

《雍仲苯教史》一书中记载着关于藏族起源的传说。书中写道，是"六个黄色发光卵"孕育了藏民族，也孕育了整个宇宙。这种观点阐明了宇宙与一切生物皆同源于卵，彼此之间是相互联系、相互依存、相互影响、相互作用的关系。也就是说，在西藏居民的价值观中，人与自然界的万物是同生共存的伙伴关系，都是有生命的主体，所以同样都应受到尊重，人与自然处于同等的地位。

此外，万物有灵的观念让西藏居民相信，人是灵魂与肉体的统一体。相较于脆弱的肉体而言，灵魂更是生命之本，只要灵魂不受损害，人便可安然无恙。灵魂可以到处游走，到处安生，其安生之地就是自然界的万物。所以精心地保护自然界的万物，便被认为是保护人类自身，人与自然通过灵魂为媒介而形成的这种息息相关、密切相连的关系，也在一定程度上影响了西藏居民对待自然的态度。

2）藏传佛教文化

藏传佛教文化是公元七八世纪以后西藏文化的主流，其基本命题如人生唯苦、四大皆空、生死轮回、因果报应等理论与佛教哲学一致，可以说是佛教和藏族历史文化长期融合所形成的一种特殊的文化意识形态。它关于"万物皆有佛性"的论述，营造了一种人与自然万物同生共存、和谐发展的境界；"缘起性空"说，"依正不二"说[1]，也都反复论证着人与自然万物同生共存的思想。

佛教的净土宗《阿弥陀经》中，为我们描绘了一个珠光宝气、莲池碧树、重楼架屋的极乐世界："……彼土何故名为极乐？其国众生，无有众苦，但受诸乐，故名极乐……极乐国土，七重栏楯，七重罗网，七重行树，皆是四宝，周匝围绕……极乐国土，有七宝池，八功德水充满其中，池底纯以金沙布地。四边阶道，金银、琉璃、玻璃合成。上有楼阁，亦以金银、琉璃、玻璃、砗磲、赤珠、玛瑙而严饰之。池中莲花大如车轮，青色、青光、黄色、黄光、赤色、赤光、白色、白光，微妙香洁。"这个极乐世界虽然是虚构的，但是却表达了人们对美好未来的向往。其中蕴涵的美学思想，不仅影响了人们的审美观念，而且渗透到藏式传统园林的造园活动中，对园林理景艺术的形成有着更为深刻、生动的启示。

除此之外，以宗教文化题材为主的西藏绘画艺术，如唐卡、壁画等，不仅直观地体现了西藏居民的审美情趣，更表达了他们对绿色自然的热爱之情。尤其是后期西藏唐卡中菩萨、领袖人物的画像，其背景常为青山碧水、绿草茵茵，并绘制有多种植物。藏族人民对植物，对绿色大自然的热爱充溢于画面（图5-1，图5-2）。

图5-1 八世达赖喇嘛像（唐卡），图片来源：《西藏绘画史》

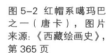

5.1.2 民俗文化蕴涵的自然观

西藏的民俗文化自成体系，源远流长。它经历数千年历史的积淀，具有鲜明的地域性、民族性、互融性和时代性等特征，显得灿烂独特、绚丽厚重。西藏民俗文化的内容比较繁多，涉及社会生活的方方面面。其纷繁多姿的节日习俗文化，不仅客观地为我们展现了一幅绚丽多姿、恢宏壮观的民俗生活画卷，更生动形象地向我们展示了西藏居民对待自然的态度，以及与自然同生共存的方式。

西藏地处高原，气候独特。冬季长，夏季短，有明显的干、雨两季之分。所以每当柳垂新绿、绿草如茵的雨季到来之时，人们便纷纷投身到大自然中去踏青，到"林卡"中去休闲游乐。"林卡"，藏语音译，其含义比较广泛：一是人们刻意栽种、培植、保护的林苑，相当于汉语的"园林"；二是指城市郊外的那些没有经过刻意栽种与培植的

图5-2 红帽系噶玛巴之一（唐卡），图片来源：《西藏绘画史》，第365页

图 5-3 拉萨画卷，图
片来源：蒙古乌兰巴
托美术馆藏画

树木繁盛的空旷地段，其实质是一种自然开
放的郊野园林，又常称作"自然林卡"；三
是把"林卡"当作一种活动来叙述，它包含
了在林卡中所进行的歌舞、野宴等一系列娱
乐休闲活动。无论是"林卡"的哪一层含义，
实际上都是西藏居民热爱自然、喜爱绿色的
表现。在度过了漫长而又严寒的干季之后，
能尽情地舒展胸怀，与自然沟通，享受自然
美景，确是一件可贵可喜之事。

1）节日文化

每年藏历七月一日举行的雪顿节[2]是西
藏颇具代表性的民族节日之一。它从最初的
一种纯宗教活动，发展为今天大众娱乐的节
日，尽享自然美景，与自然相融的特色得以
延续。其由来可以追溯到 17 世纪以前。根据
藏传佛教格鲁派的制度，僧侣在夏季不许到
户外活动，以免杀生，这种禁戒要持续到藏
历六月底七月初。到开禁的日子，世俗百姓
常带着酸奶去迎接纷纷出寺下山的僧徒，并
一起尽情地吃喝欢乐，跳舞唱歌。17 世纪中
叶，雪顿节又增加了演出藏戏的内容。西藏
各地的藏戏流派会于每年此时聚集在罗布林

卡进行表演和比赛，并允许百姓入园观看。
雪顿节与藏戏表演、逛林卡、哲蚌寺晒佛等
结合起来，成为一种别具特色的民俗活动。

清代中期名为"拉萨画卷"的唐卡则向
我们描绘了拉萨胜景，展示了四月十五日萨
嘎达瓦节的盛况（图 5-3）。这个日子是文
成公主进拉萨的纪念日，又是释迦牟尼成佛
的日子。画卷中拉萨居民穿着节日的盛装，
到大昭寺参拜释迦牟尼和文成公主，然后逛
龙王潭林卡，举行赛马和各种娱乐活动，官
员和贵族也在郊外林卡中举行宴会等。值得
我们关注的是，从画卷中可以看到，拉萨城
内外分布着为数众多的林卡，西藏居民对自
然林卡的热爱可见一斑。此外，还有转山节、
沐浴节、望果节、赛马会、瞻佛节等众多传
统节日，无不与自然有着密切的关系，表达
着西藏居民对自然的热爱之情。

2）习俗禁忌

煨桑，即焚燃神香桑烟，藏语称为"拉桑"，
意为"供祭给神灵的香烟"。这是盛行于藏
族聚居区，贯穿于整个藏民族历史长河的祭
祀习俗之一。它源于数万年到数千年前的原
始信仰和苯教时期。最初它是与祭祀神灵，
特别是燔祭战神、祈祷战争胜利和部落平安
联系在一起的，苯教兴起后，煨桑遂形成了
一套隆重的宗教仪式。佛教传入吐蕃后，煨
桑祭神的古俗又被莲花生降服苯教时所接受，
据说当时的赞普都要亲自参加这种祭神活动。
至今流行于拉萨一带的"世界焚香节"，就
始于赤松德赞时期。藏历五月十五日这一天，
人们身穿盛装，举家到大昭寺屋顶上，或各
寺院的殿顶上，各山头、河流旁，还有村头
街口、田间地畔等，进行煨桑活动，焚香枝、
祭神灵（图 5-4）。因为是敬神，所以最初
这一活动是在庄严肃穆的气氛中进行的。后
来才逐渐演变成淡化敬神而注重游乐的野外
踏青、逛自然林卡的活动，形成了今日的"林
卡节"（图 5-5）。

图5-4 煨桑习俗（左），
图片来源：汪永平摄

图5-5 林卡中的活动
（右），图片来源：
汪永平摄

自然林卡生活的盛行以及人们对自然林卡优越性的不断认识，孕育了藏式传统园林的产生。到公元13世纪初叶，在封建领主庄园制经济的支持下，一些封建领主开始利用自然生长的树木或有意识地人工栽植树木，并用土石围成墙垣进行专门保护，使其成为居住生活环境的一个组成部分，从而出现了藏式传统园林。它的存在为封建领主们亲近自然、独享舒适生活提供了好去处。

此外，还可以从禁忌中看出西藏居民喜爱绿色、注重绿化的态度。在他们眼中，有着无数神灵的自然界是神圣的，因此对自然界禁忌的观念就是不能触动自然界。在西藏，凡属神山、圣湖、寺庙及其周围等被视为神圣的地方，禁忌就愈加严重。所以这些地方林木茂盛，牧草丰盈，山清水秀，风光美丽。与其说这是对自然界禁忌的结果，不如说是西藏居民崇尚绿色、喜欢绿色、保护绿色的结果。

5.2 西藏的自然风景

西藏居民将自然界万物神圣化，尊敬自然、崇拜自然，最终形成了人与自然同生共存、和谐发展的自然观。这种自然观对于西藏自然风景的保护有着无法估量的价值和作用。今天的西藏，依然山美水美，风光旖旎。美丽神圣的湖泊河流与巍峨险峻的群山相依，不仅为西藏地方的农牧业生产和发展提供了

良好的基础，更以其壮丽强烈的形象影响着藏民族的审美意趣。无论是圣湖、神山，还是温泉、湿地，无不诉说着西藏居民与自然的和谐相融。

5.2.1 圣湖

西藏境内星罗棋布的大小湖泊数以千计，成为圣湖崇拜存在的渊源所在。其中纳木错[3]、羊卓雍错、玛旁雍错素有西藏三大圣湖之称。

1）纳木错

位于拉萨市当雄县和那曲地区班戈县之间的纳木错，是西藏三大圣湖之一，也是藏传佛教的著名圣地，意为"天湖"。相传这里是密宗本尊胜乐金刚的道场，信徒们尊其为四大威猛湖之一。纳木错每年都吸引着无数信徒来转湖朝圣，以寻求灵魂的超越。尤其在藏历羊年，据说转湖念经一次，胜过平时朝礼转湖念经十万次，其福无量，是朝圣者心目中的圣地。

纳木错是第三纪末和第四纪初，由喜马拉雅山运动凹陷而形成的巨湖，后因西藏高原气候渐趋干燥，面积大为缩减。纳木错北侧依偎着舒缓连绵的高原丘陵，东南直面终年积雪的念青唐古拉山的主峰，广阔的草原绕湖四周展开，如同一面绝妙的宝镜，镶嵌在藏北的草原上。湖面海拔4718 m，总面积为1900 km²，是我国的第二大咸水湖，也是世界上海拔最高的咸水湖。湖中兀立着5个岛屿，传说它们是五方佛的化身。凡去神湖

图 5-6 纳木错，图片来源：汪永平摄

图 5-7 羊卓雍错，图片来源：焦自云摄

朝佛敬香者，莫不虔诚顶礼膜拜。此外还有 5 个半岛从不同的方位凸入水域，其中扎西半岛居 5 个半岛之冠。岛上分布着许多幽静的岩洞，纷杂林立着无数石柱、石峰，怪石嶙峋、奇异多彩。

纳木错的湖水靠念青唐古拉山的冰雪融化后补给，沿湖有不少大小溪流注入，湖水清澈透明，湖面呈天蓝色，水天相融，浑然一体。湖滨平原是天然的牧场，还盛产虫草、贝母、雪莲等名贵药材。每当夏初，成群的野鸭飞来栖息，又有野牦牛、岩羊等野生动物栖居湖泊周围。虽久历沧桑，圣湖却依然保持着自然生态的环境，闲游湖畔，似有身临仙境之感（图 5-6）。

2）羊卓雍错

羊卓雍错，位于雅鲁藏布江南岸、山南地区浪卡子县境内，湖面海拔 4 441 m，有 700 km^2 的水面。羊卓雍错，藏语直译为"上面牧场的碧玉之湖"，而在藏族居民的心目中却是"神女散落的绿松石耳坠"。因为它

的形状很不规则，分叉多，湖岸曲折蜿蜒，并附有空姆错、沉错和纠错等 3 个小湖，所以很难窥见湖的全貌。它更像是一条自在的河流，在群山中蜿蜒达 130 多 km，在宽谷中随意漂流，而后又连成片。也只有在地图上或是高空中才可以大致了解它的走向，惊喜于它与草原、山峦形成的你中有我、我中有你的独特格局。它犹如耳坠，镶嵌在山的耳轮之上，不同时刻阳光的照射令它显现出层次极其丰富的蓝色，好似梦幻一般。

羊卓雍错的特色是它的水源来自周围的雪山，但却没有出水口，雪水的流入与湖水的蒸发达到一种奇特的动态平衡。湖滨水草丰美，牛羊成群。这里还是藏南最大的小鸟栖息地，有天鹅、黄鸭、水鸽、水鹰、鹭鸶和沙鸥等多种水鸟。碧蓝的湖水平滑如镜，白云、雪峰清晰地倒映其上，湖光山色，相映成趣，令人陶醉（图 5-7）。

3）玛旁雍错

玛旁雍错位于阿里普兰县境内，是世界上最高的淡水湖，湖面海拔 4 400 m，面积 400 km^2。玛旁雍错，藏语意为"永恒不败的碧玉之湖"。据说是为纪念 11 世纪佛教战胜当地苯教而得名。玛旁雍错在佛教徒心中的地位毋庸置疑。唐朝高僧玄奘在其所著《大唐西域记》中称其为"西天瑶池"，佛教经典中更将其称为"世界江河之母"。据《大藏经·俱舍论》中记载，"印度往北过九座大山，有一大雪山，雪山下有四大江水之源……"佛经中的大雪山是指神山冈仁波齐，四大江水：东为马泉河，北为狮泉河，西为象泉河，南为孔雀河。以天国中的马、狮、象、孔雀四种神物命名的这四条河，分别又是恒河、印度河、萨特累季河和雅鲁藏布江的源头。而这四大江水之源指的就是玛旁雍错。所以玛旁雍错又拥有了圣湖之王的地位。

玛旁雍错又被认为是佛教、印度教、苯教所有圣地中最古老、最神圣的地方，是最

圣洁的湖，是胜乐大尊赐予人间的甘露，可以清洗人心灵中的烦恼和孽障。所以历来的朝圣者都以到此湖转经洗浴为人生最大的幸事。楚古寺周围更被尊为圣洁的浴场。天气晴朗时，湖水蔚蓝，碧波轻荡，白云雪峰倒映其中，湖周远山隐约可见，景色奇美（图5-8）。

此外较为知名的圣湖还有：拉姆那错，又称"卓玛湖"，藏族人称此湖是吉祥天母的头颅所化，而且也是天母灵魂所凭依之所。它也是藏族聚居区最神圣的观像圣湖，凡是达赖、班禅圆寂，寻找转世灵童之前，必须到此观湖，以求神示。平静的拉姆那错就是这样孕育着神奇。位于那曲地区的当惹雍错是苯教徒心目中的神湖；鬼湖色林错因因禁了魔鬼的传说而闻名遐迩；阿里地区的鬼湖拉昂错则因其没有生机的环境而出名；汇集了无数高原特有珍禽的班公错；以其"林木茂盛和群山耸立中的那一池碧水"而广为人知的林芝地区的巴松错；川藏线上知名的然乌湖（图5-9）；昌都地区的仁错湖，布托湖等[4]。

图 5-8 玛旁雍错，图片来源：汪永平摄

图 5-9 然乌湖，图片来源：汪永平摄

图 5-10 神山冈仁波齐，图片来源：汪永平摄

5.2.2 神山

西藏高原上横亘着许多世界知名的高大山脉：喜马拉雅山脉耸立于西南，昆仑山和喀喇昆仑山绵延于西北，冈底斯山和念青唐古拉山横贯于中部，横断山脉是它的东部屏障。这些高山地带冰川广布，终年积雪，成为许多名河大川的发源地，如印度河、恒河、长江、雅鲁藏布江等，赢得了"众河之源"的美誉。

其中冈底斯山的主峰——冈仁波齐是世界公认的神山（图5-10）。冈仁波齐，藏语意为"神灵之山"，梵文意为"湿婆的天堂"。海拔6 714 m。终年积雪、白云缭绕的峰顶在阳光的照耀下闪耀着奇异的光芒，夺人眼目。

冈仁波齐峰四壁分布极为对称，形似金

字塔，也颇似藏民族使用的石磨的把手，特殊的山形与周围的山峰迥然不同，由南面望去还可见到冈仁波齐峰著名的标志：由峰顶垂直而下的巨大冰槽与一横向岩层构成的佛教"万字格"[5]，让人不得不充满宗教般的虔诚与惊叹。冈仁波齐周围建有5座寺庙：年日寺、止拉浦寺、松楚寺（也称幻变寺）、江扎寺和赛龙寺，这5座寺庙不仅都有脍炙人口的传说故事，而且留存有丰富的雕刻、塑像、壁画等文物，只可惜都遭到了不同程度的毁坏。

据印度创世史诗《罗摩衍那》以及藏族史籍《冈底斯山海志》《往世书》等著述中

的记载推测，人们对于冈仁波齐神山的崇拜可上溯至公元前 1000 年左右。冈仁波齐被印度教、藏传佛教、苯教以及古耆那教认定为世界的中心。佛教中最著名的须弥山据说就是指冈仁波齐。西藏古老的宗教苯教也发源于此。在象雄苯教时期，冈仁波齐被称为"九重（万）字山"，相传苯教的 360 位神灵居住在此山；苯教祖师顿巴辛饶从天而降，降落之处也是此山。公元前 6—前 5 世纪兴起的耆那教的教徒则称冈仁波齐为"阿什塔婆达"，意为"最高之山"，是耆那教创始人瑞斯哈巴那刹获得解脱的地方。印度人称这座山为 Kailash。印度教里三位主神中法力最大、地位最高的湿婆也居住在此山。每年来自印度、尼泊尔、不丹以及我国各大藏族聚居区的朝圣队伍络绎不绝，更体现出此山的神圣意味。

闻名遐迩的珠穆朗玛峰是喜马拉雅山脉的主峰。高海拔不仅让它拥有罕见的冰川奇观，也拥有种类众多的珍稀高原动植物。位于林芝地区的苯日神山则是苯教徒尊崇的神山之一，至今仍遗有大石崇拜、神鸟崇拜、天梯以及神水等传说中的遗迹。墨脱的南迦巴瓦峰与雅鲁藏布江大峡谷则共同构成了南迦巴瓦风景区（图 5-11）。江达县的生钦朗扎神山是莲花生大师及宁玛派和噶举派的高僧德青·秋吉林巴、噶玛巴希等修行和朝拜过的地方，故也为信徒们极力推崇。八宿县多拉神山的神秘之处则在于满山遍野的石灰岩上，刻满了浑然天成的佛像和六字真言。此外还有位于类乌齐镇旁的德庆颇章神山、山南地区的康格多山、那曲地区的念青唐古拉山、达果雪山、桑丹康桑雪山等，其壮丽的景色无不令人震撼，心向往之。

5.2.3 温泉

西藏地处喜马拉雅地热带，强烈的水热活动和高耸的蓝天、皑皑雪山相辉映，孕育了众多风景旖旎的温泉景区，堪称世界屋脊之奇观。西藏的众多温泉不仅景色优美，还有奇妙的医疗保健功能，对此许多史书、医学书都有记载，文人墨客亦不吝笔墨，颂扬温泉的诗词歌赋不绝于书。

位于拉萨墨竹工卡县的德仲温泉自然景区海拔 4 500 m，水温常年都在 40℃左右，水中含硫黄、寒水石、石沥青、款冬花等多种对人体有益的矿物质。常在此地洗浴，不仅可以治疗多种疾病，还有调气血、通筋络、强身瘦体等功效。春秋两季，来此沐浴的人络绎不绝。这里山涧小溪，怪石嶙峋，飞瀑直流而下；林中牧场，草肥水美，鸟语花香。景区满是悬崖峭壁等天然景观，令人目不暇接（图 5-12）。

沃卡温泉位于西藏山南地区桑日县沃卡乡境内。共有 7 处泉眼，水温一般在 30℃~65℃，四季涌流。其中最为有名的是卓罗卡温泉，以达赖喇嘛的御用温泉而闻名。该泉眼边建有专供历代达赖喇嘛使用的浴室，浴室坐西向东，进门后南面是会客室，北面

图 5-11 南迦巴瓦风景区，图片来源：汪永平摄

图 5-12 德仲温泉景区，图片来源：焦自云摄

是石砌浴池和更衣室。浴池可以从地下水渠引入温泉水和曾期河水，并分别建有小水闸，以便随时调节水温的高低，池水有出口，使得浴池中的水保持清洁。在浴池内有一方石座位，池边有洗头池。这眼温泉是沃卡水温最高的温泉。另一处是名为觉琼邦卡的温泉，泉水从山坡的裂缝中流出，水流不大。传说是当年宗喀巴大师发现并常来沐浴的地方。据介绍，温泉处于前往神湖拉姆那错的必经之地，历代达赖喇嘛到神湖朝拜时，都曾在卓罗卡温泉沐浴和休息，因而在温泉旁曾建有一行宫，后被洪水冲毁，只留下遗迹（图5-13）。

西藏比较知名的温泉还有：日喀则拉孜县的拉孜温泉、昌都类乌齐县的伊日温泉、拉萨堆龙德庆县的雄巴拉曲等。温泉与周边美景相得益彰，吸引着无数行人停留休憩。

5.2.4　湿地

湿地是一种重要的自然生态环境，有"大地之肾"的称号，它与森林、海洋构成全球三大生态系统。湿地的多少与退化与否是衡量一个地区生态环境好坏的主要指标。地处青藏高原的西藏因其独特的地质环境，有着为数众多的独特的湿地资源——高原湿地，涵盖了湖泊湿地、森林湿地、草丛湿地、河流湿地等几种类型。仅拉萨市就有大小30余处湿地[6]，其中最著名的当数拉萨的拉鲁湿地。

拉鲁湿地位于拉萨城西北方向，平均海拔3 645 m。过去曾是贵族拉鲁家的领地，现在则是一块水草丰美、面积最大、海拔最高的城市天然湿地。它不仅是拉萨市区重要的氧气补给源和最大的空气净化器，同时对增加市区的湿润度、吸尘防沙、美化环境、维持生态平衡也都起着十分重要的作用，因此被藏族人民亲切地称为"拉萨之肺"。这里湿润的气候和丰美的水草在高原上十分难觅。植物种类很多，主要是高原特有的水生及半

图 5-13 沃卡温泉景区，图片来源：焦自云摄

图 5-14 拉鲁湿地，图片来源：焦自云摄

图 5-15 德庆格桑颇章湿地，图片来源：焦自云摄

水生和草地植物。动物种类之繁多亦属罕见。每年冬春之交，都会有成百上千只黄鸭和黑颈鹤等国家级保护禽类来湿地觅食；赤麻鸭、斑头雁、棕头鸥、戴胜、百灵和雪雀等大批各种野生鸟类也在此嬉戏。静谧的拉鲁湿地有珍禽相伴，清新翠绿似是天堂（图5-14）。

此外面积较大的还有德庆格桑颇章湿地（图5-15），位于德庆格桑颇章之旁，维持着日喀则市良好的城市环境。林芝地区的巴结湿地，内有蕨类植物、裸子植物、被子植物等36种，5种鸟类、4种鱼类、6种昆虫，是藏东南唯一的城市湿地生态系统。其他如

班公湖湿地、班戈湖群沼泽、羊八井沼泽、色林错沼泽、纳木错沼泽、聂荣安多沼泽、那曲沼泽等湿地，不仅是西藏高原的"物种基因库"和重要的氧气补给源，也是保持地下水位、增加空气湿润度和维持生态平衡的重要资源。

5.3　藏式传统园林

藏式传统园林是中国园林体系的重要组成部分，主要分布在西藏，以及青海、甘肃、四川、云南等省区的藏族聚集区。由于其特殊的地理条件和人文环境，以及长期特殊的社会文化、宗教文化、艺术文化、习俗文化的历史积淀等，呈现出独特的艺术风格，成为中国园林艺术中的一朵奇葩。

5.3.1　历史发展概况

1）原始期

大约从距今 5 万年左右的西藏旧器时代晚期开始，经新石器时代、青铜时代，至吐蕃王朝建立前的 6 世纪左右，我们称之为原始期。这个时期的青藏高原居民仍然处于对大自然环境的被动适应状态，所以不可能产生更高的精神享受要求，因而也就不可能产生园林。然而，在采集狩猎过程中，大自然的动植物形态、色泽等外观特征不断吸引着人们，从而逐渐有了动植物崇拜，或者说自然崇拜，并逐渐孕育出了西藏本土的宗教——苯教。发展至吐蕃王朝建立前的苏毗、藏、贡、

娘、达、象雄等 12 个小邦时，人们信奉的都是自然崇拜的"万物有灵"观念，苯教已得到广泛传播。它带着早期人类对本土神灵和自然崇拜的痕迹，"在形式上具有比较明显的游牧、狩猎经济文化的特征"[7]，反映出早期西藏居民对自然的态度。园林由此得到孕育，并进入萌芽状态。

2）萌芽期

吐蕃王朝时期，西藏进入了奴隶制社会，西藏文明也有了长足的进步。尤其是松赞干布统治时期被认为是西藏的鼎盛时期。松赞干布为了维护吐蕃王朝的统治，开始引进和推崇新的宗教——佛教。在与苯教的不断斗争中，藏传佛教得以不断发展，并最终在公元 8—9 世纪之时真正形成和兴起，这就是传统说法中的"前弘期"。

在与周边文化的交流中，相较于印度、尼泊尔等文化对西藏艺术的影响，汉族文化对它的影响要深远得多。松赞干布时期，唐文成公主入藏；此后墀德祖赞时期，唐金城公主又入藏。这不仅促进了藏汉民族间的交流，对西藏地区的经济、文化、艺术等各方面的发展影响尤甚。至吐蕃王朝时期，西藏已形成了以狩猎游牧和农业畜牧业为主的两种经济结构形式。

在现存已知的吐蕃王朝金石铭刻中，也可以找到吐蕃王朝时期的古藏文碑刻上有关西藏园林的记载。从早期的寺庙壁画、唐卡中，或可找寻一点吐蕃王朝时期园林的痕迹。当其时，逛自然林卡等野外踏青活动逐渐形成并得到广泛传播，这成为藏式传统园林萌芽期的标志。布达拉宫白宫门厅北墙壁上一幅壁画就生动地描绘了林卡中的欢乐情景，人们宴客谈心，吹笛弹琴，打牌游戏（图 5-16）。自然林卡生活的盛行以及人们对自然林卡优越性的不断认识，孕育了藏式传统园林的产生。

3）中断期

在最后一位藏王朗达玛灭佛之后的数百

图 5-16　布达拉宫壁画——林卡节，图片来源：《罗布林卡》，第 147 页

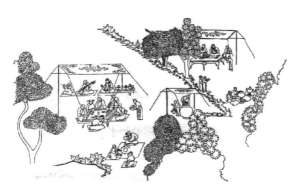

年中，西藏呈现分裂割据的状况，由于常年战乱，各方面的发展都受到严重影响，也在一定程度上阻碍了西藏园林的进一步发展。关于这段分裂割据时期的历史，各种王统和宗教源流书籍都没有系统的记载，有关建筑与园林的文字记载也难以查询，园林实物更无曾见。我们称这段时期为藏式传统园林发展史的中断期。

但是从10世纪后期开始，在西藏沉寂了百年多的佛教再度崛起，并逐渐普及全藏，即所谓的"后弘期"。佛教的再弘，使社会的动荡逐渐有所减轻。佛教的地位也由此日益提升，并最终在西藏取得了至高无上的地位。佛教中关于"万物皆有佛性"的论述，不仅营造了一种人与自然万物和谐发展的境界，更在一定程度上影响和促进了此后藏式传统园林艺术的发展。

4）发展期

藏式传统园林的发展期大约从公元13世纪初到17世纪下半叶，先后经历了吐蕃王朝分裂后期、萨迦政权统治时期、帕竹第悉政权统治时期，可以说这个时期不仅是西藏经济和文化不断向上发展的时期，也是建筑与园林艺术不断发展的时期。

13世纪中叶，分裂多年的西藏由于蒙古势力的介入而很快取得统一。元朝皇帝委任萨迦巴执掌西藏地方的统治权，历经多年战乱的西藏终于开始走向安定。萨迦政权上对元朝效忠，对下统属着13个万户。万户之下，是统辖着庄园的宗、溪一级政权机构。萨伽政权统治之初的西藏百废待兴，园林的发展比较缓慢。这与当时元代园林的发展几乎陷于停顿状态的状况相比颇有类似之处。[8] 但是这段时期，封建领主庄园制的经济形态得到了进一步发展，一些封建领主开始有意识地在房前屋后栽植树木，使其成为居住建筑和生活环境的一个组成部分，更有用土石围成墙垣专门保护的，从而逐渐演变为人工营建

的园林。据《藏族社会历史调查》中记载，其中最早营建的是十三万户[9]之一的甲马赤康庄园园林，"……门前的跳神场，城外的赛马场和林卡，是供贵族们娱乐的场所"。但关于园林的规模及特征，并没有记载。至于当时其他各万户的建筑与园林情况尚无史料可查。但是可以肯定的是，由于当时休闲观念的兴起，再加上社会的统一和封建领主经济的发展，各封建领主在修建豪华住宅的同时，辟地造园，已经相当盛行。

至14世纪帕竹第悉政权统治西藏之时，封建农奴制在西藏得到进一步巩固，庄园经济迅速发展。同时，随着藏传佛教最大的一个教派——格鲁派的兴起，西藏掀起了第三次建寺高潮。再者，帕竹第悉政权的大司徒绛曲坚赞，在政治上进行了重大改革，即废除了元朝设立的十三万户，在所管辖地区建立宗一级的权力机构，始兴修建宗山建筑。同时，绛曲坚赞也十分重视植树造林，这些因素在一定程度上都推动了西藏园林艺术的极大发展[10]。

这段时期，庄园园林随着庄园建筑的蓬勃发展而不断涌现，典型代表是至今仍存有部分遗址的山南扎囊县的朗赛林庄园的林卡（图5-17）。林卡内苍松古柏，垂柳翠竹，果树成荫，道旁、林中间植各色花卉，并于花丛中建一亭台，倍增园内景致。这成为以后各庄园园林营建的主要模式，也影响了藏式传统园林中其他园林类型的营建模式。

图5-17 自然林卡景色，图片来源：焦自云摄

图 5-18 扎什伦布寺林卡，图片来源：汪永平摄

图 5-19 布达拉宫壁画：十三世达赖喇嘛赴京觐见慈禧太后图，图片来源：布达拉宫

鲁定根则。除此之外，琼结宗山园林、曲水宗山园林、贡噶宗山园林等都修建于这个时期。可惜这些宗山园林已毁，只能在史书上寻觅零星散落的有关记载。

众多资料表明，这段时期的造园活动已从原始的纯以利用自然山川林木的园林活动，逐渐与人工造园相结合，并开始考虑造园技巧和造园意蕴，出现了庄园园林、寺庙园林和宗山园林，标志藏式传统园林已经初具雏形，可称为西藏园林大发展的时期。虽然当其时的造园活动已非常盛行，但仍然不是以独立的园林而存在，更多的是作为庄园、寺庙和宗山的一个附属设施。其功能也比较局限，一般用作消夏或寺庙辩经，观赏性居于次要的地位。

5）成熟期

从 17 世纪末的五世达赖喇嘛时期到 20 世纪中叶的十四世达赖喇嘛时期，也即甘丹颇章统治时期，是藏式传统园林艺术的繁盛时期。其成熟的主要标志是行宫园林的兴建。

据史书记载，1642 年五世达赖洛桑嘉措在清廷的支持下开始掌握西藏政权，建立甘丹颇章地方政府。此后即是历代达赖统治西藏的时期，史称甘丹颇章统治时期。西藏实现了真正意义上的"政教合一"。藏传佛教被推上西藏文化的顶峰，对西藏园林艺术的影响也达到极致。从五世达赖幼时消夏的林苑——琼结县的德吉林卡开始，到历代达赖屡有兴建的罗布林卡，以及数目众多的庄园、寺庙及宗山的园林；从园林建筑的功用、园路的铺建、花木的选择，到装饰的选用等都不同程度地反映了佛教文化的义理。

历史上的西藏居民也从没有停止过学习和引进外族的优秀文化，从史籍中的众多记载可见历代文化交流的盛况。至甘丹颇章政权统治时期，这种学习与交流日趋频繁深入，其中尤以与汉民族的交往为多。五世达赖和十三世达赖都先后进京朝拜（图 5-19），亲

新兴的格鲁派使寺庙园林得以出现并迅速发展。较具代表性的有 15 世纪初所建立的拉萨三大寺甘丹寺、哲蚌寺、色拉寺的辩经场，15 世纪中叶修建的昌都强巴寺的辩经场，以及寺庙活佛住宅的园林等。从西藏的唐卡中亦可见当时寺庙林卡的大概形态。例如建于 1447 年的扎什伦布寺的林卡，为数不多的园林建筑掩映于繁茂树木之间，与寺中其他部分相比显得绿意盎然、景色秀丽（图 5-18）。

1353 年修建的桑珠孜宗山园林是历史上记载的为数不多的宗山园林之一。它含有四大林卡：扎西根则、甲措根则、噶玛根则、

眼目睹当时正处于极盛时期的中国古典园林的美景，心向往之。回藏后，凭其极大的权力、财力和物力进行了大规模的园林兴建，体现出汉族文化影响的痕迹，其中尤以罗布林卡中的兴造最为突出。借由雪顿节百姓可入园观戏的缘故，它也深深映射在西藏地区其他园林艺术的兴建中。

罗布林卡，藏语意为"宝贝园林"，位于拉萨市布达拉宫西南侧 3 里（1500 m）许的拉萨河畔，占地 36 km²。公元 18 世纪，驻藏大臣根据清廷的旨意，在"拉瓦采"（"灌木丛林"之意）为七世达赖修建了第一座行宫建筑，名叫乌尧颇章（乌尧意为"帐篷"，颇章意为"宫殿"，故又名"帐篷宫"，亦称"凉亭宫"），供其休憩，这是罗布林卡建园之始。七世达赖深爱这片水清林茂的地方，亲政后，在乌尧颇章东侧修建格桑颇章（贤劫宫），并命名为"罗布林卡"。从此后，历代达赖在未执政之前，在罗布林卡习文、学经、修法。执政后，每年藏历四月到九月达赖在此消夏处理政务，以及举行庆典、进行宗教活动等。罗布林卡便成为历代达赖喇嘛的夏宫。历代达赖喇嘛也均对罗布林卡进行过扩建和维修，才形成当今之规模。在罗布林卡中，一幅颐和园万寿山全景图的壁画更让我们直观地看到了汉式行宫园林文化对藏式行宫园林的影响（图 5-20）。

罗布林卡一方面吸收当地庄园园林、宗山园林和寺庙园林注重绿化的特点，营造树繁草茂的自然气氛；一方面继承辩经场体现净土胜境的造园手法，同时又极力把"极乐世界"的具体形象营造展现出来。历 200 余年的罗布林卡，其建筑、生态环境依然基本完好，集中体现了藏式传统园林、建筑、绘画、雕塑等方面的艺术风格和成就，不仅是藏式传统园林艺术成熟的标志，也是藏式传统园林最完整的代表。

除了达赖喇嘛御用的罗布林卡之外，还

图 5-20 罗布林卡壁画——颐和园万寿山全景图，图片来源：焦自云摄

图 5-21 龙王潭景色——阁楼与五孔石拱桥，图片来源：汪永平摄

图 5-22 德谦园林（德钦格桑颇章），图片来源：焦自云摄

有拉萨布达拉宫山阴的龙王潭（图 5-21）。日喀则地区则有供班禅使用的行宫园林两处，它们是分别兴建于 1825 年和 1844 年的东南郊的"功德林"（即普救寺）和南郊的"德谦园林"（即德钦格桑颇章）（图 5-22）。

这个时期，行宫园林之外的辟地造园活动也相当盛行，其中以庄园园林和寺庙园林最为活跃。特别是 20 世纪中叶，拉萨很多贵族纷纷从拥挤的老城搬出，在城郊新建带有园林的住宅。1952 年建造的拉萨江罗坚贵族庄园的园林就是一个典型实例，它不仅承袭了藏式传统园林注重绿化的特点，体现了一定的佛教氛围，而且代表了后期贵族庄园园林的布置特点。

综上所述可知，至晚到清代中叶西藏就已初步形成具备独特民族风格的园林，从最初的自然林卡形态逐渐演变为具有较为完整的园林形态的藏式传统园林。它仍以大面积的绿化和植物成景所构成的粗犷的原野风光为主调，也包含着自由式和规整式的不同布局方式。园林建筑的数目有所增加，功能复杂化。造园技巧和造园意蕴亦有了极大发展。

5.3.2 主要类型及特点

藏式传统园林依据其隶属关系可大致分为以下四种类型：庄园园林、寺庙园林、行宫园林和宗山园林。在西藏居民自然观的影响下形成的藏式传统园林的各种类型之间，既有相同之处，也存在着独具的特色，具体表现在园林的选址、园林的功能、植物的栽植、建筑的修建、空间的布局等多个方面。下面就以藏式传统园林的四种类型为例，探析其各自的特点。

1）庄园园林

庄园作为西藏农奴制度的产物，不仅是贵族、寺庙的活佛及其代理人的生活场所，也是管理的权力中心。其主人无不倾其全力，用心建设，以体现富有和威严。作为庄园附属设施的林卡亦得到主人的着力兴造，成为藏式传统园林的重要组成部分。

庄园的选址大多在交通方便、气候宜人、出产相对丰富的地方。如江河与湖泊沿岸较为舒缓的平原地带，因地势比较平坦，为园林的选址兴建创造了有利条件。庄园建筑多为城堡式建筑群。出于安全保卫的需要，常以高墙围成大院，重要的房舍如主人居室、经堂、仓库等都集中在一幢碉房式的多层建筑物内。环境比较封闭，使用也很局促。封建领主们又多讲究生活享受。因此，比较大

的庄园常修建园林作为夏天避暑居住或消遣娱乐之用，类似于汉族的宅园或别墅园，这就是庄园园林。依据其占有者身份的不同，庄园园林又可分为贵族庄园的园林和寺庙庄园的园林两种，但这两者无论是在规模还是在园林的建造方面都大略相似。在此我们划归一类论述。

庄园园林与庄园主体建筑（主楼）的关系随着时间的推移而有变化。早期庄园园林多在庄园主楼前后或邻近的开阔地段辟地造园，有的还各自用矮墙围绕，形成园林与主楼相对独立的格局。如山南扎囊县朗赛林庄园的林卡就位于主楼的前面，相隔不远。也有的庄园主楼与园林的距离相对较远，如山南拉加里王宫的园林部分，就是位于远处河谷地带树林中的夏宫。后期的庄园主楼则多融入园林之中。如拉萨江罗坚贵族庄园园林，主楼位于园林的西北角，园与宅融合形成一个整体。

庄园园林以大面积的绿化见长，栽植有大量的观赏花木和果树，其中比较多的是乡土树种柏、松、青杨、旱柳等，果树以桃、梨、苹果、石榴、核桃为多。花草亦以当地种属为主，也有从外地引种名贵花卉如海棠、牡丹、芍药、月季之属。小体量的建筑物疏朗地散布、点缀于林木荫郁的自然环境之中。林卡或因水成园，引进流水，开凿水池，或建置户外活动的场地如赛马场、射箭场等。但总体来说，庄园园林并不注重叠山理水，地势自有高低，呈现出一派树繁草茂的自然氛围。其中比较著名的贵族庄园的园林有：江孜帕拉主庄园的林卡、朗赛林庄园的林卡、甲马赤康庄园的林卡等。寺庙庄园的园林如：萨伽寺的平措、卓玛法王宫，拉萨蔡角林和蔡角林卡等（图5-23）。[11]

2）寺庙园林

寺庙园林作为藏传佛教寺庙建筑群的一个组成部分，它的主要功能并不在于游憩，

而是寺庙中僧众集会辩经的户外场所，也叫作"辩经场"，又称"僧居园"。所谓"辩经"即对佛经中的奥义展开辩论，通过辩论来彼此论证，互相学习，进而达到对于佛教经纶的融会贯通。这是西藏喇嘛学习佛经的主要方式之一，也是喇嘛晋级、取得学位的考试手段。当然，在西藏也有很多寺庙不建造专门的辩经场，但仍然留有一些广场或院落，做讲经说法的场所。

辩经场按其属性可以分为措钦辩经场、扎仓辩经场，甚至一些大的康村也都有自己的辩经场。措钦辩经场的位置常选择措钦附近的平坦之地，如拉萨色拉寺措钦辩经场；扎仓辩经场则常选靠近扎仓佛堂的平坦之地建造，如拉萨哲蚌寺洛塞林扎仓辩经场、色拉寺的色拉吉扎仓的僧居园、昌都强巴林寺才尼扎仓的辩经场等（图5-24）。

辩经活动之所以在户外进行，盖因喇嘛们常年在香烟缭绕、光线幽暗、通风不良的经堂里面诵经礼佛，非常需要见见阳光、呼吸一些新鲜空气。但其宗教上的用意更为明显：仿效佛祖释迦牟尼在旷野的菩提树下说法、成道的故事。如拉萨哲蚌寺洛塞林扎仓的辩经场，其周围矮墙围绕，场内成行成列地栽植柏树、榆树，辅以红、白花色的桃树、山丁子等，于大片绿荫中显现缤纷色彩。僧侣辩经时可坐可立，地面上铺满了卵石，不沾泥土。在场地北面的三层台阶上，坐北朝南建置有两座开敞式的小建筑物"辩经台"，既作为举行重要辩经会时高级喇嘛起坐的主席台，同时也是寺庙园林里的唯一的建筑点缀[12]。寺庙园林的植物配置一般都是成行成列栽植，以体现佛经中所描绘的西方净土"七重罗网、七重行树、花雨纷飞"的景象。这成为寺庙辩经场营建的主要模式。

此外，西藏寺庙的选址都在呈吉祥之气的神圣之地，这里多依山靠水、林草茂盛。抑或在寺庙建成后，在寺庙周围种草植树，

图5-23 帕拉主庄园的林卡，图片来源：焦自云摄

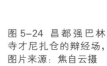

图5-24 昌都强巴林寺才尼扎仓的辩经场，图片来源：焦自云摄

使其树繁草茂。这些自然林卡与辩经场一起，构成了寺庙总体环境和寺庙园林的整体格局。

3）行宫园林

行宫园林作为达赖和班禅的避暑行宫，是藏式传统园林中最高等级的园林，非常类似于汉地的皇家园林，其重要性和特殊性均不同一般。相较于庄园园林和寺庙园林而言，行宫园林的兴建因为有着雄厚的经济实力和权力的支持，其规模都比较宏大，内容丰富，也最具西藏园林的特色，可谓藏族园林艺术的集大成者。其形成时间也相对较晚，大约在甘丹颇章统治西藏的时期。位于拉萨市西郊的罗布林卡可称为西藏行宫园林的代表，此外位于布达拉宫之荫的龙王潭、日喀则东南郊的"功德林卡"和南郊的"德谦林卡"也都属行宫园林之列。

行宫园林的选址一般不在宫殿或寺庙建筑内，而是选择离宫殿或寺庙建筑不远的地势平坦之地建造。但是在视线上，要求在园林内能仰望寺庙的措钦，以体现尊佛思想。

如日喀则地区的功德林园林和德谦园林，都是班禅的夏宫。前者位于年楚河畔的平坦之地，后者位于寺庙南面的平坦原野中，由于寺庙依山而建，处于较高的位置，在视线上均可俯视这两处园林，从而体现佛至高无上的形象，在园林地方也可仰望寺庙，体现佛尊思想。罗布林卡的选址也是同样的道理，虽然布达拉宫属宫殿建筑，但因宗教作用很突出，也可算兼有寺庙功能。在罗布林卡内，可仰望布达拉宫，且罗布林卡的主要大门（图5-25）也面向布达拉宫，与之成呼应之势，体现宫殿或寺庙建筑对园林选址的支配控制

图 5-25 罗布林卡的主门（东大门），图片来源：焦自云摄

图 5-26 鲁康奴（西龙王宫），图片来源：汪永平摄

图 5-27 措吉颇章（湖心宫），图片来源：汪永平摄

作用[13]。

行宫园林内栽植的花草树木品种相当繁多，不仅有当地的乡土树种，亦有引进的外地名贵花卉树木。例如仅罗布林卡现有的树种就达 162 种之多，其中不乏珍稀植物，如八仙花、文冠果、喜马拉雅巨柏等。日喀则的德谦园林遍植有各种果树和奇花异卉，四处飘溢着果香和花香。在园内空旷处，还种植了各种蔬菜和粮食，草地上放牧着牛羊，俨然一派乡间田园风光，令人流连忘返。

行宫园林内的建筑也比较多，建筑造型多样，变化丰富。仅罗布林卡中的建筑就囊括了藏式传统园林建筑的三种类型：如格桑颇章、乌尧颇章、金色颇章等采用的都是传统的藏式做法；西龙王宫则属采用藏汉合并做法的典范（图 5-26）；仿汉式做法的最佳实例是措吉颇章（图 5-27）。它们不仅具有生活起居、办公礼佛的功用，还起着组织景观、点缀装饰风景的作用，倍增园林景致。

4）宗山园林

宗山园林是特定时代的产物。14 世纪帕竹第悉政权统治西藏之时，大司徒绛曲坚赞进行了重大的政治改革，废除元朝设立的十三万户，设立宗一级的权力管辖机构。由此开始兴修建宗山建筑，以供宗本等政府官员办公理政、居住礼佛。政府官员多由西藏的僧、俗贵族担任，其休闲娱乐、享受生活的本性未曾改变。宗山园林就伴随着庄园园林、寺庙园林发展的强劲势头顺势而生。

宗山建筑一般建于人口相对稠密地区的制高点上，建筑依山而建，建筑群随山势布置，平面多为不规则形状。其建筑物除了宗本居室、办公公堂和佛堂之外，便是用作防卫的围墙、碉堡和供防卫人员、公务人员、奴仆居住的附属设施。有条件的宗本则在缓坡平坦地段，或山脚地势平坦之地，建造供宗本等官员使用的园林，这就是宗山园林。历史上记载的宗山园林主要有：桑珠孜宗山园林，

琼结宗山园林、曲水宗山园林、贡噶宗山园林等。可惜这些园林大多已随宗政权的失势、宗山建筑的坍塌而毁弃，有关的详细记载也史料难觅。

日喀则地区的桑珠孜宗山园林是历史上有记载的为数不多的宗山园林之一。它修建于 1353 年，主要有四大林卡：扎西根则、甲措根则、噶玛根则、鲁定根则。"桑珠孜宗南边的林苑中生长着非同寻常的柿子、睡莲、白莲、青莲等，花朵艳丽，飘逸芬芳。""宗山东面的园林甲措根则是各种树木的混合林。这里众花朵朵初绽，色彩鲜艳，枝繁叶茂，果实累累，枝头上各种鸟儿云集。"[14] 从这些描述中可以看出，宗山园林以种植树木花卉为主，园中的睡莲、白莲、青莲等植物带有明显的佛教崇拜的意味，因观音是不离莲花的，而达赖又是观音的化身。宗山园林营造的是一派树繁草茂的自然氛围，呈现出明显的自然林卡的特征。

5.3.3 空间营造

空间是建筑和园林的灵魂和架构，藏式传统园林在空间处理上有别于中国古典园林曲径通幽、欲露还藏的空间处理方式，而是在满足其特殊的功能要求的基础上，以大面积的绿化和植物景观所构成的自然风光为基调，园内不做小的空间划分，却以周围千姿百态的群山为借景形成自己的特色。

1）平面功能要求

藏式传统园林的平面功能要求主要表现在三个方面：休息游乐、宗教法事和政治活动。休息游乐是庄园园林、寺庙园林、行宫园林和宗山园林所共同具有的功能，也是藏式传统园林的主要功能。如赏花、跑马、筵宴、观戏等。虽然寺庙园林中辩经场的设置是为了辩经求法，却也是一种轻松的学习方式，带有休息游乐的性质。宗教法事和政治活动主要是行宫园林的功能要求。在其他类型的

图 5-28 罗布林卡中雪顿节时的藏戏表演，图片来源：高登峰摄

园林中，虽然也偶或进行，但多为特例。

作为行宫园林代表的罗布林卡集中体现了对上述三种功能的要求。每年雪顿节，朝拜的人们不分贵贱、不分男女、不分老少，都可涌入罗布林卡中看藏戏演出，这种同乐庆祝的盛况，将休息游乐的功能表达到极致（图 5-28）。平时的罗布林卡，除达赖喇嘛有礼佛诵经、接受朝拜和灌顶等宗教法事之外，百名哲蚌寺、色拉寺的喇嘛，10 名布达拉宫朗姆杰扎仓喇嘛以及 8 名左右密院喇嘛分别在厦旦拉康、松岗康和赤珠佛殿内为达赖长寿诵经。同时，园内还有辩经、斗法、降神等多种法会。如藏历四月十五日的"别介脱"法会[15]；五月十五日，西藏最大的护法神到园中降神。每隔 12 年举行的规模盛大的"波罗密多经"法会[16]。宗教活动在园林中的重要地位使经堂、佛殿等成为园中必不可少的建筑。因此罗布林卡的平面布局就是围绕上述功能要求，即实用性和风景性而展开的（图 5-29，图 5-30）。

2）空间布局方式

（1）自然简单式

从早期藏式传统园林利用自然林卡，用土石围成墙垣进行保护，以供园林主人独享，发展至后期的辟地造园，成行成列的栽植树木花卉，在园中修建零星小巧的建筑，以大面积的绿化和植物景观所构成的自然风光为基调的原则没有变，其布局方式也仍然趋向于自然与简单。

这种布局方式以庄园园林、寺庙园林和

图 5-29 厦旦拉康（祝寿殿）外景，图片来源：《拉萨建筑文化遗产》

图 5-30 罗布林卡辩经台，图片来源：汪永平摄

图 5-31 德钦格桑颇章园林的自然景区，图片来源：焦自云摄

宗山园林为代表。由于这三类园林功能简单，因此布局简明。如帕拉庄园园林，开敞式的休息亭点缀在树林之中；哲蚌寺洛塞林扎仓辩经场，两座小巧的辩经台坐北朝南布置在场地的一端，面向成行成列栽植的树木；桑珠孜宗山园林内，各种树木枝繁叶茂，花朵艳丽，飘逸芬芳。

（2）复合对比式

此类空间布局方式以行宫园林为代表。行宫园林的空间布局方式在继承庄园园林、寺庙园林和宗山园林的自然简单式布局特点的基础上，又有所发展和提高。由于其多功能的平面布局要求，以及不同时期历经修建的原因，行宫园林表现出复合对比的空间布局特点，即采用自由与规整、庄严与活泼等对比方式，通过营建多个景区来复合形成整个园林空间。

德钦格桑颇章园林可分为两大景区，一为宫殿区，一为自然风景区。宫殿区坐落于自然风景区之中，所占面积很小。自然风景是颇具田野韵味的大片绿地草坪，成行的参天古树列阵其中，不仅增添了园林空间的层次感，也与宫殿区严格对称的格局形成鲜明对照（图 5-31）。

藏式园林艺术的杰出代表——罗布林卡的空间布局按照现存的规模可分东西两大部分，每一部分包括多个相对独立的景区，形成了园中园的布局特点。东部由宫殿区、办公区、戏台和榆林园四部分组成。宫殿区以格桑颇章（贤劫宫）、措吉颇章（湖心宫）、达旦米久颇章（新宫）为核心组成三个景区，在空间上既分割又联系，外面用一个围墙将它们联系在一起。办公区为噶厦机关等，由厦旦拉康（祝寿殿）、松岗康（祈祷殿）为主体，占地 9 000 m²。宫殿区的东侧为戏台，由康松司伦（威震三界阁），即观戏楼和露天戏台组成，占地 2 200 m²（图 5-32）。榆林园中种植了大片的榆树，树龄在百年以上，是人们休憩散步之处，占地约 16 000 m²。罗布林卡的西部由宫区、杏园和草地三个景区组成，宫区由金色颇章、格桑德吉颇章（贤劫福旋宫）、曲敏确杰（不灭妙旋宫）三组建筑成环状布置，形成了一个较大的院落空间，幽静自然。东部为杏园，占地 5 km²。草地在其周围。

罗布林卡能充分利用自然条件，采用自由布局，突出自然风致景色。如在金色颇章的东面和东南面的林区，以及散布在林区边缘的草地，就有藏东原始森林和藏北牧区草场风光的影子。各景区的设计能够根据地形条件，运用建筑、树木、水面等组成各种景象，表现出特定的环境和意境。如措吉颇章景区，一方池水中安置三岛，并建有亭阁，池畔块石镶岸，环以宝珠石栏。景观似为模仿太液池和蓬莱、方丈、瀛洲三神山的意境（图5-33）。

如罗布林卡金色颇章景区（图5-34）。主体建筑物金色颇章，高3层，底层南面两侧为官员等候观见的廊子，呈左右两翼环抱之势，其严整对称的布局很有宫廷气派。金色颇章的中轴线与南面庭院的中轴线对位重合，构成规则式园林的格局。从南墙的院门开始，一条笔直的园路沿着中轴线往北直达金色颇章的入口。庭院本身略成方形，大片的草地和丛植的树木，除了园路两侧的花台、石华表等小品之外，别无其他建置。庭院以北，由两翼的廊子围合的空间稍加收缩，作为庭院与主体建筑物之间的过渡。因此这个规则式的园林总体布局形式形成了由庭院的开朗自然环境渐变到宫殿的封闭建筑环境的完整的空间序列。

金色颇章的西北部是一组体量小巧、造型活泼的建筑物，高低错落地呈曲尺形，这就是十三世达赖喇嘛居住和习经的别墅。它的南面开凿一清池，池中一岛象征须弥山。从此处引出水渠至西南汇入另一圆形水池，池中建圆形凉亭。整组建筑群结合风景式园林布局显示出亲切近人的尺度和浓郁的生活气氛，与金色颇章的严整恰成强烈的对比。除金色颇章景区外，达旦米久颇章景区也是通过规则式的达旦米久颇章与自由式的庭院相结合，形成景区空间的对比[17]（图5-35）。

图5-32 康松司伦（威震三界阁），图片来源：汪永平摄

图5-33 措吉颇章景区展现的胜境，图片来源：《罗布林卡》

图5-34 金色颇章西入口，图片来源：汪永平摄

图5-35 达旦米久颇章（新宫）景区，图片来源：吕伟娅摄

图 5-36 朗赛林庄园园林的借景——远山，图片来源：焦自云摄

3）借景与对景

西藏是一个山的世界，千姿百态的群山为藏式传统园林的借景与对景提供了十分方便的条件。对于寺庙园林，其本身就是寺庙建筑的一个组成部分。如萨迦派著名大师昆·官却杰波认为雅隆地方（萨迦县）本波日大山如同一只大象卧在地上，山腰右侧之处土壤灰白油润，又有河水从右侧流过，具有多种祥瑞，于是在此修建萨迦寺。[18] 可见，人们在寺庙选址时讲究的是山水的结合，如此优美的自然环境为寺庙园林的借景与对景创造了条件。又如人们对桑珠孜（日喀则）大地的描述："桑珠孜大地美若八瓣瑞莲，东边是莲花生大师曾以甘露勾兑的年楚河……正中南堆山庄严雄伟；西边的山岳如帝释天的坐椅六牙大象躺卧。"[18] 如此美丽的自然环境为桑珠孜宗山园林、班禅行宫园林的借景与对景提供了条件。对于庄园园林也是同样的道理，庄园建筑一般修建在河谷平原，四周为高大的群山环抱。由上面的分析可以看出，藏族聚居区以山地为主的地理环境，为藏式传统园林的借景与对景提供了十分优越的条件，有利地应用园林周围的群山风景，也是藏式传统园林空间经营的一个重要的部分[17]（图 5-36）。

以罗布林卡为例，它位于雅鲁藏布江拉萨河中下游的河谷平原上，离拉萨河岸约 500 m，河的南面是山，高度 4 000 m，城市的北面也是山脉。从罗布林卡望去，远山近水，尽收眼底，园内绿树葱郁，与周围的群山浑然一体。这种借景的手法在内地的江南园林造园中应用广泛，但是像罗布林卡这样成功的实例并不多。

罗布林卡的正门位于东侧，从大门东望，一座孤山跃然于眼底，这就是药王山，海拔为 3 746 m，高出罗布林卡 100 m，在空间视觉上形成了园林的一个很好的对景。据藏文文献记载，七世达赖喇嘛常常患病，而罗布林卡的灌木丛中有一眼清泉，他每年夏天常到此处沐浴疗疾，有"藏医学府"之称的药王庙距这里很近，往来十分方便，药王山与罗布林卡因此而联系起来，罗布林卡也就继布达拉宫后成为西藏宗教、政治、文化的中心。从罗布林卡的园中向西看去，远处 5 km 以外的一座造型奇特、颇似黄山的山峰，与药王山、园林三点可连成一条线，这是罗布林卡西面的对景，这座山峰形似笔架，每当气候变化，云雾缭绕，给园林增添了又一变幻的自然景观。

5.3.4 造园意境

中国古典园林颇为重视对园林意境的追求和表达，讲究源于自然而高于自然，把人的情愫与自然美有机融合，以达到诗情画意的境界。同样，藏式传统园林，在营造过程中也比较重视对园林意境的追求和表达，只是处理较为质朴。它采取仿真自然或浓缩自然的构园方式，把营造树繁草茂的自然氛围当作基本追求，同时把西藏宗教文化的义理和理想的佛陀胜景融入其中，以求达到人、自然、宗教三者相通的境界。

1）营造树繁草茂的自然氛围

为适应高原独特而又严酷的环境，西藏居民养成了对自然尊重、谦和的态度，进而形成了人与自然同生共存、和谐发展的自然观，这深刻影响了藏式传统园林的营造。藏式传统园林发展早期，西藏居民喜欢逛自然

林卡、踏青等活动，后随着封建领主制经济的发展，有条件的领主开始大力营建园林，无论是庄园园林、寺庙园林，还是行宫园林、宗山园林，营造树繁草茂的自然氛围成为共同的追求，也反映了人们对自然山林的眷念和对美好生活环境的向往。

庄园园林、寺庙园林和宗山园林，都以栽植树木花卉为主。朗赛林庄园园林的绿化率达到了90%，就是一个突出的例子。藏青杨、柏、柳、梨、苹果、核桃、石榴、桃、海棠、牡丹、芍药、月季等树木花卉布满整个园林。每当夏日来临，园内草木葱郁，风景甚是怡人。寺庙的辩经场内则多种植柏树、榆树、桃树等，郁郁葱葱，枝繁叶茂。如拉萨哲蚌寺洛塞林扎仓辩经场，时至今日仍然老树成荫，从高处观辩经场全景，只有两座小体量的辩经台隐约可见，仿若淹没在一片绿色的海洋之中（图5-37）。

宗山园林的身影虽已难觅，但从人们对日喀则桑珠孜宗山园林的描述中，依稀可见昔日树繁草茂的美景。"宗堡东面的园林是各种树木的混合林。这里众花朵朵初绽，色彩鲜艳，枝繁叶茂，果实累累，枝头上各种鸟儿云集。""宗堡北偏西面的园林，各种树木枝繁叶茂，好似用花朵和果子搭成的圆顶房，到处是香甜的果子，是降落喜庆的稀有果树园。""宗堡西南的园林，是混合林，林海飘逸芬芳，鸟儿们啼鸣悦耳，景致优美，潺潺流水似珍珠。""宗堡西面的园林，里面生长着柿树、睡莲、白莲、青莲、奔兹纳、紫梗等，花朵艳丽，飘逸芬芳"[14]。

行宫园林作为藏式传统园林艺术的集大成者，继承了其他类型园林注重绿化的特点，而且更有发展和提高，以大面积的绿化见长。罗布林卡作为行宫园林的代表，绿地覆盖面积达全园总面积的83%，其中在金色颇章与其他景区之间，就有占地9 hm² 多的林区，在高大的藏青杨树林之间，栽植松、柏、榆、

图5-37 哲蚌寺绿化，图片来源：汪永平摄

图5-38 罗布林卡的自然氛围，图片来源：焦自云摄

柳等，茂密深邃。林中除点缀有朴素的石坊门等小品外，不加雕饰，以求自然。罗布林卡中还有国家一、二级保护树种喜玛拉雅巨柏、雪松、大果圆柏、文冠果，热带植物箭竹、合欢等，有珍稀花种八仙花等，以及200年以上树龄的参天古木。同时，还饲养着西藏的珍贵野生动物——马熊、梅花鹿、白唇鹿等，这愈加彰显了罗布林卡浓郁的自然意境，具有令人神往的特殊美感（图5-38）。

在园林中，还可以发现一个较为有趣的现象：虽然园林已经成功地塑造了树繁草茂的自然氛围，可是园林建筑及其周边仍然都布置有形色各异的植物盆栽（图5-39）。它们或散布于院中，或悬于走廊，或堆放于平顶之上，数量众多、景致各异，不仅极大地美化了建筑的环境，仿佛也在诉说着西藏居民对自然氛围的极致追求。

2）展现理想中的佛陀胜境

佛教经典《阿弥陀经》所描绘的极乐世界令人神往痴迷。怀着这种对美好未来生活

图 5-39 罗布林卡措吉颇章景区的植物盆栽，图片来源：焦自云摄

图 5-40 龙王潭的水景，图片来源：汪永平摄

的向往，藏族居民在园林的营建中倾注了他们的心血与智慧，极力为我们展现出一幅理想中的佛陀胜景。

西藏居民虽然敬山爱山，但是并不追求处处有山。对神山的禁忌，以及对"彼岸"极乐世界的追求，使藏式传统园林的选址，多在地势平坦开阔之地，即使是依山而建的宗山园林和寺庙园林，也多在缓坡平坦地段选址建造。在园中也多不掇山理石，使地势自有高低，从而保持平坦地貌。这都与佛经中记载的"地面平如手掌"的"彼岸"世界相吻合。

罗布林卡的选址位于拉萨河故道，原有许多水塘。后来罗布林卡的措吉颇章景区、布达拉宫以北的龙王潭公园，都是以水池为中心的园林。园林设水池也符合佛经中天堂"甘露水池"的说法，从大昭寺"无量光佛与极乐世界"等壁画中也可见到天堂中水池的形象：平面方形，周边有围栏，池水微泛波浪，中央几枝莲花簇拥着法轮[17]（图 5-40）。

毋庸置疑，寺庙园林的宗教氛围是最为浓重的。身着红衫在辩经场上辩经的僧侣们，真实地展现着一种不同于世俗的别样生活。辩经场中，成行成列栽植的柏树、榆树，辅以红、白花色的桃树、山荆子等，模拟的正是佛经中所描写的西方净土"七重罗网、七重行树、花雨纷飞"景象。就连园林中的植物也披上了神圣的宗教色彩，被赋予了宗教的含义。例如，园林内的树木多为柏树，并以其为尊，因为释迦牟尼及其弟子曾以"柏子充饥"，同时，它又是长寿、永恒的象征。其他类型的园林也都依照宗教上的惯例或西藏的传统风俗进行花木配置。如观音是手不离莲花的，而达赖又是观音的化身，故园内不能无莲。在桑珠孜宗山园林中，睡莲、白莲、青莲等的栽植就取其意。

行宫园林继承辩经场展现佛陀胜境的造园手法，并有所发展和提高。这一点在罗布林卡中表现尤为突出，其园林布局有许多地方是按照佛教教义安排的。例如，榆树林采取"纵横成网格"的种植方式，就是依照佛经中极乐世界"布局呈棋盘方格"的模式安排的。措吉颇章景区在这方面更为突出，为了使池面成为天堂中香气四散的"甘露水池"，造园者在池壁缝中种满了各色牵牛花。开花时节，东壁橙黄，南壁嫣红，西壁姹紫，北壁黄、蓝相映，真是五彩缤纷，花气袭人。池中碧纹涟漪，适当点缀睡莲，以合佛经莲池芙蕖之意。水池四周，翠柏围绕，花木林立。池东群植花色洁白的山荆子；池西是花色如霞的山桃林；池南有梨、杏、文冠果，竞相争艳。置身其中，犹如到了佛经中"菩提林立""花雨纷飞""香气飘荡"的极乐世界。造园者根据佛经的虚构，充分发挥了自己的想象力，在罗布林卡展现了"天堂胜景"，为作为菩萨化身的达赖创建了人间净土，适应了宗教活动的需要。[11]

此外，行宫园林中，建筑的营建亦别具匠心。如龙王潭的三层楼阁，其平面是全对称的"十"字形布局结构，是按照佛教中坛城的模式建造起来的。罗布林卡中各景区主要建筑屋顶的用材、色彩、造型和建筑细部的装饰、彩绘等也都特别讲究，使建筑更加绚丽、精美、庄重。实际上这也是对理想中的佛陀胜境和极乐世界的描绘，是对琳宫梵宇、玉宇琼楼的一种展现和表达，一种对佛陀胜境和艺术双重虔诚的感情释放与心血结晶[17]（图5-41）。

图5-41 龙王潭阁楼，图片来源：焦自云摄

5.4 综述

雄踞于高原之上的西藏，气候条件比较恶劣。西藏居民面对高原如此严酷的气候条件，也能与高原的自然环境融为一体，相得益彰。这源于他们对待自然的态度，源于他们所信仰的人与自然同生共存、和谐发展的自然观。西藏居民的自然观形成于这片土地，蕴涵在西藏的宗教文化、习俗文化之中，守护着西藏的自然风景，影响着西藏园林艺术的发展。

西藏的风景雄浑、壮丽。神山、圣湖吸引着无数朝拜的人们，温泉滋润着高原上的居民，湿地则调控着高原的生态环境。它们的存在对西藏居民自然观的形成，以及理景观念的形成都起到了不容忽视的作用，也更有助于我们了解藏式传统园林的特色，理解其独特的艺术风格形成的原因。

藏式传统园林是中国园林体系的重要组成部分，也是中国园林艺术中的一朵奇葩。主要类型有庄园园林、寺庙园林、行宫园林和宗山园林。藏式传统园林多选址在地势平坦开阔之地，以大面积的绿化和植物造景所构成的自然风光为基调，包含着自然简单式和复合对比式的空间布局方式，但仍以自然式布局为主体，因而属于自然式园林。

藏式传统园林从最初出于对自然林卡的热爱，到辟地造园、兴建园林，其发展经过了原始期、萌芽期、中断期、发展期和成熟期5个阶段。而从公元13世纪开始，藏族聚居区的造园活动就非常活跃，也留下了不少记载与部分实物遗存。其中庄园园林、寺庙园林是出现相对较早的两种园林类型，保留下来的园林也相对较多。而宗山园林的情况比较特殊，它的出现在帕竹第悉政权统治西藏时期，伴随着宗政权的设立而出现，后又随着宗政权的撤销而衰败，并且没有实物留下。行宫园林形成的时间最晚，大约在甘丹颇章统治西藏的时期。它继承了前三种园林类型的特色，并在此基础上有了提高和发展。可以说，行宫园林是藏式传统园林艺术的集大成者，尤其是罗布林卡更是藏式传统园林的杰出代表，标志着藏式传统园林艺术的形成，同时它也是目前保存较为完整的园林之一。

藏式传统园林的造园意境主要归纳为两点：营造树繁草茂的自然氛围，展现理想中的佛陀胜景。对园林意境的追求与表达，使藏式传统园林的理景手法和造园技巧提升到了一个更高的层次，也有力地说明了西藏居民的智慧和艺术才能。

5.5　园林实录

详见表5-1。

表5-1　藏式传统园林调查表录

编号	名称	地点	概况	类型	现状
01	扎什伦布	日喀则	扎什伦布寺寺院南部有几片果树林卡，林卡东部系原班禅堪布会议厅所在地	自然林卡	基本完好
02	姑妈林卡	拉萨	曾经是强盗、土匪抢了东西分赃的地方	自然林卡	已毁
03	甲马赤康庄园园林	拉萨墨竹工卡	藏族历史上记载的最早出现的人工营建的园林	庄园园林	已毁
04	雅江边、贡布日神山山脚等处的自然林卡	江边、贡布日神山等处	树繁草茂之地，典型的自然林卡特征	自然林卡	基本完好
05	哲蚌寺和色拉寺附近的自然林卡	拉萨		—	—
06	蔡角林卡	拉萨	规模较大	寺庙园林	局部遗存
07	拉加里王府夏宫	山南曲松县	位于曲松河谷地带的树林中，面积较大，春夏时节郁郁葱葱、花木繁盛，景色十分优美	庄园园林	已毁
08	囊色林庄园园林	山南扎囊县	园林内苍松翠柏，垂柳翠竹，还有各种果树和花卉。进入夏天，草木繁盛，幽雅别致	庄园园林	局部遗存
09	郎堆庄园园林	林芝郎县	园内栽植梨、苹果、核桃、石榴、桃树、海棠、牡丹、芍药、月季等，以及高原少见的果木花卉	庄园园林	局部遗存
10	帕拉庄园园林	江孜县	以栽植大量花草树木为主，园林中有一质朴敞亭	庄园园林	基本完好
11	尧西林卡	拉萨	十四世达赖的家院，内有大片杨树和马兰	庄园园林	局部遗存
12	拉萨江罗坚贵族别墅园林	拉萨	别墅划分为四个区域，西北是居住区，东北和西南为果园，内植苹果与桃。东南为菜圃，其中建有花房和浇地水井	庄园园林	局部遗存
13	扎西根则（欢喜园）	日喀则原桑珠孜宗南面的林卡	风景优美，花草茂盛，绿茵遍布，杨柳亭立。在幽深路径里，有红玉碎石铺路，白玉石块摆花，林木疏密相间，亭台别致淡雅。每到夏季，城郊民众支起漂亮的帐篷，在这里相聚，饮茶野餐，弹琴歌舞，饶多情趣	宗山园林	仅存记载
14	甲措根则（欲求园）	日喀则原桑珠孜宗东面的林卡	是一片幽静的百花园，园中有很多名花异草，飞禽走兽。坐在花丛之中，可欣赏百花争艳，能谛听百鸟争鸣，给人一种乐趣横生、心旷神怡的感觉。因此，这座林卡也叫禽鸟栖息的地方	宗山园林	仅存记载
15	噶玛根则（众车园）	日喀则原桑珠孜宗北面的林卡	这座林卡尤以刺玫著称，传说此林卡里的刺玫果不仅个大，而且色泽鲜亮，肉多核小。在秋天的阳光下漫步，能给人一幅迥然不同的景致	宗山园林	仅存记载
16	鲁定根则（粗涩园）	日喀则原桑珠孜宗西面的林卡	优美恬静，流水可供游人沐浴。河溪清澈见底，相传此溪水洗澡比圣水还灵验。随着噶玛王朝的灭亡，后藏烽烟四起，这座林卡也被毁	宗山园林	仅存记载
17	琼结宗山园林	山南琼结县	以栽植花卉树木为主，选址于缓坡或地势平坦地	宗山园林	仅存记载
18	曲水宗山园林	拉萨曲水县	—		
19	贡噶宗山园林	山南贡噶县	—		

编号	名称	地点	概况	类型	现状
20	萨迦寺平措、卓玛法王宫	日喀则萨迦县	规模较大,布局如庄园园林	寺庙园林	局部遗存
21	色拉寺辩经场	拉萨	周围矮墙围绕,场内成行成列地植柏树、榆树,辅以红、白花色的桃树、山荆子等。场地一端坐北朝南建置开敞式辩经台。辩经场中树木成行成列栽植,以体现佛经中所描绘的西方净土"七重罗网、七重行树、花雨纷飞"的景象	寺庙园林	基本完好
22	哲蚌寺辩经场	拉萨	—	—	—
23	甘丹寺辩经场	拉萨	—	—	—
24	强巴林寺辩经场	昌都	—	—	—
25	德吉林卡	山南琼结县	面积约 5 000 m², 五世达赖幼时消暑的林苑	行宫园林	局部遗存
26	贡觉林卡	日喀则市东面	它坐落在年楚河畔,由七世班禅于1825年仿照罗布林卡所建,占地面积约 500 000 m², 是班禅消夏避暑和进行宗教活动的夏宫。这里古木参天,绿草如茵,清澈的小溪穿流其中,碧潭小桥点缀其间	行宫园林	局部遗存
27	德庆格桑颇章	日喀则城区西南角	北距扎什伦布寺约500 m。此宫由七世班禅丹白尼玛于清道光二十四年(1844年)建,内有佛堂、金殿、护法神殿等建筑,1954年被洪水冲毁。新宫为1954年兴建,是班禅大师安寝的夏宫。新宫的东南侧为新宫林卡	行宫园林	—
28	东风林卡	日喀则市区东北部	由七世班禅丹白尼玛于清朝道光五年(1825)始建。在此之前,已有少量树木,后逐年栽植,周围树木逐年增多。园内幽径曲环,四面贯通,安放有石桌、石凳,开凿有人工石河。石河环绕半个园林,河水碧波荡漾,可悠然泛舟;河廊上筑有亭台、拱桥,周围树木参天,环境幽雅。	行宫园林	—
29	卡基林卡	拉萨	位于布达拉宫西3 km,是拉萨回民的一个聚居点,这里有回民住宅、墓地和两座清真寺。卡基林卡又名"强达康",大约有200余年的历史。林卡位于河坝林清真寺礼拜殿西侧,植有槐树、核桃、苹果和柏树等。	自然林卡	局部遗存
31	嘎木厦林卡 尼雪林卡 喜德林卡 香卡林卡 冲拉林卡 甲玛林卡 孜仲林卡	拉萨	不详	不详	仅存记载

资料来源:焦自云编绘

注释：

1 南文渊.高原藏族生态文化 [M].兰州：甘肃民族出版社，2002：75，79-80。"缘起性空"：佛教解释世界与生命现象的基本观点。佛教认为，世间一切生物都是在相应的条件和相应的关系中产生并发展的。事物不可能以一种独立的不依赖他物的状态而生存，而必然依赖于他物而生存，由于种种因缘关系而存在，所以称为"有此则有彼，此生则彼生；无此则无彼，此灭则彼灭"。有了他缘，才有自身，他缘消灭，自身不存。"依正不二"：生命主体与生存环境作为同一整体，是相辅相成，密不可分的。

2 雪顿节："雪"在藏语中为"酸奶"之意，"顿"是"宴会"之意，雪顿节直译为"喝酸奶的节日"。

3 "错"：藏语，湖的意思。

4 李相状.中华旅行家 [M].长春：吉林文史出版社，2006：113-114，95-97，135-137，130-132

5 万字格：佛教中精神力量的标志，意为佛法永存，代表着吉祥与护佑。

6 西藏湿地保护工作 [EB/OL].http://www.cinic.org.cn/HTML/2005/1569/20062085419.html

7 李永宪.西藏原始艺术 [M].石家庄：河北教育出版社，2001：241

8 潘谷西.中国古代建筑史（第四卷）[M].北京：中国建筑工业出版社，2002：387

9 十三万户：甲马赤康万户、阿里芒域万户、拉堆洛万户、拉堆绛万户、曲弥万户、夏鲁万户、绛卓万户、止贡农牧万户、蔡巴万户、帕竹万户、雅桑万户、甲马万户、嘉域万户。

10 恰白·次旦平措，诺章·吴坚，平措次仁.西藏通史简编 [M].北京：五洲传播出版社，2000：161

11 西藏工业建筑勘测设计院.罗布林卡 [M].北京：中国建筑工业出版社，1985：148

12 周维权.中国古典园林史 [M].北京：清华大学出版社，1999：580

13 邓传力.藏式传统园林浅析 [D].成都：西南交通大学，2005：40

14 南文渊.高原藏族生态文化 [M].兰州：甘肃民族出版社，2002：13

15 介脱：持戒人自己从恶趣及生死轮回中解脱出来。

16 波罗密多：音译，意思为度。佛经译为彼岸。

17 邓传力.藏式传统园林浅析 [D].成都：西南交通大学，2005

18 南文渊.高原藏族生态文化 [M].兰州：甘肃民族出版社，2002：12

6 西藏的庄园建筑

庄园，藏语称"溪卡"，直译为"用土石围成墙来保护的土地"，也有"产业、根基"之意。实际上，"溪卡"是一个动态的概念，它随着社会的发展和人类认识的发展而有所变化。现在所提到的"溪卡"主要有两层含义：一层是作为土地的溪卡，是一种经济组织形式，反映了西藏的经济形态；一层是作为行政单位的溪卡，是基层的政权机构，反映了西藏的政权组织形式。本章论述中主要就其第一层含义展开，是与"庄园"相对应的一个概念。

庄园作为古代社会经济活动的一种主要组织形式，是封闭的自给自足的自然经济实体，它以农业生产为主，兼营畜牧业，手工业还没有从农业中分离出来，因而庄园内常设有与衣食有关的手工作坊和加工作坊，生产、加工物质生活的主要必需品。可以说庄园是封建经济赖以存在和发展的基础。在西藏，它随着吐蕃王朝的瓦解、旧的奴隶制度的崩溃和新的封建农奴制经济的出现而产生。

6.1 西藏庄园制度

西藏庄园制度的产生和发展具有历史的普遍性和典型性。封建领主庄园制度在汉地曾普遍存在于西周并延续至两汉时期，天子分封诸侯，诸侯分封臣下，建立了自给自足的经济组织——邑，有"十里之诸侯""十室之邑"的庄园[1]。公元12世纪时，欧洲以城堡为行政中心的封建庄园也普遍建立。它们都与西藏地区的庄园相类似，足见庄园制度是封建社会时期出现的具有典型意义的制度。在某种意义上可以说，西藏庄园制度的

产生与发展就是西藏封建农奴制度的产物。它是与20世纪50年代以前西藏地方的政治制度和经济体制联系在一起的。但西藏的庄园又独具特色，表现在建筑上更是别具一格，值得关注和研究。

6.1.1 庄园的历史探源

吐蕃王朝时期，随着赞普权力的膨胀，土地所有制从最初的原始部落或氏族村社的公有制逐步演变为赞普所有，同时出现了部分佛教僧人由奴隶主变成拥有寺属庄园的地主阶级的现象。在堆垅江浦的江浦寺（今粗朴寺所在地）前至今犹存的石碑碑文中记载道："赞普天子墀祖德赞恩诏。在堆垅江浦地方建寺，立三宝所依处，住有比丘四人，作为寺院顺缘之土地、牧场、法器、财物、牲畜等一并交付寺院，作为赞普墀祖德赞长年不断的供养。"[2]这说明赐给寺院寺属庄园的制度，在墀祖德赞时期已存在，佛教僧人中的一部分开始转化成拥有寺属庄园的地主阶级。

吐蕃王朝由于日趋激化的各种矛盾而分崩离析，土地国有制的瓦解导致地权的分散和下移，出现了土地私有制的迅速扩大，这为庄园的发展提供了滋长的土壤。据史书记载，公元10世纪后半叶，赞普朗达玛后代的一支，斡松第五世孙拉德，是西藏西部阿里古格地方封建势力的首领。他把辖区内布让一带的协尔等三个地方，作为"却溪"（寺庙庄园）封给对翻译佛教经典有功的大译师仁钦桑波。这是吐蕃王朝后迄今所见的最早的领地封赐的记录，也是"溪卡"一词最早出现的记录[3]。从此，溪卡就成了封建农奴制

社会领主庄园经济的雏形。

6.1.2　庄园的发展概况

纵观西藏庄园的发展历程，可大致将其划分为三个阶段：

第一阶段，自 11 世纪起至 13 世纪中叶是其形成的初期。这段时期随着奴隶主权势的衰微，宗教加速传播，表现在生产关系领域是残存的奴隶主和新涌现的宗教势力、富户巨贾相结合，采用各种方式侵吞大量存在的土地建立新庄园，这种庄园严格说来还处于雏形状态。

残存奴隶主的重要组成部分是吐蕃时代的王族大臣，他们看中某地时常以种种方式据为己有。土地一旦得手，即兴建家宅寺庙，并围绕寺庙建立庄园。据《续藏史鉴》叙述，萨迦派教主昆氏，"见本波山旁地白而润，知为瑞气所钟，堪宏大法，乃买山建寺（建于 1073 年）"[4]，就是一例。后来昆氏家族以萨迦寺为基地，逐渐吞并和统辖了周围地区的土地和居民，先后在上下卓木、拉托、芒卡日钦、后藏中上一带、上下夏卜、达纳等地建立庄园，它们连成一片，几乎达到一两个宗的面积。

寺庙领主的兴起有其独特的方式。寺庙一面以宗教为旗帜取得大量布施地；另一面还以招收僧徒教民为手段，使村民甘愿为寺庙服种种劳役。也有些寺庙的名僧利用其在群众中享有的威望，出面调解民间的纠纷，从而博得双方对寺庙的归顺依附，使居民成为寺庙的属民。如 1181 年夏，达陇塘巴札希贝（1142—1210）就曾调解达尔域人与绒巴人之间的械斗，事平后这两个地区及其居民就统归达陇塘巴统治。

至于富户巨贾，则利用他们的财力购买土地，组建庄园。如《米抗日巴传》中就有比较具体的描述：米抗日巴的祖父用黄金及由南方北方带来的货物，向土地主人俄玛买了一块沃土及该家的旧房，并当即另修房屋，立基后从事建筑多年。米拉日巴的父亲在此基础上还修了储藏室及厨房，三层楼上有"四柱八梁"，并与"当地显贵结为亲朋，贫穷无势者多为奴役"[5]。米拉日巴家这种以经商致富，购置土地，建立庄园，与当地权贵结合，奴役当地贫穷村民的情况是当时富户巨贾兴建庄园的一个典型。

残存奴隶主、寺庙名僧、富户巨贾成为大土地所有者，后来又在统一的政教权力下逐渐实现土地领地化，这是庄园形成的一个条件。庄园形成的另一个条件是农民人身农奴化，这个历史过程是与土地领地化同时进行的，这对庄园的建立和巩固起了重要作用。

在吐蕃时代的古老庄园演变为封建庄园的同时，农奴主们还按照新的经营形式把许多村落变为溪卡，这是每个僧俗农奴主统辖地区都出现的新的经济现象。宗教农奴主更利用僧众信徒的舍身苦干精神，来建立新的庄园。有许多农奴主还建立集市，修建民舍，在互通有无中取得税利，并让逃亡者和无家室奴户有所栖息。生产关系的新变化使经济呈现出前所未见的繁荣。可以说，封建领主占有制对于庄园经济的发展和巩固，起了巨大的作用，没有土地的领地化，没有劳动者的农奴化，就没有建立庄园的前提，就难以形成庄园经济的稳定。它们之间的关系，是互为条件，互相促进的。

第二阶段，元朝时期。西藏正式归入元朝版图后，在地方建制上，西藏最高的政治代表是萨迦派。萨迦派上对元朝效忠，对下统属着 13 个万户。万户之下，还出现了范围大于庄园，统辖着庄园的宗、溪一级政权机构。这样，上至元朝中央，下至庄园的宝塔式的建制将领主庄园纳入了整个封建统治的系统，至此结束了吐蕃王朝崩溃后西藏高原上长期没有统一政权控制的局面。也就是说，封建国家和西藏地方政府已把庄园固定在这一系列的行政建制的控制之中，这是庄园初步形成的又一标志。

据史书记载，元朝廷统治西藏后，曾不断将某些地区封给归顺它的西藏地方封建主做领地，这些封建领主也就在领地上建立了庄园以进行统治和管理。如帕竹政权的创始人杰哇仁布钦，他在建立宗教权威的同时，通过皇帝的支持，开始拥有寺属庄园。后来他又通过寺属庄园的逐渐扩大来建立服务于世俗行政的庄园。之后的多吉贝被元朝廷任命为帕竹万户长，建立了12处庄园。这在史书中亦有明确的记载："胜宝乃召回派其为万户长，金刚祥遂三赴元朝，元主乃赐颇章岗、冲杜札、烈伍栋、那摩、哈纳冈、塘波齐、林麦、崔喜迦、门喀札喜洞、甲塘、贾孜至库、雀登林、伽迦，建十二庄房，并保有领地甚多。"[6] 由此可见，元朝廷势力入藏后的一些措施促进了庄园的建立，使帕竹派的权势开始走向强盛发展时期，多吉贝建立的庄园，可以说是庄园制度在西藏得到发展的一个标志。在此之前，"帕竹噶举派中除了接受僧俗人众奉献的农牧产品布施外，没有建立行政管辖的专门寺属庄园"[7]。

第三阶段，明清时期。明初沿袭元制治理西藏。至帕竹首任第悉绛曲坚赞时，废弃了萨迦政权时期实行的"万户制"，建立了"宗溪"体制，将其作为地方一级行政建制推行于乌思藏地区。与此同时，他在扩大其管辖范围后的乌思藏地区加快了溪卡的建设，新建了溪卡桑珠孜等一批新庄园，大规模地推行以溪卡组织生产，管理属民的庄园制度，并对其手下功绩卓著、尤为忠顺者，实行封赐溪卡的制度。凡受封赐的溪卡都可以世袭，如曾经为帕竹政权的建立立下汗马功劳的喜饶扎西就被赐予了查嘎尔溪卡，作为世袭领地。这就在乌思藏各地培植并形成了一批衷心拥护帕木竹巴政权的新贵族[8]。庄园在这一阶段有了长足的发展，更有部分学者认为西藏后来的经济形式——庄园制是在帕竹时期产生的，庄园大发展的显著成果可见一斑。

1652年，清顺治帝册封五世达赖喇嘛洛桑嘉措为藏传佛教领袖，肯定固始汗为西藏汗王的政治权力，辅助藏传佛教格鲁派的发展。1656年固始汗卒，五世达赖权力增大，不仅没收了曾摧残过格鲁派的教派及贵族所拥有的土地和农奴，并且清查了格鲁派和其他教派的寺院，规定了寺僧人数，确立了寺院的自治制度和经济制度，并对寺院属民进行了清查，让每个寺属庄园向格鲁派寺院集团交纳一定数量的实物地租。同时把西藏的土地和农奴，一部分封赐给寺庙所有，称为"却溪"；一部分封赐给世俗贵族，称为"帕溪"；一部分由西藏政府所有，称为"雄溪"。由此便形成了我们现在所知溪卡的三种基本类型。据有关史料记载，当时卫藏全境可耕面积约300万克[9]，寺院占39.5%，贵族占29.6%，西藏政府占30.9%。西藏所谓三大领主自此臻于完善[10]。此后的发展中，尽管贵族与寺院的经济势力不断增强，其所属庄园类型并没有变化。这就是西藏三大领主的庄园，也进一步强化了西藏的封建农奴制度。

6.2 庄园建筑的发展概述与类型分析

6.2.1 庄园建筑的发展概述

西藏的庄园建筑实际上就是贵族的府邸，活佛喇嘛的私宅以及官府、寺庙派出的专门从事管理人员的居所。它是西藏民居中比较特殊的一种建筑形式。之所以称其为民居中的特殊形式，是就西藏的社会性质和其属于在封建领主制下专供特殊阶层领主所居住的建筑而言的，它与普通的民居既有联系又存在一定的差别。因而在研究西藏庄园建筑发展状况时，联系民居的发展过程将有助于梳理庄园建筑发展的概况。同时，对寺庙、宫殿、城堡等建筑发展的研究亦是有意义的参照系。

通常认为西藏的典型民居属于碉房建筑，它的发展过程是一脉传承的，期间并没有剧烈的变革过程（图 6-1）。庄园建筑同属碉房建筑，它的发展过程亦无明显的变化，这主要是就建筑的基本结构造型而言的，表现在建筑选址、建筑装饰、建筑材料等方面又存在着一定的发展变化和差异。

考古资料提供的确凿证据表明，远在四五千年前的新石器时代，西藏的建筑便有了相当的发展和较高的水平。至吐蕃王朝赤松德赞时，将山上的居民迁往河谷平地，这不仅是建筑选址发生变迁的时期，也是开始出现新的居住形式和格局的时期。据《旧唐书·吐蕃传》载："其人或随畜牧而不常厥居，然颇有城郭，其国都城号为逻些城。屋皆平头，高者至数十尺。"说明当时西藏的碉房建筑已经发展到相当高的水平。又据五世达赖所著《西藏王臣记》载："松赞干布于拉萨北郊建九层碉堡式王宫。"或可推知，古代吐蕃时期的建筑早期多建于高处，其易守难攻的防御特点比较突出，后因农业发展的需要，搬迁于平原河谷地带，但是建筑建于高处的防御特性是之后的宫殿、宗堡等建筑依旧修建于山上的主要原因。在吐蕃王朝时代的古老庄园逐步演变为封建庄园的同时，农奴主们还按照新的经营方式 "建立市集，修建民舍"，把许多村落变为庄园[11]。到 11 世纪时，西藏庄园领主的建筑，有的已建造得高

大豪华。从史料可知，当时米拉日巴（1040—1123）的家庭十分富有，家宅修建得非常豪华，还曾修建了名为 "桑嘎古托" 的九层碉房，成为此后庄园建筑形式的趋势。

西藏的寺庙建筑因受宗教传播的影响以及政教的起伏或变迁而多有改观，具体表现在寺庙建筑的结构、造型，以及建筑的空间布局之中。如至今依然保存完好的桑耶寺主殿——乌孜大殿的结构和殿顶装饰结合了我国西藏地区、中原地区，以及印度地区建筑风格，表现出明显受多地佛教文化影响的痕迹。佛教文化的输入表现在居住建筑上虽然远不如寺庙建筑的影响来得深刻，但是它毕竟使西藏居民的意识形态、思想观念发生了深远的变化，所以还是有一定程度的体现，如在住宅内经堂或礼佛空间的设置以及选用的装饰色彩等的佛教意味的加强等。这个发展变化的时期始于公元 8 世纪佛教文化在西藏传播的 "前弘期"，此后 10 世纪开始的 "后弘期" 使庄园建筑受到佛教影响更加深入，成为建筑本身的特质之一。

除佛教文化外的其他外来文化对西藏建筑产生的影响也已为人们所共识，尤其是在西藏的封建农奴制社会后期，中原文化对园林建筑产生的影响最为显著，在一定程度上促使庄园建筑有了新的发展。位于拉萨西郊的罗布林卡可以说是中原文化对园林建筑产生影响的最具代表性的实例。罗布林卡中的湖心宫（措吉颇章）是一座仿汉式的建筑，与其紧邻的西龙王宫（鲁康奴）则是典型的藏汉风格相结合的园林建筑，它们与南侧的一个小岛组成的平面布局是对中原古典园林中 "一池三岛" 布局方式的模拟（图 6-2）。西藏庄园建筑中亦包含园林部分，即藏语所称 "林卡"，同样受到外来文化的影响而有所发展。在庄园的林卡中添建建筑，如日喀则地区帕拉庄园的林卡，于树木花丛中建亭台等建筑，增添了园内景致（图 6-3）。

图 6-1 琼结县雪巴村的民居，图片来源：焦自云摄

图 6-2 罗布林卡的湖心宫与西龙王宫（左），图片来源：汪永平摄

图 6-3 帕拉庄园林卡（右），图片来源：焦自云摄

20世纪上半叶，西藏的建筑开始表现出对外来建筑文化容纳的新特性。十三世达赖喇嘛掌权后，曾派一些贵族子弟到印度和英国等地去学习，这些人回来后，带来西方先进文化和现代生活习俗。尤其是20世纪四五十年代，拉萨很多贵族纷纷从拥挤的老城里搬出，在城郊新建带有园林的住宅，从而出现了许多独家独院的园林式宅院，庄园主体建筑掩映于树木花丛之中，颇有原野之风。庄园建筑在发展后期出现的别墅化趋势，明显表现出受外来文化影响的痕迹。如位于拉萨的江罗坚贵族庄园建造年代比较晚，代表了后期别墅化庄园的布置特点。同时，外来文化的波及还体现在对新型建筑材料的使用上，可以说是庄园建筑发展的一个新趋势。建筑门窗开始用玻璃代替传统的纸糊，水泥等建筑材料也开始有所应用。更有贵族子弟从国外带回来一些钢梁，在设置钢梁的房间里，取消传统的柱子。尽管建筑主体依旧还是保持着藏式传统建筑的特色，但是房屋的平面设计和楼梯样式等都有了新的变化。在拉萨老城周围出现的许多新宅院是此类庄园建筑的实例。

综上所述，西藏的庄园建筑历经千年的发展历程，逐步趋于成熟。在这个过程中，庄园建筑受到外来文化的多种影响，表现出不同程度的变化，但这些变化并没有触及庄园建筑的本质，从而使庄园建筑得以始终固守传统藏式建筑的基本特质。西藏庄园建筑

的成型同样受制于地理环境、建筑技术、民俗风情、生活习惯等诸多因素的影响，而这些因素又常常是不易变化的传统形态。像其他民居建筑的发展一样，基本成型后的西藏庄园建筑在一个相当长的时期内并没有一个突变性的发展，它以相对的稳定性而表现某些亘古不变的传统，因而亦具有化石般的认知作用。

6.2.2 庄园建筑类型

目前，藏学界对庄园最普遍的划分方法是依据庄园所属领主的不同来进行分类，本书中也据此将庄园分为三大类：贵族庄园（帕溪）、寺庙庄园（却溪）和政府庄园（雄溪）。

1）贵族庄园

贵族就是那些在社会上拥有政治、经济特权的阶层，藏语习惯称之为"格巴""米扎""古扎"[12]。关于西藏贵族的来源，目前研究所得出的比较一致的观点是西藏贵族家庭来源有五种情况：①吐蕃王室和大臣的后裔及各地酋长（大奴隶主）的后裔；②元、明、清历代中央政府敕封的公爵、土司的后裔；③历代达赖喇嘛册封的贵族；④班禅额尔德尼的家属和班禅"拉章"[13]所辖的后藏贵族；⑤萨迦法王等呼图克图的家属及其所属官员[14]。

贵族庄园的来源，早期主要是来自贵族家庭的"帕溪"（世袭地），后多由政府赏赐而来，尤其是至五世达赖喇嘛时，即使是帕溪，也要经过政府的确认或重新

赏赐，才可为贵族家庭所有。若因违反法纪、教义或者是做了其他不能为政府所容的事情，政府有权收回庄园，例如龙厦家族庄园的没收[15]。但通常情况下庄园都可为贵族世代世袭使用。

据《西藏自治区概况》记载，至民主改革前西藏贵族的家庭仅有 197 家[16]，但因各贵族家庭中通常都有至少一处甚至几十处庄园，庄园建筑不仅多，而且分布广，因此书中对西藏庄园的调查也未能涵盖数量如此之巨的庄园建筑，只能择其比较具有代表性、保存相对完好的庄园建筑进行调查测绘及研究。

纵观西藏的土地，从某种程度上可以说就是被这些或大或小的庄园瓜分完毕的。通常在拉萨拥有宅院的贵族在乡间都会拥有数量或多或少的庄园。这些建筑的空间布局、造型装饰多种多样，但仍然是典型的藏式碉房建筑。少数贵族因世代相袭、年代久远，除了拥有大片的耕地之外，有的还拥有私寺、林卡、牧场等，其庄园建筑的规模也很大。如位于山南地区曲松县下江乡的拉加里庄园，其主人拉加里家族是吐蕃王朝的嫡系后裔，旧西藏地方政府仍在一定程度上承认其地方统治特权，因而其庄园又常被称为拉加里王宫。该庄园坐落于城南侧 50 m 高的台地之上，坐北朝南，占地面积非常广，主要建筑有主殿、红楼、大仓库、马厩、夏宫等（图 6-4）。

贵族庄园因其规模有大有小，大型庄园常常要管辖几个乃至十多个小型庄园，有些大型庄园还代行宗的职能，这使庄园建筑本身有了等级划分。据此可将之分为母庄园（或称"主庄园"）与子庄园（或称"隶属庄园"）。通常我们把贵族主要居住的庄园或者是发迹的庄园称为母庄园，这类庄园或分布在拉萨，或分布于乡间。子庄园是母庄园的隶属庄园，通常是由贵族派出的管理者来进行管理，修建的房屋或供贵族偶尔亲临居住，或者供管理者来时居住，更有的管理者甚至常年居住于此，成为该庄园名副其实的主人，只要完成份内的职责，向主人交差即可。此类庄园的建筑规模一般比较小，在建筑层高、建筑用材以及建筑开窗上等级都比较低，但较普通的民宅已算豪华。

2）寺庙庄园

寺庙庄园的来源主要有二：一为政府赏赐而来；一为贵族布施而来。从吐蕃王朝时期开始，西藏的统治者即利用宗教来巩固自己的统治地位，赏赐庄园给寺庙是笼络民心的一种有效方法。寺庙和贵族为壮大或者巩固自己的势力，也常采用贵族布施庄园给寺庙的方法来相互联合，如蔡巴噶举派与拉萨附近的噶氏家族的结合，帕竹噶举派与山南附近的朗氏家族的结合，萨迦派与昆氏家族的结合等。寺庙庄园根据所属宗教领主的不同可以分为两类：一类是活佛和上层喇嘛私人占有的，另一类是寺院集体占有的。

第一类，活佛和上层喇嘛私人占有的庄园。正如贵族拥有私邸和附属庄园一样，活佛或上层喇嘛亦有私人的"拉让"[17]和附属庄园。拉让的土地属于活佛或上层喇嘛所私有，一切归他使用支配，这有别于寺庙的公产。某些大拉让下设的庄园数目和大贵族的庄园数目不相上下，甚至更多。拉让出现得很早，但大规模兴建之风却是在 18、19 世纪。当时活佛转世制度泛滥，活佛作为旧西藏社会中非常特殊的一个阶层，不仅在政治上拥有很大的特权，在民众中亦拥有极高的社会地位，凡是具备活佛资格的人都可建立自己的拉让。

图 6-4 拉加里王宫，图片来源：汪永平摄

同时，较有地位的上层喇嘛也多兴建自己的拉让，因而大大小小的拉让林立，正是西藏"政教合一"制度的一种反映。

拉让的建筑平面形式多为方形庭院，2~4层的主体建筑在北侧，包括门廊、经堂、佛殿等，与藏式寺庙建筑类似。门廊在主体建筑前部的正中，常为三间一进或三间两进，在门廊的一侧或两侧有楼梯直通二层。经堂在门廊后，其开间数和进深数依主体建筑的规模而定。经堂的中部空间高起，开有高侧窗来解决整个经堂的采光。佛殿在经堂之后，进深往往不大，横向连通或根据开间划分为不同的室，高度为1~2层。经堂两侧为配室，用作储藏室、厨房或交通空间。主体之外的三侧建筑均为二层外廊式平顶建筑，建筑开间和进深都不大，常作为僧舍、厨房、仓库等。位于拉萨河南岸不远处的策觉林[18]即是一典型的实例（图6-5）。

拉让中最具代表性的当属有"四大林"之称的贡德林、策默林（图6-6）、惜德林和丹结林。它们是西藏历史上四大摄政王呼图克图大活佛的私人拉让，这四大活佛的地位仅次于达赖和班禅，所以有能力建造如寺庙一般规模宏大的拉让，因而在有些资料中也将拉让归入寺庙建筑一类中。尽管拉让在布局和形制上接近于寺庙建筑，但是它们在中心内容和目的上存在着差别。寺庙是以传经、弘法为目的，佛、法、僧俱全的三宝道场。而拉让的兴建与存在都是以某个活佛为中心的，紧紧围绕着活佛的起居生活、礼佛理政等活动来运转，与活佛的命运息息相关。拉让里除了经堂、佛殿外，还有活佛日常起居、处理政务的场所、休息的卧室、私人的书房和经堂以及侍从们的居室等。因此，它是产生于西藏这样一个特殊的社会环境中的一类特殊建筑。由于拉让建筑本身独具特色，与其他的庄园建筑多有不同，因而后文中对庄园建筑特色的归纳探讨中不包括此类建筑。

另一类为寺庙占有的庄园。以大的寺庙为例，寺庙通常有三层组织机构，从高到低依次为：拉基、扎仓、康村。"拉基"是全寺性的组织，其下设"扎仓"；"扎仓"是一种可独立的基层单位，扎仓之下又设"康村"；"康村"是带有地域性的更小型的组织[19]。这三级组织都各有自己的庄园田地作为自己的产业。此外，大的寺庙又多有隶属其名下的小寺庙，其庄园的占有形式也都属于集体占有。庄园数量的多寡不仅是反映寺院规模的要素，而且是反映寺庙经济的一个重要方面。通常那些比较具有影响力的大寺庙，其庄园的数量也比较可观。如属于格鲁派六大寺院之一的哲蚌寺就有却溪近200处。

寺庙庄园有自己独具的特点。因庄园本身所属宗派不同，反映在建筑上亦存有差别。萨迦派又称花教，其代表性的三色——红、蓝、白，不仅可见于萨迦本派的寺庙建筑上，在庄园建筑中也有一定的反映。庄园建筑群中，主体建筑的外墙颜色通常是保持白色不变，群房的外墙则满涂三色，使主体建筑更加突出于群房，显示气度的不凡。其他教派的庄园建筑或以教派的代表色为主导，或以白色或者材质原色为主。因主人身份的特殊，其在建筑功能的布局上亦存有差异。与其他庄园建筑类型相比，经堂是寺庙庄园建筑中最为重要的场所，使用面积、房间的设置以及内部的装饰布局等都是其他庄园类型所无法比拟的，更有在经堂之后设置佛殿的，也是寺庙庄园建筑的特色。

3）政府庄园

雄溪的拥有者是"噶厦"[20]，即西藏地方政府，但其管理者通常是由政府委派官吏来直接进行管理，或者作为官员的薪俸地，直接供官员使用。政府庄园中有些规模比较大的庄园常与"宗"并列，受"基巧"[21]节制。

虽然政府庄园最初在西藏庄园中所占比例最大，但是随着贵族庄园和寺庙庄园的发展，尤其在庄园发展的后期，政府庄园受到了一定程度的抑制和削弱。因为噶厦政府为维护官员利益，规定按官员的品级高低拨给一定数量的庄园，作为官员的薪俸庄园，庄园内土地、房屋和农奴为官员占有，由他们自行经营收租。如四品以上的官员可以领几个乃至十几个庄园的地租收入，六、七品宗本官员也可以领到一个庄园的地租收入。又由于西藏的政府文件规定：每一个贵族家庭都必须将一名男性送到政府担任公职，所以官员也多为贵族，他们世代居官，久而久之，这种作为薪俸的租田变成了官员的私田，庄园也在贵族官员的控制之下，实质上一些政府庄园已更易为贵族庄园。由此可知，担任公职的官员不仅拥有祖传的帕溪地，同时还拥有政府作为薪俸地赐予的政府庄园。而那些作为薪俸地赐给僧官使用的庄园，同理也逐渐转换成为僧官所私有的庄园，或为僧官所属寺庙占有，这对于政府庄园的削弱也起到了不容忽视的作用。

政府庄园建筑在基本形式上与贵族庄园的建筑本质上并无多大差别。居住于政府庄园建筑内的使用者或是政府官员本身，或是政府官员派出的管理者，对建筑的使用与贵族庄园建筑和寺庙庄园建筑的使用基本是相同的，他们对建筑的使用要求也是一致的。所以此处不再对政府庄园建筑的特点进行详细的介绍。

6.3 庄园建筑的空间布局

探讨庄园建筑的空间布局时，将主要从以下3个层面入手：①传统聚落中庄园建筑的空间布局，分析庄园建筑与周边环境的关系；②庄园建筑群的空间布局，分析庄园的主体建筑，即庄园的主楼在庄园建筑群中的布局，以及与庄园的林卡、打谷场等的关系；③庄园建筑单体的空间布局，针对作为庄园主体的建筑单体的空间布局。

6.3.1 传统聚落中庄园建筑的空间布局

西藏以山地为主，山水相依的地理环境对于传统聚落的形成，以及庄园建筑的选址修建影响颇深。它们多位于河谷平原地带，或紧靠河床，或修建于山坡之上。其选址首先考虑的还是方便于生产生活，有利于农事。其次，因为庄园最初的大规模兴建多是在西藏分裂混战的时期，当时，社会动荡，战乱频繁，选择在地势险要的高处营建碉堡式的庄园建筑，防御的思想观念是主导因素之一。同时，庄园建筑的兴建选址也含有一定的宗教意味，或者说体现了风水理念。

在西藏历史上，一个庄园一般包括一个或几个相邻的自然村落，村落中的农民即是庄园的农奴，村落周围的土地即是庄园的领地。但庄园主的住房并不一定存在于每一个乡村聚落中，多选择其中环境或风水比较好的地方进行修建。

和中世纪的西欧把教堂建造在庄园农奴

屋舍附近的情况不同，西藏地区的寺庙多非庄园的必然组成部分，只有少数所谓私寺，建在庄园建筑附近，附属于庄园。因而乡村聚落中的空间布局可分两种情况：一种是既有寺庙又有庄园建筑的聚落；另一种是没有寺庙，只有庄园建筑的聚落。

在有寺庙的乡村聚落中，寺庙修建于乡村聚落背依的山坡上；或与聚落保持一定的距离，修建于离聚落不远的河谷平地上；或修建于聚落的边缘。庄园建筑位于聚落之中，与寺庙保持一定距离，通常这些寺庙多属庄园的私寺。也有寺庙与庄园建筑紧邻而建，一同作为乡村聚落的中心统领聚落建筑群。如山南地区的那若达布扎仓和与其紧邻的庄园，它们一起构成了整个聚落的中心点，其他的房屋建筑散建于周围（图6-7）。而颇为知名的夏鲁寺与夏鲁村长期以来形成的空间布局则稍有不同，为两个并列相连的矩形。夏鲁日苏活佛的官邸（图6-8）位于夏鲁寺的西南角，其他的庄园建筑虽多位于村落之中，但距离夏鲁寺的距离仍较其他民居建筑要近，因宗教信仰，离寺庙越近，位置越好。

在没有寺庙的乡村聚落中，庄园建筑的统领地位毋庸置疑，更多乡村聚落的形成是以庄园主的住房为中心逐渐修建发展而来的。在靠近庄园建筑群附近或较远处建有自成聚落的房屋，称为"差康"，是给领主支差的庄园属民的住房。"差康"在聚落中的存在是对庄园建筑的有力衬托。如位于琼结宗措吉村的措吉庄园建筑与附近的"差康"，庄园主的住房在聚落中高高耸立，周围是低矮、简陋的住房，两相对照，形成鲜明的对比（图6-9）。

6.3.2　庄园建筑群的空间布局

1）自由的空间布局

乡村聚落中庄园建筑群的整体空间布

局形态比较自由，没有明显的中轴线，也没有特定的格局所依据。它们的兴建常因所处地形环境的不同而各异。有的依山而建，顺应山势自由布局；有的在开阔的河谷平原上延展，形成自然村落；更有的在庄园建筑周边修建一道甚至多道高大的围墙、修挖壕沟等工程设施以利防御。如朗赛林庄园即有城墙两道，内外墙之间又有宽5~6m、深3m左右的壕沟。甲马赤康庄园的墙垣亦高3丈（10m）。但通常仍以庄园的主体建筑（溪康）[22]为中心，依院墙搭盖有马厩、羊圈，以及耕牛、毛驴等牲畜的棚圈，炒青稞间、

图6-7 山南那若达布扎仓与其紧邻的庄园，图片来源：焦自云摄

图6-8 从夏鲁寺一角看日苏活佛官邸，图片来源：周映辉摄

图6-9 措吉庄园与周边附属建筑的对比，图片来源：焦自云摄

图 6-10 雄踞于山坡之上的普若庄园，图片来源：焦自云摄

图 6-11 面山依水的强钦庄园，图片来源：焦自云摄

图 6-12 朗赛林庄园主楼与园林的关系，图片来源：据《西藏传统建筑导则》绘制

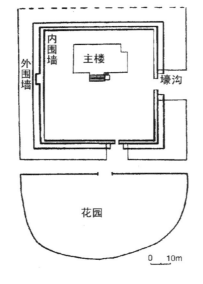

坡上争取到了有利的朝向，便于日照和通风。就视觉艺术而言，坡地上的建筑要比平地建筑视觉面宽，也就是说，相同规模的建筑群在山坡上的感觉要比在平地上的感觉大。建于山坡上的庄园，顺应地势，沿等高线层层分布，自然形成有节奏的轮廓线。站在河谷地带观望普若庄园，更增添了几分雄姿（图 6-10）。

琼结县强钦村的强钦庄园，其建筑群的空间布局也是比较典型的实例（图 6-11）。该庄园建筑群的空间布局比较自由，面山依水。建筑的正立面、主入口都面向山体，受到高山崇拜观念的影响。主体建筑原偏于建筑组群一角，其他建筑顺依河谷、山势延伸，后来新修建的民宅正逐渐打破原有的空间格局。建筑群的总入口位于东侧，没有显著的入口装饰，比较粗朴，两侧是牲口圈和农奴的住屋，打谷场正对总入口。而一般打谷场都设于庄园建筑群附近的开阔地带，此打谷场是设于庄园建筑群中为数不多的实例。整个庄园建筑群结构松散，建筑的修建完全是为农奴主的生活和生产服务的。

庄园的林卡，即庄园园林在庄园建筑群中的布局，一般是在庄园主楼前后或邻近主楼的开阔地段另辟地造园，类似于汉族的宅园或别墅园。园林与主楼相对独立，即在主楼附近的开阔地段修建园林，同时园林与主楼各自成体系，周边矮墙围绕。园林主要供主人夏天避暑。如山南拉加里王府夏宫，该王府有冬夏两个宫区，冬宫就是庄园的主体建筑部分，位于曲松河沟南岸的平原上；而夏宫，也就是园林部分，位于河谷地带的树林中。两者之间的距离较远。又如山南朗赛林庄园园林，内外两道城墙及护城河将庄园主楼和附属建筑围在一起形成一个独立整体，在庄园围墙外的开阔地段辟地造园，也用矮墙围绕，园林与主楼二者关系较独立（图 6-12）。庄园园林位于庄园主楼之后，可以

燃料饲草间等，简陋的农奴住房、手工作坊等附属建筑以及林卡、打谷场等亦位于其周边，充分利用低矮的次要建筑来衬托出主体建筑的雄伟。

位于琼结宗的普若庄园依山而建，主体建筑面向河谷平原，附属建筑顺依山势向高处修建。这种空间布局不仅便于生活，又可以远离水患，同时，因建在向阳的山

直接从主楼经侧门进入园林内，联系较为紧密。更有主楼融于园中的，这种布局关系主要表现在后期的庄园园林中，尤以拉萨城郊贵族住宅园林为代表。如拉萨江罗坚贵族住宅园林。

2）院落空间的使用

庄园建筑群的空间布局中对院落空间的使用独具匠心。西藏庄园建筑的院落空间与中国传统建筑的院落空间有着很大不同。中国传统建筑多为木构架建筑，建筑单体的体量不易做得过于高大，于是常用多栋建筑单体和围墙来共同围合形成一个或多个院落空间，成为一组规模较大的建筑组群。院落空间内的建筑单体多依功能和礼制的需要而分别存在，各建筑单体之间的联系并不紧密。也有以回廊连接多座建筑单体从而围合成院的，但建筑单体的独立性并没有就此被打破，回廊只是外在于建筑单体的过渡空间，使整个院落更趋于聚合而已。

西藏庄园建筑的院落空间与此不同，独具特色。西藏庄园的院落空间因庄园规模大小的不同，围合成院的要素也有差别。一种是只用建筑单体围合形成院落空间。从外观上看，西藏的很多庄园建筑很容易给人一种假象，那就是只是一栋庞大的建筑单体。而实际上，它同样是由多栋建筑单体组合而成的，只是各单体之间的联系更趋紧密，结合得更加严密。组合成院落空间的建筑单体常有：三层平顶楼房，正对宅院的入口，其余三面均为二层的平顶裙房，周匝回廊，与主体建筑连接较为紧密（图6-13）。另一种是建筑单体和院墙共同围合形成院落空间。这种类型的院落空间多见于乡村聚落的庄园建筑中。日喀则的帕拉庄园则综合了上述两种情形的院落空间布局（图6-14）：整个平面布局包含两进院落，第一进由院墙和二层的群房围合而成，第二进由庄园的主楼和二层的群房围合而成，在第二进院落的南面还有

图6-13 贵族庄园：三层主楼与二层群房的交接处，图片来源：焦自云摄

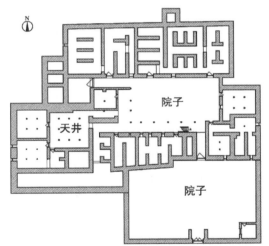

图6-14 院落空间布局示意图：帕拉庄园一层平面，图片来源：焦自云绘

一个比较小的院落空间，包含于二层群房之中。综上所述可见，院落空间的存在使庄园建筑的空间布局呈现出多样组合的特性。

6.3.3 庄园建筑单体的空间布局

庄园建筑单体有楼房和平房两种建筑形式。庄园主体建筑主要是楼房，附属用房为楼房或者平房，庄园属民的住房多为平房，但也有较具经济实力的庄园属民，其住房为楼房。庄园建筑单体在具体的运用与发展过程中也演化出了多种形式，既有独立式建筑，

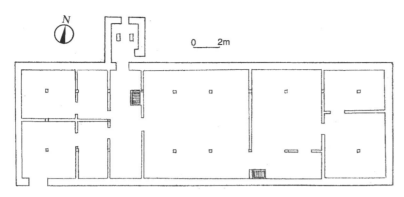

图 6-15 只龙庄园平面图：旱厕凸出于主体建筑外，图片来源：焦自云绘

也有混合式建筑。独立式建筑多为单幢比较方正的楼房；若为混合式建筑，则多为一二层的建筑裙房，空间布局比较灵活多样。庄园中建筑单体虽然比较多，但是最具代表性，可统领全庄园建筑群体的当属庄园主的住房，即庄园的主体建筑，又称"溪康"，其建筑空间布局有着非常鲜明的特点。

（1）庄园主体建筑的平面多为方形、矩形，或近似矩形，这与佛教坛城的方形空间概念有关。位于桑日宗沃卡乡卡内村的卡内庄园，平面即为规整的正方形。但庄园主楼这种规整的平面构图又常被凸出于墙体之外的旱厕所打破，成为平面构图中比较灵动的一点。同样位于沃卡乡的只龙庄园，主楼高3层，平面为长方形，厕所即凸出于主体建筑，紧靠建筑的背立面墙体（图6-15）。也有的旱厕稍远离主楼建筑，通过走道或天桥相连接，此类实例相对较少。

（2）庄园主体建筑的朝向并不固定，常依据地形或因附近寺庙位置的不同而有所改

图 6-16 郎东庄园的天井空间，图片来源：焦自云摄

变。如位于拉萨大昭寺附近的贵族和活佛的府邸、庄园等常面向大昭寺而建，房间朝向不定，体现出对宗教的膜拜之情。又如位于山南地区桑日县沃卡乡的卡内庄园和只龙庄园，前者坐西向东，后者却坐东向西稍偏南，而同属桑日县的鲁定颇章庄园则为坐北朝南。分析可知，庄园建筑朝向除了受宗教观念影响外，综合考虑冬季南向阳光并避开灾害性的强风，争取较好的朝向以利于生活和生产仍是庄园所基本追求的。

（3）庄园主体建筑多为天井式平顶楼房。天井空间从底层贯穿至顶，面积不大，空间较小，与前院宽敞的空间院落形成鲜明对比。同时，庄园主体建筑又多设有面向天井的回廊，这种过渡性的灰空间不仅极大地方便了居民生活，也有效地改善了建筑的通风采光。同时，天井空间与前院的院落空间因大小悬殊的对比而形成了较为封闭的空间环境。乡村聚落中也有部分庄园建筑对天井空间的使用有了新的变化，常在二层、三层或更高的楼层上设置天井空间，并不贯穿到底层。其主要功能是供采光通风，改善建筑因跨度过大而出现的黑暗空间。日喀则郎东庄园的天井空间即于二层开始设置（图6-16），共有3个此类空间。该庄园主体建筑的进深和跨度都比较大，空间使用的舒适特性当归属于天井空间的合理穿插使用。

（4）单体建筑内部的平面布局构图常不遵循中轴对称的原则。尽管我们从外立面上很容易得出建筑单体左右对称的结论，但建筑单体的内部空间布局实际上非常复杂，房间分隔因功能的不同较多变化。上下楼层的空间划分亦多变，空间并不上下对应，上下楼层的柱子和墙体亦不完全贯通，在保证结构稳固的前提下，适当地用柱子代替墙体，或者用细的隔墙来代替柱子，添加或减少墙柱的现象比较多见。这使得一些建筑内部空间表现出近似迷宫一般的特色。以琼结宗的

普若庄园为例（图 6-17），主体建筑高 3 层。底层的平面布局比较狭窄，多用厚重的墙体和粗大的柱子来划分空间。二层空间的中部空间为一内置的天井，周边为回廊空间，室内空间的划分较底层灵活许多。至建筑顶层，平面划分为 3 部分：房屋空间、天井空间和平屋顶阳台空间，其中后半部分是房屋空间，前半部分是二层的屋顶，二层开始设置的天井空间延伸至三层。

（5）庄园主体建筑入口位置设置的多样性。一般都有一到两个可通往上层的建筑主入口，通常设于建筑的底层，位置并不固定，但设于中间位置的比较多见，多通过木楼梯联系上层空间，因其能彰显庄园建筑的气势（图 6-18）；也有建筑入口设于二层的，或从室外的石砌楼梯拾级而上，或从主楼前裙房的回廊处设楼梯直通主楼二层。主体建筑底层设有进入建筑底层各房间的入口，与上面的楼层并没有联系。如强钦庄园主体建筑的主入口，偏于主体建筑的一侧，有石砌台阶通达二层的平台，构成建筑的视觉中心。二层平台上又设置有多个门洞，可进入二层的各个房间，这与底层除主入口之外，设置其他门洞以进入底层其他各房间的功能相同（图 6-19）。拉萨北郊拉鲁庄园主楼则沿主楼两侧回廊设置庭院到主楼的主入口。

（6）建筑内部连通各楼层以及屋顶的交通空间比较灵活多变。起连通作用的木质楼梯或设于进门右侧的空间，或正对主入口大门，各楼层连通空间的设置不拘一格。这与中国传统的楼房建筑以及现代楼房建筑的楼层联系空间有着明显的差异。在中国传统的楼房建筑以及现代楼房建筑内的楼层联系空间多上下贯通，流线非常顺畅，可从底层直达顶层。而在西藏的庄园建筑中这种上下贯通的交通联系空间实例非常少见。多数庄园建筑中的楼层联系空间多变且无规律可循，由功能驱使，方便主人生活而定。同时，这

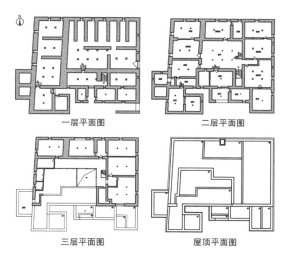

图 6-17 普若庄园的平面图：上下楼层空间的变化对比，图片来源：焦自云绘

一层平面图　　二层平面图

三层平面图　　屋顶平面图

图 6-18 郎东庄园主入口，图片来源：焦自云摄

图 6-19 强钦庄园主入口，图片来源：焦自云摄

些木质楼梯质轻，便于灵活地搬动，可以尽量少地占用空间，也是藏式建筑的共同特点之一（图 6-20，图 6-21）。

图 6-20 楼梯示意图一（左），图片来源：焦自云摄

图 6-21 楼梯示意图二（右），图片来源：焦自云摄

图 6-22 帕拉庄园二、三层功能平面示意图，图片来源：焦自云绘

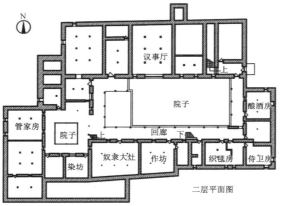

二层平面图

三层平面图

（7）依据庄园规模大小的不同，庄园主体建筑的使用功能表现出多样统一的特征。楼房底层常用作庄园仆役住房，或做牛圈、酒窖，或为存放粮食、什物、农牧手工业生产工具的仓房，更有直接充当牲口圈的。在级别较高的庄园建筑中，常于一层或者地下空间设置监狱，这是部分庄园作为行政机构的一种特殊使用功能的表现。二层以上是农奴主的主要生活空间，其中向阳的房间多为农奴主或庄园经管人的卧室和办事房，其余房间分别用作经堂、食品衣物储藏室、厨房等等。也有在二层设置各种手工作坊等房间

的，如日喀则的帕拉庄园（图 6-22）。

值得提出的是庄园主体建筑的顶层空间一般分为两部分，一部分是房屋，另一部分是下一层的平屋顶，常可于其上晾晒衣物等。顶层开敞，有居高临下的优势，便于瞭望与防守。经堂是建筑中最神圣、庄严的地方，常设在顶层，不受干扰，以示对佛的尊敬。庄园主有时要请喇嘛到家中来念经一段时间，喇嘛的住房也多半设在顶层。顶层其余的房间又叫作敞间，因通风条件好，用于风干肉类或粮食，可以说是西藏居民依据自然环境而设的生态储藏空间（图 6-23）。

6.4 庄园建筑的文化寓意

6.4.1 宗教文化的影响

1）庄园建筑中体现的自然生态观念

由于西藏高原的自然环境比较恶劣，所以西藏居民自古就对自然界的万物怀有特殊的感情，从而逐渐形成了人与自然同生共存、和谐发展的生态观念，在庄园建筑中的体现表现在多个方面。

首先，庄园建筑多选择修建在不易耕种的硬地或者不便于耕种的坡地上，且多为立体发展的碉房建筑。究其原因，固然有因山岳崇拜引申而来的以高为美的审美观的影响，但从生态观念的角度讲，这种碉房建筑既可以减少外露面积，以利保温，又可节约用地，是西藏居民向恶劣的自然环境争取更多的生产、生活空间的结果。

其次，除了宗教文化上的含义之外，西藏由于高寒缺氧，营造一个绿色的环境成为长期生存的依赖和需求。养花种树，不仅可以赏心悦目，同时也创造了一个小气候。西藏居民又认为，如果精心照料花卉或种植多种花卉就会积下阴德，作为好报，来世就会得到好多好衣服，所以尽可能地栽植大量的花草树木已成为西藏居民的共识。这从远在帕竹王朝时期的大司徒绛曲坚赞颁布关于栽植树木的规章一事中亦可见一斑。因而在庄园建筑中都有许多各种植物的盆栽，它们或散布于院中，或悬于碉房走廊，或堆放于平顶之上，数量众多，景致各异，极大地美化了建筑的环境（图6-24）。

同时，大多数庄园建筑的附近都有林卡，或者庄园建筑干脆就掩映于树木花草之中。林卡内常栽植有大量的花卉果树等，其中以乡土花卉树种居多，经济实力较强的庄园领主又多从外地引进名贵花卉等。庄园建筑随

图6-23 措吉庄园顶层，图片来源：焦自云摄

图6-24 贵族庄园的盆栽，图片来源：焦自云摄

图6-25 克松庄园废墟旁的林卡，图片来源：焦自云摄

着时间的流逝，有的已经坍塌，甚至彻底毁掉，乃至不见了踪影，可是庄园的林卡却依然存在，继续向我们讲述着西藏居民热爱自然、尊重自然的生态观念。调查山南地区乃东镇的克松庄园时，除了在建筑遗址的废墟上发现了遍散的残剩碎石瓦砾之外，再也找不见建筑当年的丝毫影踪，但是据调查了解到，紧邻庄园建筑废墟的南侧，有一片由院墙围合的树林是该庄园的林卡，似在昭示着庄园曾经存在的证据（图6-25）。

图 6-26 普若庄园的
经堂空间，图片来源：
焦自云摄

图 6-27 强钦庄园的
经堂空间，图片来源：
焦自云摄

图 6-28 某寺庙的经
堂空间，图片来源：
焦自云摄

2）宗教氛围的营造与表达

（1）经堂空间的设置

无论是在奢华雄伟的庄园主体建筑中，还是在简陋普通的庄园附属住宅中，礼佛空间都是必不可少的最为神圣的空间。其中尤以经堂空间的设置最具代表性，是宗教文化在庄园建筑中的最突出体现。经堂一般主要设在庄园主体建筑顶层的后端一侧，或设于建筑的二层。

规模比较小的庄园建筑中，经堂内多是在靠墙处放置佛龛，内放置主供的佛像。在佛龛前面的藏柜顶上摆放盛放净水的碗，佛龛下有藏语称之为"波雄"的木制长方形香炉，在藏柜上又常摆放经卷等。经堂内的墙壁常挂置绘有佛像的唐卡，或者绘制佛像、宗教题材的壁画等，门窗、柱梁等上面亦满饰彩画。使经堂空间显得富丽堂皇，庄严整洁。图 6-26 中所示普若庄园的经堂空间，设于主体建筑二层的南侧，室内陈设较为简单，墙上挂置有唐卡。

相比较而言，规模较大的庄园建筑中的经堂空间，以及寺庙庄园建筑中的经堂空间要更加宽大华丽，宗教气氛也更浓郁一些。经堂的室内陈设比较讲究，是因庄园主对经堂寄予了非常丰富的感情。供品丰富多样，有齐全的佛像、经书，还常有金银制作的佛塔、佛龛，以及供佛用具等。被供奉的佛像价格不菲，甚至价值连城。这些物品不仅表达了主人们对于信仰的虔诚，而且展示了与其地位相符的财富状况。除了意义非常的经堂以外，所有的主人用房都或多或少供有佛像，亦可见佛教观念的影响之深。

位于琼结宗的强钦庄园，其经堂设置于主体建筑二层的东侧，室内为 12 柱空间。中间升起，有高侧天窗。其空间布局和设计手法与寺庙的经堂空间颇为相似（图 6-27，图 6-28）。天窗不仅改善了室内的采光通风，更可利用从高窗射进的光线营造宗教氛围。

周边低矮的层高与中间升起的天窗空间形成对比，强烈的光线由高处射入，让人顿生肃穆之情。

日喀则朗巴村郎东庄园的经堂空间比强钦庄园的空间更为复杂多变。经堂设置于建筑二层的西侧。空间共由9部分组成。入口处有一前导空间，即门廊，作为室外与室内空间的过渡，如同寺庙大殿入口前的门廊空间（图6-29）。进入室内，首先是由厚实的墙体围合而成的相对封闭的12柱佛殿空间（图6-30）。中间的两柱较周边的10根柱子要粗壮高大。中间亦有高起的侧天窗。佛殿之后为喇嘛打坐修行的空间，沿墙砌有一圈高约1m的土质台子供喇嘛打坐。经堂的左右两侧各有四个偏室，从中间的偏室可分别进入靠西墙的两个更小的空间。经堂的门廊和经堂室内的墙壁上都绘制有宗教题材的壁画，尤其是经堂西南侧房间内的壁画，年代久远，画风独特，具有很强的艺术性和研究价值。

（2）建筑入口的宗教寓意

在西藏的庄园建筑中，建筑入口的低矮成为庄园建筑立面造型的共同特点之一。如杰德秀镇都雷夏庄园的建筑入口（图6-31），建筑底层的地坪低于室外地坪。因门上方层层出挑的门檐，以及其上二层的落地大窗，建筑的入口才得以突出，于门板上又绘制有白色的日月符号，从而形成建筑外观的视觉中心。探究庄园建筑入口低矮的主要原因有以下几点：一是建筑单体的入口通常设于底层，因底层的层高一般都比较低，限制了其建造高大门洞的可能性。二是宗教文化的影响。

西藏居民的全部宗教生活受持久的防御态度的支配，即一种对他们害怕的神灵和鬼怪长期实行平息赎罪和抵御防范的努力。他们认为鬼怪个头高大，不会弯腰低身，修建低矮的门洞可以阻止鬼怪的进入。

图6-29 郎东庄园经堂的门廊和高侧天窗，图片来源：焦自云摄

图6-30 郎东庄园经堂室内，图片来源：焦自云摄

图6-31 都雷夏庄园建筑低矮的入口，图片来源：焦自云摄

庄园建筑的门楣上方多形成凸字形状，中间留有空间，用木头做框，镶以玻璃作为佛龛，立面供奉佛像或者圣物，最顶上安放牛头或牦牛角，或者玛尼石、白色的玉

图 6-32 鲁定颇章庄园，图片来源：焦自云摄

图 6-33 朗赛林庄园的双层边玛墙，图片来源：焦自云摄

石等，即是对鬼怪的惧怕之情和对神的膜拜之情这两种心理的反映。

在门上绘制雍仲和日月符号，是庄园建筑中比较多见的装饰手法，其宗教上的用意更为强烈。雍仲是与苯教、佛教都有关系的一大符咒，被认为是佛教中的金刚，是"永生"的标志；在藏族聚居区，普遍认为它是苯教的标志，象雄人顿巴辛饶在巫教基础上创立的苯教就被称为雍仲苯。雍仲也被认为是由太阳图案演化而来的，反映了人们对太阳的崇拜。现在又有右向和左向雍仲之分，分别代表佛教和苯教，这是后期才逐渐形成的约定俗成的习惯。日月符号是苯教六字密咒的首字乃至整个密咒最简洁的代表，甚至可以说是西藏影响最大的一个符咒。在门上画上

日月符号不仅仅有祈愿交上好运，实现愿望的吉祥含义，它实际上表达了西藏居民的一种独特的空间宇宙观念，一种具有神圣意义的方位性和向心性的开放空间，更是雪域先民们心中的一个理想环境。藏式传统建筑就是这种向心式构造意识的典型体现。

6.4.2 恪守的社会等级、家族伦理观念

每个民族认识生活都有自己的角度。对于生活在雪域高原上的藏民族和其他各民族来说，他们对待任何一件事情都可能采取宗教，尤其是藏传佛教的观点。相反，他们很少透过生活的表面掌握实质，纵使最孤立的行为，也要与宗教联系在一起。正因为持有这样的生活观，所以西藏社会在很长一段时间里受制于封建社会的等级关系，等级关系成为人们恪守本位的行为规范。

1）建筑元素的社会等级体现

西藏社会中长期存在的等级关系，不但规定了僧俗居民的地位等级，也界定了建筑的等级关系。不仅在宫殿、寺庙、庄园以及民居建筑之间表现出严格的等级划分，而且在庄园建筑内部同样呈现出了明显的等级差别。

绛红色边玛墙的使用与否，以及边玛墙层数的多寡是体现建筑等级的重要标志。寺庙和宫殿拥有对边玛墙使用的特权，普通的民居建筑则不敢奢求。庄园建筑因为主人身份的不同，以及庄园建筑自身规模的不同而表现出对边玛墙使用的等级特性。通常主人的社会地位达到一定程度，其庄园建筑中才可使用边玛墙。同时，主人的社会等级愈高，边玛墙的层数愈多。如位于山南地区桑日宗山脚下的鲁定颇章庄园，其二、三层即分别设置有一层的边玛墙（图6-32）。同属山南地区的朗赛林庄园，其建筑的六层设置有两层边玛墙，等级更高（图6-33）。拉让因其主人是社会地位比较高的活佛和上层喇嘛，

所以无一例外地都在主要建筑的外墙使用了边玛草。

在调研中了解到，旧西藏地方政府曾有规定，在拉萨城区任何一座私人建筑的高度不能高于3层，如果不依从规定就被看成是对神的不敬。所以位于拉萨的宅院，虽然多是有财力修建高大建筑的上层贵族的住房，但是粗看之下仍相差无几，都是3层的白色建筑，都默默地围绕着拉萨老城的中心建筑大昭寺而展开，显得拘泥而井然。但是贵族等级的标志并不会在这些无言的建筑群中沉没，正是那些密闭的窗户显示出贵族社会的森严等级。一般被称为"森厦钦卡"[23]的房子，在其主建筑楼顶上的东南角或者西北角设置一个显示等级标志的边窗——藏语叫"热色"的转角向阳大窗，而接待贵客的主客厅内的柱子是4个，顶梁是8个，藏语叫"嘎析疆解"。

随着贵族社会等级的不断变动，房屋建筑也会随之产生变迁。山南地区扎囊县的朗赛林庄园历经四次搬迁修建，其建筑的形制即随着主人社会地位的提高而逐渐提高。拥有该庄园的家族曾出现过多吉扎寺的两个活佛，以及大学者班禅·罗桑益西和原地方政府的噶伦。今天所看到的庄园建筑是其第四次搬迁的房屋遗址，其东边部分为后来所加建，其顶层东南角处的转角大窗即属加建部分，是当时任噶伦的庄园主人身份地位的标志。笔者考察第二次和第三次搬迁的建筑遗址，都没有发现类似的转角大窗，可见当时主人地位的升迁在庄园建筑中的等级中有所反映（图6-34~图6-36）。

2）建筑空间结构的社会等级体现

西藏社会中森严的等级制度，形成了贵族家庭内部严格的尊卑、主从、长幼等关系，反映了在空间形态上强化了的庄园建筑等级秩序和内外界域，带来了建筑布局的主从格局和有序的节奏。

庄园建筑常采用的庭院式的空间布局形

图6-34 朗赛林庄园第二次搬迁遗址，图片来源：焦自云摄

图6-35 朗赛林庄园第三次搬迁遗址，图片来源：焦自云摄

图6-36 朗赛林庄园第四次搬迁遗址，图片来源：焦自云摄

态，不仅具有空间聚合、气候调节，以及防护守卫等功能，更是与宗法制度下家族群聚而居的家族观念相适应，表现出它的社会等级观念和伦理礼仪功能。不同的庭院空间对允许进入的人员存在着较为严格的限制，而这种限制也通常是针对庄园内地位低下的农奴而言的。主庭院对外来说是贵族家庭内部的私密空间，对内而言是大家庭的公共空间，带有半私密的性质。位于主体建筑内的天井空间，其私密程度最高，非经允许一般不得入内。

从庄园建筑群中，我们可以很容易地辨

图 6-37 帕拉庄园内院，图片来源：焦自云摄

图 6-38 从朗生院看帕拉庄园主建筑，图片来源：焦自云摄

认出庄园主的住房，农奴的住房如果没有设在庄园主体建筑的底层，那必然是周边低矮简陋的一层平顶房屋。现存完好的日喀则班觉伦布村的帕拉庄园即向人们展示着这种强烈的社会等级观念。

关于帕拉家族的创建者说法很多，但据《西藏志》一书记载："帕拉，考其始祖，实为一不丹僧人，来自不丹西部扎西卓庄地方的帕觉拉康寺。"[24] 大约在公元 17 世纪中叶投奔了西藏，"政府又复赐朋觉伦布土地，共计田庄一百三十处，去江孜仅一日路程，该僧人踌躇满志，遂取名帕拉，帕拉者帕觉拉康之简称也"[24]，得到吞巴家族[25] 的提携，出任西藏政府的官员，遂慢慢演变为西藏有权势的大贵族。这个最早被赐封的庄园在江孜县江孜乡一带的萨鲁庄园，便成为帕拉家族的第一个主庄园。18 世纪 80 年代帕拉家族出了第一个噶伦，并将主庄园迁到江孜城东的江嘎庄园。1904 年，庄园遭到英侵略军的焚毁。抗英战争结束后，帕拉庄园于 1937

年才迁到江热乡的班久伦布村，也即我们今天所见到的帕拉庄园（图 6-37）。

当时的班觉伦布村是以帕拉庄园为中心来布局的，正如所有的居民都是帕拉家的农奴一样，所有的建筑也是围绕领主的生产、生活来展开的。经济和社会地位越低，对领主的依附性就越强。这在居住格局上表现得十分明显，以帕拉庄园为核心，首先是农奴生产、生活的场所，庄园的正南面即是帕拉庄园最大的朗生院（农奴院，图 6-38），也是帕拉庄园不可缺少的一部分。然后是 4 户较贫穷的差巴户，外圈是 2 户大差巴户和管家家庭。周围 3 km 以内，散居着主庄园的其他差巴家庭，再扩大到附近的自然村，大多也属于帕拉家族的庄园。

从建筑功能分布上看，庄园一层是仓库、牲畜用房及朗生院，二层是工作和管理人员用房，三层是宗教和领主生活用房，这种层层递进上升的建筑风格，体现了封建农奴制尊卑有序的等级关系。从功能上看，庄园作为封建领主的权力、利益和生活中心，主要是围绕满足领主物质生活需要和精神生活需要展开的，领主依靠对农奴的剥削，维系自己至高无上的统治地位和穷奢极侈的生活，其代价是农奴阶级极端贫困和西藏社会的整体停滞，从根本上表现出西藏封建农奴制的阶级关系和社会弊端。

3）家族伦理观念的认同归属

西藏的婚姻制度和家庭结构具有复杂性、多元性，这在一定程度决定了藏民族传统住宅及居住习惯的多样性。庄园名称被冠以该家族在拉萨宅第的房名的现象屡见不鲜，与房名相呼应的是贵族家庭所属的"帕溪"[26]，许多贵族家庭居住的房名也常常来源于此。例如凯墨家族的名称系其原先在雅堆地区庄园的称谓，或称贡桑孜，这是其在拉萨宅第的称谓。其他如擦绒、吉普、赤门等房名也多来源于拉萨宅第或帕溪地的庄园名称。在

诸如《甲子案卷》一类的官方文件中，则更乐于使用庄园名称。同时，居住在同一栋建筑中的家族成员，即使他们之间缺少亲情关系，但也可以同样享用共同的房名。房名连同它所带来的社会效益都被住房的占有者所拥有。如居住于拉鲁庄园内的拉鲁·次旺多杰，原为龙厦家族的后裔，后来被认定为拉鲁家族的成员，并开始居住于拉鲁庄园内，遂成为拉鲁家族的代言人。从中我们也可看出西藏居民独特的家族伦理观念。

在西藏居住建筑中，一般都把建筑底层的一部分房子留给牲畜，另一部分留作库房和作坊。这种近乎统一的形式是否属于一种习惯或者定制，无从考证。不过以西藏居民的心理而言，是把那些与自己家庭有关的物品和牲畜都看成是家庭的一员。这一点连庄园内的贵族宅院也不例外，从庄园建筑的平面功能布局中可以观察到这点。从某种意义上来说，这也是西藏居民独特的家族观念的一种体现。

通过查阅资料发现，其实贵族家庭的成员很少在乡间的庄园建筑内居住，许多庄园里的房子，甚至从来都没有迎接过主人的巡视。尽管如此，喜欢虚荣和炫耀的贵族家庭并不会因此而忽视对它们的建设和装潢，而是将同样的热情倾注到附属庄园建筑的建设上。因为无论是位于拉萨等城区的"森厦"，还是位于乡间的"溪卡"，同样都显示着贵族在社会中的地位和身份。甚至因为位于拉萨的建筑等级规定较多而使建筑有趋同的现象，所以乡间的宅院反而更能凸显主人的特殊身份和高贵血统。位于各处庄园中的贵族宅院，其高耸而霸气的外在形象与空旷的环境及农奴们住的低矮的房子相比，给人一种孤零零的感觉。也正是建筑形成的这种氛围，显示着主人的社会和政治地位，向人们诉说着家族的故事，甚至是神话。庄园建筑也不再只是无生命的一种形式，它完全置于家族

的生活和历史之中。"对于贵族成员来讲成为遗迹的房子是家庭本身的历史，也是家族成员们的崇拜对象。成员们在这个遗迹上能够联想到自己的祖先，同样也在这个遗迹上炫耀祖先的历史。"[27]

小结

本章主要涵盖了四个方面的内容：西藏庄园制度，庄园建筑的发展概述与类型，庄园建筑的空间布局以及庄园建筑的文化寓意。首先通过结合西藏历史和西藏封建农奴制的经济形态对西藏庄园的发展概况进行了梳理，在此基础上，结合藏式建筑的发展过程，较为系统地探讨了西藏庄园建筑的发展情况，并进一步介绍了西藏庄园的类型，初步探讨了各种庄园建筑类型的特点。从中我们可以得出，西藏庄园建筑的发展历程比较悠久，是较早出现的藏式传统建筑之一，具有比较鲜明的民族与地域特色。在其发展过程中，虽然同样受到外来文化等其他因素的影响而产生变化和发展，但是西藏传统文化才是主导因素，因而西藏庄园建筑显示出一脉相承的特点。同时，通过对西藏庄园类型的划分和探讨，我们也得出了这样的结论：尽管西藏庄园类型的划分方式多样，反映在庄园建筑上也存在或多或少的差别，有着各自相对的特点，但是西藏庄园建筑研究更倾向于一个整体，具有普遍意义的共性和特征。

建筑的空间布局是最能凸显庄园建筑特色的方面，不仅反映了当时贵族、官员以及喇嘛、活佛们的生活状态、精神追求，更在一定程度上成为连接上层阶级和下层平民的一种物质，表达着一定的文化寓意。而家族伦理观念的认同，不仅让人们在建筑中找到归属感，也在建筑中找到家族的荣耀，从而更进一步地强化了由宗教文化引发而来的庄园建筑的人文精神。

西藏庄园建筑考察记录如表 6-1 所示。

表 6-1　西藏庄园建筑考察表

编号	名称	地点	概况	类型	现状
01	拉鲁庄园	拉萨北郊	主体建筑 3 层，近似左右对称，主楼入口位于两侧裙房的回廊处	贵族庄园	基本完好
02	江罗坚庄园	拉萨	建筑掩映于树木花草之中，是园林与建筑相结合的典型实例	贵族庄园	保存尚好
03	甲玛赤康庄园	拉萨墨竹工卡县加玛乡	是有城墙护围的庄园建筑，坐北朝南。城墙四角各有一座碉楼，另外在东北角和西南角相距约 14 m 处各有一碉楼	贵族庄园	保存尚好
04	拉加里王宫	山南地区曲松县下江乡	是吐蕃王室的后裔山南法王所在地。建筑分冬宫和夏宫两部分，规模比较大，建筑等级比较高	贵族庄园	局部遗存
05	克松庄园	山南地区乃东镇克松村	现仅剩遗址废墟，残留的断墙、石砾已不可考当年的盛况。庄园林卡位于建筑的南面	贵族庄园	已毁
06	克麦庄园	山南地区乃东镇克麦村	原有建筑已夷为平地，现为农田	贵族庄园	已毁
07	朗赛林庄园	山南地区扎囊县	大约修建于帕竹王朝时期，主楼高达 7 层，有双层边玛墙，建筑等级较高。主入口位于建筑中央，可直达三层，东边部分为后期加建。有双重围墙围护，整体平面呈长方形	贵族庄园	局部遗存
08	扎西若丹庄园	山南地区扎囊县	是朗赛林庄园搬迁的第三次遗址，主楼为 4 层，由疆·扎西若丹创建	贵族庄园	局部遗存
09	扎西宗嘎	山南地区扎囊县	是朗赛林庄园搬迁的第二次遗址，建筑群的整体布局较为松散	贵族庄园	局部遗存
10	鲁定颇章	山南地区桑日县	18 世纪西藏地方政府封赐给桑颇家族的，不仅是桑颇家族的庄园，也是噶厦的三等宗。主体建筑高 3 层	贵族庄园	局部遗存
11	只龙庄园	山南地区桑日县沃卡乡	该庄园是拉萨色拉寺夏巴拉让属下的庄园。庄园主体建筑高 3 层，平面为正方形	寺庙庄园	已毁
12	卡内庄园	山南地区桑日县沃卡乡	该庄园与沃卡宗有同等的权力，设监狱，有一定的司法权。建筑坐西向东，高 3 层，平面呈正方形	贵族庄园	已毁
13	措吉庄园	山南地区琼结县措吉村	主体建筑 3 层，一层为储藏室、饲养牲畜之用，二层有两个内院，三层的部分建筑已经坍塌	政府庄园	保存尚好
14	强钦庄园	山南地区琼结县强钦乡	建造年代不详。主体建筑 4 层。二层有一连通的平台，三、四层局部有回廊。主入口位于建筑的二层，由室外的石梯拾级而上	贵族庄园	保存尚好
15	普若庄园	山南地区琼结县加麻乡	主体建筑 3 层，居于山坡之上。周边散落的民居较少，与庄园主体建筑的联系比较紧密	贵族庄园	保存尚好
16	都雷夏庄园	山南地区贡嘎县杰德秀镇	约有百年历史，主入口位于一层，面向山体。主体建筑平面是较为规整的长方形，内有 4 个天井空间	不详	保存尚好
17	琼望庄园	山南地区贡嘎县杰德秀镇	原为赤烈琼比大师的庄园，现仅存附属用房和牲口圈等，推测原建筑规模较大	寺庙庄园	局部遗存
18	甲日村庄园	山南地区贡嘎县甲日村	紧邻甲日村那若达布扎仓。建筑高 3 层，规模较小，等级较低。右侧有一高 3 层的类似碉堡式的建筑	寺庙庄园	保存尚好
19	冲康	山南地区曾期乡	为十二世达赖喇嘛的出生地，是拉鲁家族在此修建而成的。坐北朝南，主体建筑高 3 层，占地约为 $370m^2$	贵族庄园	局部遗存
20	扎乃康	山南地区桑日县	约建于 17 世纪末，是鲁定颇章属下的建筑。建筑高 3 层，坐西向东，占地约 $575m^2$，平面为正方形	贵族庄园	局部遗存

编号	名称	地点	概况	类型	现状
21	康萨拉玛	山南地区桑日县绒乡	为原西藏政府一如本（军队官职名称）的住房。建筑坐西向东，高3层，建筑的主入口设于北面，正面没有开门。院内有几条地下通道	政府庄园	局部遗存
22	曲果沙	山南地区桑日白堆乡	约有200年以上的历史，是差巴住房向庄园转变的实例	贵族庄园	局部遗存
23	帕拉庄园	日喀则江孜县江热乡	是帕拉旺久于20世纪初修建的。主体建筑高3层，四周有一围墙，主体建筑后为庄园的林卡	贵族庄园	保存尚好
24	郎东庄园	日喀则江孜县	主体建筑高4层，地下有2层，如迷宫一般。主入口位于建筑的东南面，二层设两个内天井	寺庙庄园	保存尚好
25	叶溪卡	日喀则昂仁县多白乡	大约建立于公元15~16世纪，建筑高3层，总平面布局略呈正方形，墙体皆为夯土筑成	政府庄园	已毁
26	朗顿庄园	林芝地区朗县子龙乡	建筑高3层，周有马棚、果园等	贵族庄园	局部遗存
27	阿沛庄园	林芝地区工布江达县	约有100多年的历史，庄园建筑面积为5 317 m²，主楼高2层	贵族庄园	局部遗存
28	平绕溪卡	山南地区琼结县雪巴乡	为贵族次仁甘丹的主庄园。其下还有米漠庄园、哲通庄园、比甲庄园、甲翁庄园等	贵族庄园	贵族庄园
29	噶雪庄园	日喀则江孜县喀尔卡	不详	贵族庄园	仅存记载
30	杜素庄园	日喀则拉孜县	不详	贵族庄园	仅存记载
31	康萨庄园	日喀则南木林县艾马岗	不详	贵族庄园	仅存记载
32	牛庄园	日喀则地区	不详	贵族庄园	仅存记载
33	察儿庄园	日喀则孜宗	是班禅秘书察巴堪仲的一个庄园	政府庄园	仅存记载
34	托吉庄园	日喀则拉孜县	不详	贵族庄园	仅存记载
35	桑珠庄园	日喀则拉孜县	属日喀则扎什伦布寺	寺庙庄园	仅存记载
36	柳庄园	日喀则地区	原属日喀则扎什伦布寺，后赐给班禅的家属	贵族庄园	仅存记载
37	资龙庄园	日喀则拉孜	不详	贵族庄园	仅存记载
38	甲马庄园	日喀则拉孜	不详	贵族庄园	仅存记载

资料来源：焦自云编绘

注释：

1 张江华.试论西藏封建农奴制度的基本类型 [M]// 吴从众.西藏封建农奴制研究论文选.北京：中国藏学出版社，1991: 134

2 东嘎·洛桑赤列.论西藏政教合一制度 [M].陈庆英，译.北京：中国藏学出版社，2001:20

3 转引自：刘忠.试论西藏农奴制的形成与演变 [M]// 吴从众.西藏封建农奴制研究论文选.北京：中国藏学出版社，1991:19

4 续藏史鉴 [M].刘立千，译.成都：华西大学，1989

5 刘忠.西藏差巴型庄园初探 [M]// 吴从众.西藏封建农奴制研究论文选.北京：中国藏学出版社，1991:177

6 续藏史鉴 [M].刘立千，译.成都：华西大学，1989:37.庄房，是藏语溪卡早期的音译，后译为庄园。

7 恰白·次旦平措，诺章·吴坚，平措次仁.西藏通史——松石宝串 [M].陈庆英，格桑意西，何宗英，等译.拉萨：西藏古籍出版社，2004:443

8 次旦扎西.西藏地方古代史 [M].拉萨：西藏人民出版社，2004:123

9 "克"为西藏历史上的土地计量单位，每克约合 0.75 ~ 0.8 亩，即 500~533.33m^2。

10 丹珠昂奔.藏族文化发展史 [M].兰州：甘肃教育出版社，2001

11 刘忠.试论西藏领主占有制的形成与演变 [M]// 吴从众.西藏封建农奴制研究论文选.北京：中国藏学出版社，1991:18

12 格巴，指拥有土地、百姓的世俗贵族；米扎和古扎，指那些在社会上拥有政治、经济特权的贵族阶层。

13 拉章，藏语，意为活佛居住地。

14 转引自：次仁央宗.试论西藏贵族家庭 [J].中国藏学，1997（1）：126

15 1934 年，受过西方社会影响的龙厦大胆地想通过自己掌握的西方知识来改良西藏地方传统的政治运行机制，但是却牵涉到了噶厦的利益，因而遭到迫害，不仅龙厦和他的两个儿子受到肉体上的惩罚，其后代也被剥夺了充任西藏地方政府官员的资格，龙厦家族的庄园也被没收充公，或者被转赐给其他贵族。史称"龙厦事件"。

16 张江华.试论西藏封建农奴制度的基本类型 [M]// 吴从众.西藏封建农奴制研究论文选.北京：中国藏学出版社，1991:123

17 "拉让"，藏语，意为私人公馆，是活佛和上层喇嘛的官邸。

18 策觉林，是八世达赖喇嘛的经师蔼钦·益西坚赞于 1782 年修建的私人拉让。

19 "拉基"，藏语，是藏传佛教各大寺院组织机构中的最高一级。"扎仓"，藏语，译为僧院，是僧众学经和修法的地方。"康村"，藏语，是僧人们学经、生活的地方性组织。

20 "噶厦"，"厦"指的是府第，"噶"指"噶伦"，是官职名称，"噶厦"意为政府。

21 "基巧"，是政府下设的地方机构，相当于专区级。每个基巧设僧俗官管理辖区内的事务。

22 "溪康"，藏文中"溪"为土地，"康"为房子，"溪康"意为土地上的房子，主要是指庄园的正宅。

23 森厦钦卡：噶伦以上贵族等级的官员家庭。

24 转引自：次仁央宗.西藏贵族世家 1900 – 1951[M].北京：中国藏学出版社，2005:88

25 吞巴是该家族在拉萨的宅第的名称，该家族最大的庄园"吞米"位于拉萨市尼木县，据说该家族是吐蕃大臣吞米·桑布扎的传人。

26 "帕溪"，藏文中"帕"为父亲，"溪"为土地，"帕溪"就是指父亲的土地，意为世袭地。

27 次仁央宗.西藏贵族世家.北京：中国藏学出版社，2005:268

7 西藏民居与村落

7.1 西藏的地理气候与传统居住习俗

7.1.1 西藏高原的地理气候

西藏自治区位于我国的西南边疆的青藏高原，面积 120 多万 km²，平均海拔 4 000 m 以上。地理类型丰富，有山地、高山草甸、林区、河谷地区、湿润地区和干旱地区等。气候特征变化丰富，有高山寒带、亚高山寒温带、山地温带、山地暖温带、山地亚热带和山地热带等。西藏是我国藏族群众的发源地和聚居地，根据第六次全国人口普查，2010 年西藏自治区总人口为 300.22 万人，其中藏族 271.6 万，分支部族众多，有门巴族、珞巴族等；各部族的宗教信仰不尽相同，有当地的原始宗教——苯教，也有藏传佛教及其分支——格鲁派、萨迦派、宁玛派、噶举派等。

整个西藏高原的地势由西北向东南倾斜，按地形地貌大致可以分为四个地区：藏东、藏南、藏北和喜马拉雅山脉地段。

藏东高山峡谷：大致位于西藏东部地区，即横断山脉、三江流域地区，主要为昌都和林芝地区范围。该地区北高南低，平均海拔在 4 000 m 左右，山高谷深，山顶与谷底高差可达 2 500 多 m。山顶的积雪终年不化，山腰为茂密的原始森林，谷底为四季常青的农田果园，构成了西藏东部的奇特景色。（图 7-1）

藏南谷地：在冈底斯山和喜马拉雅山之间，即雅鲁藏布江及其支流流经的河谷平地，如拉萨河、年楚河等河谷地区和日喀则、山南等河谷平原，平均海拔在 3 500 m 左右。这里土地肥沃、农产丰富，为西藏重要的农业区（图 7-2）。

藏北高原：为那曲和阿里两个地区，北

图 7-1a 藏东三岩村落（金沙江畔）（左），图片来源：汪永平摄

图 7-1b 藏东玉曲河（碧土乡）（右），图片来源：汪永平摄

图 7-1c 藏东谷地（左），图片来源：汪永平摄

图 7-2a 山南雅砻河谷图一（右），图片来源：汪永平摄

图 7-2b 山南雅砻河
谷图二（左），图片
来源：汪永平摄

图 7-2c 年楚河流域
（日喀则）（右），
图片来源：汪永平摄

图 7-3a 藏 北 村 落
（左），图片来源：
孙正摄

图 7-3b 藏 北 牧 区
（右），图片来源：
孙正摄

图 7-3c 藏北湖区，
图片来源：孙正摄

喜马拉雅山地：位于西藏南部，分布在
我国同印度、尼泊尔、不丹等国接壤区域，
如吉隆、樟木、洛札、错那等县。由几条大
致东西走向的山脉组成，全长 2 400 多 km，
西部海拔较高，气候干燥寒冷，东部气候温和，
雨量充沛，森林茂盛。平均海拔 6 000 m 以上，
是世界上最高的山脉，举世闻名的世界第一
高峰珠穆朗玛峰就在这里（图 7-4）。

由于受多样的地形、地貌和高空气流的
影响，该地区形成了复杂多样的独特气候。
西藏平均海拔高度在 4 000 m 以上，总体上讲，
日照多，辐射强烈；气温低，温差大；气压低，
氧气含量少；给农牧民生产和生活带来了极
大的困难。

7.1.2 生活习俗与信仰[1]

藏族人民长期居住在高原地区，社会发
展缓慢。公元 4—5 世纪才由氏族社会变革到
奴隶社会，7 世纪开始与汉族有文化交流。7
世纪中期，佛教由我国内地及尼泊尔传到西
藏，直到 12 世纪末，元代封萨迦寺八思巴为
国师后，实行政教合一，佛教才逐渐进入封

图 7-4 喜马拉雅山
地，图片来源：汪永
平摄

为昆仑山脉、唐古拉山脉，西有冈底斯山脉，
南为念青唐古拉山脉。藏语称为"羌塘"，
意为北方大平原，平均海拔 4 500 m 左右，
大多为平缓的山丘，相对高差一二百米左右，
是西藏的主要牧业区（图 7-3）。

建农奴制社会。在这种制度下，建筑形式和内容都表现出半封建半奴隶制和宗教的特点，并一直延续到西藏和平解放。在这漫长时期中，藏、汉、羌、满、蒙各兄弟民族交往接触、互相影响，藏族建筑吸收了汉族建筑形式、建造工艺和装饰艺术，汉、蒙各族建筑也吸收、融汇了当地藏族传统建筑的形式和营造技术。

藏族地区地高天寒，人们居住在严峻的自然环境中，生产生活单纯，生活资源全靠种植青稞与放牧牛羊所得，所以他们的住屋大都人畜各半，底层为畜圈，上层为住室。农具和生活用具相对简单。生活起居共用一室，特别宽大，室中置火塘或炉灶，来人接待都在室内。室外生活，除在屋顶打晒粮食（青稞）外，家务劳动多在屋顶晒坝进行。

藏族家庭，不论农牧民住屋或僧人、贵族、上层人士住宅，都有宗教设施，最简单的在室内设置香案，供有菩萨。一般家庭都有经堂，有的还设喇嘛卧室。住屋之外竖立经幡（图7-5），屋顶墙头突出"玛尼堆"，其上插风马旗，顶层墙上设置焚烟孔，这些宗教设施在藏族民居中占有重要地位。

如今，藏族的居住习俗正悄然发生着变化。不论是城镇还是农牧区，人们的居住条件都大为改善。盖新房使用的建材也日渐丰富，钢筋水泥等现代建材在城镇居民的建房中已广为使用，过去矮小的门窗现已变成宽大明亮的落地玻璃窗，"所有这些藏式新房，墙基用石砌，土石围墙，木头作柱，上架斗拱屋梁，再架椽木于上，覆以泥土，构造结实；居住的房屋向阳处均有落地玻璃窗户，采光面广；有的房屋装修华丽，柱头房梁绘有图画，四壁刷有涂料，美观整洁；外院另建牛圈草棚，结构比较合理；家家有庭院，有的庭院内种有树木花草。如今'朗生'们的住房与昔日的庄园楼并肩耸立，使原来以规模庞大、富丽豪华而著称的江孜三大贵族之一的帕拉庄园逊色许多"[2]（图7-6）。

图 7-5 拉萨老城区屋顶经幡，图片来源：汪永平摄

图 7-6a 江孜加日郊新宅，图片来源：汪永平摄

图 7-6b 江孜加日郊新宅大门，图片来源：汪永平摄

7.1.3 建房习俗[3]

藏族的起居礼仪从建房择基、落成到日常生活都有许多礼俗和禁忌。修房建屋，对

任何家庭来讲都是一件十分重要的大事，从选址择基到修建搬迁，每一个环节都受到重视。整个建房过程中较大的仪式有6项，即选址、奠基、立柱、封顶、竣工和乔迁。

拉萨附近，首先要请喇嘛或星算家择定房屋动工日子、房屋破土的方向和破土人。房址一经选定，修房主人就要在选定的吉祥方向摆上"斯巴霍"辟邪，摆上"切玛"祈福。开工时还要请喇嘛来工地上念经，以求土地神的保佑宽恕。修建过程中，房主人还要根据自己的经济能力在墙体内放入玉石、玛瑙等贵重物品以祈修房带来财富，日喀则一带建房时，门一般不能朝北，不能对准两座山的结合部。昌都一带建房时忌讳大门朝西，认为不吉利。

正式开工仪式称为"粗敦"，修房的主家要向修房工匠和参加仪式的乡邻献哈达、敬青稞酒，并在离地基不远的显眼处竖立一根木棍，上挂"经幡"，以确保房屋的牢固和主家的幸福。

房屋建造至一半，即将上梁立柱时，要举行"帕敦"仪式。立柱那天，全体亲戚到场，参加仪式。在立柱前，将茶叶、小麦、青稞、大米等粮食和珠宝（视家庭经济条件决定是否放置和放多少）等放入一个小袋，置于立柱的石头下，然后安放立柱，并给每根立柱拴挂哈达。

封顶仪式称为"拖羌"，有时同竣工仪式一道进行。当房屋快竣工时，留出一小块屋顶不填土，举行封顶仪式。届时，亲戚朋友都来象征性地填土，表示参加了房屋的修建。来客均要带茶和酒等礼物，给主人献哈达，祝贺新房落成。当日，主家准备丰盛的酒饭，招待工匠。

乔迁之时，要举行一定的仪式，如在新房院内放一堆牛粪和一桶清水，意思是生活得红红火火，人畜兴旺。搬家时要请喇嘛诵经，到达新房时要依次向大门、院内的牛粪和水、

各房间的房柱系献哈达，以示驱除邪气，祈求吉祥。还要将"五谷斗"先搬过去，这些物品上都要拴挂哈达，以示吉祥。之后才正式搬家具什物。

搬进新屋后，要进行祭祀灶神的仪式。由家中长者给火灶献哈达，将哈达拴系于火炉、水缸上，还要给佛像敬献哈达。

在日喀则地区，祝贺新房落成有一种古老的习俗，去祝贺别人新房竣工是一件很隆重的事情，当地称"康虽"（藏语），客人必须穿戴整齐，并要带上礼物，带去的礼物为吃的东西，如牛羊肉、青稞酒、酥油等。喝酒是"康虽"的主要内容，人们要不停地用歌来助兴。

7.2 西藏的民居

民居是最大众化的一种建筑，虽然"任何一个民族中民居都难以和宫殿、寺庙相提并论而成为民族建筑的经典，但是它在民族建筑中却有着宫殿建筑无法替代的地位"[4]。民居作为社会历史的活化石，反映了社会历史发展过程中社会生活的方方面面，包括一种生活方式及与这种生活方式相关的经济基础和意识形态。

7.2.1 昌都卡若建筑遗址中的民居形态[5]

藏族居住文化的历史十分久远。考古资料《昌都卡若》提供的确凿证据表明，远在四五千年前的新石器时代，藏族的民居建筑便有了相当的发展和较高的水平。昌都卡若遗址（图7-7），位于西藏自治区昌都县城东南约12 km的加卡区卡若村。"卡若"在藏语中意为城堡，传说在元代，有一个名叫多达的将军曾欲征服此地，藏族人民筑城进行抵抗，以后城堡虽被攻克并废弃，但名称却被保留了下来，并因袭为村名。此遗址共发掘出房屋基址28座，有圆底房屋、半地穴

图 7-7a 卡若遗址鸟瞰（左），图片来源：戚瀚文摄

图 7-7b 卡若遗址文物标志碑（右），图片来源：侯志翔摄

式房屋和地面房屋 3 种类型。平面有方形和圆形。从墙壁的结构来看，属于早期的圆底房屋、半地穴式房屋和地面房屋均为草拌泥墙，而晚期的半地穴式房屋的墙壁则用卵石砌筑。屋顶均用草拌泥涂抹而成，有的经烧烤。根据复原的情况来看，早期屋顶有圆锥形、人字坡形及平顶 3 种，而晚期半地穴的石墙房屋则仅见平顶一种。卡若遗址的居住建筑经过了自己的演变序列：

穴居→半穴居（深、浅）→地面建筑〔①木骨泥墙→木构体系；②架空楼居（干阑）→碉房建筑体系〕。

卡若遗址早期的半地穴窝棚式建筑是在地表下或圆或方挖一个坑穴，上面用木构架，搭成坡屋顶，成单室建筑。这种建筑由于形式简便，至今仍在使用。如典型遗址 F26 复原示意图（图 7-8）。中期建筑的半地穴建筑 F8、F9 中使用木材作为周围的壁体，木料层层叠压，四角十字相交，互相衔咬，缝隙中涂以泥土，防风雨。这种建筑在今天的西藏昌都、林芝、波密、亚东、珞瑜地区都可见到。

后期的建筑，首先从围墙上得到改革，采用卵石和毛石砌筑穴壁和外墙，从而代替了涂泥的篱笆墙，内部仍保留木构架体系，"垒石为室"，由石墙受重房梁，石墙的砌筑再向坚固稳定方向发展，石头间用小石子、泥浆胶结，下大上小逐层收分，成为梁墙体系的碉堡式建筑，还可能出现了楼屋。卡若

图 7-7c 卡若遗址地形图，图片来源：《西藏卡若文化的居住建筑初探》

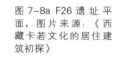

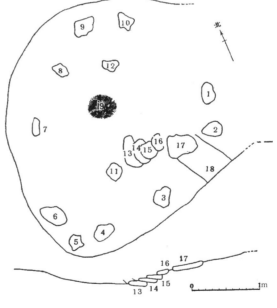

图 7-8a F26 遗址平面，图片来源：《西藏卡若文化的居住建筑初探》

1~12.柱础　　13~16.砾石阶梯　　17.脚踏石　　18.门　　19.灰烬堆

图 7-8b 复原示意图，图片来源：《西藏卡若文化的居住建筑初探》

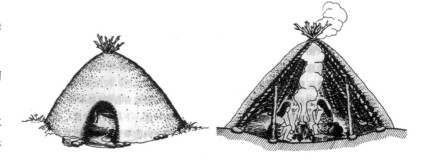

图 7-9a F5、F12、
F30 石墙建筑组合平、
剖面图,图片来源:《西
藏卡若文化的居住建
筑初探》

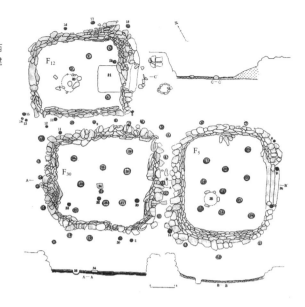

F5:1~24.柱洞 25.灶 26.门 F30:1~33.柱洞 34.磉石 F12:1~19.柱洞 20.灶 21.门道

图 7-9b F5、F12、
F30 复原示意图,图
片来源:《西藏卡若
文化的居住建筑初探》

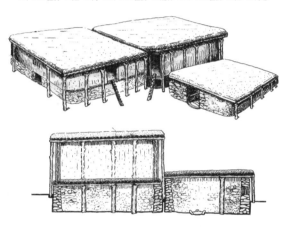

图 7-9c 昌都老街民居
图一,图片来源:汪
永平摄

图 7-9d 昌都老街民居
图二,图片来源:汪
永平摄

晚期建筑中的 F5、F30、F12 已向这方面发
展(图 7-9a、图 7-9b)。在昌都早期老城区
内还可以看到类似结构形式的民居(图 7-9c,
图 7-9d)。

晚期建筑房屋内有烧灶、台面、围墙等
生活设施,而基址选择、结构构造、柱洞基础、
砌墙技术、地坪防潮等亦表明这一时期的民
居已具有较高的建筑水准。卡若遗址后期形
成的独特的碉房建筑体系,一直为今日藏族
人所承袭,一般住房还保持着这些特色。

7.2.2 西藏民居的基本类型

藏族民居根据生产方式来划分,大致可
以划分为农区民居和牧区民居两大类型,农
区民居为固定式建筑,而牧区民居除越冬的
简易固定建筑外,主要为活动建筑——帐篷。
固定式民居建筑中按类型又可以分为碉房、
干阑式、窑洞等形式。

1)帐篷民居[5]

我国藏族聚居区的牧区区域十分宽广,
在今西藏自治区、青海省、甘肃省、四川省、
云南省 5 省(自治区)藏族聚居区都有分布。
其中那曲、阿里的大部分地区是西藏主要的
牧业区,历来就是游牧生活的地方。此外,
还有相当多的地区属于半农半牧区。

藏族本身是从游牧民族发展而来的,正
如历史学家更墩曲培先生所述:现在所有藏
族群众中,牧民的生活方式、语言及传统习
俗等方面最接近远古时期的藏族群众。据《柱
间史》记载:"藏王聂赤赞布的颇章,当初
未用土石砌筑,而用鹿、虎、豹皮做帐房。"
《新唐书·卷二百一十六》也有这样的记载:
"有城郭庐舍,不肯处,联毳帐以居。"《旧
唐书·卷一百九十六》中载:"其人或随畜
牧而不常厥居……贵人处于大毡帐,名为拂
庐。"以帐篷为屋,这是藏族牧民千百年来
的居住形式。逐水草而居的游牧生产方式,
决定了牧民的频繁迁徙和居无定所,帐篷这

种易搭易拆、方便实用的居住形式便成为人们在长期生产生活实践中的唯一选择。

（1）牛毛帐篷

帐篷种类很多，有动物皮制作的，也有毡房和布类帐篷，而牛毛帐篷最为普遍。其造型也多种多样，主要有3种：一种形似汉地四坡歇山式屋顶形（其底部平面有四方和长方形两种）、蚌壳形（有的呈覆钵形，其外形形状恰似扣置的蚌壳或倒置的钵，底部平面为不规则椭圆形）和尖顶式简易帐篷。平面形式大体上分为长方形、正方形和八角形。帐篷内正中的立柱（数量一根到四根不等，且为纵向排列）之间搭设灶台，在灶台的上方，一般作为供奉神灵之处，放置有佛像和供品；灶的左方为男性居住，右方为女性居住和放置杂物（图7-10）。帐内中心高度一般为2.2 m左右，边围高度1.2 m余。帐篷多在地面上设置。那曲有些地方，到了冬天，为给帐内保温，使用半地穴式牛毛帐篷，地穴深度为0.5~1 m不等。如果是用于大型活动的牛毛帐篷，有的可容纳100多人，其高度有3~4 m。据记载，三十九族的霍尔王府邸就设在一个巨大的帐篷中，称"赤堆冬雄"（意为"聚万容千"），后来帐名成为宗的名称，叫"巴青"（意为"大帐"），即今天的巴青县。

牛毛帐篷由篷顶、四壁、横杆、撑杆、橛子等部分构成，用牦牛的长毛织成的称为"日雅"的粗氆氇缝制。搭建时，将帐篷顶部四角的"江塔"绳拉向远处，系于钉好的木橛（也有用铁桩或较直的羊角做橛）上，然后在帐篷中架一根木杆做横梁顶住篷顶，

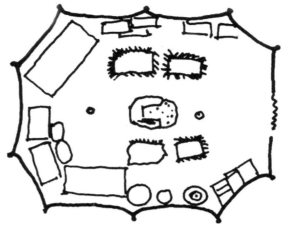

图 7-10 藏族牧民居住的牛毛帐篷平面，图片来源:《西藏民居》

用两根立柱支撑横梁两端，接着调整四周拉绳的松紧，最后用橛子钉住帐篷四壁底部的小绳扣，使帐篷四壁绷紧固定。帐篷搭建好后，为挡寒风，有的人家在帐篷内用草皮砌一圈高约1尺（1尺≈33.3 cm）的矮墙，有的在帐篷外用草皮或牛粪围一圈1 m多高的矮墙挡风（图7-11）。

牛毛帐篷的围护体属毛织品，本身具有一定的抗寒性能，所以牛毛帐篷比布帐篷暖和得多；还具有防潮、弹性好、防腐性强、经久耐用（比布帐篷的使用寿命长多了）等优点；加之轻便，易于安装、拆卸和搬迁，十分有利于高原游牧生产。所以千百年来，其一直是牧民既简便又经济的居住建筑的主要形式。

（2）休闲帐篷

休闲帐篷应当说是藏族聚居区活动建筑的又一种形式，它本身就是牛毛帐篷的衍生形式，其搭设方法和结构大同小异。与牛毛帐篷相比，它不属于生产性质的居住建筑，而是作为节日庆典、演出活动、婚礼等临时性、体闲性的活动建筑；其使用范围不仅仅局限

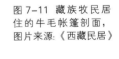

图 7-11 藏族牧民居住的牛毛帐篷剖面，图片来源:《西藏民居》

图 7-12 休闲帐篷，
图片来源：汪永平摄

于牧区，还包括农区及城镇市民在内，范围有所扩大。但是拥有者不多，多属寺庙的上层僧侣、地方贵族、官家、土司头人以及一些富有家庭、富商所有[6]。

休闲帐篷的大小、款式的制作，均视其主人的家庭经济状况和社会地位而定。小的帐篷只可容纳三五人，中等的可容纳十余人，大型的可容纳数十人乃至上百人。在装饰上，一般做法是在帐篷交角处和裙部绘（或是镶嵌）以蓝色或黑色的边子和兰扎、祥云等纹样，这种帐篷属于普通休闲帐篷。再就是专供寺庙高僧、地方官员、贵族阶层所使用的豪华帐篷，用于公众集会的大型活动，顶部和围护裙部均为双层。在双层的外部，将寺庙和其他固定建筑的传统装饰图案彩绘或镶嵌于其上，如八吉祥、忍冬、奇俄、祥云、兰扎、蝙蝠及牦牛、狮子等图案和纹样，其纹样和图案的色彩依然是固定建筑中所惯用的红、黄、蓝、黑等色，所绘（镶）彩色纹样和图案在白底的帐篷的映衬下，显得格外斑斓绚丽。内层多为红、黄、蓝色布质或丝质吊幕，在强烈的光照下，显得十分华贵、典雅（图7-12）。

2）碉房民居

《中国大百科全书（建筑卷）》对青藏高原住宅形式的描述为碉房，当地并无专名，外地人因其用土或石砌筑，形似碉堡，故称碉房。《后汉书·西南夷列传》记载"冉马龙夷者……皆依山居止，累石为室，高者至十余丈，为邛笼"。唐李贤注："今彼土夷人呼为'雕'也。"相对于前文提到的帐篷居住形式，藏族聚居区民居中的碉房建筑是指用泥、木、石等天然建筑材料在地面或隐蔽处建造的永久性不可搬动的建筑物，这种建筑物是供其主人饮食起居的生活空间。民居建筑根据各地区的自然环境和条件，就地取材建造，从结构上大体分为混合结构（泥木结构、石木结构）、木结构、土结构等几大类；若按其主人的社会地位和职业的不同，可分为农民住宅、僧人住宅、贵族领主或土司头人住宅、城镇居民住宅等。

（1）碉房民居的基本形式

西藏的碉房民居一般为 2~3 层，底层养牲畜或用作储存干草，楼上住人。平面多为外部一大间，内套两小间，层高较低，结构为一间一根柱，俗称"一把伞"，外墙下宽上窄，有明显收分，内墙仍为垂直。朝南卧室常常开大窗，实墙都是材料本色。外观朴素和谐。厕所常设在楼上，并向外悬挑。大型碉房内有小天井采光，高达 4~5 层。有一种高 20~30 m 的高碉，供储存贵重物品和眺望守卫之用。

建筑形式为方形平顶，平面略为错开，造成体块搭接，条翼以厚实的矩形体块为基调，界面略做几何处理，高低错落。建筑色彩，习惯在大片石墙上，粉白或涂红，嵌上梯形黑框的小窗，楼层之间的楣檐，在出挑墙外的楞木上涂以朱、蓝、黄、绿等各色，藏族人的宗教中，红色寓意火，蓝色代表天，黄色象征土，绿色表示天，白色代表云，以此来传达吉祥的愿望，颜色对比十分强烈，产生极度反差的影像效果。也有的是用材料的本色：泥土的土黄色，石头的青色或暗红色，楞木涂以五彩。

由于西藏各地域的地势、自然环境、植被种类不同和生产劳动方式不同，碉房建筑的形式也不尽相同。藏东南高山峡谷地区以农区和林区为主，住宅多为生土夯筑；林

芝地区以林区为主，有干阑式建筑和井干式
建筑；藏南谷地的拉萨、山南和日喀则多为
农区和半农半牧区，住宅形式较为相似，为
1~3层的碉房；藏北那曲和阿里地区的高原
牧区，居住形式以帐篷为主，但也存在一些
固定的碉房建筑。

（2）碉房民居的基本布局

西藏的民居无论何种结构，由于其主人
的社会地位和职业的不同，如农民住宅、僧
人住宅、贵族领主或头人住宅、城镇居民住
宅等，它们的建筑居住布局也因此而不同。

农民住屋因生产生活需要，房屋层数较
多，多为3层。农民住宅各层功能不同，底
层为牲畜圈和草料房；二层为生产、生活的
主要层，有生活起居的主室（包括卧室、厨房）、
经堂、储藏室等；三层为堆放粮食的敞间、
晒坝等（图7-13）。

底层：一般平面呈正方形或纵长方形，
皆为牲畜圈。注重保温与防卫，墙上不开窗
洞，只有一门进出，仅在接近楼层处的墙上
各方开气洞一个，洞口内低外高，斜向天空，
内大外小（约20 cm×20 cm），可透光通气，
底层净高为2.2~2.5 m。用墙做承重结构，畜
圈也用片石做分间承重墙。内隔墙有门洞相
通，也便于分隔牛、羊、马或储草料间等。
楼梯设在大门内侧墙角处。院门一般开在与
正宅正面相对的院墙上，具体位置不一定与
正宅门相对。

二层：这是民居的主要层，净高约2.1 m，
有全家平时生活所在的主室（卧室兼厨房）、
客室、储藏室、堆放柴火或杂物的房间或敞间、
穿堂等。很多二层平面的划分与底层的分间
相同，实际上底层的分间是根据二层的功能
结构需要而来。二层房间的划分，一般将前
面的一间作为主室，它后面的小房间做储藏
室等。

三层：一般为顶层，南面为晒台，主要
作用是晾晒粮食、堆放粮食和草料，观察瞭望，

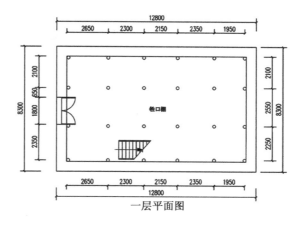

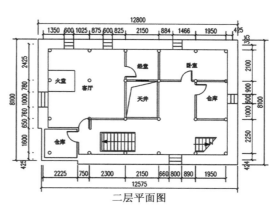

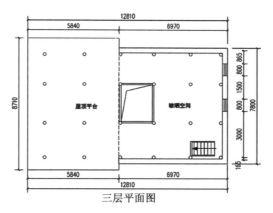

图 7-13 碉房民居典
型平面，图片来源：
侯志翔绘制

是生产、生活、劳作的场地。在平顶女儿墙
的墙角上，还建有供煨桑用的"松科"和供
插玛尼旗的墙垛。

喇嘛住屋的功能主要是满足生活或念经、
经商的需要，与城镇民居的功能与布置大同
小异（图7-14）。一层仍多数是牲畜圈、草
料房与库房，二层平面主要有主室、客室、
卧室、经堂、厨房、储藏室、穿堂、阳台、
走廊、内天井等。喇嘛住屋的经堂占主要地
位。在经堂与卧室中都有壁架与壁橱、佛龛，

图 7-14 拉萨八廓街顿旺（噶伦喇嘛住处）平面，图片来源：《拉萨建筑文化遗产》

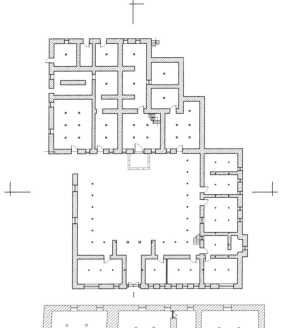

图 7-15 琼结县加麻乡普若庄园平面，图片来源：焦自云绘制

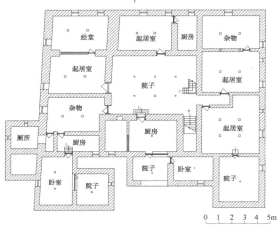

0 1 2 3 4 5m

图 7-16 民居室内经堂，图片来源：汪永平摄

日常生活所用的各种杂物、餐具、炊具、经书、法器、香帛等等都各有放处，这就使各室整洁开阔，令人感觉舒适。另在经堂前面开设一落地窗，增加室内的采光换气。各室都铺木楼板。

庄园建筑一般高 4~5 层，占地面积约 1 000 m² 以上。平面布局多为长方形或近正方形，外墙厚实，中间为天井或院坝。围绕院坝，各层有回廊相通。上下各层有直跑楼梯相连，有的逐层退缩使各层有宽廊或晒台，可用独木梯上下，或通屋顶晒坝（图 7-15）。

一般庄园底层置柴薪、粮仓、畜圈马厩等房。二层布置大经堂佛殿、卧室，三层为公堂和办事处，头人、管家住室及客室等。四层为小经堂和贵族、管家、随员、眷属、贵客住室及储藏等室。其中贵族住室、佛殿、经堂极为宏大精美。

（3）碉房民居的室内布置

藏族人民和寺庙喇嘛住宅的室内布置与装修，都是主次分明、重点突出的。其中经堂偏于华丽，主室（卧室兼起居室等）较为复杂而朴素，其他各室都较简单。一般室内做木板墙裙，不施粉刷，个别的经堂内外还做雕刻装饰。贵族和上层喇嘛的经堂，不但雕刻装饰，还有油漆彩画，沥粉贴金。这里将简单介绍下经堂与主室（卧室兼起居室）的布置。

经堂：藏族人民信奉藏传佛教，不论是在寺庙还是在农、牧、商民的住宅或帐篷中，都有经堂或供佛的设施。一般的经堂华丽、庄严、整洁。在贵族和上层喇嘛的住宅中，有高 2~3 层楼的大佛殿和念经的大经堂，另外还有个人念经的小经堂。

经堂的布置装修很讲究，一般在经堂后墙安置木制佛龛，类似壁架，上做几格龛台，龛内供奉小菩萨（有些特别多），龛台下部为壁柜。很多经堂内两侧墙面也满装壁橱，在这些壁橱里储放香供、法器、经卷等等，侧墙不装壁柜、橱的一般装板壁。经济条件较好人家的经堂常在室内墙壁、天花、外檐门窗、内外柱、枋、额等上面满饰彩画、雕刻或沥粉贴金，极为华丽（图 7-16）。许多民居的经堂外面侧墙墙头上还砌有焚烟孔，上有烟道贯通墙顶，是早晨祈祷时焚烧柏树枝的地方。在屋墙角处竖立木杆，杆上悬挂布制经幡；或在墙顶上砌一小堆，在堆上插立许多小经旗，称为"玛尼堆"。

主室：是家庭集体生活的多功能房间，由于主居室既是厨房和饭堂，又是卧室，还是待人接客的厅堂，所以，主居室一般都大于其他任何房间。室内的墙面，如果是出家僧人的居室，要做黄色墙面。贵族等有钱人的房屋，做一些淡绿、淡黄、淡红等颜色的墙面。内墙上部一般会画飞帘图案，下部用深色做彩画墙裙，墙裙和墙面之间用蓝、黄、红3种线条，寓意蓝天、土地和火种，用来分界。室内基本陈设也多于其他房间。主要陈设有炉灶（锅庄，或称火塘）、藏床、藏桌、壁柜或壁架等。因青藏高原天气寒冷，加之藏族人喜欢饮茶，"所以他们饮食所需同御寒所赖的炉灶或火塘，都设在卧室内，终日生火，以便取暖、煮食"[6]。

家具的布置安放基本上有一定格局，大都有两方靠外墙，一南一东或西，外墙（城镇及寺庙的毗连民居例外）南面窗多，东面次之，西面较少。一般在主卧室中都用固定式壁橱或壁架，依墙而立，用以放置衣、食及器物等。至于壁架、壁橱（柜）的大小，则因地区、贫富的差别而有所不同。有的地区还在主居室中设有水柜（或称壁缸）。藏床较为低矮，一般高度都在25 cm左右，宽80~90 cm，长约2 m，木制单人，上铺卡垫、毛毡、藏毯，白天可坐，夜间以睡。其形制大约有3种，其中最常用的有两种：一种是由两个大小相同有顶无底的木箱拼合而成，易于搬动；另一种是整体性的，其床上方三面有围板，皆靠墙安置，少搬动。藏桌（又称火盆桌）一般较长，多与床平行放置，形成一个组合。多数的藏桌都由三个方桌组成，其中一个桌内安置有火盆，以便取暖和煨茶等，一组藏桌的长度大约与一间藏床的长度

图7-17 民居主室室内，图片来源：汪永平摄

相当。家人用餐或来客较多时，除一方依床而坐外，另一方配有与火盆桌长度相当的长条木凳，供人坐用（图7-17）。

（4）碉房民居中的特殊类型——碉楼建筑

碉楼建筑是西藏碉房民居的一种特殊建筑形式，具有居住与防御功能体系，在冷兵器时代的战争中发挥了重要作用，在边境地区成为保家卫国的战斗堡垒，在西藏的吐蕃时期、分治时期和元、明时期，这种碉楼甚为普遍，到了清代后期，随着近代火炮的改进，这种建筑碉楼才逐步退出现代战争，成为历史遗迹。

碉楼建筑还用于早期的宫殿和寺庙，所谓"九层楼建筑"，类似汉地的楼阁式建筑；明清时的宗山，就是所谓的宗堡建筑。按功能类型划分，碉楼基本上可以分为寨碉、哨碉、家碉3类；以建筑形式和组合方式可以分为单碉、复碉和群碉三种。寨碉以村寨或部落为单位，建于村寨四周和交通要道口、供集体防卫和作战用，小的村寨一般有几座，大的村寨十余座。哨碉一般建在视野开阔的高处，相当于烽火台的功能，碉顶常有人瞭望，发现敌情，举烽火为警示。家碉以家庭为单位，碉楼与住宅紧紧连为一体，以作居住、储藏、藏身和防卫用。碉楼在我国的青藏高原和喜马拉雅山脉区域多有发现，多为遗址，无人问津，但是它已经成为历史的见证、承载和文化解读，成为该区域的一种新型文化景观

图 7-18a 工布江达秀巴古堡图一，图片来源：汪永平摄

图 7-18b 工布江达秀巴古堡图二，图片来源：汪永平摄

图 7-18c 四川阿坝沃日土司官寨碉楼（左），图片来源：汪永平摄

图 7-18d 四川丹巴碉楼（右），图片来源：汪永平摄

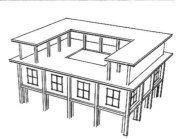

和文化类遗产（图 7-18）。

碉楼的外形常见四角、六角、八角的平面，其他三角、五角、十三角形式较少出现，西藏最常见的是四角碉楼。分土木结构和石木结构两大类。

3）干阑式民居

在西藏的林芝地区、昌都地区、山南地区、日喀则亚东和樟木口岸等地的森林地区，降雨量大，气候湿润，出现了架木楼居的干阑住宅，这是由上古巢居演变而来的一种下部架空的木结构建筑形式。其特点是：先架空立柱，设梁铺板，建造一个坚固的底架，然后在其上建房（图 7-19）。

干阑式民居建筑由于下层由木结构架空，居住起居一般都在二层，通过楼梯贯穿上下层的空间。下层一般作为牲畜棚或者堆放草料等的空间，上层住人。藏东的干阑式碉房民居外墙使用夯土外墙进行围合，或者使用藤条等作为外墙围合材料，也有使用井干式构造上部空间的，有些甚至将一层的牲畜棚和草料间也使用外墙经行围合，以保护所饲养的牲畜（图 7-20）。

干阑式碉房相对于传统碉房式民居，层数较低，外墙较为轻盈通透，防御性较弱，

图 7-19 常见的干阑式民居，图片来源：侯志翔绘制

图 7-20 昌都八宿干阑式民居（左），图片来源：汪永平摄

图 7-21a 林芝井干式民居图一（右），图片来源：承锡芳提供

较多地分布在海拔较低的地区以及多雨的地区。因为其建造周期较短，也常常作为临时房屋出现，例如堆放青稞的草房，以及盐田边的一些存盐的临时建筑等。

图 7-21b 林芝井干式民居图二，图片来源：汪永平摄

4）井干式民居

与干阑式民居相类似的是井干式民居。在西藏的森林地区，木材资源丰富，人们创造了井干式结构的建筑，这是一种古老的木结构建筑形式（图 7-21）。

井干式结构是一种不需要立柱和大梁的房屋结构。这种房屋的结构用圆形、矩形、六角形等木料平行向上层层叠置而成，在结构的转角处木料端部相互咬合，构成房屋四壁。这些互相咬合的木料成为支撑整个建筑的承重墙体，如同古代井上的木围栏。井干式建筑在我国历史悠久，从原始社会便开始存在使用，主要存在于少数民族地区，如东北、云南等地区都有井干式建筑的身影。藏东地区的民居也有井干式构造，多见于两层的民居建筑。井干式和干阑式相结合形成了独特的井干、干阑混合结构的碉房，井干房部分粉刷成为暗红色，为藏东地区特有的民居建筑样式。由于建筑密封性较好，修建周期相对较短，大户人家以及富裕人家一般把井干式房屋作为粮食仓库等临时用房。木料相互咬合形成的结构具有较强的抗震性能（图7-22）。

井干结构的碉房，一层架空，夯土墙围合，以保证居住安全；二层以上采用井干房作为起居室或者经堂，保证生活起居舒适（图

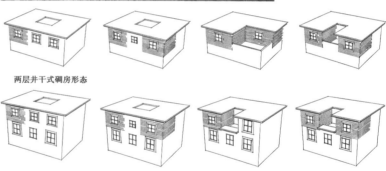

两层井干式碉房形态

三层井干式碉房形态

图 7-22 井干式民居的组合方式，图片来源：侯志翔绘制

7-23）。井干式民居建筑虽然在使用上有诸多优点，但是在康巴地区并不多见，主要由于建造过程中需要大量的木材，因此对地域性要求较高，在木材较为缺乏的地区比较难以实现。此外，井干式建筑的防火性通常较差，一旦着火后果不堪设想，因此在井干式碉房

图 7-23 林芝井干式民居，图片来源：汪永平摄

中，井干式部分通常作为经堂和卧室等远离火源的房间。

5）窑洞民居

窑洞民居多是利用黄土壁立不倒的特性而挖掘的拱形穴居式住宅，主要分布在阿里扎达、普兰等土林地貌的半农半牧或农业地区。这些地区人口稀少，经济十分落后，民居简陋。主要有两种类型：窑洞式、窑房组合式。前一种主要见于古格王国遗址和其他靠山建造的民居，后一种则分布在平地上的村庄（图 7-24）。

阿里地区缺乏木材与石料，年降雨量很少，土质较好，适合挖掘窑洞。因此，窑洞及窑房组合式民居便成为该地区民居的主要形式，依山崖开挖，有单孔、双孔和多孔等，平面呈方形、长方形、圆形和半圆形不等。如在古格地区至今仍保留着的一个个崖洞（图 7-25）。窑房组合式民居，就是在窑洞上增加一些房屋，使生活更方便一点。窑洞冬暖夏凉，便于存放东西，房屋则可按自家生产、生活的需要，自行设计，给生产和生活都带来了极大的方便。

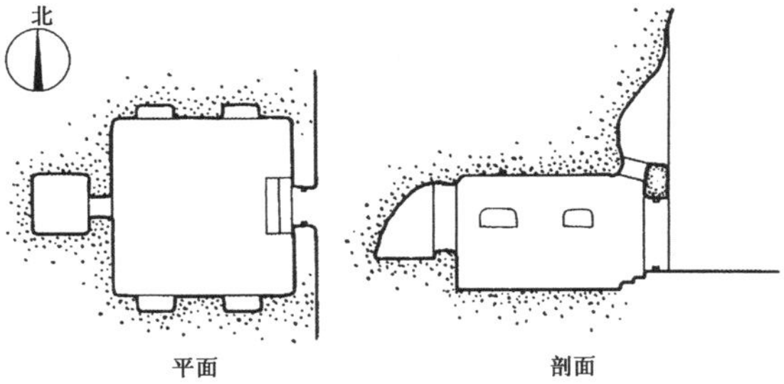

图 7-24a 阿里古格地区窑洞式民居，图片来源：曾庆璇绘制

北

平面　　剖面

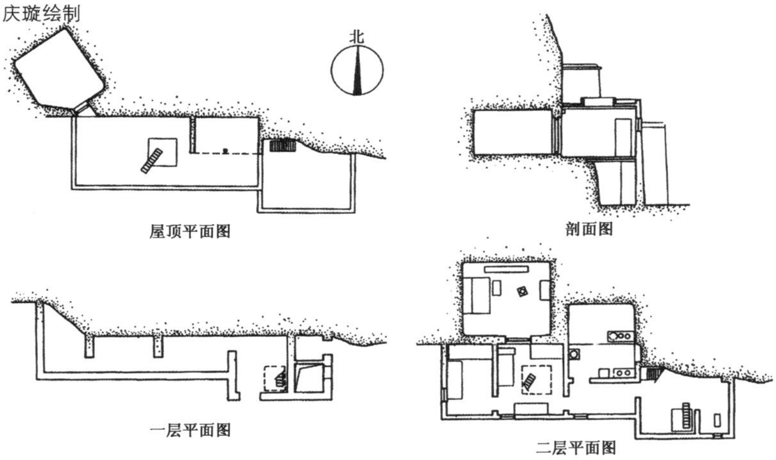

图 7-24b 阿里窑房式民居，图片来源：曾庆璇绘制

北

屋顶平面图　　剖面图

一层平面图　　二层平面图

图 7-25a 阿里皮央窑洞民居，图片来源：曾庆璇摄

图 7-25b 窑洞民居立面，图片来源：曾庆璇摄

7.3　西藏的民居实例

7.3.1　拉萨民居

拉萨民居，以拉萨城市居民住宅为主，包括周围村镇的居民建筑。从其特点上讲，拉萨周围农村民居同山南、日喀则等地的民居大致相同，但拉萨城市的民居，在布局、功能和造型上有很大区别。

吐蕃时期的拉萨城，除了有九层高的碉堡外，也出现了平房及楼房的民居房屋，据《贤者喜宴》记载："国王下令在湖畔修一座宫殿，于是臣民们修筑了三层宫殿。"可见松赞干布时期的拉萨，已经有二三层的楼房了。还形成了简便的商业街道，并在城市规划中出现了以 3 条转经道为主线的交通布局。在城市的竖向布局中，凡是在八廓街内的房屋，其层高均不得超过 3 层，以保持大昭寺在城市中心所具有的最高高度。由此可见，拉萨城市的总体布局及民居房屋朝向，都是以转经道为依据进行布置的，这些充分反映出拉萨是一座独具特色的宗教城市（图 7-26）。

拉萨民居一般可以分为几种类型，如贵族家院、政府的公房、三大寺等寺庙的公房、商人或居民的私房等几种。

1）贵族家院

贵族一般都在西藏地方政府里有一定的官职，有些势力，所以他们的家院建得比较豪华，规模也比较大。做法是建造1座主楼，一般3~4层，主楼为回字形平面，设内天井，解决北侧房屋的日照和采光；主楼前修建2层的院廊，形成完整的家院。如十一世达赖家族——平康贵族家院就是贵族院的典型（图7-27）。

主楼底层，设有仓库和杂物堆积房，部分房子用来出租；二层由管家住房、厨房和食物仓库等房屋组成；三楼设有接待客人、举行仪式的大厅，主人及子女住房等；四层设置经堂和较为高级的住房。院廊一、二层均出租给城内居民或外来人员。贵族家院一般都以石墙为主体，土坯隔墙，阿嘎土楼地面，属质量较好的建筑（图7-28）。

2）政府公房

自公元17世纪建立甘丹颇章地方政权以来，在拉萨先后建造了很多院落式建筑，出租给城市里的居民。这种建筑不分主楼和配楼，整个院落同样二层或三层，房屋设计上都形成规范化，一柱间、一柱半或两柱间等大小不一的房间，供租借人选择。这种建筑以通常的柱廊或晒台为通道，每家每户都紧挨着排列，完全是公共住宅。这种建筑一般质量不太好，大多数底层用石墙，二层以上用土坯墙，室内用阿嘎土楼面，地面和屋面均用黄土，有的楼地面也用黄土（图7-29）。

3）寺庙公房

拉萨市内有一定数量的各大寺庙的公房。这些公房主要也是出租给居民，四周修建二三层的建筑，中间留有一定的空间做院子。平面布置同地方政府的公房一样，形成规范。不同之处是，寺庙的公房均设置集会大厅，

图7-26 拉萨八廓街，图片来源：汪永平摄

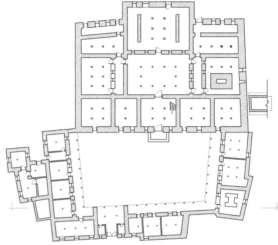

图7-27 拉萨平康贵族家院平面，图片来源：《拉萨建筑文化遗产》

图7-28 拉萨平康贵族家院入口，图片来源：汪永平摄

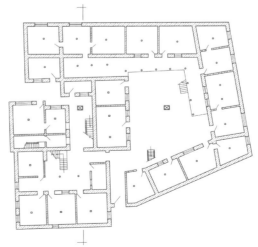

图7-29 拉萨角那仓民居平面，图片来源：《拉萨建筑文化遗产》

主要给来拉萨参加一年一度的拉萨传昭法会的僧人居住。集会大厅十分简陋，没有供奉佛像和经书，只能解决僧人们的住宿问题。这种建筑质量也一般，除了大厅之外，其余都是排列式住房，挨家挨户地租给别人（图7-30）。

4）商人、居民的私房

拉萨城里，比较富裕的居民、没落贵族和商人所建造的私人住房也不少，因为他们的政治地位和经济势力远不如贵族和地方官

员，因此，他们的房屋规模小，没有大的院落，一般都是正方形或长方形建筑，有的也设置内廊或者内天井，但面积很小。有的私房是简陋的平房，墙体大多是土坯墙，也有夯土墙的老房子。

不管前面讲的哪一种民居房屋，只要在"八廓"街上面临商业街的房屋，都设置连排式的商店门面，租给那些做买卖的商人。这种房子一般底层是商店，上面住人，平面比较随意且不规则（图7-31）。

在拉萨，也有一般居民集中居住的大院落，如老城区盘雪民居院落就是一例（图7-32）。拉萨的民居大都外形方整，平屋顶，四角或两角砌墙垛，屋顶插五色经幡。外墙装饰较为粗犷，不考究光洁度和平整度，常饰以白色墙面，多用单层或双层窗楣。

7.3.2 日喀则民居

日喀则地区处于几个不同气候区，建筑形式有较大区别。如北边的牧区和南边的林区都有各自的特点。该地区的"碉房"建筑与山南等地并没有什么太大的区别，还是以平屋顶为主，院墙较高。窗套形式独特，有牛脸和牛角两种形式，多数采用双檐口，颜色以黑色为主，如日喀则市夏鲁乡民居的窗套就是涂成牛角的形状（图7-33）。其中萨迦县民居的墙檐涂有白色的条带，每一个建筑都有几处在这白色条带上涂相同宽度的土红色和深蓝灰色的色带，两者之间空白色。在建筑主体或院墙的直角转弯处以及较宽的墙面上，还自上而下地用土红色和白色画出色带。这表示这一地区所信仰的是藏传佛教中的萨迦派，十分有特色（图7-34）。

日喀则地区较为特殊的民居算是处在喜马拉雅山脉处的高原农牧交错区，主要为帕里地带，帕里地处珠穆朗玛峰以东山脉至亚东的山口上，海拔4 000 m以上，天气十分寒冷。这里民居基本都是平房，平面形状多

图 7-30 拉萨根布夏民居平面，图片来源：《拉萨建筑文化遗产》

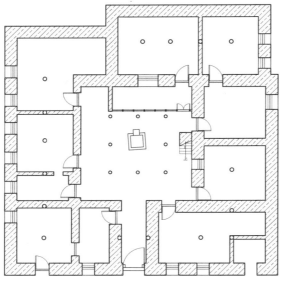

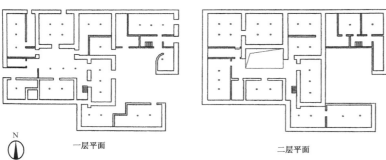

一层平面　　　　　　　　二层平面

N

图 7-31 拉萨八廓街一住宅平面，图片来源：《拉萨建筑文化遗产》

图 7-32 拉萨老城区盘雪院景，图片来源：汪永平摄

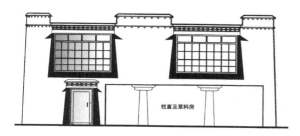

图7-33 日喀则市夏鲁乡民居正立面（左），图片来源:《西藏传统建筑导则》

图7-34 萨迦县民居（右），图片来源:汪永平摄

为矩形，设有厨房、仓库、卧室等用房，每家房屋面积并不大。其最明显的特点是用草皮做墙体，有的是夯土和草皮相结合，有的内、外墙均用草皮砌筑。草皮具有保温、吸热的功能，比较暖和。草皮用在房屋上的做法，不仅在帕里，而且在后藏其他地方也有这种做法，有的以草皮代替房子檐口，同样起到了保护墙顶和墙体的作用（图7-35）。

7.3.3　阿里民居

图7-35 日喀则地区定日县民居的草皮墙顶，图片来源:焦自云摄

阿里民居一般由平房和楼房住房、院廊所组成。住房里设置厨房、仓库及卧房等。生活起居都在一个空间里，条件好一点的设置一间经堂，家里如有出家僧人就住在经堂里（图7-36）。院子里安排牛、羊及草料和柴火存放处。阿里地区的建筑，墙体均为夯土墙，梁、柱木料断面小，房屋开间不大，层高不高。这些都是因石材、木材缺乏而造成的。女儿墙也比较低，一般为0.2~0.3 m，上面整齐堆放柴草，可以起到晾干、减少储藏空间的作用，同时还可以减少雨水对墙体的冲击，既美观又实用。由于受建筑材料的制约，门窗洞口较小，外窗排列根据房间需要比较随意，位置变化较大，高低错落。外墙多为白色，窗套如黑色牛角向外延伸，独具特色，粗犷古朴（图7-37）。

7.3.4　昌都民居

昌都民居也可以称为康巴民居，基本包括了今昌都专区的丁青、洛隆、左贡、察雅、八宿、类乌奇、江达等地区的民居。这里的民居建筑与后藏地区民居在平面布局、立面

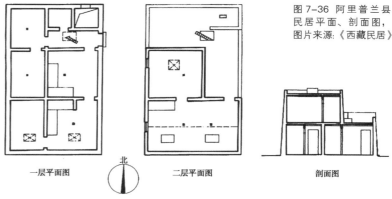

一层平面图　　北　　二层平面图　　剖面图

图7-36 阿里普兰县民居平面、剖面图，图片来源:《西藏民居》

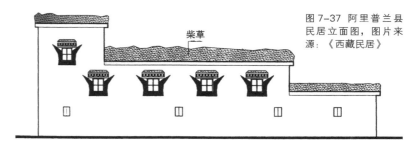

柴草

图7-37 阿里普兰县民居立面图，图片来源:《西藏民居》

造型等方面有较大的区别。

康巴民居一般建有二三层楼，有的建成四层楼。就是最穷苦的农户，房屋再小，也要修成两层房屋。这一带民居，主体均用

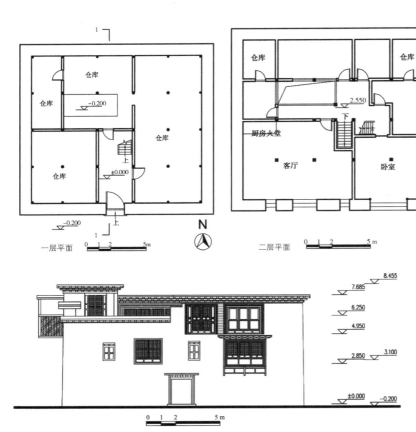

一层平面   二层平面   三层平面

图 7-38a 左贡县东坝乡军拥村最老宅平面图（上），图片来源：王璇绘制

图 7-38b 左贡县东坝乡民居正立面（下），图片来源：王璇绘制

夯土墙，这里的夯筑技术十分熟练。昌都民居最大的特点是：柱网布局不规整，柱网间距有大有小，甚至轴线关系都是混乱的。如左贡县东坝乡军拥村最老宅，一层为储藏区，二层分布客厅与卧室，顶层设置经堂，主体结构依靠承重墙支撑，柱子分布自由（图 7-38）。由于这里的民居都是夯土墙建筑，所以给人一种稳重、厚实的感觉。

7.3.5 山南民居

图 7-39 山南地区曲德贡村民居平面，图片来源：《西藏传统建筑导则》

山南是藏族民居的发源地，这里以农区和半农半牧区为主，也有部分林区和牧区。

本节介绍的是雅鲁藏布江流域的农村民居，这里的民居多为平房，楼房很少。

平房民居的平面布置大多是"凹"字形和"L"形，中间设大开间，是全家聚集和活动的场所，如山南地区曲德贡村民居：一层主要是生产、储藏区，南面墙正中开门，入门即门厅，由楼梯上二层。其门厅西为牲畜用房，东为粮库，北面为草料库。二层为晒台，晒台两侧为厨房和卧室，北面为佛堂、厕所、杂物库等（图 7-39）。房屋层高一般为 2.2 m 左右。层高较低，主要受建筑材料及运输等条件所限制，但其优点是既可节约材料，又可达到冬季保温的效果。

外围院落面积比较宽敞，但十分简单。院内设置必要的附属用房，如牛、羊、猪圈、厕所及杂物棚等，同时也可做户外休息之地和晾晒谷物之场地。"凹"字形平面的房屋，中间设置连廊，作为室内外的结合处，平时开展一些副业，如织氆氇等就在这里。

山南民居的主体结构形式，可以说是以土坯墙和石墙为主。土坯是打制后直接晒干的，没有经过烧制加工，所以强度很低，但造价便宜，砌筑方便，农民喜欢使用（图 7-40）。整个房屋的具体做法是：基础用砾石或碎石填制，地面以上砌片石墙，高 50 cm 左右，有条件的砌至窗台，再往上用土坯砌筑。土坯墙的外墙面，有的做手指纹的粉刷装饰，

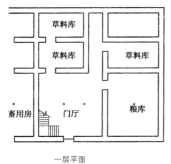

草料库　草料库　草料库　畜用房　门厅　粮库

一层平面

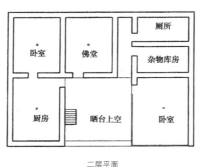

卧室　佛堂　厕所　厨房　杂物库房　晒台上空　卧室

二层平面

图 7-40 晒干的土坯砖（左），图片来源：汪永平摄

图 7-41 土坯墙和手指纹的粉刷（右），图片来源：汪永平摄

图 7-42a 山南隆子县石头民居 1（左），图片来源：汪永平摄

图 7-42b 山南隆子县石头民居 2（右），图片来源：汪永平摄

图 7-43a 林芝新建民居，图片来源：汪永平摄

雨水可以顺纹路下去，是藏族颇具特点的粉刷做法（图 7-41）。外墙多为白色，窗框为黑色，大部分民居檐口为双层檐口。地面及屋面均用黏土扣密实而形成。石墙立面则较少装饰，显得非常古朴，如山南隆子的民居，就地取材，没有过多的外墙装饰，却和环境融为一体（图 7-42）。

7.3.6 林芝民居

林芝民居，指林区或林区边缘的民居类型。该地区气候湿润，降雨量大，因此出现了坡屋顶形式的民居。用木屋架制成歇山屋顶（两坡屋顶），坡屋面采用木板或石板，林区多为木板瓦。这种歇山屋顶利于通风排水，最适合雨季长的林区使用。

该地区民居，常见干阑式建筑，木构架，底层架空，层高较低，石砌外墙或木板隔断，二层木板分隔，为佛堂、卧室和客厅。墙体有纯木、石材和石木复合墙 3 种类型。二层常设外廊，屋盖下常设通风夹层。

随着森林资源越来越紧张，许多林区，如林芝和亚东等地建造的石头墙体的坡屋顶

图 7-43b 林芝坡顶新住宅，图片来源：汪永平摄

建筑越来越多，这不仅节约了木材，还增强了房屋的防火性能。屋顶由原来的石板或木板材料变成了彩钢板，色彩艳丽。这种从干阑式演变而成的坡顶或歇山顶的 2~3 层的藏式建筑很快流行开来（图 7-43）。

7.4 西藏的聚落形态、村落类型与选址

7.4.1 聚落形态

藏族聚居区早期聚落无论在农区或牧区，主要是以部落形式出现。赤松德赞赞普时，在贤良之臣赤桑雅拉倡导下，将山上居民迁往河谷平地，人们从过去居住于山上的石头城堡迁移到田间地头建屋而居，组成村落，居住习俗发生了重大变化，出现了唐书记载的吐蕃"屋皆平头"的居住形式和格局。藏族聚居区社会进入封建领土制后，出现了以庄园为核心的新的聚落形态，如山南地区琼结县加麻乡普若庄园，可以看到封建领主的住宅占据了该村落最高的位置，处在中心位置（图7-44）。同时随着藏传佛教的形成，宗教的社会影响力不断扩大，出现了以寺庙为中心的聚落。上述三种形式的聚落形态并存的局面一直延续到近现代。由于生产方式的缘故，在牧区，除部落聚落以外，其他两种聚落形态不十分明显；在农区、半农半牧区主要还是以部落、庄园、寺庙为中心的三种聚落并存的形式。

西藏最有代表性的聚落方式还是宗教聚落。一些大的镇村实际上就是一个宗教聚落的产物。寺庙和民居共同发展，寺庙成了村镇的自然中心，如拉萨大昭寺周围的八角街民居群，就是围绕着大昭寺而逐步发展起来的，可以作为这种宗教聚落的代表。山南地区扎囊县夏珠林寺周围的村落也是如此（图7-45）。平川型寺庙和民居的位置关系，布局较随意，缺少统一的规划；而对于依山式寺庙，民居一般都选址于寺庙下面的山坡上并向两边发展，寺庙占据了山头本村落最高的位置，民居在它的脚下，称为雪。

另外一类特殊的聚落就是庞大的寺院建筑中喇嘛的住宅群。藏族寺庙里喇嘛众多，喇嘛或喇嘛师徒二人住一屋，便形成喇嘛住宅环绕寺院修建成群的状况，少者十几户，多者有四五百户，于是这庞大的寺院建筑群俨如一大城镇（图7-46）。

图 7-44 雄踞于山坡之上的山南琼结普若庄园，图片来源：焦自云摄

图 7-45 扎囊县夏珠林寺及民居，图片来源：焦自云摄

图 7-46a 藏东贡觉唐夏寺（左），图片来源：汪永平摄

图 7-46b 唐夏寺喇嘛住宅（右），图片来源：汪永平摄

7.4.2　村落类型

西藏的城市化进程比起中原要晚很多，城镇的规模人口比内地要小很多。拉萨市2010年的常住人口约56万；日喀则市常住人口约10万；昌都地区约60万人口，地区一级的人口仅相当于内地县的人口规模。西藏地区乡镇一级，面积很大，而人口很少，大的村镇在百户左右，小的只有几十户或几户。乡镇的行政中心都设在这些大的村镇中，这些村镇都经历了很长的时期才形成和发展起来，不仅为西藏社会和经济的发展做出过贡献，还是西藏古代文明的物质见证。西藏传统村镇大体可以分为以下类型：

（1）以部落为中心的村镇：雄松乡、罗麦乡、皮央东嘎村。

（2）以寺庙为中心的村镇：科迦村、萨迦村、夏鲁村、类乌其镇。

（3）以庄园为中心的村镇：朗赛林庄园、帕拉庄园、达孜庄园。

（4）商贸形成的村镇：香堆镇、东坝军拥村、盐井镇。

（5）手工业生产形成的村镇：姐德秀镇、噶玛乡。

（6）交通渡口形成的村镇：日吾其村（以日吾其寺金塔和日吾其铁索桥著名）。

（7）军事堡塞形成的村镇：硕督镇、洛扎县边巴乡。

（8）其他特色村镇：觉木隆（藏戏之乡，觉木隆寺所在）；甲玛赤康村（松赞干布诞生所在地）；梅里雪山北坡的左贡县碧土乡，以自然风光而著称。

藏东贡觉县三岩地区的"帕措"是当前世界并不多见的父系氏族的残留，至今仍比较完整地保留着原始父系氏族部落群的一些基本特征。在藏语中"帕"指父亲一方，"措"指聚落之意，"帕措"指"一个以父系血缘为纽带组成的部落群"，也就是藏人传统观

图7-47a 藏东贡觉县三岩雄松乡村落，图片来源：汪永平摄

图7-47b 藏东贡觉县三岩雄松乡碉楼，图片来源：汪永平摄

图7-48 珠穆朗玛峰脚下的绒布寺村落，图片来源：汪永平摄

念中的骨系。帕措既有氏族的特征，又有部落的职能，藏东贡觉县三岩六乡古村落中的帕措组织可以称为"父系原始文化的活化石"，以部落为中心的雄松乡、罗麦乡是遗存至今最为典型的实例（图7-47）。

以寺庙为中心的村镇在西藏村落中最为常见，遍布西藏，实例最多，海拔最高的村落要属珠穆朗玛峰脚下的绒布寺村落（图7-48）。

历史上以庄园为中心的村镇数量仅次于以寺庙为中心的村镇，遗存至今还有好几十处。

商贸形成的村镇是历史上西藏对外商业贸易形成的，如茶马古道、唐番古道上车队或马帮停留、住宿，及货物转运、集散所形

图 7-49 昂仁县日吾其村（唐东杰布在此地建铁索桥），图片来源：高登峰摄

图 7-50 山南村落环境绿化，图片来源：焦自云摄

成的村镇，以藏东最多。

西藏的民族手工业具有悠久的历史和独特的工艺，产品充满浓郁的民族风格和地方特色，手工业生产形成的村镇指的是西藏传统手工业工匠、产品和工艺传承集中的村镇。如江孜的地毯、姐德秀的围裙、扎囊的氆氇、浪卡子的藏被、加查的木碗、拉孜的藏刀、仁布的玉器、尼木的藏香、噶玛沟的金银铜制品等，都具有较高的声誉。

西藏地处高原，山高水险，交通渡口形成的村镇很多，像曲水镇。历史上唐东杰布为了解决藏族群众过河，组织戏班，演藏戏筹措资金，在藏族聚居区及周边建造了百座跨河悬索铁桥，依附交通渡口形成了村镇（图7-49）。

西藏历史上战争频繁，一些战略要地建起防御性的城堡，军事堡寨形成的村镇在边境或交通线上，如藏东通往拉萨的硕督镇，洛扎和不丹交界的河谷村落。

其他的特色村镇，如西藏的藏戏之乡觉摩木寺所在的村落以藏戏而著名。

7.4.3 选址

西藏以山地为主，山水相依的地理环境对于传统聚落的形成，以及建筑的选址修建影响颇深。考察西藏的传统聚落可分为两类：城镇聚落与乡村聚落。它们多位于河谷平原地带，或紧靠河床，或修建于山坡之上。其选址首先考虑的还是方便于生产生活，有利于农事；其次，最初的大规模兴建多是在西藏分裂混战的时期，当时，社会动荡，战乱频繁，选择在地势险要的高处营建碉堡式的建筑组群，防御观念是主导因素之一。同时，选址也含有一定的宗教色彩，或者说是风水理念的体现。

城镇聚落中，寺庙的主导地位是毋庸置疑的，庄园建筑次之。寺庙或建造于河谷平原地带，以其为中心建造房屋形成城镇聚落；或修建于山坡之上，聚落紧邻寺庙向山脚平原地带延伸；也有聚落与寺庙保持一定的距离。乡村聚落中的空间布局可分两种情况：一种是既有寺庙又有庄园建筑的聚落；另一种是没有寺庙，只有庄园建筑的聚落。

根据藏族民居群的分布情况可以看出，他们对于住屋的基地位置和地势的选择及自然条件的利用，有如下一些共同点：

（1）善选基地、巧用地势

村落集聚利于生产，便于农牧业生产。选址大多在河谷平原、山腰台地的边缘，或水草丰美的草原边境，将村落和住屋建造在不宜耕种的瘦瘠之地；高山地区雨水稀少，生活用水困难，所有民居、村寨或城镇莫不接近溪泉、河道，解决农田灌溉及生活用水的需要，利用水力磨粉、发电；选择在交通方便处和河流渡口之地等，为民便利，带来商机；一般的藏族民居，少有绿化，但现在很多村落和民居栽种高大的胡桃树和白杨，宅旁屋后种果树，挡风御寒并有经济效益，改善了小气候，美化了民居环境（图7-50）。

（2）利用地形、节约用地

藏族民居在争取空间方面的做法是增加建筑层数，节约土地和扩大楼层面积，争取空间。在利用地形方面是利用坡地，少占耕地。藏族人民在实践中将这两者结合起来，创造了许多优美舒适的多层住宅，表现出建筑的民族形式和地方风格。

关于利用地形方面，藏族居住建设中也积累了很多经验。在高原地区的山腰以上多悬崖陡壁，不宜农牧生产与生活，住屋基地多选在山腰台地的边缘或在山麓的边坡上。房屋多背坡修建，顺着等高线分级筑室，根据各种住屋人口与房间的功能不同，处理方法不同，表现形式也不一样，如独户多层式住屋、分层出入式住屋、梯级式毗连住屋等，这既解决实际使用问题，又节约了用地、人力和物力，其经验值得借鉴（图7-51）。

（3）适应气候、利用自然

藏族人民住在高原山地，气候寒冷多风，为了保暖避风，住屋都背风向阳，房屋层高较低且较封闭。房屋的方向和门、窗的开口大都向南或向东南，每层的北面和底层各墙面绝不开窗，西面也很少开窗，在屋顶晒坝的北端、西北角上或东北角二面，建造堆放粮食和草料的仓储，借以屏挡北风或西北风，以便冬季在晒坝或敞间里工作与晒太阳。很多民居在屋顶的东北西三面建屋，围成三合院式，这种有三方屏蔽的晒坝就是一个小小的生活阳台。利用天窗、天井等来解决室内采光、换气、取暖不方便等矛盾，取得了室内平静、无风、透光、通气、暖和与安全的环境空间，虽不十分理想，却在利用自然环境中起到了积极的作用（图7-52）。

（4）就地取材、坚实耐用

藏族建筑大都就地取材，利用当地大量的天然土、木、石等资源，创造出许多经济、坚固、实用的民居，并且表现出显著的地方特点。在河谷山地，如拉萨、日喀则地区，

图7-51 藏东村落坡地建筑，图片来源：侯志翔摄

图7-52 藏东三岩碉楼屋顶晒坝，图片来源：汪永平摄

图7-53 藏东三岩生土碉楼，图片来源：汪永平摄

人民用泥浆、片石砌筑墙身。在草原和平川，如那曲、山南等地，则利用黄土夯实筑墙。在林区，如林芝、昌都利用当地丰富的木材做梁、柱和室内装修，外墙用原木做成井干式结构。这种材料所建的民居，墙高2~4层，专做防御的碉楼高达20多m，经过了数百年和多次地震的考验，还巍然屹立，证明这些建筑材料和结构有其合理之处（图7-53）。

土筑楼面和平屋顶在藏族建筑中很普遍，并成为藏族建筑的一大特点，隔音、保温的效果都很好，既符合地方气候的特点，也很经济。平顶屋面的选材、施工和维修等技术也容易掌握（图7-54）。

图7-54 藏东三岩民居平屋面，图片来源：汪永平摄

提示人们从这里开始便进入村庄的领域。其实不仅在中原地区，在藏族聚居区的村落入口处也有建造标志物的习惯，不同的是绝大多数的藏族村落采用的是玛尼堆的形式来提示人们快要进入村落的地域范围。这些玛尼堆大小不一，个数不等，一般较大村落入口处会放置有多个小型玛尼堆，在玛尼堆的周边还会布置有转经筒或小型转经廊，而小型村落一般只有小型玛尼堆一座。有的村落还会在入口用过街塔、喇嘛塔的形式（图7-55）。

7.5 村落布局与空间特征

西藏整体村落布局形式，在发展的过程中受到了来自交通、宗教、藏族原始选址观和社会制度的影响。这些影响因素造就了整个村落今日的布局形式，同时也造就了各种具有自己独特性的布局特点。

7.5.1 村落布局

1）入口

在中原的村落布局中，村口处常常会伴有大树、土地庙或者宗族祠堂等标志性物体，

图7-55 村口的标志：玛尼堆和塔，图片来源：侯志翔摄

2）街巷

街道作为村落中连接各家各户的脉络，直接影响着整个村落的发展方向和规模。村落的道路系统不同于城市的道路系统，城市道路宽敞平直，需要有极佳的通过性，村落道路只考虑到了连通每家每户的基本沟通功能，村落道路网络形式多样，为村民日常生活的各种生产生活习惯提供了方便。

早期的街巷并未经过规划设计，而是围绕寺庙或庄园自发形成的路网，形成了传统村落的"井"字形道路系统。以寺庙为中心的转经道，四周环绕着各种商铺和饭店，组合成路面较宽的街道。其后来此定居的村民越来越多，当地居民便将原先的道路向四面延长，形成了"井"字形路网。随着村落规模的不断扩大，原有的"井"字形路网已经不能满足人们的需要，于是居住在村落外围的居民们便在自家门前修建了连接到"井"字形主路网的小道。久而久之，这些门前小道连接在一起，形成了围绕村落的环形路网，主干道还起到划分村落功能空间的作用（图7-56）。寺庙正门和玛尼堆、白塔前则保留了较大开敞空间，供当地人民举行各种庆典和祭祀。

3）水系

水作为人们日常生活中不可缺少的元素之一，在村落的选址和建设中受到极高的重视。农田灌溉可以依赖周边的河流，但是村

镇内的生活用水从哪里来、哪里的水质好等问题却一直困扰着早期在这里定居的居民。人们在村落周边寻找安全、供水量足的水源。作为全村的主要供水源。

为保证水的质量，最早的沟渠利用天然的沟渠，采用人工开挖，再用石头铺底和堆砌两侧渠岸的方法建造（图 7-57），确保能将清澈的泉水送到村里的寺院和庄园门前。在未使用管道将泉水引到全镇居民家之前，人们的饮用和生活用水都依赖着原先修建的沟渠，为了不污染水质，每天早晨的时候沟渠内是禁止清洗衣物的，人们在这一时间主要是到沟渠边挑足一天够用的水。直到中午时分才允许在沟渠中洗衣、洗菜。当地人们还有背水的习惯，用水桶将干净的泉水或河水背回家中。如今现代化的自来水管道架设已经将干净的放心水送到了居民家中或村镇中的取水处。

4）景观

作为一个依托在宗教文化上发展起来的村落，主要文化景观元素就是其现有的宗教建筑。寺庙大殿作为景观视线的起始点或制高点，金色的屋顶在太阳的照射下闪闪发光，仿佛整个村镇都笼罩在寺庙的光辉之下。大殿在青山白云的映衬下，呈现出一幅高原佛境的美妙画卷。不禁让人肃然起敬，对佛陀产生一种油然而生的崇拜之情。每天，村民都会来到寺庙大殿内礼佛、磕长头，手持转经筒沿外圈转经，勾画出一道美丽的文化风景线（图 7-58）。

图 7-58a 昌都类乌齐查杰玛大殿转经，图片来源：汪永平摄

图 7-58b 扎什伦布寺转经，图片来源：汪永平摄

西藏地处喜马拉雅山脉，高耸的蓝天，皑皑雪山相辉映，孕育了众多风景旖旎的景区，堪称世界屋脊之奇观。西藏的众多温泉不仅景色优美，还有奇妙的医疗保健功能。

位于拉萨墨竹工卡县的德仲温泉自然景区海拔 4 500 m，水温常年都在 40℃左右，常在此地洗浴，不仅可以治疗多种疾病，还有调气血、通筋络、强身健体等功效。春秋两季，来此沐浴的人络绎不绝。引人入胜的自然风光亦是其特色所在。这里山涧小溪，怪石嶙峋，飞瀑直流而下；林中牧场，草肥水美，鸟语花香。满是悬崖峭壁等天然景观，令人目不暇接。

7.5.2 空间特征

探讨村落的空间特征时，有 3 个内容：①传统聚落中建筑群体与周边环境的关系；②建筑群体的空间布局；③建筑单体的空间布局。

1）规整与自由相结合布局

西藏乡村聚落中建筑群的空间布局比较自由，没有特定的格局依据。布局常因所处地形环境的不同而各异。有的依山而建，顺应山势自由布局；有的在开阔的河谷平原上延展开去，形成自然村落；更有在庄园建筑

图 7-59 帕拉庄园园林，图片来源：焦自云摄

图 7-60 帕拉庄园的院落，图片来源：焦自云摄

或寺庙周边修建一道甚至多道高大的围墙，修挖壕沟以利防御。

庄园中的林卡，即庄园园林，在庄园建筑群中的布局一般是在庄园主楼前后，或在邻近主楼的开阔地段另辟地造园，类似于汉族的宅园或别墅园。园林与主楼相对独立，自成体系，周边矮墙围绕。园林主要用作主人夏天避暑、消夏之所。庄园园林位于庄园主楼之后的有日喀则的帕拉庄园，可以直接从主楼经侧门进入园林内，联系较为紧密（图 7-59）。更有主楼融于园中的，这种布局关系主要表现在后期的庄园园林中。

2）院落空间的使用

西藏庄园建筑的院落空间颇具特色，因庄园规模大小不同，围合成院的要素也有差别。一种是只用建筑单体围合形成院落空间。从外观上看，西藏的很多庄园建筑很容易给人一种假象——那只是一栋庞大的建筑单体，而实际上，它同样是由多栋建筑单体组合而成的，只是各单体之间的联系结合得更加严密。这种院落式的建筑空间布局在拉萨、日喀则等城镇聚落中尤为多见。组合成院落空间的建筑单体有三层平顶楼房和正对宅院的入口，其余三面均为二层的平顶裙房，周匝回廊，与主体建筑连接较为紧密。另一种是建筑单体和院墙共同围合形成院落空间。这种类型的院落空间多见于乡村聚落的庄园建筑中。日喀则的帕拉庄园则综合了上述两种情形的院落空间布局（图 7-60）。整个平面布局包含两进院落，第一进由院墙和二层的裙房围合而成，第二进由庄园的主楼和二层的裙房围合而成。上述可见，院落空间的存在使庄园建筑的空间布局呈现出多样组合的特性。

3）建筑单体的空间布局

庄园建筑单体有楼房和平房两种建筑形式，既有独立式建筑，也有混合式建筑。独立式建筑多为单幢比较方整的楼房；若为混

合式建筑，则多为一至二层的建筑裙房，空间布局比较灵活多样。

（1）建筑的平面多为方形、矩形，或近似矩形，这与佛教坛城的方形空间概念有关。藏族民居中的厕所有少数设在底层牲畜圈内，而大多数的厕所比较特别，从山南与藏东的厕所来看，都将厕所悬挑在楼层室外，用墙包围，形如附建的碉楼，由于上下层蹲位相错，粪便直落屋外粪坑，与室内隔绝，也没有粪便滞留及冻结在厕所内的现象，故较方便和卫生。

（2）建筑的朝向并不固定，常依据地形或因附近寺庙位置的不同而有所改变。除了受宗教观念影响外，还要考虑冬季南向阳光，避开灾害性的强风，争取较好的朝向以利于生活和生产仍是基本追求。

（3）建筑多为天井式平顶楼房。天井空间从底层贯穿至顶，面积不大，空间较小，与前院宽敞的空间院落形成鲜明对比。同时，建筑内部多设有面向天井的回廊，形成"回"字形的天井空间，有效地改善了建筑的通风采光，极大方便了居民生活（图7-61）。

（4）单体建筑内部的平面布局构图常不遵循中轴对称的原则。尽管我们从外立面上很容易得出建筑单体左右对称的结论，但建筑单体的内部空间布局实际上非常复杂，房间分隔因功能的不同有较多变化。上下楼层的空间划分并不上下对应，柱子和墙体亦不完全贯通，这使得一些建筑内部空间表现出近似迷宫一般的特色。

（5）主体建筑入口位置的多样性。一般都有1~2个可通往上层的建筑主入口，通过木楼梯联系上层空间以彰显庄园建筑的气势；也有建筑入口设于二层的，或从室外的石砌楼梯拾级而上，或从主楼前裙房的回廊处设楼梯直通主楼二层。

（6）建筑内部连通各楼层以及屋顶的交通空间比较灵活多变。在中国传统的楼房建

图7-61a 察雅县香堆镇天井图一，图片来源：侯志翔摄

图7-61b 察雅县香堆镇天井图二，图片来源：侯志翔摄

图7-62 察雅县香堆镇民居楼梯，图片来源：侯志翔摄

筑以及现代楼房建筑内的楼层联系多上下贯通，流线非常顺畅，可从底层直达顶层。而在西藏的庄园建筑中这种上下贯通的交通联系空间实例非常少见。多数庄园建筑中的楼层联系空间多变且无规律可循，由主人方便生活而定。使用的木质楼梯质轻，搬动灵活，少占用空间，也是藏式建筑的共同特点之一（图7-62）。

（7）值得提出的是主体建筑的顶层空间。一般分为两部分，一部分是房屋，另一部分是下一层的平屋顶，常可于其上晾晒衣物等。顶层开朗辽阔，有居高临下的优势，便于瞭望与防守。经堂是建筑中最神圣、庄严的地方，常设在顶层，不受干扰，以示对

佛的尊敬。顶层其余的房间又叫作敞间，因通风条件好，供风干存放肉类或粮食之用，可以说是西藏居民依据自然环境而设的生态的储藏空间。

7.6 宅基地选址与施工

1）宅基地选址

当地修建房屋之前需要请当地寺庙内的喇嘛来家中相地，由喇嘛通过打卦、占卜等方法来选定建筑宅基地位置，开工之时还要请喇嘛到家中念经并在地基中撒入糌粑和麦曲河中的水。除了以上这些宗教仪式外，藏东察雅当地还流传着一套民间的选址口诀，凡是符合口诀中的任一情况的地段，都是不适宜建造房屋的。

（1）房屋不可建造于两山之间的山坳处，远远看去就如含在魔王的獠牙里。虽然这种含在魔王口中的说法有些迷信色彩，但是建于两山之间的房屋在发生山体滑坡或泥石流时都相当危险，不利于屋中的人逃生。所以这种说法还是有其合理性。

（2）房子不能建在离水太近的地方，远远看上去像是戴上了马嚼子。被戴上马嚼子的意思即自身不能控制，处于一种被牵制的状态。如果房屋建造离河过近则很可能被洪水卷走，这时房子就像被牵住了马嚼子的马，一旦出现山洪只能随着洪水而走。

（3）房子前若有一棵树不好，好像长了瘤子，不吉利，有许多树则好。因为一棵树孤零零地在风中摇啊摇，会把主人的希望都摇没。但是门前多树确实是个较好的选址，不仅可以遮阳美化，树林则能起到很好的防风沙作用。

（4）房子前有地下水渗出不好，被视为"底儿漏"。当有地下水从宅基底下经过时，一来地基有可能会被水侵蚀，二来水的长期流动势必造成建筑基部不稳，建筑很有可能出现下沉现象。

以上四句关于住宅选址的口诀，看起来通俗易懂、贴近日常生活，但其中所蕴含的道理都是老一辈人通过长年累月的实践后总结出来的，在建筑的选址中有很好的参考价值。

在确定了建筑的选址后，主人会邀请全部亲戚和本地的工匠师傅来家中做客，大家在一起商讨如何建造房屋。有些村民会直接告诉工匠他们想要造什么样的房子，工匠只需按照主人的意思建造便可。以一个家中有七八个人的家庭为例，建造一栋可供全家人居住、占地在 100~120 m² 的 3 层民居总共需要 1 年时间。从当年的 4 月份天气转暖、土地解冻之时开始施工，一直到 11 月份天气变冷时停止，其间大约有 1 个月的时间，主人家和工匠们都要上山挖虫草所以停工。这一年主要将地基、建筑墙体、室内梁柱和楼面修建完毕，冬天进行室内装修，第二年四月只需对门、窗、厕所和屋顶等处进行完善即可入住。

2）建筑施工

整个民居建筑施工大致分为 4 个步骤：打基础、建造墙体、架设梁柱、铺设楼面和屋顶。

（1）打基础

在选好宅基地后，工匠根据房屋规模开始挖基槽，基槽宽 80 cm，深近 1 m。基槽挖好后先对其素土进行夯实，然后铺上石头和黏土再夯实，每铺设一次石头和黏土大约能填充 15 cm 的高度。填充三四次后开始砌筑墙基，墙基全用石头砌筑，主要起到防潮、保护夯土墙和支撑上部土质墙体的作用。地面之上的墙基高度控制在 50 cm 以内。

（2）建造墙体

当地民居建筑的墙体采用传统的厚实夯土墙，夯土墙敦实厚重且具有良好的保温效果。作为碉房式建筑，整个墙体自下而上有明显收分，这种上小下大的墙体加强了建筑的稳定性，厚实的墙体和极少的开窗增加了整栋建筑的防御性。夯土墙所选用的材料是本地优质红黏土，这种黏土黏性强、无杂质，是建造夯土墙的上等材料。以一层为单位不断向上夯筑，每建造好一个楼层的夯土墙后需在铺设完楼面后再继续建造。对于开门和开窗的位置，会预先在墙体上留出安装位置。（图7-63）

图7-63 制作夯土墙，图片来源：侯志翔摄

在墙体建造结束后，工匠们会在建筑正立面均匀涂抹泥巴使表面光滑，建筑内部隔

墙有一种以土坯建造，另一种隔墙是在柱与柱之间用树枝编制成墙体后，用泥浆均匀涂抹两侧而成，施工简易，这种编制墙体一般只在普通民居中存在。

（3）架设梁柱

在建造夯土墙的同时，室内的柱子也同时开始布置，民居建筑中使用的柱子柱径一般在20~25 cm之间，先由工匠计算好一层空间内所需柱子数量并标示出安放位置，然后在标示处开始挖基坑，柱子直接安放在坑中的石头上，最后用土填实夯实。所以建筑中的柱子一般不会采用通柱的形式，上层柱子底部加工成凸榫插入下层木构的顶端，形成简单的榫卯结构，其构造方式属于简易叉柱造。

每层的柱子在架设完毕后，其柱顶部位上会先插入长40 cm，宽、高均为20 cm的方形托木，称"弓"，上下有长短两层。而后在托木上方两侧纵向放置梁架，梁架上平铺椽子。在每一楼层的夯土墙夯筑完毕后，会等该层柱梁架设完毕后再继续向上夯筑，该层椽子在搭建于梁架的同时也架设在夯土墙

图7-64a 架设托木及大梁（左），图片来源：侯志翔摄

图7-64b 铺设屋面木椽及树枝（右），图片来源：侯志翔摄

上，使整个建筑的墙体与柱梁结合成一体，加强了整个建筑的稳定性（图7-64）。

（4）铺设楼面和屋顶

楼面做法是在椽子之上自下而上放置树枝和碎木料，条件较好的家庭会直接铺设木板。而后在木板上加铺一层和有干草的泥浆，泥土需分多次铺设，踩实即可，整个泥土层厚度为20 cm左右。屋顶采用同样的做法，由于屋顶长期暴露在外，所以每年会对屋顶层加添一次泥土，以防屋顶漏水。屋顶四周采用挑檐式设计，檐口处向外下压，将屋顶层的雨水从四周排散下来，并且不会让雨水顺墙流淌、侵蚀墙体。

至此整个建筑主体建造完毕，此后便是请木工打造门、窗，并安装和粉刷建筑外立面。现在有些居民开始在家中添加室内彩绘，但是图案简单，多为彩色线条和传统的吉祥八宝图案等（图7-65）。

（5）门、窗及柱廊

木材在建筑中主要用于制作门、窗、柱、梁等部件。民居建筑中位于建筑底层正中部位的大门是整个建筑唯一的出入口，采用双

图 7-65a 墙面彩绘 1
（左），图片来源：
赵盈盈摄

图 7-65b 墙面彩绘 2
（右），图片来源：
赵盈盈摄

图 7-65c 梁架彩绘
（左），图片来源：
赵盈盈摄

图 7-66a 大门檐口
（右），图片来源：
赵盈盈摄

开和单开两种形式，整个门有外框一层，门体由多块厚木板拼接制作而成，门上一般无装饰图案，大门上方设有门檐，门檐下相间设有两排木板和装饰性椽头，檐部下方左右两侧各有一装饰性斗拱，这种斗拱只在形式上与汉式斗拱有相似之处，但并不起承重作用。整个大门采用黑红相间的颜料涂抹，普通民居中的大门则只有门框、门板和出挑的椽头，且均不涂色，保持了木质材料的原样（图7-66）。

图 7-66b 大门檐口斗
拱（左），图片来源：
赵盈盈摄

图 7-66c 木窗及檐口
（右），图片来源
赵盈盈摄

注释：
1 陆元鼎，杨谷生.中国民居建筑（下卷）[M].广州：华南理工大学出版社，2002
2 中国藏学研究中心社会经济研究所.西藏家庭四十年变迁——西藏百户家庭调查报告 [M].北京：中国藏学出版社，1996：212
3 陈立明，曹晓燕.西藏民俗文化 [M].北京：中国藏学出版社，2003
4 杨嘉铭，赵心愚，杨环.西藏建筑的历史文化 [M].西宁：青海人民出版社，2003
5 西藏自治区文物管理委员会，四川大学历史系.昌都卡若 [M].北京：文物出版社，1985：20，30，36
6 陈复生.西藏民居 [M].北京：人民美术出版社，1995

8 西藏传统建筑技术特征

根据人类的认知和词义，技术是人类在利用自然和改造自然的过程中积累起来并在生产劳动中体现出来的经验和知识。本书中所指的技术是运用工具对选择的材料进行加工、制作、装配的过程。它主要包含了原材料、加工工具、工艺流程、生产协调、技术规程等内容，并不可避免地受到自然、人文环境的影响和社会因素的制约。其中材料是技术的物质基础，而造物的手段与方式、工具的制作与运用及其内含的造物思想体现了工匠的技艺，是技术的另一个核心内容。

传统建筑技术是采用历史上流传下来的方法营造建筑的过程。建筑技术的直接目的是营造建筑，为人类提供活动空间与庇护所，满足人类"栖居"的需要是其最终目的。传统建筑技术这个整体包含了各个工种各自的营造过程和各个工种之间的相互关系与协调

图 8-1a 山南隆子碉楼，图片来源：汪永平摄

图 8-1b 藏东贡觉三岩碉楼，图片来源：汪永平摄

方式两个方面的内容。具体地说，传统建筑工艺的组成包括在每一项工作的材料选择与再加工、工具及工具制作、操作技术、工艺流程、生产协调、技术规范、验收标准以及各个工种的分工合作、施工管理组织等内容。本章节以西藏地区建筑历史发展背景为参照，重点考察明清以来乃至当代该地区逐步成型并仍然在发展的传统建筑技术。为了如实地体现出"技术"这一概念的动态特征，本书将赋予其更为宽泛的含义：不仅包括术语、做法、工序等技术上的成分，也包含工匠结构、工种组成、工程运作、设计思想、技术传承手段等方面的内容，以期更加全面地反映出传统技术的面貌。其实建筑技术在技术内涵上的特征与其建造思想等内涵是密切相关的，在西藏地区更是具有鲜明的特色，许多做法上的特征也正是产生于其中。对于这方面书中将做专门的论述。本节以"技术特征"为题，力求展现西藏地区传统建筑技术中特殊价值的所在，为更深入、系统的技术研究做铺垫。

大约在公元 7 世纪，西藏地区由于农牧业生产的发展和分工，即出现了"有城郭"的定居，同时存在"随畜牧而不常厥居"的不定居[1]。在藏北高原，牧区建筑为了适应生产和生活的需要，以天幕帐篷为主，如西藏黑河、阿里等地。帐房平面呈方形，也有做六角形的，其结构方式是用二根柱子撑着帐顶，四角各支一根矮柱子，用牦牛绳拉紧四周，并用木桩固定在地上。帐顶用两块牦牛毡做成，中间留有空隙做通风和采光用，帐房内部沿四周用草泥或卵石筑成高 50~60 cm 的围墙，并在上面堆放青稞包、酥油袋和干牛粪（做燃料用），既有储存功用又能御寒。藏南谷地，

图 8-2 藏东井干建筑，图片来源：侯志翔摄

图 8-3 壁画桑耶寺，图片来源：汪永平摄

多盛产石料，取石方便，逐渐为石块所代替，出现"石室"。在陡峭地形则采用分层的办法修筑楼房，称为"碉"，在西藏地区尚有不少古老的碉房遗址（图 8-1）。"碉房"的形式是多种多样的，但它们的共同特点是，平面呈方形，用石墙或土筑墙与纵向排列的木柱构成密肋梁架混合结构。居室以柱子为单位，通常将有一根中心柱的称为一间。较大的居室、客堂或经堂用 4 柱 8 梁。外墙有明显的收分，窗洞小而少，多用天井采光通风，外观端庄稳固，故称"碉房"。这种做法，不仅在西藏族群众民居中，而且在西藏其他建筑中也成为基本的结构形式。此外，在藏东峡谷区，如墨脱、米林、林芝、波密地区，尚盛行井干式房屋（图 8-2）。这种建筑适应温暖、潮湿、多雨的森林地区，是古代藏族建筑的一个重要类型。

藏族传统建筑技术的发展过程，既注意吸收汉地和其他民族的艺术成就和风格，又保持了本民族文化特色和风格的传统，推动了技术的进步。藏族历史上吐蕃王朝时期统一了整个青藏高原，社会经济稳定发展，公元 7 世纪至 8 世纪中叶，创造了文字、法律、度量衡等，除了早期信仰"本波"（苯教），又接受了佛教，丰富了藏族文化的内容，这是西藏奴隶制发展的顶峰，在建筑技术上也是成熟的时期。唐朝的文成公主进藏，"随带营造与工技著作六十种"，并召集汉族"木匠和雕塑等工匠"参加寺院的修建活动。公元 710 年金城公主进藏，亦是"杂使诸工悉从"，吐蕃王朝和唐朝皇室间结成了亲密的甥舅关系，汉藏人民在经济、文化方面的交流，也促进了藏族建筑技术的发展，大量吸收、引用汉族建筑装饰艺术。例如各种龙、凤形象，以及汉式屋顶与藏族传统建筑形式碉房的平屋顶结合——金顶的出现。大昭寺屋檐下的斗拱装饰，形式上直接引用汉族式样，但在装饰纹样以及题材上却是藏式文字图案。西藏宗教建筑装饰艺术不断地吸取内地建筑装饰艺术风格及文化，并与本地传统巧妙结合，既活泼又富有特点。13 世纪中叶元朝统一西藏，结束了西藏 300 余年分裂割据的局面，给西藏带来了一个长期稳定的时期。西藏的文化艺术、雕塑、建筑达到蓬勃发展的时期。西藏传统建筑技术上（结构、式样等）趋于程式化，有一定的营造法制，逐步创造了独特实用的柱网结构、收分墙体、梯形窗套、松格门框、出挑窗台、檐口、平屋顶，重点建筑常冠以汉式铜质镏金屋顶和斗拱、额枋彩画等（图 8-3）。

8.1 建筑的结构体系

藏式建筑形式虽然丰富多彩，但一些共同的特点，将它们统一在一个系统内。如厚重的碉式建筑外观以及土木、石木的混合结构。西藏传统建筑大多采用石、土、木的混合结构，是以石、土墙体与木结构相结合的基本构成。在混合结构建筑中，外墙和内部柱子同时承重。藏式传统建筑的主要承重结

构，由密椽、梁、柱、墙体、基础组成。不论石木结构，还是土木结构，都有木构架。木构架除柱梁之外，还有斗、托木、弓木、椽木等（图8-4），这些构件与构件之间多以暗销连接，不用铁件。大梁横向铺设，外纵墙和内柱承受大梁传下的荷载，檩条纵向铺设，外横墙和大梁承受密铺椽子传下的荷载。柱或墙上架梁，柱头以上用大斗、托木和弓木承托大梁，弓木与替木的作用相同，但结构完全不同，构件之间用暗销连接。其尺寸比例也有严格的限定：大斗宽应略大于柱头直径，托木应小于大斗上宽，弓木宽应小于托木，梁宽应略大于弓木。梁上铺椽，屋面由黄土或阿嘎土打制，房子就算基本建成。各类房屋结构基本相同，不同的主要是装饰、雕刻、彩绘和用料的尺寸有大小简繁之别，是由建筑的等级而定。柱头上的坐斗、托木和弓木等是藏式建筑木结构的一个重要特点，这些构件既有结构的功能，又有装饰的功能。其截面尺寸和相互间的比例关系，各时期都有不同的做法，最复杂的柱梁结构可分为13层。

柱网结构（图8-5）是西藏传统建筑的另一大特色。"柱间"是藏式建筑传统的基本计量单位之一，许多大型经堂、佛殿中的柱子都纵横排列成网状，柱距基本相等。每个单体建筑即为一个独立的结构单元，这些结构单元的平面大多是矩形或方形。平面内部按井字形（或近似井字形）布置若干上下贯通的墙体。在四周墙体内的空间，用梁柱组成纵向排架，梁上铺密椽，若需加大内部空间，则设数列纵向排架。上下层建筑的梁柱排架，上下对齐在一条垂直线上，偶而也有不对齐的例子，上下层一般不使用通柱。

8.2　营造程序及风俗礼仪

《西藏王统记》曾这样描述修建大昭寺

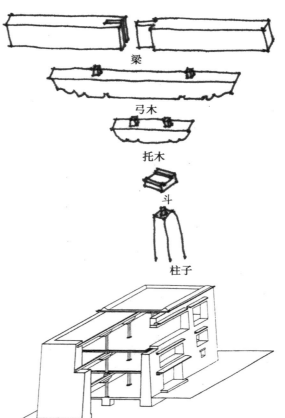

图8-4 梁柱连接，图片来源：《西藏传统建筑导则》

图8-5 柱网结构图，图片来源：《西藏传统建筑导则》

的情形："王（指松赞干布）……乃率诸臣，来此已填之湖上，加持地基，施设绳墨，以酒食餍足藏族群众，使之劳役。或运砖，或筑墙，或送泥土，遂将下层墙壁造竣。……于是伐柏木甚多，……持斧作木工，或雕柱，或砍梁，或斫椽，或立柱，或上梁，或架椽，或铺板，或盖顶，于是成此美殿。"[2] 从中我们可以看到旧时一些建造过程的影子，下面就具体论述西藏建房的营造程序及风俗礼仪。

（1）择址、定向：藏族民居修房时选址择基需请喇嘛打卦卜算（一般都是博学的大喇嘛），以确定房屋的最佳方位和开工时间，这个仪式称为"萨都"或"土达序"。房屋的基址和朝向甚为讲究。日喀则一带建房时，门一般不能朝北，不能对准两座山的结合部。昌都一带建房时忌讳大门朝西，认为不吉利。俗语讲："百鸟的头向着东方时，唯有不吉之鸟蝙蝠的头总是朝西。"窗口忌讳对准独树、洞穴、石崖。从总体讲，基址选择忌房后有流水、建在两山之间、建在离水太近的地方、房子前面只有一棵树、房前有地下水渗出等。比较讲究背山面水，方向朝南，这也是藏族在长期的生活实践中总结的经验，这种观念也是从获得充分采光、避免风沙、保持室内温暖和开阔视野的实用性来考虑的。

（2）备料：选择好地址、请好工匠后就可以开始办料了。一般像半包形式的话就由负责的木匠师傅先算好要多少料，然后屋主便到市场上去买。以300 m²左右的石墙房子为例，屋顶上的椽子大约要600多根直径10 cm、长4 m的圆木。石材是拉萨地区建房所必需的，主要建房用的石材有片石、条石、块石等，这些石头基本上是就地取材，一般片石和砌墙用的块石都是花岗岩。这个房子大体上需要1000多块石头，其中以规整的石块偏多，这种石头价格比较贵，所以一般都砌筑在迎人的外墙面。在民居中不规整的石块一般在后墙用得比较多。大的石块运到工地后，由石匠自己加工成所要的形状。一般情况下石料都是分批买，不够了再添。而如果是土坯或夯土的房子，则相对来说备料就比较简单，一般就是自家或叫一些人直接挖黄土后加些辅料备好就可以了。

（3）动工：西藏的4~6月是建房的黄金时期，这段时间是西藏的春天，天气晴暖，白天变长，利于建房。等工匠备好料便开始动工了。动工之前需择吉日举行"萨各多洛"的破土仪式，一些地方将破土仪式和奠基仪式合二为一。届时，需请喇嘛到现场诵经做法事正式开工，仪式称为"粗敦"，所有的亲戚朋友都到主人家，修房的主家要向修房工匠和参加仪式的乡邻献哈达、敬青稞酒，并在离地基不远的显眼处树立一根带叉木棍，上挂"经幡"。这个"经幡"同平时祈福的经幡不同，呈正方形，绘巨型鬼脸和晦涩难懂的图案（有人称之为"九宫八卦图"），以确保房屋的牢固和主家的幸福。平地基的过程包括找平、计划墙厚、画线、挖槽等。首先工人先用铲子把地铲平，只要肉眼看一下觉得大致平了就可以了。一般情况下木工师傅都不画图的，像一些老师傅根据主人家提出的开间、进深等要求先在木板上画个大概的一层平面图或二层平面图，在心里有个数，然后进行放线以确定墙的轴线、柱子的位置等。然后再叫工人在指定地方挖墙基，一般将墙基挖成梯形，下宽上窄，现在建造的民居一般下面宽度为80 cm，上面宽度为60 cm，基础的深度由老木匠师傅视土质的好坏而决定砌筑深度（一般的地质挖下去60 cm就差不多了）。挖好后便在里面填入石块。最底层是片石，再填入黄泥和小石块分层夯实。等地基夯筑好了，就开始挖柱基了。只要在柱子的位置挖个1 m左右深度的坑，加入石片、黏土、碎石，分层夯实就可以了。藏族民居建造时采取的是互助形式，主人家建房，所有的亲戚朋友到场义务帮忙，然后按照工作进程和对方的忙闲程度来看帮多少忙。一般主人家只要给请来的工匠工钱就行了，等下次别人建房时自己也要义务去帮忙。

（4）砌墙：等地基填好了以后就开始砌筑墙体。在调研中，观察到工匠是这样来砌筑石墙的：先用片石沿着地基砌筑，大约砌到高出地坪40 cm。然后在迎人面墙用大的石块（长30 cm，宽18 cm，厚17 cm）加上碎石片砌筑，而在其他墙面则多用不规则的石块来砌筑，边筑边收分，一般墙角处都是由老师傅来把握。砌筑时要把窗户等都留下洞，等墙砌筑到一半时，再在窗和门的地方按上木框。等木框周边都用木条和石头收好边以后再进行砌筑。土坯墙和夯筑土墙的基础和石墙差不多，等基础做好了以后，土坯墙直接由土坯按照错缝相间的原则砌筑即可，而夯筑土墙则架木板，边筑边收分。听师傅讲，很多藏族群众在砌房子的时候，在墙体里埋入钱币，并认为下次要修建房子的时候就可以直接取出来用了。

（5）立柱：房屋建造至一半，即将上梁立柱时，要举行"帕敦"仪式。立柱那天，全体亲戚到场，参加仪式。在立柱前，将茶叶、小麦、青稞、大米等粮食和珠宝（视家庭经济条件决定是否放置和放多少）等放入一个小袋，置于立柱的石头下，然后安放立柱。在立柱与横梁的结合部压放五色彩布，横梁上面放一些小麦粒。立柱放好后，人们向主人家祝贺，并给每根立柱拴挂哈达。

（6）盖屋顶：建筑物内部梁、柱制作和安装完毕后，便开始安装小椽子，在民居中差不多都是用直径10 cm、长4 m的圆木。小椽子在过梁处不对接，交叉安放即可。小椽子的安装间距较密，一般为20 cm左右，因为屋顶的荷载和自重比较大。小椽子上面放置劈好的木柴，铺垫时与椽子方向垂直，而且要求满铺（有的是在上面铺一些席子）。铺垫完成后，再在木柴上横铺一道树枝或灌木枝（或铺一些石块，大约有10 cm厚）。第二层铺垫完毕后，还要在树枝上面铺一道木屑或树叶等，然后开始满铺黄土，经数次人工夯实后，再在上面铺阿嘎土，等阿嘎土打制好了屋面就算完工了。而现在西藏一些民居中采用了钢梁代替木质大梁，然后架上椽木，再满铺席条，上面盖上木板。用黄土晒干后细铺在木板上，最后再用水泥砌筑一层，这样利于防水，也可以减轻屋顶的自重。

（7）装修：等屋顶建好后，就开始室内装修了。门窗一般都是主人家先买好木料，然后专门找加工师傅，等做好后就安装在原来预留的位置上。当房屋快竣工时，留出一小块屋顶不填土，举行封顶仪式。届时，亲戚朋友都来象征性地填土，表示参加了房屋的修建。来客均要带茶和酒等礼物，给主人献哈达，祝贺新房落成。当日，主家准备丰盛的酒饭，招待工匠。

8.3 木作技术特点

藏式建筑中的木作技术分为两类：一类为大木技术，另一类为小木技术。大木活包括建筑物的梁、柱、楼层及顶层的木作。小木技术侧重于室内设施及重点装修部位的雕凿。小木作包括门、窗、檐、室内壁柜、水柜、佛龛等附属设施以及梁、柱、檐等部位的雕凿、装饰工艺。在施工中，大、小木技术时常交叉使用，在结构上和装饰上都有自己的独到之处，但也有与汉族和其他少数民族在木作技术上相似的地方。

8.3.1 材料

西藏地区的木材主要是从林芝和樟木地区运来的，也有些是从内地和昌都地区运来的，其中林芝地区的木材材质是最好的，相比较而言，昌都地区的木材材质稍次，会有虫蛀，缺少弹性容易断裂，所以有经验的藏族师傅一般不选用昌都出产的木材。常用的木材主要种类有红松、白松、桦木、杨木等。红松是质量最好的，像梁和窗户上需要防潮的地方就用红松，这是因为红松的防潮性能比较好。白松一般就用在门框和一些小型构件中，因为白松比较软，容易加工，而且变形小。较硬的木料多用于结构骨架，建筑物的结构受力部分主要由木料传递，如桦木比较硬，用在雀替上传递荷载，变形会比较小；柱子中间也用桦木，这样柱子的变形小，下沉不会太多，柱网保持稳定。雕刻用的木料一般是杨木，很多都是雕好了再贴到建筑上。通常木工师傅采集木料的时候都选长在山上的木材，虽然生长在山上的木材长得比较慢但是材质结实，而生长在潮湿地区的木材生长期短，硬度不高。材料的运输：听师傅们说以前西藏地区运木材都是通过拉萨河从林芝运过来，先把木材砍下来后几根一捆地绑起来，然后放入拉萨河中顺流而下，到目的地后再捞上来，在没有河流的地方由壮汉人工背回来。现在很多林区通了公路，都是用卡车运输木材。在布达拉宫的红宫扩建工程中，木料等的陆路运输主要采用木轮马车，横渡拉萨河时则用牛皮船[3]。

8.3.2 工具

藏族木工匠所使用的工具基本上都是自己做的或是代代相传的，很多工具和内地工匠所使用的工具相差无几。现在主要用的工具有：斧类、锯类、刨类、凿类，以及尺子、墨斗等（图 8-6）。不同的木工师傅使用的工具也会有所差异。锯子现在还用，墨斗现多买现成的，刨子一般都自己做。比较小的边刨用螺丝来调整刀片的角度和松紧，边刨用途很多，可回拉使用。推刨的种类比较多，刨刀分粗细，刨刀片厚 4 mm，刀刃磨成 45°角，刨刀与刨身成 40°角，一般装在刨底的 1/2 处。锯子则已经和内地没有什么差别了，用法也差不多。大约有 80 cm 高，在

锯条一侧开锯齿，锯齿边宽为 3~4 mm。锯小料的顺纹锯叫昌锯（锯齿向下成 45°斜角，形状似鲳鱼）、横锯叫截锯（锯齿 90°垂直向下）（此二锯皆分大中小规格），大木截锯用得多，小木二者皆用。还有一种锯子叫线锯，在家具上用得比较多，用于雕凿门窗部位镂空的图案。线锯成弓形，一端绑铁丝。要锯木料时先将铁丝松开，穿过要锯的地方，然后拧紧铁丝，再按所绘的线条来加工。斧头则以重量定其用途，如重 4 斤（2 kg）者砍大料，重 1.5 斤（750 g）者砍小料，斧头尺寸看斧嘴，斧嘴多宽斧片就该多长。锛由锛头和锛把两部分组成，有大小之分。锛头由铁匠打制，锛把自己做，一般都是由木头制成。锛用于木料初加工。锛的使用有一定技巧，要掌握好锛的使用方法，非要数年功夫不可。用大锛时工匠叫"挖锛"，要把料子横架在两个木马上，两只手握把子，前手使力，后手控制方向。像农民使用锄头挖地一样，从料子的这头一路"挖"到那头。掌握得好的师傅，锛都能刚好挖到画的线上，一次就能把料子挖成形。挖锛时手、眼、步、身要配合协调，力道要均匀有节奏。

8.3.3 尺寸

西藏建筑的平面组合，是以"穹都"为单位来决定柱距、进深、面阔、层高的尺度的，一个"穹都"等于一个手掌长再加上一个大拇指的距离（约 23 cm）。柱距大小则受到当地天然材料如片石、毛石和木材，还有运输和生产工具的限制，不可能采取大跨度的建筑形式。通常一般民居和寺院扎仓中的柱距是 8.5、9、10 个"穹都"，相当于 2~2.3 m。"贵族住宅、会客室、寺院宫殿、经堂的柱距是 11.5、12、12.5 个'穹都'，相当于 2.6~3 m。平面布局原则上是维持左右均衡的对称布局，但往往没有内地汉族建筑明显的中轴线，平面组合较紧凑、灵活而富于变化。开间与进

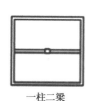
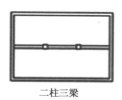

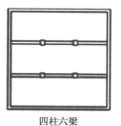
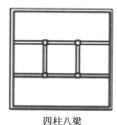

一柱二梁　　二柱三梁　　二柱四梁　　四柱六梁　　四柱八梁

图 8-7 建筑梁柱布置图，图片来源：侯志翔绘制

深分别采用一柱式、二柱式等，组成单元平面，故一般开间为 2.2~2.5 m，相当于 8.5~10 个'穹都'；亦有 2.8 m、3 m 不等。特殊的用房如宴会室可达 5 m。经堂进深为 4 m、4.4 m、5 m，亦有少量 5.6 m、6 m，多见于拉萨、日喀则等城市贵族住宅，相当于 15~26 个'穹都'。使用木料最长不超过 18 个'穹都'（约 4 m）。民居住宅层高一般为 10~11 个'穹都'，相当于 2.2~2.4 m；寺院、经堂层高是 10.5~12 个'穹都'，相当于 2.4~2.8 m，不少寺院采取升高 1.5~2 层的办法，形成佛殿。一般梁柱的尺寸与开间的尺寸基本相同。"[4]

8.3.4　大木作

大木作主要包括建筑物的梁、柱、椽子、斗拱、雀替、楼层、顶层等的木作。西藏早期传统建筑的木结构比例硕大古朴浑厚，许多殿堂的柱、椽子都是原料稍微加工，基本保持原来材料的模样。柱头上只有大斗、托木等构件，没有琐碎的装饰，托木之间用小斗过渡，托木的正面多雕刻龙虎狮和花卉图案，椽子粗壮而疏朗。西藏早期佛殿做法上采取"四柱八梁三十三椽"，这主要针对方形佛堂木结构的做法。方形殿堂内大多立柱四根，柱头上除了横向架设六根大梁，纵向也有两根梁连接。梁上一般铺椽三十多根（图 8-7）。

（1）柱子：由于西藏大部分地区的木材比较匮乏，加之山高路远，运输困难，木料长度一般都在 2~3 m 左右，柱径在 0.2~0.5 m 之间。柱子的繁简和大小直接反映了建筑的等级，一些重要建筑的大殿、门厅的梁柱用

图 8-8 大昭寺神殿柱，图片来源：宗晓萌摄

图 8-9 小昭寺早期的柱头托木人物雕刻，图片来源：汪永平摄

比较高大粗壮的木料，做工也比较考究复杂。如大昭寺神殿的廊房柱子（图 8-8）皆做金刚橛形[5]，柱身下面呈方形，上面八角形，中部有束腰彩画，柱头刻莲瓣方斗。还有如小昭寺早期的柱头上有人物的雕刻（图 8-9）。

柱子断面有圆形、方形、瓜楞柱（图 8-10）和多边亚字形，包括八角形、十二角形、十六角形、二十角形等。一般在民居、普通

图 8-10 布达拉宫瓜楞束柱（左），图片来源：承锡芳摄

图 8-11 圆形柱（中），图片来源：承锡芳摄

图 8-12 方形柱（右），图片来源：承锡芳摄

图 8-13 小昭寺十六边柱（左），图片来源：汪永平摄

图 8-14 布达拉宫多边角柱（右），图片来源：承锡芳摄

图 8-15 丢热寺十二边柱，图片来源：汪永平摄

的僧房和一般的贵族庄园中大都采用圆形（图8-11）、方形柱（图8-12）。而在等级较高的佛殿经堂中则常采用多边亚字形柱子，其中等级越高边就越多。如小昭寺的十六边柱（图8-13）、扎什伦布寺多边角柱、布达拉

宫的多边角柱（图8-14）、隆子县丢热寺的十二边柱（图8-15）。

多边亚字形木柱的做法，是在方形木料四边附加矩形边料；瓜楞柱则用圆木拼成。各式柱子都有较大的收分和卷杀。柱子的断面形式大都以方柱为主，从下到上带有明显的收分，甚至可以看成是一个梯形。藏式传统建筑中柱距一般为 2~3 m。有些柱子间距比较大，能达到 4 m 左右，主要采用了减柱法。如夏鲁寺大殿祖拉康的 3 层殿堂的后殿就采用"减柱法"扩大空间，13.7 m 跨度的空间仅立两柱，平均柱距达到了 4.57 m。配殿中柱间跨度也有 3.7 m，均采用了减柱法。西藏

传统建筑中所有柱子都是垂直立放，没有"侧脚"和"升起"。当然在较大经堂中的柱网，施工中要用垫木将中部的一些柱子微微隆起。这主要是因为中部的柱子受力较大，容易出现沉陷，同时也是为了避免视觉上的塌陷感。西藏寺庙的经堂和佛堂经常通过升高的柱子直通第二层，托起高敞天窗，以形成神秘的气氛（图8-16）。

西藏传统建筑物的柱子一般无柱础，柱础不多见。柱础的形状大多为方形、圆形。如小昭寺的经堂，"经堂进深七间，面阔三间，30柱，柱下皆有石柱础"[6]。帕巴寺的佛殿现存立柱14根。柱础有方、圆两种，哲蚌寺措钦大殿前的柱子柱础是圆形的（图8-17）。夏鲁寺大殿祖拉康二层殿堂前殿殿内中心有一小神殿。神殿平面为方形，内部中间立4柱，直径0.27 m、高2.35 m，柱下端置直径0.5 m、高0.16 m的柱础，柱础周缘雕刻复瓣莲花。桑耶寺乌孜大殿回廊，每边各有两排列柱，每排22根八棱柱，在四门廊处增柱一排，东西门廊为6柱，南北门廊为4柱，皆有石柱础，多呈覆盆形，石础上雕有莲瓣、升云纹、桃心、方框等，全为四对，与八棱柱对称。

（2）椽子：藏式建筑的椽檩实为一体，柱上架梁，梁上架椽，不用檩条过渡。梁枋木上密排的椽子长度也与柱距基本相同，椽子有圆形和方形两种，圆木用于地下室和一般房间。档次较高的房间内的椽子比较整齐，断面为方形，一般为0.12 m见方。梁枋上两边的椽子错落密排，露出椽头，以保证有足够的支撑长度。椽子的长度和直径随建筑的规模而定，大小差别很大。如布达拉宫中有些椽子（图8-18）就用了直径为20~30 cm的大料，甚至超过了一般抬梁式建筑檩条的直径。

（3）梁：藏式传统建筑的梁置于替木之上。梁与梁一般都是企口相接。梁的长度一

图8-16a 色拉寺措钦大殿天窗，图片来源：汪永平摄

图8-16b 色拉寺措钦大殿天窗二层，图片来源：汪永平摄

图8-17 哲蚌寺圆形柱础，图片来源：承锡芳摄

图8-18 布达拉宫椽子，图片来源：承锡芳摄

图8-19 柱梁连接一，图片来源：承锡芳绘制

图8-20 柱梁连接二，图片来源：承锡芳绘制

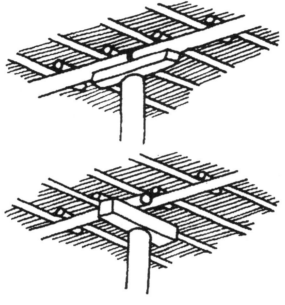

般为 2 m 左右，最长不超过 4 m。梁的高度为 0.2~0.3 m，宽度为 0.12~0.2 m，梁的高宽之比为 3∶2.4。梁上叠放一层椽木，椽木上铺设木板或石板、树枝；另一种方法是在梁上叠放数层梁枋木和挑出的小椽木，以增大椽木的支撑长度和加大建筑净空。在凹凸齿形的梁枋木上，放置的出挑各式椽头之间嵌有挡板。椽子在墙体上的支撑（埋置）长度一般为墙体的 2/3，主梁在墙体上的支撑长度则与墙体的厚度相同。

柱和梁的连接方法有两种：一种是在替木上承梁，这也包括两个方面：①梁与替木同一方向，左右二梁放在替木之上，两梁接头正对柱心（图8-19）；②梁与替木相垂直，左右二梁互相交错横置于替木之上，梁头伸出柱头两侧，每一柱头顶上都有一块替木（图

8-20）。为了防止梁柱接头移动，特在柱头、替木和梁头夹角处加做木榫，以免滑动。另一种是柱头置斗拱，其目的是为了加大建筑净空。

（4）斗拱：斗拱是我国内地木结构建筑的传统技术，也是大型木结构建筑的一大特点。宋《营造法式》中称为铺作，清工部《工程做法》中称斗科，通称为斗拱。斗是斗形木垫块，拱是弓形的短木。拱架在斗上，向外挑出，拱端之上再安斗，这样逐层纵横交错叠加，形成上大下小的托架或支撑。斗拱最初孤立地置于柱上或挑梁外端，分别起传递梁的荷载于柱身和支承屋檐重量以增加出檐深度的作用。唐宋时，它同梁、枋结合为一体，成为保持木构架整体性结构的一部分。明清以后，斗拱的结构作用退化，成了在柱网和屋顶构架间起装饰作用的构件。藏族建筑的许多著名建筑中，都使用了斗拱技术。主要用于佛寺主殿、灵塔殿、金顶和其他一些等级比较高的建筑物的柱头、檐下以及贵族住宅和寺院大门，例如西藏拉萨的布达拉宫、大昭寺、罗布林卡，日喀则的夏鲁寺等，都是典型的例子。西藏建筑斗拱的形式和做法与内地明、清时期建筑上的斗拱近似，但仔细分析还是有差别。布达拉宫八世达赖喇嘛灵塔殿上层柱头上都有坐斗承托纵横交叉的重翘斗拱。"五世达赖喇嘛灵塔还用了双翘并列的斗拱形式，翘上直接承受纵横的大梁或环梁，没有正心枋和拽枋，斗口尺寸也大小悬殊，与整个建筑没有明确的模数比例关系。另外藏式传统建筑的斗拱的斗口一般都比较浅。"[3] 大昭寺中也广泛采用斗拱，这既恰当地发挥了斗拱悬挑的功能作用，又有装饰效果（图8-21）。根据对觉康主殿四座金顶檐下斗拱的实测和分析比较来看，斗拱铺作排列密集，形制纤细精巧，做法与明、清斗拱基本相似。建于明初的甘丹寺和扎什伦布寺有歇山式的金顶，檐下斗拱（图8-22）

具有内地明代建筑风格。

（5）替木：为了保持木柱本身的稳定和减少梁、枋与柱交接处的剪力，相对地缩短梁枋净宽尺度，柱头常常加替木，内地在清以后通称这类替木为雀替，在西藏它还有另一个名字：弓木。替木由整块木料做成，形式有斜角、直角、圆角，跨度较大的常在替木之下再加托梁（也称托木）。藏式传统建筑的雀替与内地雀替在功能作用上相同，但与柱的连接方式和装饰手法有很大的差别。藏式传统建筑构架上下之间用暗销连接，在矩形的梁架中，暗销既可以防止矩形框架的变形，又可以加强水平构件的连接力，减少剪应力，同时使其在同一净跨内承受更大的荷载。

从宿白的《藏传佛教寺院考古》中，可以看出早期的替木一般为单层，表面雕饰形象生动，下缘曲线简洁。如大昭寺中心佛殿廊柱部分的替木（图8-23）。10世纪末至13世纪，此阶段木结构受周边国家的影响比较多，替木出现了双层式样，其下缘流行雕饰多曲弧线，出现了与中原地区构件结合的做法。如乃东的吉如拉康佛殿内发现的双层替木，将作为下层托木的一斗三升中的横拱也雕饰出了多曲弧线。后双层替木发展为主流，其上层下缘前端的多曲弧线开始分为两种：一是前端先做出短促的双曲弧线，后面饰以两组云头，两组云头之间介以缩进的半云头；二是前端曲线后面只做出两组云头。15世纪后，替木前端的弧线向前延长，呈现狭瘦形状，其后面第一个短弧与后面的云头相连接（图8-24）。

8.3.5 小木作

藏族的门窗多为长方形，较内地门窗用材小，窗上设小窗户为可开启部分，这种方法能适应藏族地区高寒气候特点，可防风沙。藏族人民有以黑为贵的习俗，门窗靠外墙处都涂成上小下大的梯形黑框，凸出墙面。考

图8-21 大昭寺金顶檐下斗拱，图片来源：宗晓萌摄

图8-22 扎什伦布寺措钦大殿金顶檐下斗拱，图片来源：汪永平摄

图8-23 大昭寺替木，图片来源：东南大学

图8-24a 桑耶寺斗拱，图片来源：汪永平摄

图 8-24b 拉加里王宫替木,图片来源:汪永平摄

图 8-25 布达拉宫殿门,图片来源:承锡芳摄

图 8-26 扎什伦布寺窗户,图片来源:承锡芳摄

究的住宅和寺院常在土中掺黑烟、清油或酥油等磨光,使门窗框增加光泽。

门窗的制作在结构上与内地基本一致,安装方法也无差别,只是在造型上有所不同。民居的门、窗都较为简单,但在寺庙和宫殿建筑中,却显得十分复杂。单就殿堂门框(图8-25)而言,在雕凿工艺上做工甚多且细。门框框头需做三椽三盖,在藏语中统称为"巴卡"。在框的正立面的上、左和右三方,至少要雕凿3~5道枋案。多数的门框雕凿蜂窝、莲瓣、连珠、门枋四枋。门框下部的门槛既高又厚实,给人以神圣庄严感。寺庙和宫殿建筑殿堂正面的窗扇(图8-26),一般也是精雕细琢,与内地官式建筑的雕凿方法和造型大体相仿。

门窗上端檐口有多层小椽逐层挑出,承托小檐口,上为石板或阿嘎土面层,起着防水保护墙面及遮阳的作用,也有一定的装饰效果。西藏民居和寺院的大门常为装饰重点,门框刻有细致的连续三角形几何图案或卷草、彩画等。明清以前,一般中、上层统治阶级住宅和寺院,大门入口常用两组"斗拱"(图8-27),和汉式斗拱不同,是由华拱(托木)出挑支承大斗,大斗上出令拱承托,散斗上承挑檐枋,枋上出挑1~3层的小檐椽。亦有雀替式替木,直接承托木梁、额枋、木檐椽,再上出挑阿嘎土面层或瓦作的小雨篷。至清代多直接引用汉族手法。入口大门及窗的上部,有两三层逐层出挑的小椽,最上一层出挑小篷,用石片和阿嘎土做面层。在小椽上装饰彩画。窗上小雨篷在逐层出挑小椽后,虽然出挑不大,但檐下形成斜坡,科学而严格地适应了高原特点。它使夏日光影只能射到窗台,室内处于绝对的阴影之中,给人带来凉爽的环境;而使冬日光照洒满全屋,达到后墙,给人带来温暖,还使逐层出挑的小椽上彩画装饰互不遮挡。还有的大门边框、额枋雕绘有生动细致的几何纹样、卷草图案

的彩绘装饰。窗的装饰主要是窗檐部分，一般位于窗子的上部，利用 2~3 层逐层出挑的小椽，在最上一层出挑尺寸不大的小篷。小篷以石片及"阿嘎土"做面层，同时在小椽上以彩绘装饰。

8.4 墙体

墙体是西藏传统建筑的主要承重部分。从材料上可以分为石墙、夯土墙、土坯墙和最具有本土特色的边玛墙。西藏传统民居建筑在建材开发运用及土木建筑砌筑技术上都不约而同地严格遵循了一个从当地实际出发，因地制宜就地取材的原则。拉萨河谷，年楚河河谷，雅鲁藏布江中、下游地区，三江流域地区是西藏农区建筑集中的地方，从这些建筑的造型、结构、材料，以至装饰都充分体现了藏族传统建筑的风格，它们是藏族传统建筑的主流。拉萨河谷地区，特别是靠近城市的那些地区，石墙建筑多，这是因为拉萨城郊花岗岩石材资源丰富。年楚河谷地区和雅鲁藏布江中上游地区则有很多是土坯建筑，这些地方基础用石材，出了地面用黄土土坯，经济实力强一些的家庭建筑一楼用石材，二楼用黄土坯。而在早期的一些夯土建筑中也有许多是以卵石作为基础的，如日喀则地区吉隆县贡塘王城遗址中墙体的基础系用大卵石砌筑，现在雅鲁藏布江沿岸地区也有很多地区是用卵石做基础的，还有一些用卵石砌墙体，不过主要是砌作围墙。如拉萨尼木县的尼木乡就有很多传统建筑的基础和部分墙体是由卵石砌筑的。

8.4.1 土墙

土在西藏运用得很广泛，西藏有很多建筑是以黄土为基本材料的。土作技术在西藏有了较大的发展，这与其取材方便、经济实惠是分不开的。西藏建房的土主要是黄土，

图 8-27a 拉加里王宫门斗拱，图片来源：汪永平摄

图 8-27b 小昭寺门斗拱，图片来源：汪永平摄

图 8-27c 丢热寺门斗拱，图片来源：汪永平摄

生土墙体在西藏常见的有两种，一种是用生土夯实为墙体，还有一种是用土坯砌筑成墙体。夯土建筑是西藏分布最广、历史最悠久的建筑之一，早在吐蕃时期已广泛使用。山南琼结的藏王墓均是用夯土墙筑成的（图

图 8-28 藏王墓，图片来源：汪永平摄

图 8-29 山南夯土建
筑遗址，图片来源：
汪永平摄

图 8-30 萨迦寺的夯
土墙，图片来源：汪
永平摄

8-28）。著名寺庙桑耶寺的主殿乌策大殿
的主体建筑就是夯土墙，还有南边和西边等
好几座殿堂也都使用夯土墙，寺庙周围一些
佛塔也是用夯土建成的，这在其他地方还不
多见。阿里古格地区几乎所有建筑都是夯土
建成的，山南也有很多夯土的建筑遗址（图
8-29）。后来的萨迦王朝时期的萨迦南寺城
堡及大殿都是夯土墙，还有夏鲁寺和江孜白
居寺也都采用夯土墙。拉萨三大寺和扎什伦
布寺里也发现一些夯土墙的建筑，这些夯土
建筑在该寺里属较早的建筑，在拉萨老城区
也有一些夯土墙的老民居，相比之下都是年
代较早的建筑。根据以上情况分析，拉萨和
日喀则等地过去也十分盛行夯土建筑，后来
逐渐减少，这也许和交通逐渐便捷与采石技
术的进步有关，而且现在雨水量每年都在增
加，相对来说石墙更加牢固，所以现在造房
子采用石墙做外墙的特别多，夯土墙采用得
就比较少了。夯土建筑有怕雨水浸湿、墙体
笨重等缺陷，但也有夯筑快、就地取材、造
价便宜等很多优点。土坯材料现在还是比较

流行的，有些是作为外墙，还有些是砌作内墙，
有些石墙的内墙就是用的土坯砖。

（1）夯土墙：藏族在长期的施工实践
中，对筑墙工程具有丰富的经验和成套的技
术。早期的夯土墙一般以石为基，墙内分层
埋放边玛草或石片，用以增强墙的整体性。
也有许多是以卵石作为基础的（图 8-30），
如日喀则地区吉隆县贡塘王城遗址有段墙体
的基础系用大卵石砌筑，卵石大小直径在
40~50 cm 之间，层层叠压，中以泥土填实，
基础高约 1m。在卵石基础之上，采用分节筑
法逐层夯筑，材料以当地的黄沙土为主，掺
和适量的小砾石。夯层整齐均匀，每层之间
的间隔处用大卵石、大石板相间，局部夹木
板，每层厚度约 40~60 cm，墙体厚度达 2 m
或 2 m 以上，一般下部略厚。有的部位并有内、
外墙之分，中间留出一道宽窄不等的雨道。
阿里古格王国北坡山脚及寺院区周围墙垣墙
体底部也为卵石基础，高 0.9 m，上部为分层
夯土，墙体有内、外墙之分，中间留出雨道[6]。

筑墙工具简单，木墙有木夯墙模，再以
锄头、刀、绳等农具辅助就能操作。土墙的
夯筑方法根据建筑物的规模大体可分为两类：
一类为大板夯筑法（这种夯筑方式在整个调
研过程中没有见到实例），另一类为箱形夯
筑法。大板夯筑法一般用于大型建筑中，收
分比较明显。"先须在所筑墙体位置的两侧
竖若干木杆，在木杆上部一定位置上，将内
外相向的木杆用牛皮绳或牛毛绳系牢，在绳
中插入一木棍，可任意旋转木棍以调整内外
木杆间的松紧度和距离。然后在筑墙位置的
两边依木杆架设模板，内模板须与地面垂直，
而外模板则须向内倾，倾斜到合乎外墙体收
分系数的要求即可。在模板内加木顶撑，在
模板外则依木杆处加好楔形木楔，将模板固
定。支撑系统和模板安装等准备工作就绪后，
将事先调制好的湿黏土往模板内输送，待厚
度达 20~30 cm 时，即开始夯筑。……当土墙

夯至已安置模板的高度后，可将下部模板脱去，并逐层上翻，周而复始。"[7]箱形夯筑法原理与大板夯筑法相同，但规模要小很多，一般箱形夯筑法多用于小型建筑，多数民居建筑均采用此法。箱形器（图8-31）使用周期较长，可拆卸，长度一般为1.8~2 m，高度40~60 cm，较适合于农家建房。砌筑之前先按所需墙体厚度制作一个木质的箱形模具，一般住房墙厚50 cm左右，立墙模，每对模桩相向等角倾斜，用绳绞牢，其斜度即为土墙的收分。墙模逐段上提，门窗过梁随筑随安，筑至露面的下一板时，将绳子夯入，并留出绳扣，以便架立上层模桩。施工时，将箱模固定于墙基之上，然后向箱内添加湿土、树枝、砂石等夯实，边夯边筑，周而复始。房屋建好1~2年后，墙面再抹草泥或牛粪，以保护墙身。墙面的牛粪隔1~2年换一次，既做燃料又保护墙身，是一种因地制宜的办法。

夯筑时首先要注意夯筑墙体所用的土质应有较好的黏结性能；二是所使用的黏土中须含有一定比例的小石子，以增强墙体的强度；三是加添的水分必须适度，一般含三四分水即可，水加多了土太湿，在夯筑过程中难于成形，水加少了则又影响土的黏合性；四是在墙体中适时在横向和纵向加以木筋，以增强墙体的整体性能，避免墙体开裂。

（2）土坯墙：藏族聚居区土坯的制作与内地土坯砖的制作大致相同，先将没有杂质的黄泥、草、一些木屑和水搅拌均匀，放入一长方形木框内，即为一泥坯，泥坯经过晾晒以后变干变硬就为土坯砖（图8-32），其几何尺寸较内地土坯砖要大一些。一般有两种尺寸，一为50 cm长，20 cm宽，15 cm厚；一为45 cm长，15 cm宽，12 cm厚。用于砌筑墙体的土坯以原生黄土脱模后晾置风干制成，其中在山南的很多地方我们看到一般都以"人"字行的方式进行晾晒，这主要是为了通风和保证充分的光照（图8-33）。砌筑

图8-31 夯筑箱形器，图片来源：汪永平摄

图8-32 土坯砖制作，图片来源：汪永平摄

图8-33 土坯砖的晾晒，图片来源：汪永平摄

时以草泥作为黏结材料，也须讲究平、立结合，相互拉结，以保证墙体的整体性。另外出于墙体稳定性的考虑，砌筑时须有合理的收分，一般收分很小。砌筑完成后，还需做墙体面层处理。在砌好的土坯墙面上用草泥抹面（草泥是青稞草弄碎后拌上黄泥，然后加一定的水搅拌而成），一般抹1 cm厚，并用五个手指头将整个墙面抹成彩虹形的纹路，这种纹路除了美观外，还可以起到防雨水冲刷墙面的作用。现在纹路多种多样，但还是以彩虹纹路为主。抹灰完工，等墙面干了，还用白土或其他颜色的土泼在墙上，使整个墙面更加美观。还有些居民在墙上贴晒牛粪饼作为燃料，晒干后使用。

图 8-34 土坯墙的砌筑，图片来源：承锡芳摄

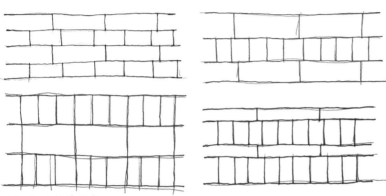

图 8-35 土坯墙的砌筑方式，图片来源：承锡芳绘制

抹灰材料：白土，拉萨地区的白土主要产自当雄县一带的山沟，日喀则地区的白土主要来自本地的谢通门县和定结县内。白土用的范围比较广泛，除了民居外还有寺庙和宫殿的外墙等。水与土的比例要恰当，水过多或过少都会容易脱落。一般一盆 5 元钱，能抹 1 m² 的面积。一般建筑外墙每年都要重涂一次，像布达拉宫的白色外墙每年 9 月都要泼白，差不多有 100 多人参与这个活动。在白土中还要加入牛奶、面粉、白糖等。而在寺庙的女儿墙和石墙上通常要用红土来抹灰，红土主要取材于拉萨市的林周县，而在日喀则地区这种土主要取自市郊和萨迦一带。灰蓝土只用于萨迦派的寺庙、民居外墙，其原料出自萨迦县一带的卡吴村。有些颜色的土也采自矿石，这样颜色就比较深。

西藏土坯墙的砌筑方式是多种多样的，主要采用的砌法有以下几种：①全平顺；②全平丁；③侧丁与平顺交替；④侧丁与侧顺交替；⑤侧丁与平丁交替。以前比较老的

建筑采用平砌的很多，但由于平砌的拉结力比较差，现在这种砌法很少用在承重墙上，很多新建或修建的外墙多采用交替砌法。一般墙体砌了 3~4 层土坯墙时会加一道木筋，木筋的长度与墙的长度基本相同，厚为 2~3 cm，宽为 25 cm 左右，砌筑在墙的中间，以加强土坯墙的拉结力（图 8-34，图 8-35）。

8.4.2 石墙

西藏建筑除了土墙、木结构装饰外，石材的使用也相当普遍，除了基础用的条石、片石外，台阶、地面等用石也比较多。西藏绝大部分地区石材资源充足，加上传统石作技术高超，因此石头建筑遍布西藏，成为藏式建筑的主要特点之一。相传西藏第一宫堡的山南雍布拉康是用石墙砌筑。在这一地区考古挖掘中发现了很多古墓，底下的墓坑全部用石头砌筑。吐蕃时期修建的拉萨大昭寺大部分墙体也是用石头砌筑而成。另外，石头建筑有广泛的运用，不管是古时的砖墙建筑，或者是非常普遍的夯土建筑，都需要用石头做基础，因此石材是藏式建筑不可缺少的必备材料。在我国藏族聚居区，垒石为室的技术在 2 000 年前就已趋成熟，历朝历代的石砌典型建筑不乏其例，据史料记载，就有吐蕃王朝前苏毗所建的九屋宫室，松赞干布时期所建布达拉宫等。以后类似的建筑，就不胜枚举了。总之，藏族的砌石技术在中国，乃至在当今世界堪称一绝。这种砌石技术的精妙之处，就是工匠们将成千上万块大大小小的天然（片）块石，以黏土做填充垫层，用最简单的工具，凭着灵巧的双手和对石块、黏土之间关系的深刻理解，对力学原理的充分运用，建起了石砌建筑物，这代表了一种独特的建筑艺术成就，一种创造性的天才杰作。西藏早期的石墙（图 8-36）多用不规整的片石，有的在墙内埋置木骨拉筋。

石料的品种：西藏建筑的石料有很多种，

在同一建筑中，常根据不同部位的需要采用不同的石料。石料有花岗石、玄武石、石灰石开采成的毛石、片石等。墙体一般用花岗岩，拉萨一带盛产这种石料。花岗岩的强度、抗压能力较强，是当地砌筑墙体的最佳材料。片石用得也很多，片石也是花岗岩。布达拉宫宫墙全部用花岗岩砌筑。据说以前日喀则地区的石墙主要用青石来砌筑，但现在基本上都看不到了，现在都用花岗岩。花岗岩容易采集、加工，但硬度没有青石好。一般情况下西藏的石料都是就地取材，像拉萨的石材大多从大白郊朵迪巷取石的。在1970年代以前西藏还没有用炸药来取石，一般都是靠石工师傅先看一下山，然后在比较容易取石的地方用双手通过简单的工具采石头，采完后是用骡从山上驮回来的。现在都用炸药，效率提高了很多，也通过一些机械的方式运下山，主要是拖拉机、卡车等。

石料的加工工艺：西藏石料加工工艺简单，主要有以下几个工序：①劈，用大锤将石料劈开，这是最基本的工序。②凿，用锤子将多余的部分打掉为凿。西藏的石头开采出来以后要凿的部分特别多，主要是块石凸出的部分和片石棱角的地方都要磨掉。③打道，用锤子和扁子在基本凿平的石面上打出平顺、深浅均匀的沟道就叫"打道"，这既是为了美观，最重要的是为了防滑。像一些比较重要的建筑台阶上的石阶就要进行打道，一般横面和竖面都要进行打道。④刺点，刺点凿法适用于花岗岩等坚硬的石料，以形成麻面，主要是为了美观。

石墙砌法：石墙所用石料的外形可以分为碎石、片石、毛石块和整石块等。碎石是大小不等、形状各异、没有明显规整面的石块；而片石比较薄，厚度大约为5 mm，长为300 mm，宽为200 mm，大小基本接近；毛石块是指轮廓方整但表面没有加工的石料，一般大小为长300 mm、宽180 mm、高

图8-36a 热振寺旧大殿石外墙，图片来源：汪永平摄

图8-36b 雍布拉康石碉楼，图片来源：汪永平摄

170 mm。一般情况下，毛石块和条石多用于基础，经济条件一般的人家把整石和条石砌筑在迎人面，而片石和毛石多用来砌筑其他面的墙体；经济条件好的则用毛石块和整石块来砌筑整个墙体。毛石和片石运到工地后，由石匠自己加工成所要的形状。片石多用于墙体上部和围墙等，而毛石用于比较简陋的住宅。石墙一般内壁平直，外壁有收分。每层（2~3 m）收分一个"穹都"，施工时不挂线，不立杆。常见的石墙厚为80 cm。砌石前先平好基础，石墙砌筑分内外两层，中填以碎石块。毛石块和整石块比较方整，砌筑的时候一般为一层陡砌一层横砌，逐层叠砌交错搭缝，横砌的石块起到拉结内外墙的作用。片石墙以小块的不规则片石叠砌，为增强整体性以免松散，必须杂以条石砌筑，条石以小面朝外，长面穿过墙体以自重压实下方的小片石，拉结内外墙体。片石墙大小石料组合，既讲究彼此间的咬合拉结以求稳定，又讲究大小石面错落有致的美感，而且一般不勾缝、

不抹面，所以最能体现工匠的水平。碎石墙的砌筑比较简单，以大石块为主，在中间填以碎石，然后用一些比较长的石块作为"过石"用以联结两边墙体就可以了。一般情况下这几种砌筑方法和材料都混合使用。像大昭寺的墙体都比较厚，一般外墙的内壁垂直，外部有较大收分，大约每层收分 23~25 cm。这种砌筑方法，有利于建筑物的稳定。墙厚可以防寒保暖。墙体砌筑一般为干砌，墙身两侧叠砌石块，在块石之间充填碎石，然后再垫铺富有黏性的红土，使之完全平整，以避免因受力不均引起墙身破裂。砌好的墙体，块石叠压咬合如鳞状，块石缝隙填夹小石片，富有装饰效果。

勾缝：石墙一般不用抹面，但都需要勾缝，西藏的石墙主要用黄泥来勾缝。以前都不用什么工具，只是用手指把黄泥填入缝中，再在上面刮几下就可以了。现在用泥刀来勾缝，一般形式有凸的勾缝，也有凹的勾缝。片石一般都不用勾缝。黏结材料：都是富黏结性的黄土，除去石子杂物，和水敲打均匀。有的还会加一些草和青稞秆子来加强拉结力。

墙体稳定相关构造做法：一是处理好大石（片石、块石）、小石、黏土三者之间的关系。大石是地基与墙体结构的主要支撑与结合点，所以摆放时，一定要注意水平方向的平顺和稳定，注意大石与大石之间横向与纵向的照应，上下叠压切忌对缝，前后搭接须错位交合（图 8-37）。根据这个基本原则，再用黏土和小石作为填充和调整，从而使墙体与地基形成一个完美的整体。二是处理好墙体与地基的关系。石砌建筑由于自重较重，对地基的压力较大。所以，在藏族聚居区的建筑，为减小地基的承载力和墙体自重，一方面加大墙体下部与地基的接触面，从而减小墙体对地基的压强。另一方面由墙体下部逐渐向上收分，在能够满足墙体结构要求的前提下，通过收分逐渐递减墙体厚度，降低墙体的自重（图 8-38）。收分技术成为砌石建筑中一个十分重要的技术环节，它除了能够满足前面两个方面的要求外，还可避免墙体的外倾，增加建筑物的艺术感染力。三是处理好建筑物墙体的转角处角与角之间的关系。藏族群众在建房过程中，凡墙体部分的转角，均由技术特别精湛和熟练的工匠来把握，一般要达到如下要求：角的横切面必须成直角；角与角之间从下至上必须在一个平面内，否则墙体会扭曲；角处的用石一般都用比较大的块石花岗岩；各角的收分系数必须一致；必须处理好墙体的整体连接关系。为提高墙体的拉结力，避免裂缝，除了靠在砌筑时石块与石块之间的合理搭接和叠

图 8-37 石墙的砌筑，图片来源：承锡芳摄

图 8-38 石墙的收分（哲蚌寺），图片来源：承锡芳摄

压外，一般须在墙体砌筑到一定高度时（各地不太一致，大体在1~1.5 m之间）找平一次。有的地方，在找平层上还加一道木筋（木板平铺），以增强墙体的拉结力，也可帮助承托角部较大的荷载，防止不均匀沉陷。还有一些寺院建筑常在外侧脚加块石与内部石墙咬接，故整体刚度好，墙身棱角方整、坚实。如布达拉宫石墙（图8-39）有显著的收分，底层石墙厚约3 m，红宫石墙厚达4.72 m。内外墙全部采用块石咬接，侧脚有大块石拉结，宫殿外墙基础直达岩层。

8.4.3　木墙

在西藏东南地区，就是林芝和昌都一带多用木墙。木墙主要用于林区的井干式或干阑式建筑，具有强烈的自然和古朴的风味。"井干式墙的做法，是将半圆木平面向内两头挖榫互相搭交，使四面墙身连成整体，在墙身上挖洞做门窗。另有一种近于井干式的木墙，是在房间四角用圆木拼装成灯笼框架。在四角柱上挖槽，再将半圆木两端嵌入槽内，横叠成墙，挖洞成门窗。"[8]

8.4.4　边玛墙

边玛墙工艺是一种藏族传统建筑装饰工艺，广泛地应用于藏传佛教建筑当中。"边玛"为藏语音译，指高原地区一种野生的灌木柽柳，一般生长在海拔4 000 m以上。边玛墙是指寺院或宫殿建筑的檐墙或院墙上常见的一层或多层由柽柳铺成的横向赭红色宽饰带。据前人研究，该做法来源于农村中将砍伐的木柴、桶草等搭铺在房屋檐口的做法，以防盗、堆柴和保护房屋檐口不被雨水冲刷，以后演变为藏式寺院、宫殿重要的装修手段之一。在西藏历史上，赭红色的边玛墙是一些特定建筑的"特殊待遇"，不是任何建筑都可以享有的。在政教合一制度的旧西藏，寺院建筑享有边玛墙、金顶、宝幢、宝瓶的

图8-39 布达拉宫外墙，图片来源：承锡芳摄

待遇，因为宗教至高无上，人们把最美好、最上乘、最崇高的礼遇献给佛的处所，这是顺理成章的。除了宗教以外，由于特权意识，世俗世界也有等级之分，统治阶级与平民百姓不可能平等，建筑的规模、层高、装饰，乃至大门斗拱都有明显的区别。除了层高规模以外，贵族建筑也可享有修砌边玛墙的待遇。在藏族聚居区，寺院建筑中的重要殿堂，如大的扎仓以及诵经大堂女儿墙都是与白墙成鲜明对比的赭红色墙体。在老式贵族宅院式建筑中，我们可以发现一些建筑有边玛墙，最典型的是位于八廓北街的冲赛康建筑、朗孜夏建筑，八廓南街的桑珠颇章建筑，这些百年以上历史的老式贵族宅院式建筑，体现了它们主人的地位和身份。根据等级的不同，边玛墙的做法也稍有差别。根据檐口的木椽挑出的层数，边玛墙檐口有单檐、双檐、多重檐之分（图8-40）。

边玛墙装饰工艺的具体做法为：将柽柳枝剥皮晒干，用细牛皮绳捆扎成直径为0.05~0.1 m的小束。每束一般长0.25~0.3 m，最长的有0.5 m，然后将截面朝外堆砌在墙的外壁上，并用木槌敲打平整，压紧密实。内壁仍砌筑块石。砌筑边玛墙的时候，先把捆扎好的边玛树枝铺一层，再上加一层黏土夯

图 8-40a 二层边玛墙
剖面图（左1、左2），
图片来源：承锡芳绘制

图 8-40b 扎什伦布寺
边玛墙（左3），图片
来源：承锡芳摄

图 8-40c 策默林边玛
墙（左4），图片来源：
承锡芳摄

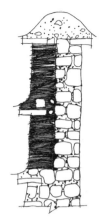
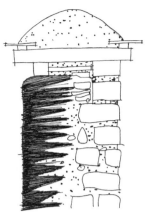

实，这样重复砌筑，到了顶部还要进行防水
处理，一般桎柳与块石各占墙体一半，由于
树枝的截面一般较粗，梢端较细，因此，需
要用碎石和黏土填实桎柳和块石之间的空隙。
最后，用红土、牛胶、树胶等熬制的粉浆，
将枝条涂成赭红色。目的是起保温隔热和装
饰作用。边玛檐墙上的镏金装饰构件直接固
定在预埋于檐口中的木桩上。边玛檐墙上下
都铺有装饰木条和出挑小檐头，木条上有垂
直的杆件，杆件上留有洞，用木条插在枝捆
中加固。椽头上置薄石片略挑出，其上覆以
阿嘎土层做保护层。边玛墙一般不做承重墙。
这种墙体从建筑技术角度讲，可以减轻墙体
顶部的重量，对高层藏式建筑无疑有着很好
的减重作用；从建筑外观装饰来讲，边玛墙
对建筑起到色彩对应反差的装饰作用，从而
获得视觉美感的效果。

8.5 基础的处理

8.5.1 山地上的地基处理——地垄墙

由于西藏大型建筑往往依山而建，因此
地垄墙（图 8-41）的运用极为实用。地垄墙
主要在依山建筑中用作建筑物的基础部位。
有些民居中也砌筑地垄墙，主要是为了做储
藏室。地垄墙主要是石木结构，墙体为夯土墙，
也有的是土木结构。地垄内纵横墙的位置一
般均与地面上的柱网位置上下对应。所以在
建地垄之前先要确定上层建筑的平面、柱子
的位置，然后再在地上纵横起墙，上架梁木
以构成下层。根据建筑物的规模和所选地址
的情况控制地垄墙的层次。常见的有一、二层，
但也有四五层的像布达拉宫等大体量的建筑。
地垄墙主要沿纵深方向布置，如果地垄进深
较长，也在一定的距离内设置横向墙连接。
地垄墙根据整个建筑的高度和地质情况等需
要确定其墙厚，像高层城堡（如布达拉宫）
的地垄墙就很厚，大约最厚的地方有四五米。
一般地垄的外墙要留窗户以解决通风和采光
问题。地垄墙的层高根据地质、地形条件和
工程建筑面积的需要而确定。一般情况下地
垄层高和房屋层高是基本相同的。依山建筑
的设计中把地垄墙作为建筑物基础和抬高整

图 8-41a 布达拉宫地
宫地垄墙（左），图
片来源：汪永平摄

图 8-41b 哲蚌寺地宫
地垄墙（右），图片
来源：牛婷婷摄

体建筑的主要做法之一。它的作用有两点：一是使房屋基础结实坚固；二是能有效地增加底层的面积。通常情况下，地垄墙形成的空间一般不住人，个别地垄用来存放柴火或牛粪等。地垄墙在中世纪前已出现，不过在17世纪以后的大型建筑中运用得更为普遍。依山而建的西藏传统建筑的地垄墙做法可以节约大量的人力和材料，增加底层面积，还可以起挡土墙的作用。如果采用整体墙体抬高上层房屋的基础，不仅耗费巨大的劳动力和大量石材等建筑材料，而且由于整个墙体的自重和下滑的推力，很可能会导致整个建筑向下滑移、开裂甚至出现倒塌的危险。因此，山体建筑采用地垄墙的做法是藏式传统建筑中极具创意的建筑手法之一。

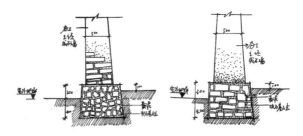

图8-42 基础的做法，图片来源：承锡芳绘制

8.5.2 平地上的地基处理

在平地上，不管是石墙、土坯墙还是夯土墙，它们基础的做法（图8-42）有两种形式，一种是用填卵石作为基础，主要用于围墙和一些不太重要的建筑上，另一种最常见的基础形式是用石块、卵石、黄泥等掺和在一起放在基槽中作为墙体基础。基础处理的方式与地理条件和地质有关，在土质良好、降水量少的地方，可以挖浅一些。常见的做法是带形基础，一般挖成梯形，下宽上窄，一般下面尺寸为80 cm，上面为60 cm，基础的深度由老木匠师傅视土质的好坏来决定砌筑深度：较好的土质地基深度按人体尺度"一膝深"（相当于50~70 cm），较差土质地基深度"一膝半至二膝深"（相当于1~1.5 m）。像大昭寺这样位于沼泽地带的房屋基础，需要埋到砂卵石层。将基槽挖好后先将素土夯实，然后铺填卵石或碎石一层，而一些高级房屋则铺块石或片石，再往里面填入黄泥，基本上填平以后往里面加入小石子，然后再夯实。一般为3层卵石，3层黏土，分层夯实，30 cm夯实一次，然后砌筑墙身。

农区民居不设基础，直接在坚实的土层中开浅槽，两端置巨石，中间填碎石、黏土，加以夯实，然后砌筑墙身。柱子的基础做法大致相同。一般是挖一米见方的基坑，分层夯实卵石黏土，再放置柱础石，最后在柱础石上立柱。

8.6 地面与楼面做法

8.6.1 室内地面与楼面做法

西藏的室内地面一般都在墙体、柱梁、屋面等完成后才开始做。分为基层、垫层和面层。①基层：先是用素土填基底，填到室内地坪所需的高度，一般是高出室外50 cm左右，分层夯实。②垫层：先用比较粗的阿嘎土做垫层，然后加上小石子和片石分层夯实。③面层：在西藏传统建筑中，室内地面的面层有原土夯实地面、阿嘎土地面和木地板地面。传统的民居建筑中室内地面一般为原土夯实地面，富有的人家室内采用木地板地面，而大多数的寺庙、宫殿和一些贵族家庭采用阿嘎土作为地面。这是因为阿嘎土防水性能比较好，在水泥还不曾问世的时候，阿嘎土是楼地面最上乘的材料。而且经过长时间的养护，阿嘎土地面就会像水磨石一样平整光滑、亮如明镜。但由于其材价格昂贵且费工费时，旧西藏只有寺庙和贵族才能用得起。

阿嘎土是指黏性强而色泽优美的风化石，这一材料在西藏传统建筑中运用较为广泛，像楼顶防水、墙顶防水、屋内地面等。它产于西藏的一些半土半石的山包中。拉萨建筑

图 8-43 阿嘎土花纹地面（扎什伦布寺），图片来源：承锡芳摄

用的阿嘎土主要来源于曲水县、林周县和山南地区。其中曲水的阿嘎土为红色，黏性过强，实际中采用不多。而林周县和山南的阿嘎土黏性适中，较受欢迎。阿嘎土刚从山上采掘下来的时候像石块，需要进行加工。只要把它打碎成蚕豆大小就可以使用了。

阿嘎土地面做法：施工时先将阿嘎土打碎，再拌匀，夯实。先把拳头大小的阿嘎土铺在地上，一般有 10 cm 厚，再用长形石块与木杆连接成打夯工具来夯打，夯时唱歌、舞蹈，按节拍夯实，速度要慢，力度要均匀，一般要夯打两天左右。夯实后用稍微细一点的阿嘎土铺满地坪继续夯打，等基本平实后洒水继续夯打，夯打 3 天以后地面感觉平实了再铺上细石土继续夯打。然后多次洒水夯打，直到地面变得十分坚硬为止。最后工人们每人手上拿个鹅卵石摩擦地面，如此反复几次后再用预先泡好的榆树汁把阿嘎土地面

图 8-44a 扎什伦布寺条石地面（左），图片来源：承锡芳摄

图 8-44b 扎什伦布寺卵石地面（右），图片来源：承锡芳摄

擦拭 2~3 遍就可以了。这样打制阿嘎土的过程基本就算完成了，整个过程一般需要 7~10 天的时间。重要建筑如佛殿地面的阿嘎土铺到第三层的时候，用一些宝石在阿嘎地面上拼出图案来，这样便提高了它的审美价值（如扎什伦布寺的强巴殿），还体现了建筑的等级。还可以在阿嘎土上染色成花纹（图 8-43），整个感觉很像大理石地面。

在寺庙建筑及贵族、土司头人家庭，以及百姓中家境较为宽裕的家庭中，楼层上面一般都铺设木地板。木地板的板宽约为 15~20 cm，厚度约 3 cm。企口木地板的铺设大致有两种做法：一种是将木地板截成 1 m 长短，一个方块一个方块地铺设；另一种是在楼层上先安数道纵向楼板条，每道板条之间预留 1 m 左右的距离，然后将截好的短木地板挨个与楼板垂直铺设。顶层的屋面与楼层的不同点：一是铺垫的土层较厚，需要反复拍打提浆，使表面更加密实；二是要有意识地找出一定的坡度和预留排水位，以便排水。藏族建筑的楼面、顶层的施工工序多、工艺复杂，特别厚重，究其缘由，一是保暖需要，二是防渗漏。

8.6.2　室外地面做法

西藏地区室外地面一般都是自然黄土地面，在重要建筑的室外用石材来铺设室外地坪。主要有青石板地面、卵石地面、块石地面、条石地面和砾石地面。根据平面形状和使用功能铺地，方式富有变化，常用条石和块石相互配合以构成各种地面构图，在等级比较高的建筑地面上还用雕花，十分美观（图 8-44a）。

①青石板地面：这是西藏传统建筑室外地面经常铺设的，有些房屋室内也采用青石板铺地，但很少见。青石板地面铺设在广场上、院子内以及步行道上，也有铺在建筑物四周墙角作为散水。青石板无一定规格，有

大有小，随意铺设在地面上，用砂土填缝隙，再用黄泥抹缝。②卵石地面（图 8-44b，图 8-44c）：即用近似于卵石的石子竖立铺砌成的地面，也有大的卵石平铺在走道的，如在大昭寺入口的通道处就有用大的卵石平铺的地面。托林寺的露天回廊就是由鹅卵石铺设的。扎什伦布寺的一个僧舍台阶前面是用卵石竖铺的，还用别的颜色的卵石铺砌了万字纹。③块石地面：一般铺设在重点建筑入口处、踏步台阶和建筑物周边散水和人行道上。块石由毛石加工而成，平整而有规律。一般尺寸为 600 mm×600 mm，大都以十字缝来铺砌。④条石地面：常用花岗岩加工成尺寸为 400 mm×200 mm 的条石，按人字纹来铺砌。还有按 45° 的角度同一个方向斜铺。⑤砾石地面：还有一种比较普遍的铺地材料为砾石，如拉加里王宫的广场地面就是用精心拣选的白、青两色砾石（砾径 0.1~0.2 m）拼铺而成，在广场中心部位镶嵌出"雍仲"、莲花、八宝吉祥图案等，构图颇具匠心。

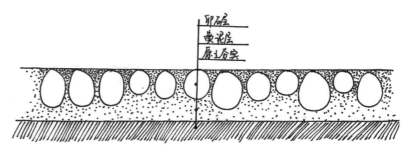

图 8-44c 卵石铺筑示意图，图片来源：承锡芳绘制

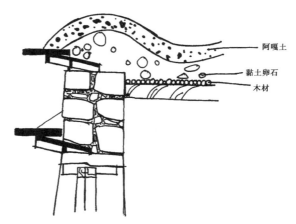

图 8-45 平屋顶结构图，图片来源：承锡芳绘制

8.7 屋面做法

藏式传统建筑的屋面按照形式分主要有平顶屋面、歇山屋面。按照使用材料分主要有阿嘎土屋面、石板屋面、木板屋面、镏金铜皮屋面、芭蕉屋面等。

8.7.1 平顶屋面做法

寺院、宫殿、庄园等传统建筑多采用阿嘎土的平顶屋面（图 8-45）。平顶屋面的结构做法一般分三层。第一层是承重层，根据房屋等级的不同在椽子上铺设不同的材料，房屋等级高的密铺整齐的小木条；房屋等级次一级的铺设修整过的树枝。第二层是阿嘎土层。第三层是面层，制作面层的阿嘎土层有一定黏结性，其抗渗性好坏与否与夯打是否密实和是否浸油磨光有着直接的联系。

8.7.2 歇山屋面做法

歇山屋面的材料主要是木板和镏金铜皮。用木板时，其做法同内地汉式建筑的差别不大。与汉式建筑不同的是，藏式建筑的歇山屋面是在首先做好的平顶层上再搭配好歇山屋架，然后才铺设木板，表面蒙上镏金铜皮，加上各种装饰品。

"歇山屋顶的屋架有三檩和五檩两种。三檩屋架的做法是，由歇山山花两端的人字斜梁，三架梁与脊檩、檐檩端部组成三角形屋架，中间的三架梁与脊檩之间用斜枋联系。三檩屋架在脑椽与檐椽交接处有明显的折线，这是因为两檩的举架比例不同。五檩屋架做法是，在斗拱上搁五架梁，梁上立童柱三根，分别支撑脊檩和金檩。童柱两边都有人字支撑，五架梁与脊梁之间还用纵向联系的斜枋支撑。五檩屋架各檩间举架比例接近，屋面坡度曲线较三檩平滑。歇山屋顶的屋角飞檐做法完全仿照汉式，逐渐抬高屋角椽子的高度使之与角梁平，形成微微向上的飞檐曲线。"[8]

藏式的歇山屋顶以金顶（图8-46）为主。其金顶平面分六角和长方形两种，金顶的位置与灵塔殿或主殿上下呼应。斗拱基本仿照清代斗拱形式，但构造做法已地方化，斗拱后尾为枋木，一般不装饰加工。构架最终形成歇山顶，上面铺设镏金铜皮，起防雨水及装饰作用。

8.8　金工工艺

藏族金工工艺有十余种，直接用于建筑的装饰工艺为铜工工艺和镀金工艺。

8.8.1　铜工工艺

材料主要为铜，在制作高僧灵塔时也用金和银。铜工工艺在建筑中所装饰的部位一般都集中在宫殿和寺庙殿堂顶部的法轮、青羊、法幢以及金顶的筒瓦、脊兽等，还有就是殿堂内的佛墙、佛龛的金属装饰和高僧灵塔的制作等。

图8-46a 扎什伦布寺四世班禅灵塔殿金顶，图片来源：汪永平摄

图8-46b 扎什伦布寺四世班禅灵塔殿金顶结构，图片来源：汪永平摄

工具：常用的工具有锤子、刷子、钳子等，其中比较特殊的工具是"夹刚"，用来敲打佛像和图案等。"夹刚"中三角木架可叫作"葛如"，起支撑作用。而中间插入的铁棍上端的部分叫"果棍"。工匠主要用"果棍"来敲打图案，这一部分可以置换，主要有两种尺寸，其中比较粗的"果棍"用于敲打佛像，比较细小的"果棍"可以打制精细的图案。还有叫"朗基"的铁墩（图8-47a），整个由铁浇注而成，用来敲打金属。工匠还有一些自制的小錾子（图8-47b），大约有8 cm长，底部制成各种形状，有尖有扁，适合于不同的图案需求。工匠自制的剪刀也比较特殊，它的柄一边是弯过来的，这样工匠就可以把弯的一头立在地上操作了，比较省力。

佛像制作的工艺：①首先准备原料，主要材料是铜片或铜皮，尺寸大约是1 000 mm×2 000 mm×1 mm。②师傅便在纸上先打个底稿，在纸上画出整个的佛像，严格按经书上的比例和尺寸来画，画得很精确，纸上的比例就是实际的尺寸。工匠在学徒阶段便要把各种佛像的比例背得很熟，这样打制的时候心里就有底了。③把纸切开，放在铜皮上，用錾子按纸上的线条刻出佛像的大体形态，然后把纸拿开。细节另外做，佛像的总体形态刻画由老师傅来把握，小师傅负责细小的雕刻。具体是这样加工的：先用黏结剂[9]把铜片固定好，用铅笔在铜片上打底稿，然后就直接用榔头敲击錾子，在铜片上敲出图案。35张这样尺寸的铜片可以打制一个2.4 m高的佛像。④把佛像的各个部分都焊接起来，将锻敲成形的部件用黏合剂黏结在制成的框架或底面上。⑤打制好了以后根据客户的要求再进行镏金等工艺加工。

修复的工艺流程：首先便是把要修复的部分从建筑上取下来；然后对一些残破的地方进行修补，主要是进行焊接；接下来便是清洗（用硝酸兑上水对器物进行擦洗）；然

 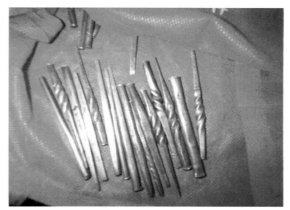

图8-47a 朗基（左），
图片来源：承锡芳摄

图8-47b 錾子（右），
图片来源：承锡芳摄

后对器物进行镀金；镀金后便用沾满铜丝的刷子来刷器物表面；最后再进行上色，先将藏红木[10]煅烧后溶入水中，然后把烤热的金属置入红木水中，这样使金属表面更加发亮；最后将金属吹干就可以了。如果金属颜色不行的话还可以再镀一次金。

8.8.2 镀金工艺

制作过程：工匠按工程需要运用金箔进行深加工，然后用小锤子敲打金箔，把金箔打得更薄，把打完的金箔放在一个铜盆里，放在火上加热，加热约1 min便放于冷水中冷却，捞起来后吹干金箔就可以用了。镀金前将金箔与汞以一定比例（大约1∶11）经过高温熔化后就可以直接用刷子刷于金属表面（如果金属表面比较脏的话先用硫酸洗一下），这样就不容易褪色，现在的新工艺不加入汞，很容易掉色，一般几十年就掉色了。每个工人每天有固定的加工定量，大约一个团队每天要加工550 g金箔，大约75 g可以镀1 m²佛像或器物的表面。

8.9 彩画作

藏族有悠久的彩画工艺历史，且工艺精湛、艺术成就卓著，将传统绘画融于建筑之中是藏族建筑的又一大显著特点。藏族建筑中的传统彩画有壁画和唐卡。

壁画涉及的题材很广泛，主要有宗教、历史和一些民俗内容。在寺院宫殿、私人住宅以及各类建筑中都可以看到壁画。壁画在藏族建筑，特别是寺庙和宫殿建筑中，其作用十分明显，从宗教角度讲，它起着教化的作用，从建筑角度来讲它又起着重要的装饰作用。唐卡是在松赞干布时期兴起的一种新颖绘画艺术，即用彩缎装裱而成的卷轴画，具有鲜明的民族特点、浓郁的宗教色彩和独特的艺术风格，历来被藏族人民视为珍宝。唐卡的题材有几种内容：佛、菩萨造像类；佛传或佛本生故事；密宗本尊各神；观音度母类；护法神；上师高僧；历史及历史人物；坛城佛塔类等。彩画在民居中表现的内容为莲花、云彩、动物头像等。莲花绘于门脸，云彩绘于门框、过梁，动物头像绘于门扇、门框等部位。

所用的材料：①牛胶：牛胶是西藏自制的一种特殊的胶水，在以前是用牛角来制作的，现在很少用牛角了，多用牛的废弃部分，造出来的胶水质量比以前差多了。②颜料：一般唐卡和修复寺庙壁画用的颜料都是矿物颜料，利用有颜色的矿石来磨成颜料，颜色鲜亮，保存时间很长。"经过采集、处理、加工成粉状，尔后配制成适量骨胶调制而成，颜料因选料自然，所以历经数代仍鲜亮如新。"[11]像一般的绿色和蓝色矿石都是从铜矿中来的（铜氧化产生铜绿就变成绿色了）；红色矿石比较少，一般都是从巴基斯坦运过来的，也有部分是昌都产出的，听说红色矿石还可以作为药物；黄色矿石主要产于昌都，也可以用于制作火药；白色矿石主要来源于日喀则。颜料的制作工序已经失传好多年了，后来经过匠人们的不断打听和研制才重新发现了这个传统做法。

金粉的制作过程：先买一些纯金，然后把金子打成薄片，用剪刀把薄片剪得很小，然后放在一起磨成粉（具体过程一般都是工匠的家族秘方，不对外公开）。最后形成一个个小的金圆片体，用开水泡一下就成了粉末，然后掺上牛胶就可以直接使用了。

画匠使用的工具是国内制作的画笔，而传统的画笔是用猫身上的毛来制作的，用于勾细部。画笔的笔杆部分由木头制成，笔杆与毛的连接部分先用牛胶打一遍，然后再在牛胶上缠上线。常用的是用羊毛做的画笔，多用于粗糙的画面。

颜料的制作工序：首先把矿石磨成豆子一般大小，然后把矿石的颜色分清（就是按颜色进行归类），再把矿石放到砂锅[12]中，

加上少许家里烧菜的油，用 100℃ ~200℃ 高温进行蒸煮，然后加水搅拌，等到砂锅里倒满水、颜色搅拌均匀后就把水一层层地倒入空盆中（大概每个盆注入四分之一），然后根据所需颜色的深浅酌情往盆子里加水；等加完水后就等着颜料沉淀，再把漂在上面的清水倒掉，放到太阳下晒干，等一个星期后磨成粉末就可以用了。

唐卡的制作过程（图 8-48）：唐卡通常画在棉布上，首先按唐卡的大小来确定棉布的大小尺寸，然后把棉布固定在特制的木架上，再用手掌大的光滑石头沾水对布进行擦洗（这个水是牛胶与白色矿物颜料以一定比例与水混合而成的），一般在要作画的那个面打磨三次，在反面打磨两次，放到太阳下晒干，这样便可以开始作画了。作画时，先用炭笔在棉布上勾勒底稿，所画的内容都有特定的比例，也有一定的度量标准[13]，这是画匠做学徒时必须默念于心的。底稿画得差不多了就上大色块，大体的色块处理好后用黑色勾勒线条，然后再慢慢深化。等画到差不多的时候便进行描金，然后应雇主的需要再进行下一步工作。如果雇主需要亚光的话那这样就算可以了，如果雇主不需要亚光的话则用玛尼石对描金的地方打磨抛光，最后进行装裱，在底部镶以各色的绸缎，上下两端贯以木轴，这幅唐卡便算制作完了。

壁画制作过程：①先在墙上刷一层胶水，胶水主要由牛胶和特制的红色矿物颜料兑在

图 8-48a 唐卡的制作过程一，图片来源：承锡芳摄

图 8-48b 唐卡的制作过程二（左），图片来源：承锡芳摄

图 8-48c 唐卡的制作过程三（右），图片来源：承锡芳摄

一起，不过现在大多数都用白色颜料兑上牛胶抹在墙壁上。②作画之前，先根据墙壁的高低宽窄按比例留出作画的位置，画好壁画的四面边框。③完成上述准备后，先用炭条或铅笔勾草图，在勾勒人物时，要严格依据造像度量经的要求，严格掌握人体各部位的比例（图8-49）。这道工序大多由经验丰富的老画师完成。④勾墨线。用毛笔在草图上根据已确定的炭笔或铅笔线条来勾勒墨线，一般就用墨汁，这条墨线为壁画的定稿。⑤在线描的基础上敷大色块。先用深蓝色渲染天空，下一步用绿色表示土地，第三步染云雾。主佛像的头上为云，脚下为雾。云雾多用白色、浅蓝或粉绿色。第四步染主佛像头和背后的佛光。其色彩内圈多用石青或橘红色，外面多用金粉勾勒线条，有的佛像全身都用金粉来涂抹。第五步染人物衣服的深色部分和其他景物的深色部分。第六步染人体的肉色和其他浅色部分。⑥对画面的色彩进一步加工渲染，然后用彩色线条勾勒轮廓线和衣纹。⑦上金。金、银粉的应用，是西藏壁画特别是西藏晚期壁画不可缺少的一部分。用金、银描出的壁画经过上千年以后画面仍金碧辉煌、灿烂如新。一般描金的部位多在佛像的头饰、衣纹、服装上的花样、背

图8-49 工匠使用的佛像图，图片来源：承锡芳摄

光的华光、供物法器、建筑金顶以及叶筋勾勒等等。越是重要的殿堂，越是讲究的壁画，用的金、银也越多。⑧用玛尼石将用金用银处抹平打光，标志着整个绘画工序的完成。⑨为保护壁画，最后还要在完成的壁画上刷以胶和清漆。先用牛胶熬成较稀的胶水，用软毛刷轻轻刷到壁画上，待干。然后再刷一层清漆，整个制作过程就结束了。

注释：

1 中国科学院自然科学史研究所.中国古代建筑技术史[M].北京：科学出版社，1990：336

2 索南坚赞.西藏王统记[M].刘立千，译.北京：民族出版社，2000:48

3 姜怀英，嘎苏·彭措朗杰，王明星.西藏布达拉宫修缮工程报告[M].北京：文物出版社，1984

4 中国科学院自然科学史研究所.中国古代建筑技术史[M].北京：科学出版社，1990：348

5 金刚橛是指密宗降魔镇妖的法器之一。在修行密宗时，将金刚橛插于坛城四隅，使坛城坚固如同金刚。诸障无法侵扰。也指古印度的一种兵器名。

6 索朗旺堆.西藏自治区文物志[M].拉萨：西藏人民出版社，1993

7 杨嘉铭，赵心愚，杨环.西藏建筑的历史文化[M].西宁：青海人民出版社，2003:172

8 徐宗威.西藏传统建筑导则[M].北京：中国建筑工业出

版社，2002

9 松香，主要作为黏合剂，雕刻好的物品可以用加热的松香抹在雕刻物底部，粘在要放置的物体上。材料具体的做法：取出松树的汁，然后搅拌成粉末与清油融合，再高温加热加上制作瓷器的那种沙，就成了松香。

10 以前要从印度买过来，现在主要是在医学院才能买到。

11 费新碑.藏传佛教绘画艺术[M].北京：今日中国出版社，1995：46

12 这种砂锅是西藏所特有的，要特制的泥土才能制成，一般在林周县和山南县都有卖。

13 壁画与唐卡以及藏传佛教的雕塑佛像一样，均有严格的法度，这个法度的准则便是《佛说造像度量经》。藏传佛教绘画的比例尺度按《造像度量经解》载，基本单位有"麦、足、指、襟、肘、寻六种，比值关系为，一麦分为一小分，二麦并布为一足，四足为指，又谓中分，十二指为襟，亦为大分，二襟为肘，四肘为寻"。

9 西藏建筑装饰与家具

9.1 西藏建筑装饰的起源与发展

9.1.1 吐蕃王朝以前（7世纪以前）

吐蕃王朝以前的建筑没有留下实物，无法直接了解其建筑的装饰。从考古发掘中，可以了解到西藏先民们常用的一些建筑装饰手法：崇尚红色；装饰纹样以抽象的几何纹形和与人民生活密切相关的动物图形为主；受到苯教等原始宗教信仰的影响，如对数字3、9、13和牦牛、鹰等动物的崇拜[1]。

9.1.2 吐蕃王朝时期（7世纪至9世纪中叶）

松赞干布以前的历史迄今为止大多数还属于传说中的历史。松赞干布统一西藏，社会经济发展稳定，并创造了文字、法律、度量衡等。这个时期最重要的事件便是佛教传入西藏，与本地苯教等原始信仰相融合，产生了西藏"前弘期佛教"，对西藏政治、经济、文化、艺术、科技各个领域产生了重大影响。[2]

由于宗教的原因，对西藏建筑装饰影响较大的是印度和尼泊尔文化，主要体现在寺庙的总体布局和建筑的装饰题材、大量的壁画和雕塑风格上。如装饰题材上大量采用佛、菩萨、莲瓣、忍冬纹、三叶草、力士、八宝等传统佛教题材。

汉族文化对西藏建筑的影响主要在选址方面，而这方面又主要是文成公主带去的汉族方士的"厌胜"（古代方士的一种巫术，能以诅咒制服人和物）观念；另外，文成公主带去的汉族工匠对西藏的建筑技术产生了积极作用；汉地的佛教壁画、造像风格对西藏也产生了深远影响。

吐蕃时期的建筑装饰比较古朴，不像后世那么精致。使用深红色边玛草装饰材料，外墙主要用白色，重要的建筑用红色，窗子有梯形黑边饰，女儿墙上有经幢作为装饰；汉式屋顶数量不多，仅限于寺庙和宫殿中的重要建筑使用，对民居建筑影响不大。

9.1.3 从"后弘期"开始到格鲁派兴起之前（10世纪末至15世纪）

这一时期，佛教与西藏本土信仰进行了充分的融合，形成了众多的流派，如宁玛派、噶当派、萨迦派、嘎举派等主要教派，其中嘎举派又有着许多大大小小的派系。由于众多教派及其派系共存，其寺庙建筑装饰的形式十分多样，没有以后格鲁派时期中的规格化。

另外，汉式建筑装饰的影响越来越明显，如寺庙和宫殿采用汉式大屋顶，采用汉地建筑的形式、结构与细部做法。与传统西藏建筑的结合，基本上是藏式墙身和汉式屋顶的叠加。例如，夏鲁寺的绿琉璃屋顶，根据历史记载为元代时期内地汉族工匠所建造，在藏式建筑的墙身柱头上加垫板，上面分别使用斗拱、梁、椽的汉式梁架结构，屋面用琉璃板瓦和筒瓦，屋脊是元代的琉璃通脊，和内地的元代寺庙建筑形式完全相同。

9.1.4 黄教格鲁派时期（15世纪以后）

藏历第八绕迥土牛年（公元1409年），宗喀巴在拉萨达孜修建第一座格鲁派寺院——甘丹寺，格鲁派取代噶当派，成为西藏几大有影响的教派之一。西藏四大寺（拉萨的甘丹寺、哲蚌寺、色拉寺和日喀则的扎什伦布寺）的初创时期，西藏还处在群雄并立阶段。西藏建筑装饰总的面貌承袭了上个时期的特点，各个教派之间、不同地区之间的寺院风格差别很大。

1642 年，五世达赖喇嘛阿旺洛桑嘉措在青海蒙古酋长固始汗的武力扶持下取得了西藏政权；1645—1648 年，五世达赖喇嘛、固始汗和摄政王第悉索朗绕登策划主持重建了布达拉宫；1652 年，五世达赖去北京觐见清朝顺治皇帝，次年受金册，并受赐"西天大善自在佛所领天下释教普通瓦赤拉怛喇达赖喇嘛之印"。[2] 至此，黄教格鲁派在西藏完全取得了政权，建立了政教合一的制度。

格鲁派的特有修行方式使格鲁派寺院具有了自己显著的特色，其寺院的建筑装饰也集历代之大成。装饰题材和手法进一步典型化和定型化；各种装饰手法和题材相融合，形成十分丰富多彩的建筑形象；装饰图纹日益细致繁复；各民族间的文化交流，主要是汉藏文化交流，在建筑装饰中的反映更为直接，采用其他民族的装饰手法和题材也更多；在藏族聚居区内，不同地区形成了具有地域特点的典型装饰特征，如后藏、青海、甘南、康区、川西等，一脉相承而又特征明显。[3]

西藏的任何一个地区、后弘期中任何一个时代，在建筑装饰上都有一个共同的特征，那就是藏传佛教的影响。无论在装饰题材上，还是在艺术传统上，藏传佛教的影响都至关重要。

9.2 藏式建筑装饰的门类

9.2.1 结构构件装饰

1）柱装饰

柱子的形式大都以方柱为主，圆柱为辅，从下到上带有明显的收分。柱身部分除了有以整个型材做成的以外，许多大型的柱子是以多个方形的小柱拼成的，在截面形式上并不是方形，而是在角部向内收进。这种多角样式

大多集中在门廊或外廊的柱子上，一般寺庙建筑的经堂、大型寺庙建筑的佛堂也会出现。另外，在山南早期的寺庙建筑中还存在六角柱，大昭寺经堂内四方抹角柱，是西藏早期吐蕃时期的柱式，受尼泊尔和印度寺庙的影响，印证了大昭寺建造的历史记载（图 9-1）。

柱子的直径也随着建筑的等级不同而有着明显的区别，直径从十几厘米到一米多不等。在同一建筑中，不同位置的柱子也有着不同的尺寸。在萨迦南寺的"拉康钦莫"主殿（意为"大神殿"），殿中有 40 根大柱子，其中 4 根最粗的柱子，最粗的一根直径有 1.5 m。

梁托（替木）位于柱头与梁之间。梁托一般分两层，上为长弓，下为短弓。梁托长短两弓形状要精心雕镂，通常见得较多的有祥云状、各种花瓣状，其装饰效果相当强。寺庙建筑大堂、佛堂之类重要殿堂内的斗拱长弓中心多雕刻佛像，两边及边缘雕刻祥云、花卉，再配上彩色斑斓的彩绘，追求锦上添

图 9-1 大昭寺吐蕃时期柱子（受尼泊尔和印度影响），图片来源：宗晓萌摄

图 9-2a 大昭寺明清柱头托木（汉地形式），图片来源：汪永平摄

图 9-2b 日喀则老城区民居托木，图片来源：汪永平摄

图 9-3 民居大梁彩绘，图片来源：汪永平摄

图 9-4 罗布林卡墙面璎珞图案，图片来源：汪永平摄

一些寺庙的柱身上雕刻着吉祥图案。如：托林寺殿堂内的柱子多为方形，柱面有图案雕刻。柱础亦为木质，四面雕有图案[4]。

2）梁装饰

梁的装饰类似汉地的彩画。梁身的彩绘装饰，一般采用连续装饰手法，用各种事物或色彩组成连续、统一的带有很强的序列感的装饰线条。其装饰内容十分丰富，包括带有强烈宗教意义的文字纹样、莲花纹，以及各种曲线的卷草纹等（图 9-3）。

9.2.2 墙面彩绘

墙面与天花的交接处，一般会以彩绘进行装饰。彩绘的形式与一般的线脚不同，采用帷帐的装饰手法，将其表达为带有褶皱及阴影的形式，还有常见的璎珞图案、佛教装饰纹样（图 9-4）。

根据建筑等级、功能的不同，墙面装饰大不相同。在重要建筑的大殿，会用满幅的壁画来装饰。而在民居及其他等级较低的房间，墙面由整块的单色涂饰和简单的帷帐图案组成。

西藏传统壁画十分讲究色彩的运用，而且达到了相当高的水平。总的来讲以红、黄、蓝三色为主，配以白色和绿色形成强烈的色彩对比。有的作品使用大面积的高纯度、高对比度的颜色，使整个画面富丽堂皇；有的作品则以一种颜色为主调，以同类色彩做细微的色调变化，整个画面统一协调；有的则以勾线为主，仅仅敷以淡彩，画面雅致清淡。

壁画的题材主要围绕宗教内容，既有对神佛进行供养、敬信的一面，又有宣传、教育的一面。重要的历史人物和事件也是壁画的重要内容之一，其中一些涉及宗教，有些不一定涉及宗教人物和事件。如迎娶文成公主；填卧塘湖，兴建大昭寺；吐弥桑布扎创造文字；五世达赖觐见清顺治皇帝；历代达赖、班禅及历代高僧的传记画像等。另外，

花的效果，整个梁托表面显得饱满、大方。最简单的梁托形状为梯形，这种不加任何雕饰的梁托多见于底层的地垄墙室内或民居内（图 9-2）。

柱身的装饰一般以涂饰红色为主，利用拼合柱身型材的金属连接件进行装饰，在柱身上会利用织物进行包裹。在西藏分治时期，

一些壁画反映僧人生活和藏族风俗节日，给后世提供了许多形象的历史资料，如辩经、讲经图、射猎、比武、百戏图、逛林卡、打马球图、演藏戏等。以桑耶寺主殿为中心所绘的气功、倒立、攀索、攀杆等表演，有些现在已经失传了。壁画的题材还受汉族绘画的影响，如福禄寿三星、八仙（常用八仙手中的器物）和二龙戏珠、狮子盘绣球等汉族喜闻乐见的图案和题材，表现了汉藏文化和艺术的交融（图9-5）。

图9-5a 日喀则民居壁画中的寿星，图片来源：汪永平摄

图9-5b 日喀则民居壁画中福寿图，图片来源：汪永平摄

壁画中人物造型、动态、画面的构图、色彩处理所表现出的艺术水平也令人叹为观止。西藏寺院壁画宗教崇拜和神秘主义的背后，也有现实主义的成分，蕴藏着古代藏族群众的社会形态、生活方式、民族气质、性格与感情等多方面。

9.2.3 顶面装饰

在西藏传统民居中，天花板的装饰一般是在保留原有结构形式的基础上，在构件上涂颜色（图9-6）。随着现代技术的传播与发展，现在许多民居的天花板采用经济的三合板来装饰。

图9-6 藏东东坝军拥村民居橡底彩绘，图片来源：汪永平摄

但在西藏寺庙、宫殿等规模级别较高的建筑中，根据其建筑的特殊性，有着较为特殊的做法，主要形式有：天花布、天花板、天花纸、藻井。

1）天花布

天花布质地多为织锦、绸缎，以及彩绘好的当地土布。

在许多重要的建筑中，天花板用精美的绸缎加以装饰，以显得华丽庄重；或将单色布（一般是白布）用白泥加工成纸状后进行彩绘，再把彩绘好的布贴到天花板上。天花布既能起到装饰作用，又能防止顶部落尘（图9-7）。

图9-7 小昭寺大殿天花布，图片来源：汪永平摄

在罗布林卡格桑颇章二楼内有一清代的织锦，长为3m，宽为2.25m，为黄底，上

饰有四龙，用金红刺绣，做成非常精美的天花板装饰[5]。

2）天花板

类似汉族建筑的平天花吊顶，天花的形式是正方形的紧密排列的小格子，每个格子

图 9-8a 大昭寺天花（左），图片来源：承锡芳摄

图 9-8b 大昭寺天花细部（右），图片来源：承锡芳摄

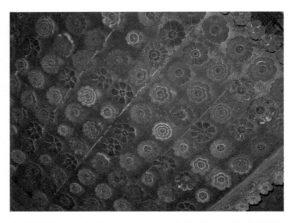

以彩绘的方式画有花纹装饰纹样。但这种天花在大殿，并不是完全布满，仅仅是在正殿当中柱子升高开有高侧窗的那部分屋顶，其下布置了大昭寺供奉的最大的几尊佛像。

这种木质彩绘天花板，以抽象的图案居多，也有飞天、坛城、吉祥图案等内容。在寺庙大殿中的木质彩绘天花板，画面构图繁缛严谨，颜色厚重浓艳，与四周墙上的壁画和塑像构成一个宗教气氛浓厚的环境（图9-8）。

3）天花纸

这种装饰手法很独特，有着地区特殊性。

图 9-9 大昭寺措钦大殿藻井，图片来源：承锡芳摄

图 9-10 过街塔藻井，图片来源：汪永平摄

阿里地区气候比较干燥，才能采用彩绘纸装饰天花板。同彩绘天花布一样，天花纸也是彩绘好以后再贴到天花板上。

这种装饰手法和天花布有着异曲同工之处，不同的只是材料不同。

在札达县托林寺考古挖掘中，曾出土此建筑装饰材料[4]。

4）藻井

这种装饰手法大多用于寺庙的大殿中，例如大昭寺的措钦大殿，内有四层结构的藻井，藻井上饰有 25 个木雕人像。虽然人像体态各异，排列也不对称，但给人感觉仍然和谐统一，特别是以太极图为芯的莲花图案，更增加了藻井的整体美感（图 9-9）。

另在札达县底雅布日寺，有一过街楼。此过街楼是在人们必经的路口修建的有通道的塔式小楼，上部是喇嘛塔的形式。修建过街楼的目的是让行人从楼下的通道穿过，从而受佛法的加持。其藻井上绘有佛教密宗坛城的图案（图 9-10）。这种过街楼在元代较为普遍，大一点的如长城居庸关云台，小一点的如镇江西津渡，在藏族聚居区更多，如拉达克的阿尔奇（ALCHI）寺庙的塔楼，内部的藻井制作精致。

9.2.4 地面装饰

西藏传统建筑的室内铺地以"阿嘎土"为主。

在一些形制较高的寺庙经堂中，沿着中

轴线方向在"阿嘎土"地面上镶嵌了用各种
宝石拼成的图案。这些图案是以大块的绿松
石镶嵌而成（图9-11）。

图9-11 扎什伦布寺绿松石镶嵌地面，图片来源：汪永平摄

木制地面也常出现在寺庙建筑的室内，
主要是高僧的书房和寝宫。在局部还会铺以
藏式地毯加以点缀，藏式地毯所有的图案均
由桑蚕丝织成，颜色以米色为主，加有少量金、
粉、红色，图案简洁明快，清新雅致，简约
中透出神秘。

吐蕃时期的寺庙建筑用大块石头铺地作
为地面装饰。如大昭寺的石头铺地，已被无
数西藏佛教徒的身体打磨得光滑无比。

9.2.5 门窗装饰

藏族建筑屋顶装饰朴实，注重门、窗部
位的装饰，并且强调檐部的水平带。与汉式
建筑屋顶多变、注重梁柱体系的外装饰作用
相比，形体感强，而且简洁有力。门窗装饰
包含门扇、门楣、门额、门檐、门框、窗等。
藏族建筑门窗装饰十分讲究，从屋檐到门槛
的每一部分都以不同的手法修饰，如色彩涂
饰、挂装织物、雕刻处理、各种造型处理等。

1）门扇装饰

门扇作为门的重要功能组成部件，其装
饰手法有涂饰、挂饰、镶饰。

涂饰是在门扇上涂色。民居门扇的色彩
以红、黑两色较常见，一般黑色为主，寺庙
宫殿建筑门扇以红、黄为主，密宗建筑的门
扇多用黑色。装饰内容多为代表着宗教含义
的各种符号（图9-12）。

挂饰主要指挂在门环上的色彩斑斓的编
织物。

镶饰由镶在门板上的金属材料组成，主
要方式有条形包装、门钉、门箍、门环及门
环座等。镶饰是在涂饰基础上再次装饰。门
环座总体形制为半球形，环为圆形。宫殿、
寺庙的门环多为浅浮雕的异兽造型。门环首
尾相连，尾部套在兽头嘴部，有的还雕塑成

图9-12 大昭寺内大门，图片来源：汪永平摄

图9-13a 罗布林卡大门门环装饰，图片来源：汪永平摄

首尾相连的龙形，还有一些是各种表现趋吉
避邪的图案雕刻（图9-13）。

2）门框装饰

一般民居门框装饰比较简单，门框上挂

图 9-13b 卡当寺大门门环装饰,图片来源:汪永平摄

图 9-14 罗布林卡大门门框构造,图片来源:承锡芳摄

图 9-15 罗布林卡大门狮头梁,图片来源:承锡芳摄

图 9-16 大昭寺无量光佛殿大门(左),图片来源:承锡芳摄

图 9-17a 罗布林卡大门出墙斗拱(中),图片来源:汪永平摄

图 9-17b 拉萨八廓街平康大门出墙斗拱(右),图片来源:汪永平摄

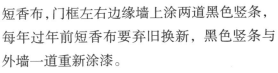

短香布,门框左右边缘墙上涂两道黑色竖条,每年过年前短香布要弃旧换新,黑色竖条与外墙一道重新涂漆。

寺庙、宫殿建筑的门框装饰较为复杂,门框木构件多则六、七层,层层雕刻各种图案,可见其讲究程度(图 9-14)。

3)门楣装饰

门楣是门框上边的部分。在传统的西藏传统建筑中,门楣的装饰级别是最高的,由上至下的装饰构成依次为狮头梁、挑梁面板、挑梁、椽木面板和椽木等五层。它是通过雕刻与彩绘技法来表现的。门楣最上方的狮头梁的装饰要素,是民居与王宫寺庙最为明显的等级标志(图 9-15)。

值得一提的是,吐蕃时期的建筑门楣上挂有沉重的金属门帘,如大昭寺内无量光佛殿(图 9-16)。

4)门额装饰

门额是门楣上边的部分,在大多数的宗教建筑及宫殿建筑中,它们的门额是与门楣独立存在的。这种结构首先是从门楣向外构成二层,其中起决定作用的是出墙斗拱的托木(图 9-17)。

5)门檐装饰

门檐指的是围墙上做屋顶状的覆盖部分。大多门檐装饰做成塔形,并且在门檐下方正中位置设有小型方龛。这种塔形造型装

饰，最初取自佛教密宗中的坛城造型，是建造神殿、立体坛城以及寺庙形制的依据，存在于寺庙建筑当中。桑耶寺的东门就是这种垒筑七层的塔形装饰。

门檐正中的方龛与塔形的建筑装饰造型一样，来自寺庙建筑造型。在寺庙等建筑的方龛里，一般都安放有红、白、黑三色的佛塔。例如在扎什伦布寺的方龛中就有佛塔，而且过去是金属制作的，现在安放的是泥塑三色佛塔。这些在文化意义上都有崇拜、禁忌、祈祷等含义。这种具有某种实际意义的装饰特征，也是佛教文化的一种体现（图9-18）。

在门檐檐口，一般都在檐下悬挂条形布幔，以红、蓝、白等色彩为主，在门窗上悬挂的叫作"香布"。

6）窗装饰

在西藏传统建筑中窗子的装饰组成与门相比，没有那么复杂，主要集中在窗檐部分。这部分位于窗子的上部，利用2~3层逐层出挑的小椽，在最上一层出挑尺寸不大的小篷。小篷以石片及"阿嘎土"做面层，同时在小椽上以彩绘装饰。逐层出挑的小椽上的彩绘，在人们以仰视的角度观察的时候，视觉上也不会互相遮挡，增添了装饰的层次感（图9-19）。

在窗子出挑雨篷的另外三边，都饰有黑色的边框，由下到上略有收分，呈现上小下大的形状。这一形状的寓意为"牛角"，能带来吉祥。藏族古代曾经拥有的图腾之一是"牦牛"，由于时代的进展，对牛角进行简练、概括的抽象表达，同时也有避邪驱凶的含义，装饰性极强。在窗子上的这种装饰手法不分建筑等级，应用普遍。同样在宗教建筑中也随处可见。这一形式不仅加大了窗户的尺度感，还与建筑向上收分相呼应，增强了建筑造型的稳重、庄严感，同时也丰富了立面的色彩，颇有独到之处（图9-20）。

窗子雨篷下也同样要悬挂香布，这同在

图9-18a 赤来寺门檐，图片来源：汪永平摄

图9-18b 墨竹工卡唐加寺门檐，图片来源：汪永平摄

图9-19 哲蚌寺甘丹颇章窗户细部，图片来源：汪永平摄

图 9-20a 罗布林卡宫
殿窗户图一（左），
图片来源：焦自云摄

图 9-20a 罗布林卡宫
殿窗户图一（左），
图片来源：焦自云摄

图 9-20b 罗布林卡宫
殿窗户图二（右），
图片来源：焦自云摄

图 9-21 挂有香布的
大昭寺窗户（左），
图片来源：汪永平摄

图 9-22 大昭寺金顶
鳌鱼装饰（右），图
片来源：汪永平摄

白色为主，但在主要的窗上会以带状的红色
及黄色出现（图 9-21）。

9.2.6 脊饰

1）金顶

金顶是加盖在寺院主殿、佛殿、王宫屋
顶和佛塔顶部的特制金属屋顶，是用铜铸造、
外镀纯金的一种豪华建筑装饰。金顶与一般
屋顶瓦相似，顶面为铜质镀金长瓦，翘角飞
檐，飞檐头一般为四只张口鳌头（图 9-22），
屋脊上装有宝幢、宝瓶、卧鹿、吉祥鸟等；
屋檐上雕饰有法轮、宝盘、云纹、六字真言、
莲珠、花草、法铃、八宝吉祥等图案，屋脊
宝瓶之间和屋檐下悬挂铃铛，风吹时铃声四
传，悦耳动听（图 9-23）。

金顶面积有大有小，大的金顶面积有

门上一样，香布采用长条形的裙状纺织物。

建筑外檐门窗上香布的使用，不仅在装
饰上统一了建筑的整体感、环境美，同时还
对门窗下的彩画有保护作用。当阵阵微风吹
来时，原本静止的装饰又带上了动感，而且
由于香布的应用，使建筑立面在质感上更为
丰富。香布本身也有着自己的色彩，一般以

图 9-23 罗布林卡宫
殿脊饰，图片来源：
汪永平摄

200 m²，檐高 4 m 左右；小的约 20 m²，檐高约 2 m。宫殿、寺院等建筑有无金顶和金顶面积大小是宫殿、寺院等级的重要标志，也是主人所拥有政教权势大小的重要象征，因为建造金顶有明确的资历规定和鲜明的等级制度（图 9-24）。

从布达拉宫所藏唐卡和桑耶寺、布达拉宫、大昭寺、罗布林卡等处壁画来看，始建于公元前 800 多年的雍布拉康，建于公元 7 世纪初的布达拉宫、大昭寺，建于公元 736 年的桑耶寺等建筑均加盖有金顶。据《西藏王统记》《西藏王臣记》《青史》《红史》《巴协》等史书记载，藏王松赞干布修建拉萨大昭寺时，神殿屋顶饰有纯金瓦和其他装饰。公元 736 年藏王赤松德赞在今西藏扎囊县境内创建藏族第一座佛、法、僧三宝俱全的桑耶吉祥自成寺时，上述史书中提到该寺主殿和四周四大殿、八小殿，以及赤松德赞的三个王妃兴建的三座神殿屋顶均加盖有金瓦。创建于公元 940 年左右的阿里古格托林寺，据史料记载该寺建筑屋顶、柱梁全系金子所筑，俗称古格托林金质神殿，说明该寺金顶面积很大[6]。

公元 10—19 世纪间藏族聚居区所建的 100 余座金顶中，面积最大、工艺最好、造型最豪华，并具有代表性的金顶有拉萨大昭

寺、布达拉宫、萨迦寺、哲蚌寺、色拉寺、甘丹寺、罗布林卡金色颇章、日喀则扎什伦布寺、甘肃拉卜楞寺、青海塔尔寺、康区理塘寺、甘孜寺、甘孜大吉寺、吉塘甘丹松赞林寺（即云南中甸归化寺）。佛塔金顶中最有名的为西藏昂仁县日乌齐金塔和江孜白居塔等。

2）铜饰

西藏传统建筑的屋顶金属装饰主要有宝瓶、宝幢、香炉、祥麟法轮等。

宝瓶一般置于宫殿、庄园等重要建筑物的屋顶（图 9-25）。

宝幢是寺院建筑的重要饰物，一般置于寺院主殿屋顶边角处或大门上方屋顶处。宫殿、重要庄园屋顶也有摆放宝幢做装饰的。宝幢在藏族人民的传统文化中主要作为宗教的标志物之一。宝幢的主要形式有：镏金铜幢、普通的铜幢以及五彩布幢和牛毛幢等（图 9-26）。

寺院里僧徒集合诵经的佛堂大殿顶楼上可看到左右分别有牡丹祥麟、法轮的装饰品，佛教里称为"祥麟法轮"。祥麟奉行释迦牟尼教法，劝人们一心修行向善；法轮是指佛法威力无边，可以摧毁一切罪恶。这些顶上的金属材质的造型装饰，与女儿墙上镶嵌的金属图案造型相结合，将整个建筑形象在视觉上塑造得富丽堂皇（图 9-27）。

在群体的重要建筑部分如寺庙中心的殿堂以及经堂的女儿墙上，还要镶嵌各种镏金的金属装饰件，这些金属装饰品大多与宗教内容相关（图 9-28）。

另外，在女儿墙的四角还要装饰镏金的铜制狮子像。宫殿寺院红色女儿墙上的铜雕装饰物，藏语叫"边坚"。铜雕上运用的图案有八吉祥图、七宝图、动物、四大天王等。铜雕工艺粗犷、形象逼真，铜雕内容主要为宗教中的人物、动物和宝器等。在边玛墙上镶嵌的铜制镏金的"七政""八宝"图案和边玛墙上以短木做成的一排象征星辰的白色圈点，既装饰了寺庙建筑的外墙平面，又突出了建筑宗教特色（图 9-29）。

9.3 藏式建筑装饰的特点

9.3.1 装饰纹样及其内涵

西藏传统建筑的装饰纹样从种类的角度大致分为雕刻类和绘画类两种。雕刻类主要指浮雕，包括建筑门楣、门框、柱头、梁架等上面的雕饰图案，佛像座托图案、雕饰图案以及佛菩萨的背光上的雕饰图案。绘画类主要指彩绘图案或纹饰，它的数量众多而且种类丰富，包括天花彩绘、壁画等等。

1）几何图案

西藏传统建筑装饰题材中，各种各样的几何图案题材出现频率颇高。这些几何图案多以方形、圆形为基础形状，将其旋转90°、60°或45°后，再做出多方位的交错、移位、套叠、纽结、缩放等组合，从而产生复杂多样的图案（图9-30）。不仅如此，还将这些图案的边框提取出来并加以强调，形成各种独特的纹样。例如：十字纹、万字纹、回纹、云锦纹、水波纹、龟纹、球纹、琐纹、银铤纹、柿蒂纹及长城纹，它们或单独存在，或复合构成，在各个寺庙门廊的香布、建筑外部悬挂的织物上和建筑门窗上最为明显（图9-31）。

几何图案中，最有代表的性是"卍"，它在藏语里可解释为"永恒""永生""光明"，还有轮回不绝的意思，与太极图有异曲同工之妙（图9-32）。

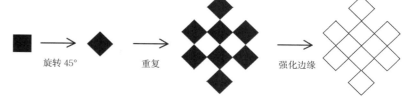

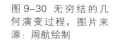

图9-30 无穷结的几何演变过程，图片来源：周航绘制

2）植物花卉

植物题材装饰主要是以各种纹样或浅浮雕的形式出现。例如在梁或柱头等部位出现的大量藏族化的卷叶纹和花头纹装饰。它们以韵律式旋转线条的形式，组成各种装饰线条或片段，在壁画等的边框，经常与几何纹样相结合，这种题材与几何纹非常难以区别。这些题材的装饰形式经由抽象化转变的途径，变得图式化、几何纹化（图9-33）。

图9-31a 大昭寺印有无穷结遮阳布（左），图片来源：周航摄

图9-31b 达吉林寺无穷结窗格（右），图片来源：汪永平摄

图9-32 万字纹的几何演变过程，图片来源：周航绘制

图9-33a 丢热寺门框上的几何纹化的植物纹样（左），图片来源：汪永平摄

图9-33b 拉萨民居托木几何纹化的植物纹样（右），图片来源：汪永平摄

图 9-34a 东坝军拥村
民居花卉图案 1（左），
图片来源：王璇摄

图 9-34b 东坝军拥村
民居花卉图案 2（右），
图片来源：王璇摄

除去抽象化类型的植物纹外，还有一些具象或半具象的，以及变体花卉纹样，如牡丹、石榴、梅花等。再有一些是象征性的植物纹，如象征着最终的目标即修得正果，与佛教信仰有关的莲花题材。这类题材出现的频率相当高，它被精心而巧妙地以整体或单元（莲瓣）的形态表现于各类装饰构件或壁画上，在许多部位都可以见到。除了莲花、忍冬卷草纹、联珠纹、火焰纹等这类图案化水准较高，还有菊花（包括各种变体）、海石榴花、太平花、十字花，以及许多已经看不出原型的几何式的花卉纹饰，内容多彩，造型丰富，令人叹为观止（图 9-34）。

3）翎毛走兽

这种装饰题材的出现也十分频繁，有些以雕像的形式出现，有些以彩绘的方式出现。在各类装饰题材中所占比重较大。与前两类有所不同的是，这些动物的形象大多是以具象化的形态出现的。在各种装饰形式中，藏族的动物纹样可分为下述几类：

（1）属于藏族图腾文化的动物形象

例如猕猴或牦牛形象的大量出现，它们是有关藏族祖先由猕猴所变，以及藏族为六个牦牛部落后裔的神话与传说的直接反映。从它们身上折射出早期藏族祖先化身信仰及图腾崇拜的民族心理。

（2）受到汉族文化影响的动物形象

这一类以龙、凤、鹤、鹿等居多，尤其是龙的形象更具有突出的地位。在历史上，龙是中华民族的标志和象征，曾起过凝聚中华民族的作用。在藏族的民族文化中，对龙文化有自己的独特理解，藏族崇奉龙，视之为水神，又把龙奉为财神，予以崇拜，龙纹成为世俗显贵的象征之物，在民间也广泛使用。饕餮是古代中国神话传说中的一种神秘怪物，作为纹饰最早出现在距今五千年长江下游地区的良渚文化玉器上。饕餮纹更常见于青铜器上，明清有了龙生九子的传说，受到藏族群众的喜爱，用于建筑的柱头和梁头的装饰（图 9-35）。在扎什伦布寺大殿的金顶上，镏金的龙吻形象出现在屋顶正脊的两

图 9-35 丢热寺柱头
饕餮纹（左），图片
来源：汪永平摄

图 9-36 扎什伦布寺
金顶正脊龙吻（右），
图片来源：汪永平摄

侧端头（图 9-36）。鹿也是一种在建筑中经常出现的形象，在拉萨的几所寺庙主要的殿堂以及大昭寺的入口，鹿与法轮在屋顶女儿墙上成为标志之一（图 9-37）。

（3）与佛教文化有亲缘关系的动物形象

这类动物形象中绝大多数都以宗教象征物的面目出现，有许多形象在现实世界中并不存在。狮子，在门的装饰上经常可以看到，它代表了佛的唯我独尊或被引申为人中狮子（图 9-38）。大象代表着力量，这种力量被人们期望着能驱除自身的污垢（图 9-39）。孔雀因被认为不能被毒死，象征着长寿（图 9-40）。琼钦鸟（金翅鸟）存在于佛教传说中，复合了人与鹰等形状的神鸟一般具有吉利、勇猛、正义的含义（图 9-41）。而金鱼通常以雌雄一对来象征解脱，又象征复苏、永生、再生等。上述动物形象都是与宗教相关的装饰形象。

（4）传统吉祥图案

在西藏应用较广的传统吉祥图案有八宝吉祥、七政宝、和气四瑞图、蒙人导虎图、财神牵象图、六长寿、五妙欲、坛城及十相

图 9-42a 吉祥八宝图一，图片来源:《藏族装饰图案艺术》

图 9-42b 吉祥八宝图二，图片来源:百度图片

图 9-43 罗布林卡六道轮回图，图片来源:汪永平摄

自在等。这些图案精美华丽，内涵丰富，具有浓厚的宗教色彩和地方特色，广泛绘于墙壁、天花板和柱子上。

①八宝吉祥:藏语称"扎西达杰"，又称八吉祥徽，包括吉祥结、妙莲、宝伞、右旋海螺、金轮、胜利幢、宝瓶和金鱼，是藏族装饰中最常见又富有深刻内涵的一种组合式的装饰精品图案（图 9-42）。

各八宝吉祥的标志直接代表着佛陀身体的不同部位，如宝伞代表佛陀头，胜利幢代表佛陀之身，宝瓶代表佛陀的喉咙，金鱼代表佛陀的眼睛，海螺代表佛陀之语，莲花代表佛陀的舌头，吉祥网代表佛陀之意，金轮代表佛陀之足。

②坛城:梵文的音译为"曼陀罗"，藏语称"集阔"，有"中轮""轮圆"之意。它源于印度佛教密宗，系密宗本尊及眷属聚集的道场，是藏传佛教密宗修行时必须供奉的对象，其形式多样，大都以唐卡、壁画形式出现，在寺院的各殿墙壁上或天花板上都绘有精美的坛城。

③六道轮回:西藏寺庙诵经集会大堂门廊两侧的墙壁上绘有四大天王，廊道右边墙壁上绘有六道轮回图，这种绘画布局各个寺院都是统一的。

从阎罗王紧紧抓住轮回的画面上来看，六道轮回的主宰者是阎罗王。佛教认为世间由因果构成，而因果像转轮一样无始无终，轮转不息，因此六道轮回用圆形表现。六道轮回图中的六道轮回是由大小四个圆轮组成，而最中心的小圆中画了三个动物，鸡、蛇、猪首尾相连形成圆圈（图 9-43）。

（5）人物神仙

藏族装饰形象中有不少造型各异、神态不一的人物像，主要有护法神、财神、佛像、菩萨像、圣者、上师、威猛金刚、王后、大臣、将军、罗刹女、鬼怪及藏戏人物脸谱纹饰等。这些人物形象在被作为装饰内容运用时，大体都以自身为中心而予以突出表现。藏族群众喜爱福禄寿三星的图案，在壁画中大量使用，无论是古代的寺庙、宫殿、贵族住宅还是现代的传统民居中都可以见到（图 9-44）。

（6）文字纹样

在宗教建筑装饰中，佛经中带有宗教咒语色彩的某些字句，以及梵文、藏文字母和汉文符号经过艺术加工，成为藏族装饰题材中的一种较重要形式。

文字题材中藏文是字体的常用选择，一些吉祥字样及咒语经用梵文表现，也使得这种字体逐渐图案化。例如缩写后的梵文字母结合不同颜色以做区分和暗示，再与周边配饰的莲瓣等题材的纹样，组合成既有宗教含义，又有装饰效果的装饰带。十相自在图，藏语为"朗久旺丹"，是藏传佛教时轮宗的一种极具神秘力量的图符。它由7个梵文字母加上日、月、圆圈共10个符号组成（图9-45）。

（7）帷帐图案

无论是带有想象成分的如兽面衔璎珞重帐纹，还是比较写实的帷帐图案，无论是复杂的组合还是简单的表现，无论是想象的内容还是写实的内容，都符合装饰纹样的一些基本法则。例如单位图案的不断重复，具体表现手法上的装饰等等；但从整体上看仍没有真正摆脱自然主义表现的阶段，即将观念性与写实性同时融入装饰纹样。与印度佛教艺术相比较，西藏宗教艺术加入了更为浓厚的装饰性因素。在这样一种艺术氛围下，西藏传统建筑装饰纹样已形成一些带有规律性的内容。

9.3.2 宗教文化色彩浓厚

意大利著名藏学家杜齐说过："西藏艺术真正想做的就是为我们展示神的世界，它的召唤是那样的生动并使之变得辉煌灿烂。这种关于人类的艺术态度即是一种半透明的冥想或超越真实的一个世俗复本，它表现了一种奇迹般虔诚的机敏和宗教神学上的复杂事物。"正因为如此，相当一部分宗教题材的纹样，受制于人们认识定势的影响，它常把人们的目光带向那无限的远方，牵动人们追怀过去；触动人们思考和联想一些具有普遍意义的宗教哲学问题。它们总是具有深刻的含义，包含有很浓厚、深透的思想感情，

图9-44 拉萨平康住宅绘画（左），图片来源：汪永平摄

图9-45 罗布林卡十相自在（朗久旺丹）图（右），图片来源：汪永平摄

以及一些凝重、严肃的宗教主题和观念。它常使人超越、脱离审美的对象，而产生无穷、广泛的联想，进行严肃的哲学意义上的探索和思考，并借此摆脱感官诱惑，进入一种深思的宁静状态中。

以上情况无不说明，西藏传统建筑装饰纹样在藏传佛教历史的演进中，一方面注重纹饰的物化或美化方式的实现；另一方面则大力强化以宗教意识为核心的精神作用的发挥。因而就其内在本质而论，藏族建筑装饰艺术是物质与精神、宗教与世俗、实用与审美等各项因素互相协调、对应、交融的一种重要艺术门类。

9.3.3 色彩明快鲜明

藏族人民生活在高寒地区，这造就了他们热情、质朴而豪爽的性格，他们勇于改造环境，这也体现在建筑、环境色彩的运用上。西藏建筑装饰纹样的色彩主要指绘画上的色彩表达。西藏建筑装饰纹样的色彩色泽绚丽、多姿多彩，把原始形象的色彩高度纯度化，一般不采用灰色系中的颜色。

最常用的三种颜色为白、红、黑色，集中体现了世界的三层——天上、地上、地下，每一种颜色都是敬献给一种神的。

白色。西藏建筑装饰采用白色，一方面来自对原始神灵家族之一——"天上神"——"白年神"的崇尚，一方面来自佛教的影响。佛教崇尚白色，藏传佛教也视白色为神圣、崇高。他们生活在皑皑雪山之中，喝白色奶，奉献白色哈达，从科学意义上来讲，白色可

抗拒高原上强烈的紫外线辐射。主客观因素决定了传统藏式建筑应用白色从古至今历久不衰。

红色。西藏建筑外墙装饰多用红色。对红色的应用，也可能与西藏古老的苯教有关。"苯教"为史前雪域高原的原始宗教。它把宇宙分为神、人、鬼三个世界。为了避免鬼的侵犯，人们的面部普遍涂上红色染料（牧区有涂黑色的）。随着时代的发展和信仰的变化，这种色不再往人们的脸上涂，而在建筑上保留了下来。一般用于宫殿、寺院，贵族庄园外墙装饰，以示威严。

黑色。西藏建筑应用黑色，来自对"地下神"——"黑年神"的崇尚，民居院内矮墙、窗、窗边饰都使用黑色，院外墙也有用黑色做装饰的。

黄色。对土黄色（黄土）的应用，一般为主要宫殿、寺庙建筑群中的经堂外墙，民居不可使用。同时，黄色也是黄教的色彩象征。

9.3.4 造型图案化

西藏建筑装饰纹样很富有装饰美，而且一般其抽象化、图案化的特点比较明显，虽然原形较多，但大部分都经过了图案化处理加工。处理加工过程中，遵循不破坏对象原有内在和谐统一的原则性。

比较成熟的装饰纹样一般具有以下几个特点：首先，形成了基本、简洁的骨架形态，结构中没有反常、不适、勉强，一切都顺应自然，没有多余无用的成分；其次，形态优美而宁静，保持适合性，保持一种均衡、齐整及和谐的风韵，运用在装饰中体现出了其特有的形式美：对称与平衡、对比与调和、节奏与韵律、比例与权衡、条理与反复、动感与静感，并且都统一于变化的美学法则之中。

9.3.5 建筑与环境间相互作用

装饰纹样从属于建筑，没有建筑也就没有装饰纹样。而建筑和装饰艺术和谐统一，方可产生独立的艺术价值、审美价值和实用价值。装饰纹样除了具有与其他艺术种类相同的审美、认识、教育作用外，还有其独特的一面，即能对建筑总体气氛起到强化、弥补、改善、调节等作用，能使建筑的功能、风格得到延伸，使建筑更加充实，更加完美，更具实用效能。西藏传统建筑装饰与建筑环境就是在这种关系中相互依存、相互作用、相互得益的。这两者之所以相互依存、相互作用，从而达到完整统一的和谐之美，是由它们不同于其他艺术种类的强烈个性所决定的。

一方面，宗教建筑功能与装饰艺术紧密结合。西藏传统建筑的特定功能，使得装饰艺术题材的选定与宗教文化和主题联系紧密。建筑制约着装饰艺术题材的范围，使其为建筑功能服务。

另一方面，装饰纹样的工艺和材料与建筑环境具有相互适应、相互协调的作用。在藏式建筑装饰艺术作品的制作中，一开始就要把材料的选用考虑进去。至于用什么材料做装饰，其依据是建筑风格、功能、色彩、装饰用材、尺寸、光源等因素，必须体现出装饰作品和具体环境的协调之美，以及材质之美。如：拉萨布达拉宫的金顶镏金、主墙面红白相间、内部宽敞高大加上各尊佛像和装饰品，营造出了一种神秘的宗教色彩。

西藏传统建筑装饰纹样的表现形式多种多样，它们根据建筑物的风格、建筑自身的用途等方面进行设计。装饰纹样本身的题材、内容、材质效果及表现形式，对其以外的所有物体与空间有着不可忽视的影响和协调作用。其作用已不局限于装饰本身，它和周围的一切组成整体的环境空间和风格，既适应了环境，又强化了环境。西藏传统建筑装饰艺术之所以能形成自己的风格，其建筑特点与相关的环境因素是其成功的根本所在。

西藏传统建筑装饰纹样明快、鲜明的装

饰色彩和生动、简洁、抽象的图案化造型语言使之更能符合宗教建筑保持空间视觉上完整性的要求。西藏传统建筑装饰纹样中，既表现了藏族民居与自然协调的情感，同时也表现出了藏族群众彪悍顽强的性格，以及民族性格中淳朴和憨厚的方面。在这些装饰艺术形式中，丰富的层次、细腻的表达使之产生了优美的肌理，也大大增加了建筑的观赏性和在环境中的协调性。

9.4　西藏传统家具

9.4.1　藏式家具起源与特征

中国家具的产生可上溯到新石器时代。从新石器时代到秦汉时期，受文化和生产力的限制，家具都很简陋。人们席地而坐，家具均较低矮。南北朝以后，高型家具渐多。至唐代，高型家具日趋流行，席地坐与垂足坐两种生活方式交替消长。至宋代，垂足坐的高型家具普及民间，成为人们起居作息用的主要家具形式。至此，中国传统木家具的造型、结构基本定型。此后，随着社会经济、文化的发展，中国传统家具在工艺、造型、结构、装饰等方面日臻成熟，至明代而大放异彩，进入一个辉煌时期，并在世界家具史中占有重要地位。

据《藏族简史》《五部遗教》和《法王松赞干布遗训》记载，早在吐蕃王朝时期，就已经有征调木匠兴建大、小昭寺及桑耶寺等的史实。至此，便拉开了西藏古典家具发展的序幕。勤劳的藏族人民把本民族高超的绘画艺术、非凡的雕刻才艺和极富民族特色的装饰手法应用于家具制造，创造了造型独特、外形美观、色彩斑斓、制作精细的民族家具，成为中国家具发展史中风格独特、影响深远的一个分支。

由于民族特点、宗教信仰、风俗习惯、地理气候、环境等因素，西藏地区传统家具与中原地区家具风格迥异。西藏传统家具的发展形态仍属于低矮型，大多数家具尺度均较汉地家具低矮，其种类和工艺也没有汉地家具一样丰富。一方面，在西藏从原始社会开始的席地坐卧习俗一直延续至今，另一方面，西藏房屋层高较低，家具高度也随之降低。由于生活习俗的影响，西藏传统家具此后却长期延续矮型尺度。在唐朝及唐以后西藏与汉地的文化交流频繁，对西藏传统家具的样式和装饰影响较为明显。

西藏的宗教信仰在其社会生活中占有极其重要的地位，其影响力在西藏传统家具的制作上也可见一斑。藏式家具中的宗教家具，如佛柜、经柜等，为重要的家具类型，集中了最高的装饰技术，如宝石镶嵌、描金雕刻等，色彩艳丽，图案华美。而普通民居家具的装饰较之要简单很多，传统家具成为他们寄托信仰的载体之一，家具彩绘中与宗教有关的题材也占了大部分，浓郁的宗教色彩也赋予了西藏传统家具特有的文化韵味。

西藏传统家具品种较单一，一物多用，功能交错，造型上古朴华丽。在装饰手法上别具一格，丰富多彩，大体包括彩绘、珠宝镶嵌（松石、珊瑚石、猫眼石等）、铁尖钉封边、木裙边及雕刻、兽皮镶嵌等。形成了注重装饰、色彩绚丽、寓意深刻的家具体系，体现了西藏家具特有的艺术风格。

9.4.2　藏式家具的分类

1）坐卧类

与生活在平原上的民族不同，古代西藏没有传统意义上的凳子、座椅，藏族群众喜欢坐于地上或柴堆上，所以一个由软垫、毛毡或毯子组成的特定区域就此形成。只有活佛高僧或是贵族才能拥有坐椅，且体量较大，不易搬动。

（1）法座

在藏传佛教寺庙的大殿中，卡垫一排排

摆放，以供僧侣坐卧。而大殿的正中则摆放着高僧活佛的法座。法座高1.2 m左右，两边各有台阶而上，有曲线形靠背，并装饰描金吉祥图案。法台的正面则装饰精美的彩绘或雕刻。举行宗教仪式时高僧盘腿而坐，平时则供奉高僧的法衣。一般法台多为木制，也有用金银打制而成。（图9-46）

（2）宝座

在许多西藏壁画中都有高僧说法的题材，画面中高僧都端坐在宝座上，可见西藏的宝座是等级较高的家具。宝座有靠背，靠背上有彩绘，或是嵌以锦缎软靠。两侧各有扶手，虽是单人座具，却相当于双人宽度，体现了主人地位之崇高（图9-47）。

（3）坐榻

西藏的坐榻为木质箱体上放置软垫而成，是普通藏族群众常用家具。多沿墙围合布置，可垂足而坐，也可盘腿而坐，形式比较灵活。造型简洁，装饰朴素。西藏坐榻除了有座椅功能外，还兼有卧具的功能，铺上被褥就是床，体现了藏族传统家具一物多用的特点（图9-48）。

（4）卡垫

卡垫虽不算真正意义上的家具，但却是西藏最常用的坐卧用具。从皇宫寺庙到民居，卡垫随处可见，不同的是其材料和装饰图纹。如布达拉宫及罗布林卡达赖寝宫使用的多为织锦缎饰面，色彩华丽。平民用的卡垫面料

图9-46a 卓玛拉康法座，图片来源：汪永平摄

图9-46b 哲蚌寺阿巴扎仓法座（左），图片来源：汪永平摄

图9-47 罗布林卡宝座（右），图片来源：汪永平摄

图9-48a 小昭寺坐榻（左），图片来源：汪永平摄

图9-48b 拉萨民居坐榻（右），图片来源：汪永平摄

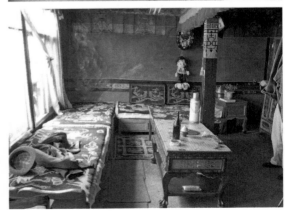

朴素，但会在垫子上铺彩色织毯予以装饰。卡垫体量小、重量轻，便于携带，是藏族群众外出时随身携带的"家具"（图9-49）。

2）置物类

（1）藏桌

藏桌在西藏家具中出现较早，可谓是最为普遍的家具，它的外形和结构各式各样，在寺庙和以前的富贵人家可以找到。藏桌用于吃饭、喝茶（藏茶有酥油茶和甜茶等）、玩游戏等；由于藏族人没有垂足而坐的生活习惯，他们的桌子不像汉地桌子底部有较高的悬空，而是底部多为方形实体，也有带支腿的，但高度较低。有的桌子还可折叠，便于出去旅游或朝拜时携带（图9-50）。

藏桌一般有四种。吃饭、喝茶用小长桌的藏语叫"觉则"，吃饭用矮方桌、汉式矮桌的藏语叫"加觉"，可以折合且携带方便的桌子藏语叫"德不觉"，专门打牌用的桌子藏语叫"八觉"。藏桌的特点与藏柜相同，腿很短，只有几寸（1寸≈3.33 cm），桌高二尺多（1尺≈0.33 m），三面镶木板，一面有两扇小门，门一般无拉手，因此看上去像个四方柜。多数藏桌采用龙或其他动物、树叶、竹子等为背景雕刻图案，或彩绘而成。美观实用的藏桌，体现了西藏家具工匠们的雕刻、彩绘与装饰的特殊才艺。我们在哲蚌寺还看见了一种圆形的藏桌，桌腿的牙板是曲线造型，桌面是阴阳鱼的八卦图案（图9-51）。

图9-49 大昭寺上孜达仓卡垫，图片来源：宗晓萌摄

图9-50 色吉寺藏桌，图片来源：汪永平摄

（2）经桌

经桌，西藏家具的一种，神职人员的必备之物，为喇嘛供置经书用，以便随时翻阅吟诵。经桌一般都施以彩绘，色泽华丽，纹样繁复。有的经桌还可以折叠，方便外出携带。

平日里藏族群众念经做功课的桌子其实也可视作经桌，用于阅读或日常手工活，可存放经书、法器或小工具。经桌小巧低矮，可以直接摆在地面上，也可以放在坐榻上（图9-52）。

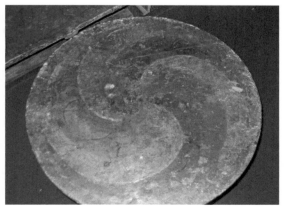

图9-51a 哲蚌寺牙板圆桌（左），图片来源：汪永平摄

图9-51b 哲蚌寺圆桌桌面阴阳鱼图案（右），图片来源：汪永平摄

图 9-52 桑日寺僧人
经桌（左）

图 9-53 达吉林寺雕
花供桌（右）

（3）供桌（供案）

求神礼佛的供桌（供案），一般置于佛像前的柜子上，用于供放水碗、水果和鲜花。由于用于祭祀，所以造型比较讲究，桌腿与牙板的雕饰繁复华丽，装饰上极尽铺陈，精雕细琢，不放过每一寸可以用来雕饰的地方，显示了西藏民间艺术的精湛技艺（图 9-53）。

3）储藏类

（1）藏箱

藏箱是西藏古典家具中出现较早的家具类型，由于实用需求和居住文化的不断更新逐渐被藏柜所代替。它的规格、式样与用途和汉地常见的衣箱外形、尺寸大小差不多，主要用于外出时携带食品或衣物。多数用于朝圣时携带物品。藏箱的主要特点是涂饰艺术别具一格，金属饰件作为包角和吊牌，沿箱棱边用两头尖角的铁条搭接加固。藏箱也有铁制或铁片外包（图 9-54a），民间还有藤编箱，较为少见。

有些藏箱彩绘是直接画在箱板上的，有的是在箱板上披一层麻，油彩画在麻布上；有的还要在麻布上首先预涂一层油灰，使上油彩时不会脱落，整个家具涂饰工艺有点像建筑彩绘（图 9-54b）。

（2）藏柜

藏柜是西藏古典家具中最实用的民族家具之一。藏柜空格多，空间大，可以储藏大小杂物。藏柜的整体结构大同小异，可根据盛放空间的实用需要确定，主要功能用于存放从食物到宗教用的法器等日常用品。有些柜的主体上方叠放一个专门用于供奉佛像的佛柜，藏语称为"恰岗"，意为双柜，通常是两张组合在一起，多靠墙且放置于居室的正面。藏柜的大小和用途有点像汉地的橱柜，所不同的是藏柜的门是中开式，门两边是木质枢轴结构，枢轴插在位于藏柜上、下部的凹口里，门可以灵活关闭。柜内有一层夹板，有些采用二或三层夹板，把柜子分成上下两部分或几部分。柜子的底部通常有三个窄长的抽屉，主要用于珍藏一些贵重的小物品，抽屉的底部到地面是中空的。还有一种铁质

图 9-54a 扎同寺铁皮
外包藏箱（左），图
片来源：汪永平摄

图 9-54b 表面彩绘藏
箱（右），图片来源：
汪永平摄

藏柜，用铁片敲打制作，类似于今天的铁皮文件柜，可以防火、防盗，保存一些珍贵的物品，它表面的图案也是手工敲制，做工精致（图9-55）。

图9-55a 拉萨新藏柜，图片来源：汪永平摄

藏柜上的雕刻图案多采用花草、动物和神话故事中的人物等，反映了藏族同胞对大自然的热爱和对美好生活的追求（图9-56）。

西藏文物志上记载了一款木雕宝柜（藏柜）："现为西藏白朗县旺旦乡雪村群果寺所藏，此寺庙建于公元14世纪，原为夏鲁派，后改宗为黄教。木雕宝柜为早期寺藏文物，其用途原是放在宝座前的桌子，故喇嘛称之为宝柜。此柜高1.03 m，长0.99 m，宽0.49 m，木质。柜的三面皆有木雕，正面木雕分上、中、下三部分。左右两侧木雕图案相同，互相对称，题材皆为动物，计有狮子、虎、大象、神鸟、怪兽。此外还有繁缛的花草、树木、鲜果等装饰图案作为背景，正面雕刻的中部图案分为互相对称的两部分，其主题图案为同一动物，上部长出两个手臂托起一具放着贡品的盘子，想象十分奇特，刀法较深入，形成立体感很强的镂刻效果，整个精细生动继承了内地明、清木雕玲珑剔透的风格，具有很高的艺术水平。"

图9-55b 哲蚌寺桑阿颇章镏金铁质藏柜，图片来源：汪永平摄

（3）经书架

西藏寺庙的经书架多沿墙布置在大殿里，下部悬空，墙体和木柱共同支撑上面的格架。西藏的经书不是成册装订的，而是用绸缎包裹，并以两块木板上下夹住，置于架上。经书架不设橱门。许多大型寺庙的经书架都是与墙体一体，自上而下，上置数万部经书，一扎扎布满整个墙面，甚为壮观，俗称"经书墙"。也有下面是柜子上面陈列经书的经书架，体量要小些（图9-57）。

寺庙的经书架以萨迦寺元代金汁《甘珠尔》经书架最为著名。萨迦寺各殿藏有许多典籍，藏书量最多的是萨迦寺南寺大殿。该大殿沿后墙设有与墙一般高的经书架（图

图9-56 拉萨彩绘藏柜，图片来源：汪永平摄

图9-57 哲蚌寺经书架，图片来源：汪永平摄

图 9-58a 达吉林寺座屏（左1），图片来源：汪永平摄

图 9-58b 寺庙座屏（左2），图片来源：汪永平摄

图 9-59a 哲蚌寺室内屏风隔断（左3），图片来源：汪永平摄

图 9-59b 哲蚌寺甘丹颇章屏风隔断（左4），图片来源：汪永平摄

9-58b)，上置数万部长条书，誉称"经书墙"。萨迦寺藏书内容丰富，除佛学典籍以外，还包括医学、工艺制造学、语言学、天文历算学、哲学、诗学等诸多学科的著作。大部分典籍为手抄本，其中有相当多的是用金汁书写的佛经，如《甘珠尔》经。

4）其他

（1）屏风

屏风作为传统家具的组成部分由来已久。西藏的屏风融实用性、欣赏性于一体，既有美学价值又有实用价值，富有藏族特色的彩绘雕刻装饰，赋予屏风以新的美学内涵。寺庙藏式的屏风尺度小，类似汉地的座屏（图 9-58），还有一种用于室内的固定木隔断，上面有彩绘（图 9-59）。

（2）焚香几

焚香几常出现在寺庙中，外形与中原地区几类家具类似。上面为开槽的面板，槽内插放香烛，几面面板有用木制的，也有用金属包面的，以便防火。中部为盛装香灰的狭长木盒，木盒是装饰的重点，通常彩绘和镂空雕刻遍布其上。下部支腿造型为壶门曲线，豹爪弯腿。焚香几是藏式家具中造型较灵巧的一种，其高度不一，较低矮的几面放置石质槽，其中盛满酥油，加上灯芯便是西藏特有的酥油灯了。有的寺庙大殿内的焚香几前还放上铜质香炉，增加了视觉效果（图 9-60）。

（3）佛龛

由于全民信教，几乎每个家庭中供奉着佛像，为了表示对佛像的敬仰和保护，佛像被请入佛龛中。一般木质佛龛雕刻精细，造型仿传统的楼阁建筑而制，屋顶有歇山顶，飞檐翘角的龙脊装饰，有的有重檐。用银或者铜制作，更甚者用金质。佛龛内放置袖珍佛像或其他圣物，以便禳灾驱邪。佛龛正面

图 9-60a 觉拉寺焚香几，图片来源：汪永平摄

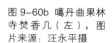

图 9-60b 噶丹曲果林寺焚香几（左），图片来源：汪永平摄

图 9-60c 哲蚌寺新置香炉和香几（右），图片来源：汪永平摄

鏊刻卷草纹，并在其间布置八宝图案，主要纹样都用镏金装饰（图9-61）。这种佛龛在汉传佛教寺庙中也很常见，宋代《营造法式》中称为佛道帐，以南京栖霞寺的明代佛道帐做工最为精致（图9-62）。

（4）盛器

盛器是藏族家庭中必备的器具，如切玛盒、糌粑盒、酥油桶、木碗等。这些器具的装饰有的古朴，有的华丽，既有表现生活情趣的，也有表现宗教信仰的，题材广泛。

9.4.3 装饰手法

1）彩绘

几乎所有的藏式家具表面都被绚丽的彩绘所覆盖，藏式家具装饰纹样博采众长，常见的有龙纹、动物纹、植物纹、雷云纹和几何纹等。纹样大都与财富和珠宝相关。一般地，在框架部位雕以玲珑精致的龙、凤、虎、狮或回纹、竹节纹等图案，在立面部分则绘以花草、人物、禽兽等，特别是象征吉祥长寿的内容，画笔细腻，千姿百态，色彩艳丽。在描绘技法上富有层次，民俗意趣浓郁，有些图案构思大胆，意象诡谲，极富现代感，其表面装饰多数采用金色彩绘图案和雕刻装饰图案，与汉式家具的含蓄有着很大的差别（图9-63）。

在装饰手法上，常采用四方连续或二方连续为基调，有时在边角和交接的地方还会有一些花边图案。而云纹，多是以线条描绘的形式出现在花边图案当中。对于植物纹与云纹在图案中的构图，藏族群众将几何纹、植物纹和云纹等进行穿插交错的排列，变化得当，井然有序（图9-64）。

2）珠宝镶嵌

宝石镶嵌，应该是包含于彩绘类型中的装饰手法，它们有时会被成组地使用，排列成一些圆形或花样形的图案。另外，还有用宝石镶嵌成一些具象图腾或动物图案的手法，

图9-61a 小昭寺佛龛（左），图片来源：汪永平摄

图9-61b 昌珠寺佛龛（右），图片来源：汪永平摄

图9-62 南京栖霞寺佛龛细部，图片来源：汪永平摄

图9-63a 龙纹图案，图片来源：汪永平摄

图9-63b 达吉林寺藏柜龙的装饰图案，图片来源：汪永平摄

但比较罕见。偶尔也会出现一种类似纪念章似的镶嵌图案，它属于一种起源于纺织品图案的彩绘形式，处于装饰的主要位置，富丽堂皇，使人感受到奢华的一面。镶嵌用的宝石多为松石、珊瑚石、猫眼石，结合金、银、

279

图 9-64a 哲蚌寺藏柜的装饰纹样（左），图片来源：汪永平摄

图 9-64b 哲蚌寺彩绘藏柜（右），图片来源：汪永平摄

图 9-65a 达吉林寺供桌雕刻（花卉）（左），图片来源：汪永平摄

图 9-65b 哲蚌寺德央扎仓藏柜雕刻（右），图片来源：汪永平摄

铜等贵金属，把西藏传统家具装饰得豪华富丽，熠熠生辉。

3）金属封边

藏式家具的箱子以木箱为主，主要用于藏族群众外出时携带食品或衣物，用于朝圣时携带物品。考虑到路途遥远和颠簸，箱子的木结构榫头容易脱落，箱体的木框边缘用金属饰件包角，沿边用两头尖角的铁条搭接加固（图 9-67）。

4）雕刻

藏柜有精美的雕刻，选用稀有的高原硬木。雕刻主要是圆雕或浮雕，常被用于桌子

图 9-66 兽皮镶嵌（正面），图片来源：汪永平摄

和佛龛的装饰，但由于藏族群众喜爱鲜艳夺目的彩绘，因此雕刻之后的表面仍然会被再次绘制一遍。

常见家具的雕刻手法有高浮雕和透雕，图案和纹样丰富多彩（图 9-65）。

5）兽皮镶嵌

与汉族家具区别最大、最具民族特色的装饰手法当数兽皮镶嵌。西藏家具常用豹皮或耗牛皮制成面积占箱柜正面 1/3~1/5 的方形皮块，镶嵌在深红色或黑色的箱柜表面，但用这种装饰手法制作的家具现在较罕见了。现在能看到的做法是，在榫卯对接部位，用兽皮镶包或用动物的筋当作绳子穿插后绷紧，用于增加牢固度（图 9-66）。

9.4.4 材料与结构工艺

1）藏式家具的材料

藏式家具的材质多为雪松或普通松木，需要雕刻的家具则选用桦木、核桃木等，由于都是采用实木制作，故藏式家具的重量重、体积大。西藏古典家具大多数是在寺庙里被

发现，一般多用核桃木、松木（如雪松）、林芝云杉和喜马拉雅红杉（又名"西藏落叶松"）等木材制作，其中核桃木具有美丽的花纹，受到藏族群众喜爱，是首选的家具材料（图9-67）。

图9-67 达吉林寺松木家具（雕刻，未彩绘），图片来源：汪永平摄

2）藏式家具的结构工艺

西藏古典家具结构主要采用实木框架结构，结合处多采用榫卯连接。西藏工匠们所使用的木工工具同汉地很相似，家具的制作方法也与汉地早期有相似之处，由于仍处于较原始的家具形态，稳重简单的受力结构使家具造型缺乏轻巧活泼感，从而显得单一笨重。工艺上也没有出现类似汉地明式家具那样高超巧妙的结构技术。由于工具简单的原因，西藏家具中还有些是用斧头劈出来，留有明显的斧劈痕，但那种粗糙的感觉反而有一种古拙厚朴美，使藏式家具显得简单、质朴。

图9-68 藏桌彩绘，图片来源：汪永平摄

3）藏式家具的彩绘工艺

西藏家具的表面装饰多数采用金色或大面积彩绘图案和雕刻装饰图案，仅从家具的外表面我们很难看出藏式家具的材质，这和汉地明清家具用清水油漆或油饰，显露材质和纹理的方式和理念不一样。家具的彩绘所用的材料、图案、纹样和室内的装饰相同，工匠的工艺也相同（图9-68）。彩绘喜欢用金粉满铺，图案龙凤等居多（图9-69）。

图9-69a 饕餮图案，图片来源：汪永平摄

9.4.5 藏式家具的室内布置

藏式家具的使用与藏族群众的生活习俗和宗教信仰有很大的关系，民居中的经堂或佛堂必不可少，起居和接待多在同一个房间，中间有一根或两根结构柱，围绕柱子放置藏式的方桌或长桌，可以吃饭、喝茶，和朋友聊天。沿墙一圈放坐榻，上铺卡垫和毛毯，白天坐人，晚上睡觉。房间内多出的墙面可以放藏柜，盛放衣物。厨房一般是独立的房间，沿墙面布置藏柜，柜内摆放炊具。

寺庙大殿中的经堂是僧人聚会和集中读

图9-69b 凤凰图案，图片来源：汪永平摄

经的地方，面积很大，沿进深布置僧人的座位（坐榻），行列式布置；座位是木箱，上面是卡垫，座位前摆放低矮的长条藏桌，上面放经书和物品，喝茶、用餐也在自己的桌

图 9-70a 楚布寺大殿经堂布置（左），图片来源：汪永平摄

图 9-70b 色拉寺措钦大殿经堂室内（右），图片来源：汪永平摄

上（图 9-70）。在大殿集中活动时间，僧人的伙食由寺庙大厨房提供，由专门的值班僧人将茶水和食物定时送到每人的座位上。大殿经堂里面沿墙布置佛龛、供桌、藏柜等家具，保留了活佛高僧的法座。经堂后面如果还有单独佛殿，佛殿内沿墙布置佛像，前面有供桌和供案，方便上香。寺庙内的活佛或贵族的庄园都有自己的经堂和客堂，布置十分精致，沿墙摆放家具，有佛龛、经书柜、供桌，还有修行的坐榻，室内装饰豪华。

9.4.6 装饰思想与寓意

西藏地域宽广，风俗民情及生活方式差别很大，藏式家具形式简单，品种不多，家具与居住条件紧密结合，呈现民族的地域特色，形成了自己独特的风格。

藏式民族家具中规中矩、尺度宽大、用料厚实、端庄实用，如藏柜中凸出的柜帽，粗壮厚实的腿足等都充分体现藏族群众坦率、朴实之民风。因大多藏族人喜欢盘坐于地上，所以藏式家具里没有传统意义上的凳子和座椅，只有箱子、柜子和桌子三大类。藏式家具不喜欢在形式上做文章，它的形态多为长方形或正方形。没有脚的为箱子，没有暗盒的为桌子，二者皆有为柜子。

无论贵族还是平民的家中，桌子可谓是最为普遍的家具，用来吃饭、写字，存放茶具、碗具等杂物。有些较低的桌子其实就是经桌，专门存放经书、法器。一些家庭用品或橱具常被挂在墙上，不常用的大多被存储在羊毛编织的袋子里，而不是放在箱子里。藏族群众几乎没有多余的衣服，没有装衣服的衣柜，柜子用来存放酥油、奶酪，这也是西藏柜子看起来或摸上去总是油油的的原因。酥油灯的油渍和烟灰也形成了一种有效的保护层。

藏式家具的颜色绚丽多彩，它的底色多选用红、黄、褐三种颜色，至于图案的颜色选配和图案式样就更加丰富多彩，大致分为传统装饰图案、自然物体装饰图案和几何图形装饰图案三种。藏族群众信仰佛教，不论是农牧民住宅，还是贵族上层府邸，都有供佛的供案，带有宗教色彩的图案，常见的有吉祥八瑞图、寿星图和莲花，莲花也是佛门圣花，常作为佛教象征。

注释：

1 [意]杜齐.西藏考古[M].向红笳，译.拉萨：西藏人民出版社，2004

2 恰白·次旦平措，诺章·吴坚，平措次仁.西藏通史简编[M].北京：五洲传播出版社，2000

3 于水山.西藏建筑及装饰的发展概说[J].建筑学报，1998（6）

4 彭措朗杰.托林寺[M].北京：中国大百科全书出版社，2001

5 西藏自治区文物管理委员会.拉萨文物志[Z].拉萨，1985

6 泽仁邓珠.辉煌夺目的藏族金瓦屋顶[J].中国西藏，2005（4）:62-63

参考文献

中文专著

[1] 次旦扎西.西藏地方古代史 [M].拉萨：西藏人民出版社，2004

[2] 西藏自治区文物管理委员会.昌都卡若 [M].北京：文物出版社，1985

[3] 恰白·次旦平措，诺章·吴坚，平措次仁.西藏通史——松石宝串 [M].陈庆英，格桑益西，何宗英，等译.拉萨：西藏古籍出版社，2004

[4] 杨嘉铭，赵心愚，杨环.西藏建筑的历史文化 [M].西宁：青海人民出版社，2003

[5] 林冠群.唐代吐蕃史论集 [M].北京：中国藏学出版社，2007

[6] 西藏社会科学院西藏学汉文文献编辑室.西藏地方志资料集成 [M].北京：中国藏学出版社，1999

[7] 五世达赖喇嘛阿旺洛桑嘉措.五世达赖喇嘛传 [M].陈庆英，马连龙，马林，译.北京：中国藏学出版社，2006

[8] 傅崇兰.拉萨史 [M].北京：中国社科院出版社，1994

[9] 牙含章.达赖喇嘛传 [M].拉萨：西藏人民出版社，1984

[10] 宿白.藏传佛教寺院考古 [M].北京：文物出版社，1996

[11] 索南坚赞.西藏王统记 [M].刘立千，译注.北京：民族出版社，2000

[12] 沈玉麟.外国城市建设史 [M].北京：中国建筑工业出版社，1989

[13] 觉囊达热那他.后藏志 [M].西藏：西藏人民出版社，1996

[14] 巴卧·祖拉陈瓦.贤者喜宴 [M].黄颢，译.北京：中国社会科学出版社，2010

[15] 姜怀英，嘎苏·彭措朗杰，王明星.西藏布达拉宫修缮工程报告 [M].北京：文物出版社，1994

[16] 蔡巴·贡嘎多吉.红史 [M].拉萨：西藏人民出版社，2002

[17] 索朗旺堆.阿里地区文物志 [M].拉萨：西藏人民出版社，1993

[18] 何可.西藏宗及宗以下行政组织之研究 [M].台北："蒙藏委员会"，1976

[19] 索朗旺堆，康乐.琼结县文物志 [Z].1986

[20] 汪永平.拉萨建筑文化遗产 [M].南京：东南大学出版社，2005

[21] 西藏自治区地方编纂委员会.西藏自治区：文物志 [M].北京：中国藏学出版社，2012

[22] 王尧，陈庆英.西藏历史文化辞典 [M].拉萨：西藏人民出版社，1998

[23] 《藏族简史》编写组.藏族简史 [M].拉萨：西藏人民出版社，1985

[24] 陈庆英，高淑芬.西藏通史 [M].郑州：中州古籍出版社，2003

[25] 徐宗威.西藏传统建筑设计导则 [M].北京：中国建筑工业出版社，2004

[26] 西藏自治区文物管理委员会.拉萨文物志 [Z]，1985

[27] 陈履生.西藏寺庙 [M].北京：人民美术出版社，1994

[28] 刘芳，苗阳.建筑空间设计 [M].上海：同济大学出版社，2001

[29] 南文渊.高原藏族生态文化 [M].兰州：甘肃民族出版社，2002

[30] 潘谷西.中国古代建筑史（第四卷）[M].北京：中国建筑工业出版社，2002

[31] 西藏工业建筑勘测设计院.罗布林卡 [M].北京：中国建筑工业出版社，1985

[32] 周维权.中国古典园林史 [M].北京：清华大学出版社，1999

[33] 陈立明，曹晓燕.西藏民俗文化 [M].北京：中国藏学出版社，2003

[34] 丹珠昂奔.藏族文化发展史（上册）[M].兰州：甘肃教育出版社，2001

[35] 中国科学院自然科学史研究所.中国古代建筑技术史 [M].北京：科学出版社，1990

[36] 索朗旺堆.西藏自治区文物志 [M].拉萨：西藏人民出版社，1993

[37] 杜齐.西藏考古 [M].向红笳，译.拉萨：西藏人民出版社，2004

期刊、论文

[1] 次仁央宗.试论西藏贵族家庭 [J].中国藏学，1997（1）：125-139

[2] 泽仁邓珠.辉煌夺目的藏族金瓦屋顶 [J].中国西藏，2005（4）:62-63

[3] 李延恺.历史上的藏族教育概述 [J].西藏研究，1986（3）:26-32

[4] 闫振中.帕廓街的转经路 [J].西藏民俗，2003(1):52-54

[5] 何一民，赖小路.西藏早期文明与聚落、城市的形成 [J].天府新论，2013（1）：131-137

[6] 王元红.中国西藏古代行政史研究 [D].成都：四川大学，2006

[7] 刘勇.藏传佛教宁玛派历史论纲 [D].成都：四川大学，2003

南京工业大学参加"西藏藏式传统建筑"调研并测绘的师生

1. 1999年：汪永平、潘庆林、吕伟娅、潘可可、贡坚、严世杰、谢辉、陈超

2. 2000年：汪永平、潘庆林、吕伟娅、戚威、钱栋、马强、王亮、翟玉华、张雷、钱庆、李江、邵骥、徐友刚、孟德刚、汪敏

3. 2001年：汪永平、刘琰、潘波、谭世平、马淳静、钱学军、秦强、杨峥、尹书刚、冒钰、汪敏

4. 2002年：汪永平、王斌、奚吉敏、何运全、王子鹏、李俊

5. 2003年：汪永平、王一丁、王斌、吴晓红、蒋鸣、石诺、欧燕勤、丁增富、石磊

6. 2004年：王一丁、李俊

7. 2005年：汪永平、吕伟娅、王一丁、牛婷婷、焦自云、吴晓红、赵婷、周航、徐鑫鸣、王斌、王子鹏、欧燕勤、朱伟、张敏、张春陆

8. 2006年：汪永平、徐鑫鸣、周航、承锡芳、汪敏、鞠馥宇

9. 2007年：汪永平、王一丁、牛婷婷、赵婷、李晶磊、沈芳、储旭、周映辉、承锡芳、吴临珊、杜天贵、李丹、王小平、朱思渊、王辽、高平、孙菲、潘如亚、王子鹏、何峰、马如翠、邵科鑫

10. 2008年：汪永平、牛婷婷、宗晓萌、费莹、李晶磊、储旭、沈飞、吴临珊、王璇、马如翠、樊欣、姜晶、马竹君

11. 2009年：汪永平、姜晶、赵盈盈、焦自云、曾庆璇、侯志翔、王璇、沈蔚、石沛然

12. 2010年：侯志翔、戚瀚文、石沛然、梁威、姜晶、赵盈盈、孟英、曾庆璇、宗晓萌

13. 2011年：汪永平、宗晓萌、徐二帅、周永华、徐海涛、高登峰、戚瀚文、梁威、王濛桥、沈亚军、陈潇、刘畅、吕诚

14. 2012年：戚瀚文、王浩、徐二帅

15. 2013年：戚瀚文、王浩、孙正

南京工业大学硕士博士生参加"西藏藏式传统建筑"调研并完成的学位论文

1. 2005年：王一丁《拉萨老城区城市空间与居住建筑类型初探》（硕士学位论文）

2. 2006年：王斌《西藏宗山建筑初探》（硕士学位论文）

3. 2006年：焦自云《西藏庄园建筑初探》（硕士学位论文）

4. 2006年：吴晓红《拉萨藏传佛教寺院建筑研究》（硕士学位论文）

5. 2007年：徐鑫鸣《西藏山南地区藏传佛教寺院建筑研究》（硕士学位论文）

6. 2007年：周航《藏传佛教寺院建筑装饰研究》（硕士学位论文）

7. 2007年：承锡芳《西藏传统建筑技术初探》（硕士学位论文）

8. 2008年：赵婷《扎什伦布寺及其与城市关系研究》（硕士学位论文）

9. 2008年：沈芳《江孜白居寺研究》（硕士学位论文）

10. 2008年：储旭《萨迦寺研究》（硕士学位论文）

11. 2011年：曾庆璇《西藏阿里洞窟建筑研究》（硕士学位论文）

12. 2011年：侯志翔《藏东民居建筑形式及营造技术研究》（硕士学位论文）

13. 2012年：高登峰《杰出的藏族建筑师——唐东杰布》（硕士学位论文）

14. 2011年：焦自云《拉萨城市发展与空间形态研究》（博士学位论文）